国家自然科学基金（51708101）青年项目：基于"空间批判"视角的住宅现代生产研究

国家自然科学基金（51678128）面上项目：1950s-1990s中国建筑转译引进理论及重构实践的研究

U0172928

塑造现代美国住宅
南部加利福尼亚1920—1970

THE SHAPING OF
MODERN AMERICAN HOUSING
SOUTHERN CALIFORNIA 1920-1970

王 为 著

中国建筑工业出版社

图书在版编目（CIP）数据

塑造现代美国住宅：南部加利福尼亚 1920—1970 =
THE SHAPING OF MODERN AMERICAN HOUSING——SOUTHERN
CALIFORNIA 1920—1970 / 王为著 . —北京：中国建筑
工业出版社，2021.12
　　ISBN 978-7-112-26660-9

　　Ⅰ . ① 塑…　Ⅱ . ① 王…　Ⅲ . ① 住宅—建筑史—美国—
1920-1970　Ⅳ . ① TU241-097.12

　　中国版本图书馆 CIP 数据核字（2021）第 193405 号

责任编辑：费海玲　焦　阳
责任校对：王　烨

南部加利福尼亚 1920—1970
塑造现代美国住宅
THE SHAPING OF MODERN AMERICAN HOUSING
SOUTHERN CALIFORNIA 1920-1970
王　为　著
*
中国建筑工业出版社出版、发行（北京海淀三里河路 9 号）
各地新华书店、建筑书店经销
逸品书装设计制版
北京中科印刷有限公司印刷
*
开本：787 毫米 ×1092 毫米　1/16　印张：23½　字数：432 千字
2021 年 12 月第一版　　2021 年 12 月第一次印刷
定价：98.00 元
ISBN 978-7-112-26660-9
（38523）

1888

《美国政制》
The American Commonwealth

加利福尼亚之于周边诸州
就如同
西部之于东部
美国之于欧洲

詹姆斯·布赖斯
James Bryce 1838-1922

目 录
CONTENTS

02

03

06

绪
论

现代建筑的地域建构

本书以"住宅"为样本，聚焦于1920—1970年间美国加利福尼亚南部地区的相关实践，试图借此讨论现代建筑的一段具体的历史。在这里，南加州的现代住宅首先被理解为"现代运动"（Modern Movement）抵达某个特定环境之后的结果，其中呈现出的"设计"表征，奠定了它被视作同时期建筑发展中一种特殊经验的"形式"基础，特别是与"国际风格"（International Style）之间的差异，似乎预示了后来一系列批判性的观点[1]。正因为此，南加州建筑在20世纪前70年的变迁，有时亦称作"加州现代主义"（California Modernism），被普遍视为"现代建筑"的典型变体之一，支持这一论点的关键依据或在于其"空间"在保持"现代性"特征的同时，对典型"地域性"要素的成功表达。这构成了研究的起点。

问题与样本

建筑学对"现代性"及"地域性"的空间再现（representation of space），与其说是特征的辨别与提炼，毋宁说是知识的选择与建构[2]。它在概念中即预设了两者之间的区分甚至对立："现代性"一度被以"国际风格"为代表的"形式主义"观点所指代，随后又很大程度上被视作资本主义支配的"空间生产"体系的"全球化"进程及其相关观念的普世传播；而"地域性"则逐步演变为前者的反面，被赋予某种"边缘挑战中心"的意蕴，它根植于欧洲及其以外国家和地区各自具有的"传统"，在自然条件的限制以外，更多地与当地社会脉络中的文化、惯习、集体记忆相关，并经常和工业化不完全发展的经济模式以及殖民与去殖民的政治进程纠缠在一起。

这些观点向反对"线性史观"的建筑史研究提供了重要的理论基础，更有警醒的学者据此指出，现代建筑正试图成为唯一"合理"的学科知识体系，"现代性"被确立为所谓的核心信念；而"地域建筑"作为"碎片"镶嵌其中，凭

1　即20世纪70年代前后对经典"现代主义"（Modernism）建筑实践及其理论的质疑与修正，"批判的地域主义"（critical regionalism）就是其中一种颇具代表性的思潮；最具代表性的著作包括：TZONIS A, LEFAIVRE L. Critical regionalism, architecture and identity in a globalized world[M]. Munich, Berlin, London, New York: Prestel, 2003；FRAMPTON K. Towards a critical regionalism: six points for an architecture of resistance//FORSTER H. Anti-aesthetic: essays on postmodern culture[M]. New York: The New Press, 2002.

2　参见：LEFEBVRE H. The production of space[M]. Trans by Donald Nicholoson-Smith. Oxford: Blackwell Publishing, 2011.

借"地域性"向前者提供对照、补足或者抵抗[1]。于是，欧洲的传统、欧洲的现代以及欧洲以外的传统、欧洲以外的现代，针对不同模式的建筑实践，历史的"论述"亦分化出相应的构造。

至少以18世纪末为起点，美国建筑开始被大部分历史学者整合进以欧洲为中心的"西方"的整体视野当中；然而20世纪南加州建筑的发展似乎并未完全因循相同的轨迹，住宅是其中的典型类型之一。确实，透过它的历史，可以轻易辨认出一些地形、气候、物产、工艺以及文化遗存的"地域性"痕迹，但却难以判断，单凭这些许的"缝隙"是否足以从"现代性"内部撬出一块"另类"的巨石？南加州的吊诡之处在于：它的发展始于相当晚近的19世纪，依靠各地迁徙而来的人口，建立了移民聚居的社会，大部分"地域"建造传统随之通过移植产生；而在当地已经明显成长为资本主义最为繁荣的地区之时，"现代"居住空间逐步浮现，并迅速突破地理界限，成为20世纪中叶引领整个美国住宅（American mid-century housing）设计的重要潮流之一[2]。或许，可能的情况是：现代住宅中"南加州特质"的形成，需要较少地视为当地"地域性"条件的独立演进，而较多地视为外部"现代性"要素的接纳融合。进而可以提出以下假说：存在着一种"深层结构"，它有力地规定了不同"选择"的历史轨迹，在其塑造之下，无论是南加州住宅的"地域性"抑或"现代性"论述，均属于该地区内部与外部的社会脉络之中，多重"特殊性"以及"普遍性"趋势彼此竞争、持续互动、关联作用的结果。

本书将以1920—1970年间9名加利福尼亚南部的建筑师为主体，兼顾该地区另外近30个建筑师或事务所的工作以及住宅产业所涉及的其他实践，覆盖超过500幢住宅作品，通过历史追溯，揭示其中折射出的"现代美国住宅"的塑造过程，并试图以此追踪一条经由"现代性"与"地域性"交织形成的知识脉络。

已有研究

本书的研究建立在历史的微观断面之上，加利福尼亚南部是最先进行现代住宅探索的地区之一，它在1920—1970年间的进程深刻嵌入了现代建筑的发

---

1 参见：LU D F. Third world modernism：architecture，development and identity[M]. London：Routledge，2010.

2 相关著作有：BIONDO M，MATZ J，OTTAVIANI L，ROSS C A. Midcentury houses today[M]. New York：The Monacelli Press，2014.

展脉络之中，然而对其的呈现却长期受到主线历史经典叙事的遮蔽。

　　就国内而言，南加州现代住宅的研究成果数量寥寥，主要包括以下几种类型：①世界建筑通史，但所涉篇幅极为有限，多数不成章节，以几段带过甚至略去；②专题著述，已有的多为设计取向的案例收集和资料整理，较少历史性质的研究，比如中国建筑工业出版社于2007年出版的《大师作品分析2：美国现代主义独体住宅》收录了10个左右的南加州现代住宅作品[1]；③期刊论文，在笔者2012年发表于《建筑师》的论文《理查德·诺伊特拉设计风格转变研究：现代建筑的形式基础》以前，主要有黄居正2008年的《现代主义建筑与美国的富足之梦》，耿涛2011年的《影像控制下的战后美国现代主义建筑：以美国西海岸的建筑影像为例》，都部分涉及了南加州的相关实践[2]；④学位论文，即笔者2014年完成的博士论文《南加州现代住宅研究1920—1970》，本书即在其基础上增删修订而成[3]。

　　国外的研究成果相对详尽，主要包括：①通史类型的世界建筑史或者美国建筑史，曼弗雷多·塔夫里（Manfredo Tafuri，1935—1994），肯尼斯·弗兰姆普敦（Kenneth Frampton）以及威廉·J.R.柯蒂斯（William J. R. Curtis）等重要学者的现代建筑史著作都以一定篇幅阐述了南加州住宅[4]。②区域建筑史，埃斯特·麦考伊（Esther McCoy，1904—1989）1960年的《五位加州建筑师》（*Five California Architects*）是最早的成果之一，记述了20世纪初五位建筑师在南加州的实践，另有托马斯·海因斯（Thomas S. Hines，1936— ）的《阳光下的建筑：洛杉矶现代主义1900—1970》（*Architecture of the Sun：Los Angeles Modernism 1900–1970*），住宅构成了其中关注的重要类型[5]。③住宅的专题史，包括美国郊区研究。格温多林·赖特（Gwendolyn Wright）的《筑梦：美国住房的社会史》（*Building the Dream：A Social History of Housing in America*）基本

1　王小红，黄居正，刘崇霄.大师作品分析2：美国现代主义独体住宅[M].北京：中国建筑工业出版社，2007.

2　王为.理查德·纽特拉设计风格转变研究[J].建筑师，2012（06）.论文发表时仍在使用"理查德·纽特拉"这一译名，为更接近于其德语发音，本书中已将其确定为"理查德·诺伊特拉"；黄居正.现代建筑与美国的富足之梦[J].南方建筑，2008（01）；耿涛.影像控制下的战后美国现代主义建筑：以美国西海岸的建筑影像为例[J].建筑师，2011（01）.

3　王为.南加州现代住宅研究1920—1970 [D].南京：东南大学，2014.

4　柯蒂斯.20世纪世界建筑史[M].本书翻译委员会，译.北京：中国建筑工业出版社，2011；弗兰姆普敦.现代建筑：一部批判的历史[M].张钦楠，等译.北京：生活·读书·新知三联书店，2012；塔夫里，达尔科.现代建筑[M].刘先觉，等译.北京：中国建筑工业出版社，2000.

5　MCCOY E. Five California architects[M]. 2nd edition. Los Angeles：Hennessey & Ingalls, 1975；HINES T S. Architecture of the sun：Los Angeles Modernism 1900-1970[M]. New York：Rizzoli, 2010.

沿用编年史体例，结合不同居住类型，着力阐述住宅建设背后的社会动因及其形成与冲突，并且紧密联系了当下美国房地产业的现实；贝基·尼科莱德斯（Becky M. Nicolaides）的《我的蓝色天堂：洛杉矶工人阶级郊区生活与政治1920—1965》(*My Blue Heaven: Life and Politics in the Working-Class Suburbs of Los Angeles, 1920–1965*) 与多洛蕾丝·海登（Dolores Hayden）的《家居生活的大革命：美国家庭、邻里和城市中的女性主义设计史》(*The Grand Domestic Revolution: A History of Feminist Design for American Homes, Neighborhoods, and Cities*) 较多地借鉴相关社会学理论，分别从工人阶层和女性群体的角度讨论居住问题；此外，阿兰·赫斯（Alan Hess）的《被遗忘的现代：加州住宅1940—1970》(*Forgotten Modern: California Houses 1940–1970*) 提供了极具史学批判性的成果，着眼于此前列于现代建筑主线叙事中的代表人物或经典案例之外，遭到排除的南加州住宅实践，清晰地揭示出选择中的偏见[1]。④以住宅展开的理论研究，如比特丽丝·克罗米娜（Beatriz Colomina）的一系列著作：《公共性与私密性》(*Publicity and Privacy*)、《性与空间》(*Sexuality and Space*)、《冷战温房》(*Cold War Hothouses*)、《战时居家性》(*Domesticity at War*) 等分别描绘了性别、政治、战争等议题下的不同媒介中的现代住宅形象，并借助基于批判理论视角的分析，探讨建筑学中的"居家性"（domesticity）问题，此外也可包括约瑟夫·洛萨（Joseph Rosa）的《建构出的视野：裘里斯·舒尔曼建筑摄影》(*A Constructed View: The Architectural Photography of Julius Shulman*)，聚焦于以摄影呈现并传播的加州住宅的现代意象及其折射出的文化建构活动[2]。

另一类资料也提供了可资取的研究素材，包括：①对南加州现代建筑师的个体研究或作品汇编，基本覆盖多数主要人物，以理查德·诺伊特拉（Richard J. Neutra，1892—1970）为例，其论文和作品曾多次集结出版，20世纪五六十年代有W.博奥席耶（W. Boesiger）主编的三册作品集面世，托马斯·

1 赖特.筑梦：美国住房的社会史[M]. 王旭，译.北京：商务印书馆，2015；NICOLAIDES B M.My blue heaven: life and politics in the working-class suburbs of Los Angeles, 1920-1965[M]. Chicago: University of Chicago Press, 2002; HAYDEN D. The grand domestic revolution: a history of feminist design for American homes, neighborhoods, and cities[M]. Cambridge: The MIT Press, 1982; HESS A. Forgotten modern: California houses 1940-1970[M]. Layton: Gibbs Smith, Publisher, 2007.

2 COLOMINA B. Publicity and privacy: modern architecture as mass media[M]. Cambridge: The MIT Press, 1994; COLOMINA B. Sexuality and space: princeton papers on architecture[M]. New York: Princeton Architectural Press, 1996; COLOMINA B. Cold War hothouses: inventing postwar culture, from cockpit to playboy[M]. New York: Princeton Architectural Press, 2004; COLOMINA B. Domesticity at war[M]. Cambridge: The MIT Press, 2007; ROSA J. A constructed view: the architectural photography of Julius Shulman[M]. New York: Rizzoli, 1999.

海因斯、埃斯特·麦考伊等历史学家此后也陆续完成了类似著作，而"案例住宅计划"（Case Study House Program）作为重要的集体实践，亦有多种作品合集[1]。②南加州建筑师撰写的论文，如琼安·奥克曼（Joan Ockman）编辑的《建筑文化1943—1968》（*Architecture Culture 1943–1968*）中收录的理查德·诺伊特拉1958年的论文，鲁道夫·辛德勒（Rudolph M. Schindler，1887—1953）、哈维尔·哈里斯（Harwell Hamilton Harris，1903—1990）、克莱格·埃尔伍德（Craig Ellwood，1922—1992）等建筑师都曾在《建筑实录》（*Architectural Record*）、《建筑论坛》（*Architectural Forum*）等期刊发表论文[2]。③报刊如加州本土的《艺术与建筑》（*Arts and Architecture*），它是最早介绍当地现代建筑的专业媒体之一，理查德·诺伊特拉、格里高利·艾因（Gregory Ain，1908—1988）、皮埃尔·科尼格（Pierre Koenig，1925—2004）等人的作品都是通过这本杂志被世人熟知的[3]。

概括地说，南加州现代住宅作为"地域建筑"的典型实践，在1900年之后的现代建筑的历史建构中，无论是其通史还是专史的形式，都一度处于相对边缘的地位。不过，随着对仅以现代主义为主流的线性历史的修正，这一缺憾已被越来越多出自微观视角的专题研究逐步弥补，并向世界建筑史的编纂提供了更多的支持。

1　LAMPRECHT B M. Neutra complete works[M]. Koln：Taschen，2010；BOESIGER W. Richard Neutra：buildings and projects[M]. Zurich：Editions Girsberger，1951；BOESIGER W. Richard Neutra：buildings and projects 1950–1960[M]. New York：Frederick A. Praeger，1959；BOESIGER W. Richard Neutra：buildings and project 1961-1966[M]. New York：Frederick A. Praeger，1966；MCCOY E.Richard Neutra[M]. New York：George Braziller，1960；MCCOY E.Craig Ellwood[M]. San Monica：Hennessey & Ingalls，1997；HINES T S. Richard Neutra and the search for modern architecture[M]. New York：Oxford University Press，1982；SMITH E A T. Case study houses：the complete CSH program 1945-1966[M]. Koln：Taschen，2009.

2　NEUTRA R J. Neutra：building with nature[M]. New York：Universe Books，1971；OCKMAN J. Architecture culture 1943–1968：a documentary anthology[M]. New York：Rizzoli，1996：276；SCHINDLER R. Furniture and the modern house：a theory of interior design-light[J]. Architect and engineer，1936，124；HARRIS H H. Harris letter to Jan Strand[J]. Portrait of an architect，1975：99-101.

3　《艺术与建筑》杂志曾是美国西海岸现代设计最重要的传播阵地，加利福尼亚大学洛杉矶分校（University of California, Los Angeles, UCLA）和伯克利分校（University of California, Berkeley）在20世纪60年代都曾有将其纳入校刊系统的计划。参见：SMITH E A T. Case study houses：the complete CSH program 1945–1966[M]. Koln：Taschen，2009；KAPLAN W. Living in a modern way：California design 1930–1965[M]. Cambridge：The MIT Press，2011.

理论与方法

20世纪70年代以后，新的理论角度不断涌现，如文化研究、思想史、微观史、计量史、结构主义、新马克思主义、后殖民理论、女性主义，等等，提供了大量方法论参照，特别是结合了批判理论的历史学、社会学、人类学研究，极大丰富了建筑学的研究成果。就上述住宅研究而言，从中可大致归纳出以下两种常见的解释模式：

"形式—建造"解释。这是建筑学十分惯常的一种方法，以处于学科体系核心的概念为线索，通过案例解读，从中寻找出典型特征，并结合对象的具体背景，将其规定为识别普遍性、独特性、多样性的关键因素。对历史研究而言，凭借这种操作，可将充斥于材料中的复杂现象转变为"合目的性"的理想预设，赋予发展过程中各时期以不同的意义。另外，该方法也具有较强的实践性，易于提取出设计中可以直接援引的语汇。

"社会—文化"解释。该方法多被广义的空间研究接纳，不限于社会史或文化史，以都市研究为代表的地理学分支，乃至可能涉及的经济学或政治学分析，均有所应用，建筑史从中也多有参照。该方法把对象置入所处结构之中进行论证，尤其注重从它与周边脉络的互动中搜寻关系，由此发现的某些关键的因果链或许会被视作可以提供动力，甚至决定历史走向的"规律"。不过，这种判断有时会由于研究者自身的倾向而出现差异。

解释模式的不同侧重，造成了对两类住宅研究对象的不同处理，甚至导致一定程度的割裂：一是出自"大师"之手的"名作"，也包括符合这些"正典"（canon）所规定的主线轨迹，接受"时代精神"（zeitgeist）塑造的其他"重要"作品，现代建筑史经典写作中相当篇幅被此类案例占据；另一是遭到排除的，许多同步的建造工作，其中相当明显的是各个时期遍及房地产市场，流行于大众文化中的一般居住模式，它们往往受到"专业"价值标准的贬抑，被"遗忘"在历史的暗处[1]。两种方法的分野，本质上涉及了建筑学科体系自身的构造——前者更多依据"内部性"的知识，后者更多依据"外部性"的知识——甚至牵动了

---

1 "解释模式"概念被海登·怀特称为"形式的、外在的或推理的论证式解释"，即"通过运用充当历史解释推导定律的合成原则，这样一种论证就为故事中所发生的事情提供了一种解释。在这种概念层面之上，史学家通过建构一种理论的推理论证，来阐述故事（或事件的形式……）中的事件"。详见：怀特.元史学：十九世纪欧洲的历史想象[M].陈新，译.彭刚，校.南京：译林出版社，2004：14.

对其"自主性"议题的持续辩论。然而，两者的矛盾更多地归于建筑历史的知识性质采取的差异性立场，事实上并非彼此孤立的进程。仅以近年的"居家性"议题为例，住宅领域的大量讨论已将与建筑学普遍的"空间"问题相关的布局、陈设、装饰、工艺、材质等经验对象以及阶层、职业、性别、品位等身份区分，共同整合进一个浸透于权力网络的"再现"框架之中，提供了许多批判性的理解。

本书试图讨论的问题是：对1920—1970年间加利福尼亚南部地区的住宅实践而言，"现代性"与"地域性"如何通过具体"设计"，同步地进入某些特定的"空间再现"的知识结构之中，并希望借此说明：①20世纪前后的建筑学已经深刻地嵌入资本主义生产体系"现代"的整体计划之中，学科与专业本身也随之转型；②所谓的明星建筑师、大多数的职业建筑师和一般大众，各种人群对"居住"的理解与实践并非截然分裂，亦可以看作关联脉络中的多种选择；③理论、学说、方法等各种"思想性变量"转化为支配专业实践的"行动性原因"的作用方式以及两者相互形塑的复杂过程。

对此采取了一种接近于"语境主义"（contextualism）的"观念史"（history of ideas）讨论方法[1]。在这里，"观念"首先被理解为具有更为一致的引导功效或价值取向的设计"原理"，并可能转变为普遍的"规范性操作"的基本要素，进而获取虚设的正当性（legitimacy）。在此过程中，出于理解案例并确立它们作为"历史的组成"之特殊意义的需求，某些"观念"随着具体实践有区别地得到更系统的论述；而基于特定条件，"观念"可以凝聚起相应的"再现"模式，通过高度专业化的理论建构参与至"意义"竞争的过程之中。南加州"现代住宅"即是这些纷繁复杂的知识"脉络"的一种具象。

内容框架

在本书对1920—1970年间南部加利福尼亚现代住宅的讨论中，"自然""技

---

1 "观念史"早期的代表学者为亚瑟·洛夫乔伊（Arthur O. Lovejoy），它亦被视为"哲学史"或"思想史"的一支，主要关注人类智识活动在不同时空中的变迁以及相应产生的理解和意义，围绕一个或一组对象进行研究，更加侧重特定集合的历史用法及其含义演变；在后继发展中，又有相关学者提出，对"观念"的研究应摆脱纯粹理智的局限，避免过分脱离于自身产生时具体的历史环境，于是形成了当代英国剑桥学派代表的"语境主义"方法，其中心人物即是昆廷·斯金纳（Quentin Skinner）。相关重要著作参见：LOVEJOY A O. The great chain of being：a study of the history of an idea[M]. Cambridge：Harvard University Press，2001；洛夫乔伊.观念史论文集[M].吴相，译.南京：凤凰出版传媒集团，江苏教育出版社，2005；斯金纳.近代政治思想的基础[M].奚瑞森，亚方，译.北京：商务印书馆，2002.

术""空间"三个主题得到了特别地强调——它们凝聚了大量对"建筑学"极为重要的"观念"——通过整体布局、体量构成、功能配置、结构选型、材料处理、工作方式以及施工组织等各种设计措辞、专业阐释、行业规程逐一分解并进行呈现。经由这些途径，"现代性"和"地域性"的表征渗入了当时美国或者南加州的建筑学实践之中，即对"现代住宅"的塑造过程。随后的总结分别从"形式"与"历史"两个角度进行综合性的回溯——在建筑学体系中，前者普遍被视作最为核心的"专业"对象；而后者则经常被视作十分关键的"知识"构成——并试图以此揭示它们共同作用得以运行的根本原因。全书的主要章节大致分为以下几部分。

第一部分：主要介绍南加州"现代住宅"形成的两条脉络。第1章关注南加州在现代时期的变迁，它们确定了建筑发展的整体结构；第2章关注当时活跃在该地区住宅领域的几种从业人员，他们参与了主要建设环节的具体行动。

第二部分：主要分析对南加州"现代住宅"的实践起到重要塑造作用的三个主题。第3章"自然"，第4章"技术"，第5章"空间"从各自的角度展现了关于住宅规划、设计、建造、使用的不同特征，它们被分别归入"地域性"与"现代性"的论述框架。

第三部分：主要讨论南加州"现代住宅"相关的历史论述。第6章"形式"试图揭示南加州"现代住宅"的意象中最具本土特性的要素，与其说是"地域性"的变体，毋宁说是某种"现代性"的另类再现，并存于不同主体的历史计划之中；第7章"兴衰"继续指出，即便在借助"现代性"与"地域性"定义自身的同时，某种知识性的制度仍然扮演着建构"空间"论述的关键角色，在其背后正隐藏着历史学科与建筑学科的"深层结构"。

结语：视野的转换

本书主要叙述了南部加利福尼亚地区现代住宅在1920—1970年间的历史，并试图追溯关于其"历史"的历史，特别关注塑造了相关实践与理论的观念变迁。以此为基础，该研究在某种程度上还涉及了建筑学领域中的两点规范性认识：

其一，建筑锚固于场地之中，经常出自惯性地以地理界限作为规定表征的范畴，从而指向"风格"式的论述范畴及其理论预设，即"空间"特性必然源自本土的自然、人文与社会条件，并且能够借此规避发展过程中的同质化趋势。

其二，建筑学科涉及"空间"的知识，奠基于一种中性的专业技能与学术立场，特别源自长期以来与"设计"相关的"形式"与"结构"问题的理论干预、实践介入以及标准制定，并凭借某种"专业主义"（professionalism）态度向"历史"宣称了独立的自主权[1]。

对南加州的研究试图从特定的历史脉络中追寻"住宅"的塑造过程及其发展逻辑，并据此指出，"现代性"与"地域性"的共性并不少于分歧，在适当条件下，一样可以孕育出丰富鲜活的多样性。因此，"全球"与"本土"并非截然对立，瞬息变化的"全球"时势亦可透过根深蒂固的"本土"情境得到理解——"glocalization"，而建筑学为自身设定的"空间"议题，作为其中一项重要内容，便要在兼顾普遍性与特殊性的前提下，从中找到随之产生的结构转型与观念变迁。继续假设，现代住宅不仅是家庭生活的基本空间，更是嵌入社会生产体系中的特殊商品，为资本主义制度下的市场竞争、权力制衡与知识建构同时支配，建筑史的论述或许也需要随之做出调适。

最后说明的是，本书基本维持了笔者2011—2014年的学位论文的主要框架，依然沿用了当时以"设计"及其"建造"为主线的研究路径。因此，总体而言，仍更多地聚焦于中心人物及其代表作品，并且不可避免地留有将"空间"讨论局限在建筑学最关心的"形式"问题之中的痕迹。此外，对"观念"本身的梳理，也经常陷于对时代背景的粗略描述，而疏于对"证据性"联系——特别是转化为建筑学中的具体应用的关键路径——的细致追踪。尽管在后续工作中亦试图予以弥补，但受限于时间与能力，很难说已经全部得到修正与完善。

---

1 FORTY A. Words and buildings：a vocabulary of modern architecture[M]. New York：Thames & Hudson，2000；福蒂.词语与建筑物：现代建筑的语汇[M]. 李华，武昕，诸葛净，等译.北京：中国建筑工业出版社，2018.

01

南部加利福尼亚：
现代美国样本

让·鲍德里亚（Jean Baudrillard，1929—2007）将美国称为"现代性的原始版本"，"实现了的乌托邦"，它"建立于某个观念之上，即它是其他人一切梦想的实现，包括正义、富庶、法治、财产、自由"，在他看来，只有美国，才能如此清晰而鲜明地呈现出"现代"所具有的诸多特征[1]。促使"现代美国"诞生的诸多动因，也被历史学家卡尔·戴格勒（Carl N. Degler，1921— ）在其《追溯往昔：塑造现代美国的力量》（*Out of Our Past：The Forces that Shaped Modern America*）一书中，细致解析为国家意识、政治理想、经济制度、种族矛盾、科学技术、社会文化、家庭结构等多重因素，它们历经美国建国之初直至"二战"以后的漫长历史，在反复的论争中，逐步渗透进美国社会的不同角落，就加利福尼亚州（以下有时简称"加州"）南部而言，则作为一个地域样本提供了调查现代住宅变迁的具体脉络[2]。

1.1 美国西海岸：地平线

所有的美国研究者都会痴迷于它的自然风貌。

阿历克西·德·托克维尔（Alexis de Tocqueville，1805—1859）曾在《论美国的民主》的开端，如地理学家一般，不吝笔墨地描写了北美大陆的先天环境：

"北美在外貌上有一个一看即易于分辨出来的总特点。

陆地和水系，山岳和河谷，都布置得井井有条。在这种简单而壮观的安排中，既有景物的杂陈，又有景色的多变。

……在北美，一切都是严肃的、郑重的和庄严的。只能说这里是为使智力有用武之地而被创造的……"[3]

山脉、河流、平原、森林、草地、冰川和荒漠，构成了北美大陆的瑰奇面貌，孕育了富饶辽阔的美国，美国人从18世纪下半叶便开始了对这片热土的开发。东部移民翻越阿巴拉契亚山脉，一路拓殖至中西部地区，随后，穿过大平原，进入落基山西麓，最终抵达了太平洋沿岸。这一历史进程贯穿了整个19世纪，即著名的"西进运动"，它不仅开拓了边疆，振兴了经济，在某种程

1　鲍德里亚.美国[M].张生，译.南京：南京大学出版社，2011.让·鲍德里亚，法国哲学家、社会学家、后现代理论家，主要著作有：《消费社会》《物体系》《生产之镜》《象征交换与死亡》《冷记忆》《美国》《完美的罪行》《论诱惑》等。

2　DEGLER C N. Out of our past：the forces that shaped modern America[M]. New York：Harper Perennial，1984；卡尔·戴格勒，美国历史学家，斯坦福大学美国史教授，曾任美国历史学家组织、美国历史协会、美国南方历史协会主席。

3　托克维尔.论美国的民主[M].董果良，译.北京：商务印书馆，1991：20-29.

度上孕育了自由独立、百折不挠、讲求实效、勇于创新的进取精神，也正是所谓的"美国精神"之滥觞。

1.1.1 历史沿革

加利福尼亚州位于太平洋沿岸，美国的西陲。作为地名的"加利福尼亚"最初指的是如今墨西哥的下加利福尼亚半岛（Lower California）和美国的加利福尼亚州共同组成的这一区域。

大约于16世纪70年代下半叶，即伊丽莎白一世（Elizabeth I，1533—1603）执政时期，英国探险家、海盗弗朗西斯·德雷克（Francis Drake，1540—1596）到达了北美洲西岸，宣布这里为英国殖民地。随后，借助传教活动，西班牙人在此建立定居点，开始了实际的统治，并将其命名为"加利福尼亚省"。1821年，墨西哥独立，从西班牙手中获得了这片领土，但由于之后美墨战争（Mexican-American War，1846—1848）的失利，又被迫在1848年2月将北部土地，即"上加利福尼亚"（Alta California）地区，割让给美国。此后，随着"淘金潮"（Gold Rush），无数美国人以及欧洲人、亚洲人等外来移民涌入，该地区的人口激增，最终于1850年9月正式成为联邦的第31个州——加利福尼亚州[1]。

加州人口于1900年后急剧增长，并在1962年一举超过纽约州，成为全美第一，这一结果改变了美国的区域平衡，带给西海岸更多的政治声望和实力。长期以来，加州地区都是吸引移民涌入的热点地区，造就了当地多民族混居的人口现状，除白人以外，拉丁裔居民比例最高，占三成以上，亚裔也是增长较快的群体，逐步接近15%，非裔美国人则接近于人口总数的1/10，这为加州的文化多样性奠定了基础。

1.1.2 地理概况

加利福尼亚州地处纬度32°30'N～42°N，经度114°8'W～124°24'W，与太平洋、俄勒冈州、内华达州、亚利桑那州和墨西哥的下加利福尼亚半岛接

1　关于"加利福尼亚"的得名历来众说纷纭：一说来自16世纪马托雷尔·加尔巴（Garci Rodriguez de Montalvo）撰写的骑士小说《骑士蒂朗》（*Amadis de Gaula*），书中虚构了一个名为"卡拉菲亚"（Calafia）的地方，与世隔绝，遍地黄金，居住着奔放的土著和怪诞的野兽；另一种说法认为，"加利福尼亚"一词来源于西班牙语"Caliente Fornalia"，意为"酷热的火炉"，或者是拉丁语"Calida Fornax"，意为"炎热的气候"，即是以该地的气候特征命名；也有人认为，当地土著语"高高的山脉"才是名称的由来；此外，加州还有别名"金州"（Golden State），是因为这里的草木会在秋天枯萎，呈现出漫山遍野的金色，不过，这一名称也常常被误解为是来源于19世纪中叶的"淘金潮"。

壤，陆地面积404298km²，位居全美第三（图1.01）。

　　加州境内拥有两条主要的山脉。西部沿海为太平洋海岸山脉（Pacific Coast Ranges），宽度20～40英里[1]，海拔2000～8000英尺。内陆一侧为内华达山脉（Sierra Nevada），宽度50～80英里，顶峰惠特尼峰（Whitney Mount）海拔14494英尺，是美国本土的制高点。这些山脉是由北美大陆板块同北太平洋板块相互作用形成的。这两大板块还形成了一条贯穿加州全境的大断层，即"圣安地列斯断层"（San Andreas Fault），因此加州是一个存在地震隐患的地方，1906年旧金山大地震就是圣安地列斯断层地壳运动的结果。

　　海岸山脉和内华达山脉中间，是一条南北向的谷地，长450英里，宽40英里，称为"中央谷地"（Central Valley）。谷地由萨克拉门托（Sacramento）和圣华金（San Joaquin）两河河谷形成，北边的萨克拉门托河向南，南部的圣华金河向北，两条水系汇合后，向西注入旧金山湾区；谷地南北端被山地环绕，北边是克拉马什（Klamath）山脉，南边是蒂哈查皮（Tehachapi）山脉——通常被视作南北加州的分界线。

　　加州东南部是一片不毛之地，即莫哈韦沙漠（Mojave Desert），面积超过

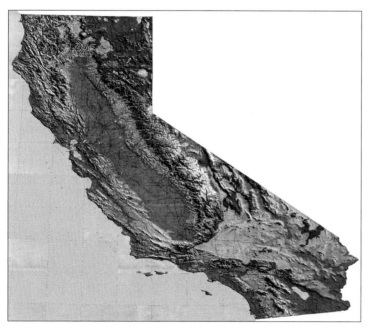

图1.01
加利福尼亚地形图

1　本书多使用英制单位，1英里约1.6km，1英尺约0.3m，1英寸约2.54cm，1平方英里约2.59km²，
　　1平方英尺约0.09m²；以下不再赘述。

65000km^2，蔓延至四州，是美国最大的沙漠。加州南端有索尔顿湖，也叫索尔顿海（Salton Sea），原是由盐渍覆盖的低洼地，后来在1905—1907年间，为分流科罗拉多河（Colorado River）的洪水，以人工引流的方式在这里形成了咸水湖。

加州境内主要存在以下几种气候类型：南部为热带沙漠气候，昼夜温差大，终年干旱少雨；山地部分为高山气候，冬季降雪，夏季凉爽；沿海地区由于加利福尼亚洋流的影响，形成了地中海型气候，冬季多雨，夏季干燥。这一气候特征在南加州地区的海滨更为典型，也造就了世人赋予此处的共同想

图1.02
"无尽的夏天"，1965年电影海报

象：四季如春、阳光明媚、景色宜人，遍布着一望无际的黄金沙滩和丰茂繁盛的碧树红花，天堂一般的"神赐海岸"（图1.02）。

加州蕴藏着丰富的石油及天然气，为发展出齐全的工业部门提供了条件；19世纪末20世纪初，其经济已跃居全美前列。加州产业类型繁多，既有炼油、石化、造纸、印刷、采矿这样的传统工业，又有航天、电子、军工这样的尖端工业。此外，当地的旅游业和文化产业也十分繁荣，又以影视娱乐业为最。谷地本是半沙漠地带，只能用作畜牧，后来由于加州水道系统（California Aqueduct，20世纪60年代）的兴建，成为粮食、棉花、水果、林木、蔬菜、禽畜和水产的主要产地，是当今全美最富饶的农业区之一，相关的食品加工业也很发达。

1.1.3 南部加州

南部加利福尼亚，即南加州，其范围自蒂哈查皮山麓向南延伸，直至美墨边境，西边是太平洋东海岸，主要包括圣加百列山脉（San Gabriel Mountains）和圣贝纳迪诺山脉（San Bernardino Mountains），东边是内陆的莫哈韦沙漠。旅行家卡雷·迈克威廉姆斯（Carey McWilliams，1905—1980）在1946年写的《南加利福尼亚：陆上之岛》（*Southern California Country: An Island on the Land*）一书堪称描写此地的传世之作。他认为，定义南加州最重要的因素是阳光和温

度：由于群山环绕，"不仅来自沙漠的热浪和沙尘被阻挡在外，山坡地形还同时有利于抬升海风中的水汽，形成云岚。这片土地西临太平洋，受到富有规律的季风影响。山麓、海风和沙漠共同形成了气候，而气候又反过来塑造了这片土地……如果没有微风，阳光将使人难以忍受；如果没有阳光雨露，此地将寸草不生。"[1]

气候和土地仅构成了南加州崛起背后众多因素中的一个方面，更无法忽略移民，铁路、石油与各种形式的能源。从这个角度，可以用一件颇具戏剧色彩的历史事件作为南加州现代进程的起点。电力，作为现代化的象征，在南加州被描述为"通向人类的健康、富裕和幸福之路"，早在1903—1906年间，该地区就已经以水力为基础，成功地实现了远距离输电的技术。1909年，一位名叫埃兹拉·斯卡特古德（Ezra F. Scattergood，1871—1947）的工程学天才来到了这里，再次为其带来了关键性的转变。凭借着卓越的专业才能，高超的交涉技巧和老练的政治手腕，他以南加州为中心，建成了当时世界上最大的城市电力系统，让这里成为全美用电费用最为低廉的地区之一，1.42美元的单价远低于2.17美元的平均水准。到1914年，加利福尼亚已是仅次于纽约州的用电第二大州，境内电网覆盖率达到83%（同期全国数据仅为35%），发电量约占全国的10%。电力带来的经济效益不言自明，南加州出现了世界上最早的电气化农场，也给制造业的繁荣创造了条件。电影工业的兴起也和领先的电气化程度有关（优美的地理环境和宽松的文化制度构成了其他两项重要因素），电影式的布景塑造了城市与建筑的奇观，而在1955年落成于安纳海姆（Anaheim）的"迪士尼世界"是其中最具梦幻色彩的成就，成为世人心中永恒的南加州文化地标[2]。

对城市形态而言，最重要的变革源自公共运输系统的电气化。自1901年起，南太平洋铁路公司（Southern Pacific Transportation Company）"四巨头"之一的科里斯·波特·亨廷顿（Collis Potter Huntington，1821—1900）之侄——亨利·爱德华兹·亨廷顿（Henry Edwards Huntington，1850—1927）陆续买断了南加州境内各种类型的运输网络，在72条分散轻轨的基础上，将它们整合成了

1　详见：HINES T S. Architecture of the sun：Los Angeles Modernism 1900–1970[M]. New York：Rizzoli，2010：6-13. 卡雷·迈克威廉姆斯，美国记者、作家、出版商和律师，以撰写加州地区的社会状况著称，"陆上之岛"（An Island on the Land）出自海伦·亨特·杰克逊（Helen Hunt Jackson，1830—1885），她是美国诗人、小说家和社会活动家，她描写的南加州本土居民的小说吸引了大批美国人前往该地游览，为其早期发展做出了重要的贡献；前文提到的"神赐海岸"则出自汉尼拔·汉姆林·加兰德（Hannibal Hamlin Garland，1860—1940），美国小说家、诗人，常以中西部的农民生活为题材进行创作。

2　约翰逊.美国人的历史·中卷[M].秦传安，译.北京：中央编译出版社，2010：261-270.

图 1.03
洛杉矶街景，1910年

当时世界上最大、最便宜、最具效率的区域运输系统。这就是以"红色车厢"（Red Car）闻名的"太平洋电气铁路"（Pacific Electric Railway）系统，整个系统以洛杉矶为中心，覆盖周边100英里范围内的56个市镇与社区，全长1164英里[1]。公共交通服务的升级是南加州"郊区化"进程的关键因素，它就此开启了一个西海岸大都市独特的冒险之旅（图1.03）。

1.1.4 洛杉矶

洛杉矶得名于西班牙语"天使之城"，濒临太平洋东侧的圣佩德罗湾（San Pedro Bay）和圣莫尼卡湾（Santa Monika Bay），位于背靠圣加百列山脉的盆地中，属地中海气候。洛杉矶市域形成于1781年，先后经历了西班牙和墨西哥的管辖，1848年和加利福尼亚州一并归入美国，1850年4月4日正式建市。洛杉矶是南加州的中心，西海岸金融、贸易、工业、科技、文化和教育枢纽，美国第二大都会，重要的国际航空港，世界性大都市。

房地产业是洛杉矶深具传统的经济活动，是城市开拓之初就留下的遗产。地产热潮和急剧增加的人口密不可分，洛杉矶是20世纪发展最繁荣的美国城市：19世纪70年代，南太平洋铁路开通，作为3条横贯美国的干线的西部端点，洛杉矶得以和其他地区紧密地连通，也让大批外来居民迁移到此地；1890年前后，石油的发现使其加速崛起。1880年的洛杉矶只是一个11200人口的社区，1900年也仅有102000人口；然而，在20世纪头十年，其人口规模扩大了

---

1 约翰逊.美国人的历史·中卷[M].秦传安，译.北京：中央编译出版社，2010：261-262.

3倍，第二个十年，该数据再次翻倍。1870—1970年间，洛杉矶是人口密度增长最快的美国城市（表1.01）。在差不多相近的时期，1865—1866年间，洛杉矶的地产价值提升了200%，到1868年，再次提升了500%；19世纪80年代"铁路潮"时期，地价节节蹿升，即使后来出现了短暂回落也未能摧毁对行业的信心，1888—1889年间，洛杉矶地产价值缩水1400万美元，地产大亨艾利·克拉克（Eli P. Clark）和摩西·舍尔曼（Moses H. Sherman）仍在19世纪90年代继续大量购置土地与房产[1]。

1870—1970年间每平方英里人口增长最快的12个美国城市[2]　　　　表1.01

城市	1870[1]	1890	1910	1930	1950	1970
洛杉矶（Los Angeles）	29[2]	29	85	440	451	455
休斯敦（Houston）	25	9	16	72	160	453
达拉斯（Dallas）	—	9	16	42	112	280
圣迭戈（San Diego）	74	74	74	94	99	307
圣安东尼奥（San Antonio）	36	36	36	36	70	183
凤凰城（Phoenix）			10	17	247
印第安纳波利斯（Indianapolis）	11	11	33	54	55	379
孟菲斯（Memphis）	4	4	19	46	104	217
圣何塞（San Jose）			8	17	117
哥伦布城（Columbus）	12	14	23	39	39	114
杰克逊维尔（Jacksonville）	1	10	10	26	30	827
西雅图（Seattle）	11	13	56	69	71	92
总计	203	206	368	936	2161	3671

注：①年份；
　　②每平方英里人口数。

人口和地价的飙升造就了商机。随着石油采掘形成的工业郊区，如惠蒂尔（Whittier）和富勒顿（Fullerton），将大量劳动力吸引到城市边缘，一大批当地富商，如亨利·E.亨廷顿、H. J.惠特尼（H. J. Whitely）、罗伯特·C.吉尔斯（Robert C. Gillis）等，开始通过开发远离城镇的贫瘠土地，建造居住社区来盈利，这一举措逐步改变了城市的形态。19世纪晚期的建设热潮使洛杉矶成为一个以郊区为愿景建造的城市。20世纪初，城市边界被有轨电车打破，后来

1　JACKSON K T. Crabgrass frontier：the suburbanization of the United States[M]. New York：Oxford University Press，1985：122.

2　转引自：JACKSON K T. Crabgrass frontier：the suburbanization of the United States[M]. New York：Oxford University Press，1985：139.

图1.04
洛杉矶鸟瞰

又随着小汽车的普及和高速公路网的延伸而迅速扩张。早在20世纪20年代，一大批新型城镇在洛杉矶境内涌现，它们拥有工厂、商店、办公这些原先多集中于都市中心的建筑类型，其中处于支配地位的是独立住宅，它在所有居住类型中的比重于20世纪30年代就已经接近94%，是蔓延的"大洛杉矶区域"（greater Los Angeles area）的基本构成单位，一个"分散化"的空间模型逐步形成[1]。

通过"碎片化"的发展模式，洛杉矶塑造了一种新型的、去中心的城市类型，在城市发展史中具有重要意义。作为加利福尼亚南部地区的典型城市，它同时代表了美国的"郊区文化"，也可以被视作"现代性"最重要的空间样本之一（图1.04）。

1.2 郊区：蔓延的家园

"郊区化"最初出现在美国和英国，很大程度上归因于都市规模的扩张和人口密度的增长，这一进程颠覆了过去数千年逐渐形成的城市空间结构。在美国，大致于1815—1875年间，伴随着中心区域的人口减少以及边缘区域的

1　JACKSON K T. Crabgrass frontier：the suburbanization of the United States[M]. New York：Oxford University Press，1985：178-179.今天的"大洛杉矶地区"包括5个地区：洛杉矶县（Los Angeles County）、橘县（Orange County）、圣贝纳迪诺县（San Bernardino County）、河滨县（Riverside County）以及文图拉县（Ventura County），下辖超过100个城镇或社区，其中较知名的有：比弗利山（Beverly Hills）、长滩（Long Beach）、棕榈泉（Palm Spring）、帕萨迪纳（Pasadena）、圣芭芭拉（San Barbara）等。

人口增加，城市劳动力的通勤距离逐渐延长。等到1888—1918年间，曾经远离城市的居民阶层的经济与社会地位已经显著提升，这意味着一个城市新区域——"郊区"的浮现[1]。

时至今日，美国居住模式仍呈现出极大的相似性，在地理区位、政治倾向、经济能力、文化背景等因素接近的情况下，这一点愈发明显。作为相应产生的规划类型，美国郊区通常具有以下特征：第一，选址大多偏向城市的边缘地区，20世纪50年代，郊区人口的增速接近于城市中心区的10倍；第二，是低密度化的发展模式，"二战"后97%的新建住宅都是独立住宅，其中以80英尺×100英尺或40英尺×100英尺的宅基地较为常见；第三，住宅外观上的相似性，大多数人都会选择遵循流行风格批量建造的住宅，英式风格、地中海式风格，甚至赖特的草原风格的住宅都很有市场；第四，住宅价格相对便宜，针对购买者分级设置不同的财产门槛，因此引发的阶层聚居构成了"郊区化"过程中的重要社会现象[2]。

郊区是中产阶级创造的原型，这个空间结构是资本主义各种关系——包括土地价值、人口压力、资源配置、行政治理等的聚合，涉及核心家庭、劳动状况、阶层流动、种族隔离、文化变迁等诸多命题。美国郊区还是一种象征性的意识形态，它是物质成就的写照、消费文化的图腾、个人主义的归宿，暗示了"美国的生活方式"是所有公民共同渴望的目标。随着郊区的不断涌现，"美国梦"悄然具象成为一座拥有浅色窗帘、精致门廊、木制篱笆或是铁艺栏杆的低层住宅[3]。

1.2.1 梦想之家

无论是在基督教文化还是在犹太教文化中，家庭都具有崇高的地位，它被认为是上帝选定的，人类繁衍种族、哺育新生、传播道义的组织单位，而住宅向其提供坚实的遮蔽，正如传统的"盎格鲁-撒克逊"律法所宣称的："一个人的家园将视同他的城堡，允诺他有权击退一切侵入领地的外来之敌。"[4]在西方世界，牧师以与日俱增的热情尊奉家庭，将其视作重要的守护，可以对抗使人堕入罪恶与贪婪的社会阴暗面。通过不可胜数的布道词和训示文，他们夸饰

1　JACKSON K T. Crabgrass frontier：the suburbanization of the United States[M]. New York：Oxford University Press，1985：114-115.

2　同上，238-243页。

3　FISHMAN R. Bourgeo is utopias：the rise and fall of suburbia[M]. New York：Basic Books，1987：3.

4　同1，47-52页。

家庭生活中的美德，坚称除此以外，人们很难再从其他地方找到安宁、抚慰和满足。《家，甜蜜的家》（Home, Sweet Home），这首由约翰·霍华德·潘恩（John Howard Payne，1791—1852）在1823年写出的作品，寄托了当时人们对理想家园永不停息的思念，曾是美国最广为传唱的歌曲[1]。因此，住宅并非单纯的物质存在，而是具有更多的象征意义。首先，美国是一个移民和迁徙者的国家，其人口流动性极大，于是，稳定的住宅被视作暗流汹涌的城市生活中的坚实锚固，治愈"漂泊无根"心态的良方，故而，新置的住宅和传世的祖屋都被假想成"永恒之屋"在现世中的模型，这也是历史风格的住宅大行其道的深层原因之一，它以象征性的语言传递出稳定和恒久。所以，住宅也是一种受到广泛认可的投资，是个人在社会上站稳脚跟的明证，甚至被看作跻身上流社会、跃登龙门的入场券。最后，独立住宅反映着居住个体本身，即使它往往是批量设计和生产的产物，却也是一个特殊的容器，可以折射出自己的内在和品位[2]。随着资本主义步入极盛期，相应产生的服饰、器物、家具、建筑风格，功能与奢华、本体与表象、物质与精神混合在一起，成为价值载体，奠定了资产阶级有别于旧贵族的心理特征。埃里克·霍布斯鲍姆（Eric John Ernest Hobsbawm，1917—2012）曾经这样描述："资产阶级家庭内部给人最直接的印象，是过度的拥挤与掩饰：一大堆物体，以布幔、坐褥、衣服、壁纸掩饰，而且通常十分繁缛。图画必有镀金、格子细工雕镂的画框，画框有时甚至覆以天鹅绒，座椅必用椅套或椅布，丝织品必有流苏，木制品必经旋削，任何表面上必有织品或某种饰件。这无疑是财富与地位之象征，……物品表现其成本。在家中物体大致仍是以手工制作的时代，繁缛大多为成本兼材料昂贵的表示。成本带来舒适，舒适要肉眼可见，而且是产生出来供人体验的。"[3]

私人生活的区域在18世纪之后明显转变，住宅内部的功能分化和房间组织反映了人们内心的欲望，企求在独立的家庭环境中饮食、安睡和放松。尽管这些属于家庭的生活需求和价值取向多数源自欧洲，但却在19世纪中叶的美国得到了最充分的发展，被渐趋复杂的美国郊区住宅实现，如社交性起居室和私人化的寝室，以及更为关键的，在1820—1850年间，工商业资本主义迫使男人伴随职业离开了家庭，即意味着工作日中夫妻间的分离，丈夫出门工作，

1　JACKSON K T. Crabgrass frontier: the suburbanization of the United States[M]. New York: Oxford University Press, 1985: 49.

2　同上，47-52页。

3　霍布斯鲍姆. 资本的年代：1848—1875[M]. 张晓华，等译. 钱进，校. 南京：江苏人民出版社，1999：312-313.

妻子负责管理家中事务，生产力的发展改变了日常生活的状态。

　　活跃在当时的社会理论家，通过各自的思想深刻影响了公众对居住形态的理解，并使之成为整个国家的普遍意识，在人们心中树立了关于郊区住宅的理想形象，埋下了对"田园牧歌"式的家庭生活向往的种子。其中，凯瑟琳·埃斯特·比彻尔（Catharine Esther Beecher，1800—1878）在其第一本具有广泛影响的著作——1841年的《论家庭经济：关于年轻女性在家庭与学校生活中所起的作用》（*A Treatise on Domestic Economy for the Use of Young Ladies at Home and at School*）当中，将成年女子的宗教虔诚和家庭道德的纯洁性联系在一起，从中产阶级妇女的角度出发，阐述自己对住宅和庭院景观的看法。《论家庭经济》明确表示了对私有住宅的支持态度，"拥有一套自己的住房，是根植于每个成年男子心中的梦想"，它还是美国第一本出现住宅平面的著作，其中推荐了几种一两层的户型，拥有起居室、餐厅、卧室等功能完备的房间。书中收录的设计方案多以壁炉为中心组织房间，显而易见，它重点展示的是以住宅为舞台的，健康、欢愉、富足、虔敬的美国家庭传统。《论家庭经济》中的另一个重要观点是对性别分工的构想：郊区和居家生活由女子主导，城市和工作生活由男子主导。比彻尔没有直接讨论"郊区"问题，不过明显流露出了对这种生活方式的赞许[1]。"郊区"进一步提供了新的文化想象和生活憧憬，许多房地产开发商继而竭尽所能地将其塑造为健康、舒适、幽雅的居所，渐渐影响了大部分人选择住址的心理偏好。

1.2.2 生活的革命

　　一般认为，美国郊区的繁荣建立在几个重要的基础之上：一是适合的土地制度，能够支持某种具有稳定房产价值的居住社区的产生；二是交通方式的进化，足以在有轨电车或者通勤班车的固定线路之外，不断开辟出新的领地；三是房屋储备和相应的公共政策允许一种新的不动产流通形式，可以在住房需求的高峰时向普通家庭提供适当的经济保障，让他们能够承担房价[2]。这些条件的

1　凯瑟琳·埃斯特·比彻尔是美国著名的女性作家，一生出版过25部著作，她生于虔诚的基督教家庭，是家中的长女，父亲和七个兄弟都是牧师，比她年幼11岁的妹妹哈丽叶特·比彻尔·斯托（Harriet Beecher Stowe，1811—1896）是名著《汤姆叔叔的小屋》（*Uncle Tom's Cabin*）的作者，另一个妹妹伊莎贝拉·比彻尔·胡克尔（Isabella Beecher Hooker，1822—1907）是美国最早的女性主义者。参见：JACKSON K T. Crabgrass frontier：the suburbanization of the United States[M]. New York：Oxford University Press，1985：61-63.

2　霍尔.明日之城：一部关于20世纪城市规划与设计的思想史 [M]. 童明，译.上海：同济大学出版社，2009：329.

实现均与生活方式的变化紧密相关。

从地理角度说，美国具备令人难以置信的空间潜力。与其他幅员辽阔的国家，如俄罗斯、加拿大、澳大利亚等相比，美国的疆土多为茂盛的植被覆盖，适于人类生活，优良的土地资源无穷无尽（表1.02）。因此，相对于国际标准，美国土地价格低廉，这一点在处于城市边缘的郊区更加明显。

1860—1980年间世界主要工业国家每平方英里人口[1]　　　表1.02

国家	1860年	1920年	1980年
荷兰（Netherlands）	263	589	1003
比利时（Belgium）	385	670	842
日本（Japan）	—	402	801
联邦德国（West Germany）	221	343	643
英国（United Kingdom）	260	469	593
意大利（Italy）	242	335	491
法国（France）	179	192	256
美国（United States）	11	36	63
瑞典（Sweden）	24	38	48
加拿大（Canada）	1	2	6
澳大利亚（Australia）	1	2	5

私人产权伴随着文明产生，其中，土地所有权不仅意味着财富，更意味着权力的确立，它是阶层的印记，如同"崇高的圣符"（sublime insurance）一般抵御外界的疾病与祸患。以财产私有权为基础，欧洲移民在"新世界"建立起稳定的社会秩序，其中，土地称为"不动产"（real estate），依循私人对土地的绝对所有权原则，新大陆的居民可以随意地购买、出售、租赁和馈赠土地，政府只进行最小的干涉。最初的"美国梦"就是拥有一大片自己的土地，这种观念甚至包含了崇高的宗教情怀，土地是上帝对信徒的馈赠，神赐的恩宠谕示着个人事业的成功，构成了被主流社会接纳的重要条件之一[2]。

让梦想成真的另一个重要原因是交通的变革。19世纪末，有轨电车让郊区的大门向普通人敞开了，由此构筑了美国房地产业最初的传统，即将住房选

1　转引自：JACKSON K T. Crabgrass frontier：the suburbanization of the United States[M]. New York：Oxford University Press, 1985：291.

2　世界上大部分地区，贫富鸿沟都通过地产分配不均得到最早体现，在西方文化里，当中世纪欧洲贵族继承的土地规模和位置开始与头衔等级挂钩时，地产的价值更加显赫。参见：JACKSON K T. Crabgrass frontier：the suburbanization of the United States[M]. New York：Oxford University Press, 1985：52-54.

址和基础设施的建设紧密联系在一起。洛杉矶在这一方面开风气之先，其中最显赫的成就当数天才商人亨利·E.亨廷顿创造的开发模式。20世纪初，作为当地房地产行业的新贵，亨廷顿集太平洋电气铁路公司、亨廷顿土地开发公司和圣加百列谷地供水公司三者之力，策划了一次具代表性的商业协作。亨廷顿土地开发公司出资购买了邻近圣加百列谷地的牧场，太平洋电气铁路公司在周边铺设沟通城市区的铁路，供水公司开发家庭用水系统。接着，亨廷顿土地开发公司开通电、煤气和电话服务，雇佣广告机构，开始把土地分片出售。亨廷顿有效地组合着旗下的资本，尽管太平洋电气铁路公司和圣加百列谷地供水公司持续亏损，亨廷顿土地开发公司却赚得钵满盆盈，他的成功堪称电车时代美国地产开发领域的经典案例[1]。

　　轻轨系统衰退后，对郊区化最具决定性影响的源自汽车工业史上最伟大的传奇——亨利·福特（Henry Ford，1863—1947）。通过1908年推出的"T型车"，福特改变了汽车工业的生产方式，普及私人汽车，使之成为大众消费品。在1927年"T型车"停产之际，汽车已经成为美国中产阶级生活必不可少的组成部分[2]。私家汽车允许人们自由选择出行时间和路线，导致一度繁荣的公共交通黯然失色：郊区地产的选址必须考虑与公共交通枢纽的步行距离，这一判断从1920年后开始转变，到1941年时已经基本失效。根据公共道路局的统计，当时存在2100个没有任何公共交通的社区——居住人口2500～50000人不等——居民完全依赖私家汽车出行，这在25年前无法想象[3]。1920—1930年间，在美国境内注册的汽车数量增长了150%，与此同时，全美最大的96个城市的郊区面积也扩大了2倍，私人住宅社区数量的涨幅也很惊人。汽车的普及进一步刺激了城市向周边的蔓延，1915年，洛杉矶对圣费尔南多谷地（San Fernando Valley）的开发给南加州地区的住宅建设提供了新的广阔舞台，直至

1　FOGELSON R M. The fragmented metropolis：Los Angeles，1850－1930[M]. Berkeley and Los Angeles：University of California Press，1993：104.

2　1908年，福特公司推出"T"型车，一款操作简单、维修方便、性能卓著，持续占有市场20年之久的经典车型；1913年，福特公司使用了世界上第一条流水装配线，这被认为是继18世纪通用零件之后，制造业历史上最重要的贡献；1919年，随着位于胭脂河畔的工厂（River Rouge Complex）投产，福特成功地将汽车制造发展成美国的支柱工业之一。生产效率的提升和制作步骤的精简使福特汽车价格逐年下降：从1903年的1600美元，降低到1910年的950美元，直至1924年的290美元，美国汽车作为物美价廉的代名词通行世界，这直接导致了美国的汽车数量从1913年的100万辆攀升至1923年的1000万辆，这一数字在1927年变成2600万，美国一度占据世界汽车产量的85%，平均5个美国人拥有一辆汽车。

3　JACKSON K T. Crabgrass frontier：the suburbanization of the United States[M]. New York：Oxford University Press，1985：187-189.

20世纪50年代，此地的开发热潮才逐渐消退，这些新建郊区基本依靠私家汽车实现进出，几乎看不到任何公共交通的涉足。

"一战"结束后的十年，正值汽车发挥重要影响的时代的开端，而道路系统质的飞跃也同步发生。1916年《联邦公路援助法案》（Federal Aid Road Act）以及后来的1956年《州际与国防公路法案》（Interstate and Defense Highways Act）见证了美国高速公路的郊区化进程。比如在20世纪中叶，军人出身的总统艾森豪威尔认为，高效的交通设施不仅利于国防，也能带来经济繁荣。经过反复论证，国会同意政府向汽油和石油工业以及公共客运与货运行业征税，获取修建公路的经费。在"公路抗击衰退"（Roads Fight Blight）口号的指引下，耗资410亿美元，美国全境修筑了41000英里的公路，它们穿过城市中心，振兴了逐渐衰败的区段，在郊区与城市之间建立了更紧密的联系，为它的进一步发展创造条件[1]。以洛杉矶为代表的南加州经历了更加极端的变化。早在20世纪20年代中期，随着太平洋电气铁路公司的破产，洛杉矶逐步放弃了公共交通，转向立足于汽车的高速公路建设；1945—1950年间，洛杉矶的高速公路总里程增加了4.5倍，造就了当地极度依赖公路的交通方式；直至今日，加州全境高速公路网络密布，总长度居全美第二。地产开发热区紧跟路网的延伸不断移动，更强化了多中心的郊区化形态[2]。

19世纪中叶，美国人已经成为"富裕的人民"，即使是体力劳动的微薄工资，也比世界其他地方的同等收入要高，购置房产相对容易。20世纪30年代初，在一系列公共政策的引导下，美国居民获得长期住房贷款的条件也变得十分宽松。"二战"之后，退役军人返乡和"婴儿潮"（Baby Boom）的共同需求，刺激大量资金不断涌入房地产业，使20世纪50年代成为美国历史上郊区化发展最快的10年[3]。战前美国社会中的普通工薪阶层，在经历战后史无前例的繁荣后，已经进化为优裕的中产阶级，他们富足的生活反映出美国社会的悄然改变：经济援助成了过去，家庭的日常开销迅速膨胀；人们渴望休闲生活，室内娱乐设施越来越受欢迎；孩子的需求得到更多的关注，视野、阳光和室外活动场所变得重要；对私密性的渴望也愈发强烈，美国人开始通过住宅来庇护自己的家庭生活[4]。对居住空间的这些期许，逐步嵌入美国中产阶级文化的深处。

1 霍尔.明日之城：一部关于20世纪城市规划与设计的思想史[M].童明，译.上海：同济大学出版社，2009：329-330.

2 同上，320-321页。

3 同1，332-333页。

4 JACKSON K T. Crabgrass frontier: the suburbanization of the United States[M]. New York: Oxford University Press, 1985: 45-46.

1.2.3 郊区化

20世纪20年代，美国郊区化进入第一次高潮，原先都市边缘未经开发的土地此时已陆续变成了优质房产。根据当时的调查数据，1920年时的开发数量仅能支持46%的美国家庭拥有自己的住宅，然而在1922—1929年间，新建住宅以每年883000幢的数目递增，这个速率超过了之前的任何一个七年的双倍。1929年10月，美国股市崩溃，接踵而至的经济滑坡让前十年的"郊区化"热潮戛然而止。不过，在建设活动低迷的同时，市场导向和政府舆论依旧鼓励人们向前看。在当时，"样板之家"（Model Home）是热门话题。1935年，通用电气公司组织了一次小住宅设计竞赛，要求2040名参赛者结合通用的新产品进行设计；两年后，《妇女之家月刊》（Ladies' Home Journal）举办的"明日住宅"（House of Tomorrow）展览开幕；1939年纽约世界博览会上，有21幢独立住宅以"未来小镇"（Town of Tomorrow）作为单元主题展出。参加这种具有广告色彩的大型展销活动，似乎已经成为当时建筑师的主要业务之一。"新政"时期，联邦住房管理局（Federal Housing Administration，FHA）推动下的住房建设同样发挥了重要作用，在多方面的努力之下，美国房产市场于1936年开始回暖，这次复苏直至"二战"爆发才被打断。战后，美国郊区化进程再度迎来高峰。和平年代的人口出生率一直维持在很高的水平，这使住房形势愈发严峻，联邦政府通过大量批准建设项目满足这些需求，市场中私人投资也相应增加。1950年后的30年中，大概6000万美国人口移居郊区；1970年，郊区居民的总数一举超越了城市和乡村居民的总和；截至1980年，美国83%的人口增长在郊区完成（表1.03）。美国已经毫无疑问地成为一个由"郊区"主导的国家[1]。

1980年美国15个大城市的郊区人口比例[2]　　　　　　表1.03

序号	都市地区	都市人口	郊区人口	郊区人口比例
1	波士顿（Boston）	3448122	2885128	83.7%
2	匹兹堡（Pittsburgh）	2263894	1839956	81.3%
3	圣路易斯（St. Louis）	2355276	1902191	80.8%
4	华盛顿（Washington）	3060240	2422589	79.2%

1　杜安尼，普雷特–兹伯格，斯佩克.郊区国家：蔓延的兴起与美国梦的衰落：十周年纪念版[M].苏薇，左进，译.南京：江苏凤凰科学技术出版社，2016.

2　转引自：JACKSON K T. Crabgrass frontier：the suburbanization of the United States[M]. New York：Oxford University Press, 1985：284.

序号	都市地区	都市人口	郊区人口	郊区人口比例
5	亚特兰大（Atlanta）	2029618	1604596	79.1%
6	底特律（Detroit）	4618161	3414822	73.9%
7	克利夫兰（Cleveland）	2834062	2023063	71.4%
8	费城（Philadelphia）	5547902	3859682	69.6%
9	旧金山（San Francisco）	5179784	3524972	68.1%
10	洛杉矶（Los Angeles）	11497568	7620560	66.3%
11	巴尔的摩（Baltimore）	2174023	1387248	63.8%
12	芝加哥（Chicago）	7869542	4864470	61.8%
13	达拉斯（Dallas）	2974878	1685659	56.7%
14	纽约（New York）	16121297	8721019	54.1%
15	休斯敦（Houston）	2905350	1311264	45.1%

1.3 从"大萧条"到"二战"：梦境与现实

作为一次历时久远，超越地区、阶层、种族的低密度居住浪潮，"郊区化"以不可辩驳的力量让人信服，这是一种注定的、无法逆转的趋势。然而，这段历史并非自然的进程，而是20世纪初，美国政府面对当时的境况做出的明确抉择，决然地介入了国民的居住问题，比如：调整联邦税法，废止了原先对建设新房征收比改造旧屋更高的税额的政策，鼓励在使用年限前就弃用旧建筑，将投资引向新建筑；通过多种补贴形式，加快开发活动向新地段的扩散；以政策调控来抑制燃料价格，鼓励公路建设、汽车运输产业和私人交通工具的发展，降低美国人的出行成本，促进居住的分散化；下调房产税和住房贷款利率，激发了大多数普通美国家庭按揭购买住宅的意愿[1]。一系列决策体现了联邦政府的"现代"转型，不仅促成了美国20世纪持续繁荣的房地产业，还使之成为大多数公民追求自由与幸福的现实载体。即使经历了萧条与战争的困顿岁月，凭借个人奋斗拥有一幢住宅，仍被看成"美国精神"最恰当的物质写照。它不仅弥补了积年累月的艰难时世留下的创伤，更是此前付出的"热血、辛劳、眼泪和汗水"的最好回报，从此深植于生生不息的"美国梦"之中。

---

1 JACKSON K T. Crabgrass frontier：the suburbanization of the United States[M]. New York：Oxford University Press, 1985：190-191.

1.3.1 住房产业与行政之手

在欧洲移民定居北美最初的三个世纪，有关住所的条款并没有纳入各级政府的职能范围之内——无论是殖民地领事馆、州立法机构、镇议会，还是伦敦或者华盛顿的国会。因此，在20世纪30年代之前，许多与房地产相关的事务在运行过程中都曾经试图将政府干预排除在外[1]。

这一政治禁忌直到1918年6月才有些许松动，美国国会拨款1.1亿美元，成立两大机构解决战时产业工人的住房问题——美国航运局紧急运输公司（The Emergency Fleet of the United States Shipping Board）和美国住房公司（The United States Housing Corporation）。这一举措旨在通过住房供给吸引劳动力流向工业区，以此扩大军需工业的产能，应付欧洲战事。然而，这项应急措施却一直等到1919年11月11日"停战日"（Armistice Day）前5个月才正式实行，并且随着战争结束，很快便戛然而止。对项目启动日期的一再拖延，源自于一个根深蒂固的疑虑：以"行政之手"介入住房市场，这一行为将会引发美国国内对社会主义的恐惧。上述两个计划实施期间，在全国范围内只修建了不到25000幢住宅，并在停战后全部卖给了私人开发商。"一战"结束后，美国政府对房产市场继续采取习惯性的放任态度，美国劳工部有时会组织"居者有其屋"（Own Your Own Home Week）之类的活动，但更多地是通过宣传壮大声势，参与美国房地产董事会（National Association of Real Estate Boards）的政治角逐；而房产交易或施工机械化这类问题，依旧被认为应归于纯粹的市场行为[2]。归根到底，美国政府参与住宅供给的初衷，既非出自解决贫困阶层住房问题的自觉，也非出自改革的决心，本质上属于战争行为而非社会福利。不过，它也在一定程度上证明，只要克服对马克思主义的芥蒂，美国政府便可拥有进入房地产业这一传统上专属于私人企业的市场领域的能力。

20世纪30年代前，美国政府极少扶持公共住宅项目：这被视作"公社化"的象征，与国家根本制度相悖，这和同时期的欧洲与苏俄截然相反。"美国梦"的信条意味着，自由的公民可以协同工作，但必须作为独立个体生活，这区别于欧洲与苏俄人民以集体居住为理想的不同意识。此时，欧洲的民主化思潮开始促使建筑学探索低造价社会住宅及其社区模式，如1925年的阿姆斯特丹工人住宅（Worker's Housing in Amsterdam），1927年的斯图加特魏森霍夫住宅博

---

1 JACKSON K T. Crabgrass frontier: the suburbanization of the United States[M]. New York: Oxford University Press, 1985: 191-192.

2 同上，191-193页。

览会（Weissenhofsiedlung in Stuttgart），1930年的维也纳奥地利制造联盟住宅博览会（Werkbundsiedlung in Vienna）等。而美国人在住宅问题上对政府职能的态度，以1929年为起点，终于开始了彻底的改变[1]。

1.3.2 衰退的危机与新政

1929年的"大萧条"几乎摧毁了美国房产市场，中产阶级是动荡时期最大的牺牲品[2]。1931年，赫伯特·克拉克·胡佛（Herbert Clark Hoover，1874—1964）总统召开"全国房产建设和房产所有权总统会议"（President's National Conference on Home Building and Home Ownership），在这次共有超过400多名专家出席的会议上，房地产业被确立为把美国经济拖出泥淖的关键性力量。胡佛指出，房产所有权是"健全的经济制度和完善的社会体系的共同基础，是国家能够顺应不同形势下的具体要求，得以持续、理性发展的重要保障"，但是，"个人资本在房地产领域拥有自主性，这一根本权利不会动摇，为了成功实现大规模项目的规划和建造，目前只能采取权宜之计。如果不以这种方式应对挑战，那么很可能导致以下结果：政府住房成为最后的出路。"[3]会议最终通过了四点决议，对联邦的住房政策做出了调整：第一，设立长期的住房按揭贷款业务；第二，鼓励银行下调贷款利率；第三，成立帮助中低收入家庭购买房产的机构；第四，设法降低房屋建设成本。此外，还提出要向土地投资商、施工建设企业与汽车公司提供补贴或优惠。紧接着，在全国住房建设者协会（National Association of Home Building）的帮助下，美国政府实施了另外两项住房补贴政策。1932年7月22日，胡佛总统签署《联邦住房贷款银行法案》（Federal Home Loan Bank Act），即公法304号（Public Law 304），旨在为住房贷款的供方设立保障性的准备金储备，刺激更多的资金流入房产市场。同年颁布的《紧急援助和建设法案》（Emergency Relief and Construction Act），授权重建工程财政委员会（Reconstruction Finance Commission）放贷给一些主要业

---

1 WAGENER W. Raphael Soriano[M]. New York：Phaidon, 2002：13.

2 1928—1933年间，美国的住宅建设量下跌了95%，房屋维护的费用下跌了90%。20世纪20年代，大概有1/3的美国家庭拥有自己的住宅，而根据1929年的统计，这一数据因为经济危机减半。在其他年份，例如1926年，6.8万幢按揭住宅被收回；1930年，这个数字变成了15万；1931年，20万；1932年，25万；到了1933年春天，几乎一半的住宅因为无力还贷而被放弃，这一速度超过了每日1000幢，美国家庭的财政状况接近于崩溃边缘。房产价值大幅缩水，1926年一幢价值5000美元的住宅到了1932年只能以3300美元的价格卖出。参见：JACKSON K T. Crabgrass frontier：the suburbanization of the United States[M]. New York：Oxford University Press, 1985：193.

3 转引自：JACKSON K T. Crabgrass frontier：the suburbanization of the United States[M]. New York：Oxford University Press, 1985：193.

务为修建中低收入阶层住宅以及进行贫民窟改造的公司。然而，截至1933年，胡佛政府的努力收效甚微，美国经济并未好转[1]。

1933年，富兰克林·D.罗斯福（Franklin D. Roosevelt，1882—1945）就任总统，进行了一系列影响深远的改革举措，史称"罗斯福新政"（The New Deal），意欲消除"大萧条"的负面影响，为国民创造出新的就业机会。其中一项重要内容便是大规模的基础建设，例如高速公路网的扩张，田纳西河域管理局（Tennessee Valley Authority，TVA）治下的区域规划以及水坝等公共设施的修建等。罗斯福政府同样将"可负担"住宅的供给视作首要责任之一，并建立了新职能部门管理此类事务，包括公共工程管理局（Public Works Administration，PWA）和公共事业振兴署（Works Progress Administration，WPA），此外还有1933年4月13日成立的住房借贷公司（Home Owners Loan Corporation，HOLC）和1934年6月28日成立的联邦住房管理局。"新政"试图通过三种途径实现房地产业的振兴计划：第一，将住房需求整合进全国性的一体化市场；第二，通过财政重组刺激房地产业，以国家财政为担保，鼓励金融机构返还被抵押的按揭住宅，同步实施一系列降低还贷利率，减免房贷税收，鼓励长期贷款的财政政策；第三，政府出资促进建筑行业的工业化，帮助它们提高建设速度，削减成本，为逐渐复苏的中产阶级提供造价低廉的住宅。最后这项措施旨在克服住宅建设行业之中劳动力紧缺、生产零散化、低技术水平的不利因素，在沿用传统结构体系——例如"轻质骨架结构"——的前提下，实现批量生产。此外，在联邦住房管理局成立的同时，还一并颁布了《国家住房法案》（National Housing Act，NHA），通过制定规划、技术规范的手段，对独立住宅的平面形态、顶棚高度、空间参数等方面做出了规定。受限于美国政治的意识形态传统，罗斯福政府治下的公共机构仍旧倾向于以经济调节的方式，很少直接介入市场，在相关制度稳定执行之后，即授权私有企业运营，政府退居幕后，更多地去提供官方认证、联邦研究、战略规划、保险以及咨询等相关

---

1 "公法304号"仅是一项应对紧急情况的预案，只能在遭遇风险时提供帮助，因此，美国公众并没有立刻察觉到它的作用，加上实施过程中官僚主义习气严重，在法案颁布的前两年，大概受理了41000桩贷款申请，核实批准的仅3例。遵照美国传统，《紧急援助和建设法案》规定的自偿性贷款（self-liguidating）通常由州政府或市政府对此类放贷企业进行管控，主要手段一般包括：规定房租、融资结构、还贷率，划分项目地段以及规范施工方式等，但新政策要求州政府授权对此类企业免税，当时仅有纽约州政府拥有这样的权力，因此最后只有纽约城的尼克博克村（Knickerbocker Village）得以成功实施。参见：JACKSON K T. Crabgrass frontier: the suburbanization of the United States[M]. New York: Oxford University Press, 1985: 193-194.

服务[1]。

"新政"时期，美国家庭拥有个人住宅被再次赋予新的意义，它意味着爱国主义情操以及直面逆境的力量。正如1939年的《小住宅建设指南年鉴》（*Small Homes Guide Builder Yearbook*）所说："一个属于您自己的家！每一个真正美国人的梦想！"这本小册子还继续写道："你们从坚韧不拔的先驱手中继承了这笔遗产，他们筚路蓝缕，缔造了我们的国家；他们赢取的是你们共同的目标，他们履行的是你们共同的义务——在外来工人运动的乱流中屹立不倒，守护了这个国家。这是属于我们时代的挑战——有人质疑了国父们有关常识的谆谆教诲，以及美国应当通过'变革'而非'革命'来实现成长的百年大计。在这场捍卫美国制度的斗争中，拥有一幢住宅意味着稳固而恒久的公民权利，在任何地方都无法找到比它更加坚强的后盾。因为住宅意味着安全、守护、和平和幸福。"[2]

尽管"新政"于1933年便宣告开始，但此后相当长的时间内，经济复苏仍缓慢无力。真正的转机出现在1937年，欧洲战火重燃之际，纽约证券交易所终于重现了昔日的喧嚣。两年之后，美国已经处于战争的边缘，正是在这一年，其国民生产总值一举恢复到1929年的水平。"新政"主张的干预主义经济，它事实上的成效通过战争才得到验证。

1.3.3 战时与战后

1941年12月7日，"珍珠港事件"之后，罗斯福宣布美国进入全面战争状态。因为战争环境下材料紧缺，自1942年1月始，设计行业的工作变得愈加艰难。《战时能源法案》（War Powers Act）授权战备董事会（War Production Board，WPB）掌控经济，重新分配原料、生产、消费、科研等各个部门的比重。1942年4月，战备董事会颁布L-41号限制令，调控个人与商业住宅的建设项目，资金投入超过500美元的住宅或者超过5000美元的商业地产项目，必须申请特别许可。一些先进的材料，例如塑料、铝、铜，还有一些其他金属在1941年就受到了控制，尚在战备董事会就位之前。建设行业的发展因为材料匮乏而受阻，木料成为当时最主要的建材，通过工业化生产尝试替代金属材料，两种新型的胶合板产品就是在此时问世的。战争疑云给建筑业蒙上阴影，却刺激了"大萧条"以来困顿的经济。1940—1944年间，美国的GDP以15%

1　WAGENER W. Raphael Soriano[M]. New York：Phaidon，2002：13-14.

2　转引自：WAGENER W. Raphael Soriano[M]. New York：Phaidon，2002：10-12.

的平均速度逐年增长，堪称空前绝后的经济成就。战争同时重塑了美国的本土文化，折射出国民基本需求的改变：人们渴求安坐家中，尽享天伦之乐。随着时局的变动，美国广告界对房地产业的着眼点也发生了转移，与起先饱含爱国主义情操的宣传相比，更倾向于对战后优裕生活誓约的兑现，通过例如"全面的战争之后，就是全新的生活"之类的承诺，激发对美国未来的美好憧憬[1]（图1.05）。

不仅广告界对战后重建给予了关注，联邦政府和私有工业早已开始思考，将经济政策从战时状态恢复到和平时期的正轨上时将会面临的难题，充分表现出了远见卓识。1944年，《军人权利法案》（Servicemen's Readjustment Act）颁布，联邦住房管理局与退伍军人管理局（Veterans' Administration，VA）合作，保证战场归来的美国士兵有能力购买按揭住宅。1946年的《军人应急住房法案》（Veterans' Emergency Housing Act）认可了联邦住房管理局和退伍军人管理局之间的这种合作关系。而在战事逐步明朗化之后，将美国战时工业机器运用在和平时期的问题，开始进入议程。

在1942年美国制造业协会（National Association of Manufactures，NAM）的报告中，"就业—自由—机遇"作为战后首要的一系列政策建议被呈递给罗斯福总统，其中写道："既然我们能够快速而有效地调动手中资源用于一场浩大的战时生产，难道就不能以同样的高效，从技术和组织两个方面配置经济生产，应付和平时期的消费需求吗？"[2]1945年2月，威尔森·怀亚特（Wilson Wyatt，1905—1996）再次向副总统哈利·杜鲁门（Harry Truman，1884—1972）报告："在过去五周时间里，我接待了超过30个来访团体，包括工业界代表、蓝领工人、退伍士兵和政府部门。我倾听他们的诉求，我细读他们的材料。通过研究，可以得出两点显而易见的结论：第一，未来两年迫切需要大约30万幢低造价的适用性住宅；第二，只有像四年前一样，借助美国战时的工业机器这一世界上最强大的工具，以及同样的勇气、决心和协作精神，才能完成这个紧迫的建设任务。"[3]

"二战"之后，数以十万计的美国士兵归国，这个年龄相近、经济状况相仿的巨大群体，得到联邦住房管理局和退伍军人管理局联合提供的贷款资

1　WAGENER W. Raphael Soriano[M]. New York：Phaidon，2002：15.

2　转引自：WAGENER W. Raphael Soriano[M]. New York：Phaidon，2002：12.

3　威尔森·怀亚特，时任联邦住房管理局和退伍军人管理局住宅项目的特派员；哈利·杜鲁门，1945年因罗斯福去世继任总统；转引自：WAGENER W. Raphael Soriano[M]. New York：Phaidon，2002：16.

助之后，陆续返回家园，购置住宅。当时的土地资源十分充足，联邦住房管理局的挑战主要来自紧迫的生产需求。战争解放了建设行业对预制技术的使用，1941年12月～1948年8月期间，大约12万幢预制住宅被送上美国车间的生产线。"工业化住宅单元"（industrialized housing unit）同样成为战后为期两年的"军人应急住房项目"（Veterans Emergency Housing Program）成功运作的基石：1946年计划投产约25万件住宅单元，1947年又追加了约60万件[1]。截至1950年，共有17万套低价住房投进了市场，解决了超过

图1.05
通用电气广告，20世纪40年代

680万名归国军人的住房问题。数据充分表明，住宅产业的革命已经不可阻挡地到来（图1.06）。《1949年住房法案》（Housing Act of 1949）是该时期又一项重要的政府举措，其中心内容在于每年建造13.5万个单位的公共住宅，并针对城市贫民窟和一些条件落后的居住社区制定相应的改造计划，可能包括以下几种模式：住房援助、社区更新、模范城市项目（Model Cities Programmes），这些决策都是为全面发展经济，改善城市形象而制定的[2]。1965年，美国国家住房与城市发展部（Department of Housing and Urban Development）成立，另外两部与住宅建设相关的法案在1968年和1970年随之修订完成，这意味着一个全国性的"新型社区"计划的形成。

1940—1947年间，美国家庭住宅拥有率跃升至40%，占据20世纪中叶增

---

1 WAGENER W. Raphael Soriano[M]. New York：Phaidon, 2002：16.

2 然而，法案的执行并不顺利。一方面，受朝鲜战争（Korean War, 1950—1953）影响被迫削减了目标；另一方面，由于民主党和共和党之间的政治斗争，没有按计划获得资金支持。与此同时，美国社会中的阶级差异也从中暴露出来，持有房屋的中产阶级担心房价下跌，转而反对公共住宅建设。更糟糕的是，出于改善居住环境的初衷，《1949年住房法案》允许动用联邦资金进行"都市更新"，结果这一规定讽刺地沦为私人开发商盈利的政策工具，其主要措施就是推平贫民窟，大量失去家园的穷人被迫涌入公共住宅，那里很快被低收入的少数族裔占据，各种社会矛盾一触即发，这在人口构成复杂的大城市尤为显著，以至于1973年，总统理查德·尼克松（Richard Nixon, 1913—1994）被迫宣布暂停公共住宅建设。

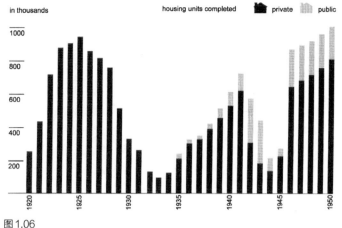

图 1.06
1920—1950年间美国住房建设量

幅的一半；战后"婴儿潮"时期，这一数量已经达到全美家庭的2/3；在50年代的巅峰时刻，美国宅基地以及小住宅的交易量以每年超过100万的数额递增，年增长率接近50%。对比20年代不到1/3的住宅拥有率，这无疑是惊人的发展[1]。这一成就得益于20世纪美国"现代"住宅实践的两个重要基础：一个是有力的社会共识，要为每一个公民建造可负担的住宅，它折射出了经由罗斯福新政传递出的理想主义信念；一个是对先进生产技术和管理模式的推广，由此带来的巨大改变，创造出了繁荣的战后生活。

1.3.4 推行批量建造

作为战后经济的重要组成部分，私人住宅建造行业也通过一些原先的战备承包商，逐步引进了以流水线建造营房之类的军备技术，其中又以东北地区的列维特父子公司（Levitt and Sons, Inc）以及西海岸的凯瑟尔·艾奇勒和约瑟夫·艾奇勒（Kaiser and Joseph Eichler）兄弟最为著名。预制技术作为典型战时生产模式被他们用来修建了数十万幢小住宅。

1947年，由列维特父子公司开发的第一个"列维特镇"（Levittown）社区在长岛希克斯维尔区（Hicksville）破土动工，他们接着在宾夕法尼亚州巴克斯郡（Bucks County）修建了第二个。列维特建造了数以千计的"科德角"（Code Cape）样式的小住宅，每幢房子只占用60英尺×100英尺的标准地块的12%，建房用的预制构件用卡车运往基地，像流水线一样排成一列，每周能完成大约150幢（图1.07）。

1　WAGENER W. Raphael Soriano[M]. New York：Phaidon，2002：10.

图 1.07
列维特住宅生产，20 世纪 50 年代

与千篇一律采取传统式样的列维特住宅相比，处于西海岸旧金山湾区的约瑟夫·艾奇勒房产公司更喜欢现代风格。一般开发商都会节省设计费开支，但艾奇勒坚持雇佣建筑师，他认为经过专业技能优化的产品同样能带来利润[1]。并且，通过采用半预制的木材建造系统，在不同住宅类型中组合进重复要素，足以在兼顾美观、舒适和经济的同时，控制建造成本，也给设计师留有自由创作的空间。

在战后住宅建设的高潮中，西海岸显得较为自由，涌现了一批具有20世纪特征的新住宅类型，它们普遍采用了框架结构和半预制的木结构体系，等到50年代，大量富余的钢铁和一些其他材料，如玻璃、铝、有机玻璃，也逐步进入了房地产开发领域。

尽管小住宅建设在数量上出现井喷，但却并不能被称为理想的战后"应许之家"。大量住宅只是提供一个简单的居所，规划和设计都很糟糕，像模子复刻出的一样单调无味，内部空间也十分拥挤。当时，前沿的建筑杂志敏锐地捕捉到了战后工业转轨带来的挑战。1942年9月，《建筑论坛》（Architectural Forum）发起了名为"40年代新住宅"（The New House 194X）的全国设计竞赛。竞赛以爱国热情鼓励设计师参与对战时建造技术的推广："每时每刻，都可以感知到战争的终结将会给人们的日常生活带来巨大改变。这些改变将影响消费习惯、生产方式，并不可避免地通过物质世界中的形式反映出来，这正是设计师塑造的对象。"[2]《建筑论坛》的编辑继续写道："小住宅是职业建筑师和普通民

---

1 艾奇勒合作过的建筑师包括：1950年的安申和阿伦事务所，A.昆西·琼斯以及拉斐尔·索里亚诺。

2 转引自：WAGENER W. Raphael Soriano[M]. New York：Phaidon, 2002：12.

众兴趣上的共通点，从多重意义上说，它是我们个人奋斗的结晶。小住宅的梦境将会成真，如果能深刻地认识到此前我们因何而战，和平所指何物，呼吁所为何事……'40年代新住宅'将成为在竞争激烈的战后市场中脱颖而出的热销产品。"[1]1943年，有人在西海岸声援了这项活动，约翰·因坦扎（John Entenza，1905—1984）主编的《艺术和建筑》（Art & Architecture）发起了以"战后住宅"为主题的设计竞赛。1945年1月，它升级为"案例住宅计划"，将美国建筑界对"现代住宅"的探索推向高潮。

1.4 现代住宅的准备：形式溯源

美国人的"梦想之家"是一座"花园中的住宅"，这一观念与20世纪整体环境下的政治意识、经济政策、社会心态以及审美品位、技术水平、材料工艺等聚合为一个复杂的结构，规定了建筑"形式"的原则。变革的潜力也在其中产生，与建筑师的经历相结合，借助个人创作得以呈现。在现代运动逐步兴起的时代背景下，南加州的现代住宅作为一种所谓美国经验的典型代表，拥有更为具体、多元、复杂的传统，通过对其特征起源进行追踪，可以分辨出多种不同的影响因素。

1.4.1 本土居住形态

南加州现代住宅的形式原型拥有多种起源，其中最久远的部分可以追溯到西班牙殖民时期。16世纪早期，西班牙王室的使者在寻找金矿的途中进入了加州，这些外来移民建立定居点时，遇到的第一个障碍就是当地缺乏砖石建造的自然条件。于是，他们从当时尚处于半游牧状态的原住民的居住方式中寻求帮助。这些印第安人采用了一种不借助工具，以草叶和灌木覆盖芦苇秆框架，可以称之为"漂浮屋顶"（floating roof）的构筑物。通过简单的遮蔽，足以适应当地温暖的气候，在迁移时也易于烧毁或拆除。

随后出现的加州住宅逐步从西班牙建筑中吸取经验。当时所谓的"西班牙殖民风格"主要应用于三种建筑类型：天主教堂、军事要塞（堡垒）和小村落，它们很好地利用了当地条件，就地取材，易于建造，而最突出的特征是室内和室外的紧密结合。其中，住宅的朝向选择会考虑阳光的照射，典型平面会围绕院子进行组织，它和房间一样被看作为重要的生活场所；阳台的设置同样适应

1　转引自：WAGENER W. Raphael Soriano[M]. New York：Phaidon，2002：12.

图1.08
洛杉矶，1857年

于温暖的气候；室外楼梯则省略了不必要的室内交通面积。19世纪早期的洛杉矶村落呈现出一幅简单质朴的图景——一到两层的土坯平顶小房子，点缀着木质的阳台栏杆、走廊或楼梯，散布在自然环境之中（图1.08）。

1.4.2 木构传统

19世纪中叶，从大陆东部涌入加州的移民者带来了"盎格鲁–撒克逊"式的木构建造。到1860年，土坯结构作为简陋的技术基本遭到淘汰，取而代之的即是中西部式样的"轻质骨架结构"。大致在1830年前后，"轻质骨架结构"出现在芝加哥，后来通过旧金山的造船工人传入加州。当时，在旧金山湾区已经形成了木材进口市场，主要货源地为美国东海岸，也包括英格兰、澳大利亚和中国，所有材料在这里被预先切割好进行销售。

"轻质骨架结构"通过铁钉将断面2英寸×4英寸的木骨架结合在一起，以此代替原先用榫卯装配梁柱的做法。这种体系无须借助转角柱获得稳定性，而是由横向和竖向的构件连为整体，龙骨间隔16英寸，和楼板相连，共同承重并抵御水平风荷载。这种结构施工方便，不需要专业木构技能，随着设备和工具的逐步机械化，建造工作愈加轻松。

"轻质骨架结构"将住宅建造的工作量削减到只需要基本的劳力和技术的程度，因为它的出现，原先需要动用20个人的工程成为一件三两个人就能快速完成的事情，这让美国人自建住宅成为普遍的现实。在此基础上，美国的建造业由一项特殊的手艺转变为一种工业化的生产部门：地产商购置城市近郊的土地，划分成小块宅基地，出售给普通家庭；材料商们通过铁路将预先处理完成的原料输送往各地的仓库，再连同铁钉一道运往工地；建造商省略了切割工序，在现场直接安装。这基本可以看作流水线工业化生产的雏形。到1872年，还出现了销售预制建筑部件的商店，制作精良的门窗赫然陈列在货架之上。"轻质骨架结构"住宅几乎遍及所有的美国小镇，并适应了各种流行样式——著名的"鱼鳞板风格"（shingle style）亦是其中之一——它深刻影响了19世纪末以降的美国住宅。

这种"盎格鲁-撒克逊"体系奠定的木构传统也不断吸纳着外部世界的影响。1893年芝加哥哥伦比亚世界博览会展出了日本平安时代的佛堂与茶室，东方的木构建筑显示出了与学院派的厚重完全不同的轻盈趣味，深深地吸引了美国建筑改革者们的眼光。对加州而言，日本建筑不只是一种地域特征鲜明的外来文化，还是一种在"环太平洋地震带"中屹立千年之久的传统结构体系，其精巧、优雅和质朴推动着西海岸进行新的尝试，清晰的结构、简练的实墙、可移动的分隔、宜人的尺度、密切结合景观等特征，都为当地住宅提供了汲取灵感的源泉[1]。20世纪初，加州境内还出现了许多被称为"平层住宅"的小屋，这种源于南亚的居住方式也被改造成了颇具当地特征的建筑[2]：它们通常具有深远的门廊和挑檐，可以遮挡炽热的阳光。这些一两层的小住宅多用木构，易于修建、造价低廉、布局灵活，十分契合于当时南加州大量移民涌入，人口流动性极高的社会状况。

1.4.3 移民建筑师

19世纪后期，美国建筑界对现代建筑的探索，以芝加哥学派为中心已初见雏形，不久之后，通过橡树园的实践，弗兰克·劳埃德·赖特（Frank Lloyd Wright，1867—1959）也迎来了自己的"形式"实验的第一个黄金时期。它们共同孕育了加州现代建筑的本土萌芽：一方面是实用主义或功能主义的铸铁框架和体量组织；另一方面是摆脱机器的桎梏，回归传统手工艺的浪漫主义的自然美学和荒野神话。这些彼此平行的多重起源，通过伯纳德·R.梅贝克

---

1 由于政治和经济上的闭关锁国，日本文化长期不被外部世界所知，黑船叩关之后，日本和美国于1854年签署《神奈川条约》（Kanagawa Treaty），自此，日本文化得以逐步展现在世人面前，由于地理因素，西海岸成为美日文化交流的前哨站，洛杉矶以北的帕萨迪纳即是中心之一。

2 "平层住宅"源自印度和孟加拉地区，在当地语中即称作"bangla"，意为"带一圈围廊的矮房子"，英国殖民者称之为"bungalow"，他们发觉这种开敞透气的房子十分适宜作为湿热气候环境中的住所，将其逐步传播到了世界各地，当"平层住宅"到达美国之后，从19世纪晚期开始，发展成了一种极具特色的住宅类型。

（Bernard R. Maybeck，1862—1957）、格林和格林事务所（Greene & Greene）、埃尔文·吉尔（Irving John Gill，1870—1936）等人的工作得到了分别的体现。

20世纪20年代，关于现代住宅的革命性探索在大西洋两岸同时展开，一批欧洲移民建筑师在30年代之前就已陆续来到了南加州，并带来了德国包豪斯（Bauhaus）和荷兰风格派（De Stijl）这两种当时最为活跃的思潮，有力地推动了当地住宅"形式"的现代转型。这股"欧洲浪潮"当中既有赖特曾经的一些欧洲学生或助手，鲁道夫·辛德勒和理查德·诺伊特拉即是其中的杰出代表；也包括了肯姆·韦伯（Kem Weber，1889—1963）、J.R.戴维逊（J. R. Davidson，1889—1977）、保罗·拉兹洛（Paul Laszlo，1900—1993）、阿尔伯特·弗莱（Albert Frey，1903—1998）等一批设计师，他们大多数都在欧洲接受专业教育，并于"一战"前后开始各自的实践生涯。当时欧洲不断涌现的功能主义、反装饰倾向、技术变革、顺应大众需求的建筑思潮以及初兴的"现代艺术"形式，在这里遭遇了深具美国特征的南加州自然环境。这些移民建筑师从中找到了另一种适应温暖气候的本土居住经验，门廊、露台、庭院等被迅速吸收转化为新的形式要素，连同美国"艺术与工艺运动"对地方材料和环境的细腻感觉以及同时期欧洲的技术成就及空间观念，共同纳入了一种灵活的"折中主义"策略，最终塑造了专属于南加州的现代住宅形式样板（图1.09）。

继1932年2月纽约现代艺术博物馆（Museum of Modern Art）的"现代建筑：国际风格展览"（Modern Architecture：International Exhibition）之后，同年7月，洛杉矶维尔舍林荫大道（Wilshire Boulevard）的布洛克旗舰店也进行了相似的展览，首次将这些深具欧洲血统的设计及其"形式"观念呈现在西海

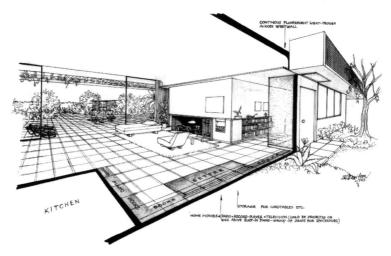

图1.09
案例住宅1号（J. R. 戴维逊，1945—1948年）

岸面前[1]。

结语：现代性的注脚

　　加利福尼亚南部地区在西方的视野之外存续了数千年，直至19—20世纪之交，才开启了现代转型的进程。总体而言，南加州的地域特征接近欧洲南部，但究其独特性，与其说是温暖明媚的气候环境，毋宁说是外来移民浪漫想象的投射。与之类似的是，无论是本土的印第安原住民还是西班牙殖民者的住宅样式，几乎都被英美木构建造完全取代，而后来与其并行的另一种选择，即所谓的"现代"设计，此二者事实上同属于舶来品，并且合力催生出了一种"纯粹延展"的具有真正原创性的"地域性"居住空间。郊区以极端的水平性，依靠庞大的高速公路网络，环绕着没有中心、没有层次、没有方位、没有等级的城市，这种抹除一切差异的力量之中，同时蕴藏了最彻底的"现代性"潜质[2]。

　　南加州是被工业技术、投机资本以及"新政"凝聚的国家权力、战后确立的地缘政治格局共同穿透的"花园"意象：它呈现出更年轻的美国与欧洲在多重意识上的显著差异。在这里，对"现代性"计划的回应与调适，以及"地域性"经验参与继而反向影响世界进程的历史，逐一嵌入当地的住宅生产，再现为各种主体的空间实践。

　　无论是微观层面的区域取径，还是宏观层面的全球变迁，对它们的探究都不会仅限于对个体选择浪漫化的重现，还应涉及对整体结构的审视。而通过关注典型的人物或群体，既可以捕捉具体行动中顽强的异质特征，也可以揭示时代推动下的难以抗拒的普遍趋势。

1　布洛克旗舰店（Bullock's flagship Department store）于1907年3月成立，1983年6月停业，曾是当地最负盛名的奢侈品消费场所，也举办一些时尚展览，一度成为洛杉矶重要的文化地标。

2　鲍德里亚.美国[M].张生，译.南京：南京大学出版社，2011：167，214-215.

02

南加州住宅的建造者：
谱系

尽管有时被视作一个流派，但南加州"现代住宅"的主要设计者并未形成严格意义上的团体，他们仅在某一阶段，以雇佣、师承、合作等关系或多或少地产生交集，而大部分时间里，则以洛杉矶为中心，进行着各自的实践。

在他们身边，同时汇集了一批深受"现代建筑"观念影响的职业建筑师、建筑历史和理论学者、相关媒体从业者、房地产开发商以及在当地拥有现代住宅的私人业主，他们对南加州现代住宅的形成与传播，起到同样显著的作用。

2.1 现代住宅的先驱

19—20世纪之交，建筑师在探索住宅"现代原型"（proto-modern）的过程中，通过将南加州当地的生活方式和一些贯穿于本土建筑传统中的思想遗产相结合，比如鲜明的地方意识，尊重自然环境的浪漫主义情怀，美国"艺术与工艺运动"（Arts & Crafts Movement）提倡的美学以及崇尚经济高效的实用主义态度等，取得了最初的成就。

2.1.1 格林和格林事务所

查尔斯·格林（Charles Sumner Greene，1868—1957）和亨利·格林（Henry Mather Greene，1870—1954）两兄弟创建了格林和格林事务所：他们先后于1868年和1870年出生在俄亥俄州布莱顿（Brighton）的一个显赫家庭[1]（图2.01）。

图2.01
查尔斯·格林和亨利·格林

格林兄弟的幼年在母亲家位于西弗吉尼亚的农场中度过，后因父亲托马斯·格林（Thomas Greene）的医学院学业，他们举家迁往了密苏里州的圣路易斯市。1887年，格林兄弟进入圣路易斯的华盛顿大学手工艺培训学院（Manual Training School）学习，在土木工程学教授卡尔文·伍德华德（Calvin Woodward）的指导下，了解了金工和木工技术，培养了在分析材料性能之后进行加工的娴熟的技能，

1　布莱顿市如今已经并入辛辛那提市。

并奠定了自己的美学信条，正如这所学院的格言"文雅之心，技巧之手"（The Cultured Mind – The Skilled Hands）一样[1]。1888—1891年，格林兄弟在麻省理工学院（MIT）接受了为期两年的建筑学课程，这是当时获取职业资格的唯一途径。格林兄弟在MIT学习了古典建筑风格，同时加入波士顿当地的事务所，开始了各自的建筑实践[2]。

此时，两兄弟的父亲托马斯·格林作为一名顺势疗法医生开始执业，他信奉阳光和新鲜空气对健康的作用——这是当时颇为流行的思想，后来也体现在格林兄弟的设计中，并于1892年和妻子迁往帕萨迪纳居住，不久之后，夫妇俩要求两个儿子来到加州团聚。在从波士顿奔赴帕萨迪纳的途中，适逢1893年哥伦比亚世界博览会在芝加哥举办，格林兄弟因此接触了日本建筑，对其产生了浓厚兴趣。一年后，两兄弟再次游览了旧金山的日式园林，这种痴迷与日俱增[3]。1894年1月，格林和格林事务所在帕萨迪纳成立。当时，一种维多利亚式的历史主义（Historicist Victorian）风格开始取代先前遗留下来的西班牙殖民风格，逐步占据加州住宅市场的主流；后来，又出现了各种融入了多重特征的"历史折中主义"（Eclectic Historicism）可供选择[4]。

1893—1903年间，格林兄弟正处于形式实验的关键阶段，他们摇摆在早年接受的专业教育和现实流行的传统样式之间，尝试着将对材料和工艺的考虑，置入加州的自然环境和文化背景之中，以此与陈旧的风格堆砌保持距离。他们适度吸收了基于"轻质骨架结构"的"安妮女王"（Anne Queen）风格，并在其传统外表下引入了颇具功能主义气质的非对称布局。1901年后，格林兄弟开始简化作品中某些过度的装饰，一些非传统的特征逐步浮现，比如木工工艺的显露、连续空间的开敞、通过门廊或雨篷向室外的渗透等（图2.02）。

---

1 卡尔文·伍德华德是约翰·拉斯金（John Ruskin，1819—1900）和威廉·莫里斯（William Morris，1834—1896）的忠实信徒，深受"艺术与工艺运动"思想的影响。

2 查尔斯于1890年春进入安德鲁斯，雅克和兰图尔（Andrews, Jaques and Rantoul）事务所工作，四个半月后转入克里普斯顿·斯图吉斯（R. Clipston Sturgis）工作室，1891年先后在赫伯特·朗福德·沃伦（Herbert Langford Warren）与温斯洛和维斯莱尔事务所（Winslow and Wetherell）工作；亨利先就职于张伯伦和奥斯汀事务所（Chamberlin and Austin），随后转入谢普莱、卢坦和柯律治事务所（Shepley, Rutan and Coolidge）。

3 格林事务所所在地帕萨迪纳是当时美国西海岸吸收日本文化的中心，不过，建筑方面的兴趣并没有立即体现在他们的作品中，而是在1904年，查尔斯·格林从圣路易斯路易斯安那展销会（Louisiana Purchase Exposition）归来以后。

4 包括：如画的乡居风格、中北美墨西哥风格、传统英式风格、传统式荷兰与英格兰混合风格、如画的佛罗伦萨风格、西班牙与佛罗伦萨混合风格、荷兰文艺复兴风格、法式城堡风格、安妮女王风格等；约瑟夫·纽森（Joseph Newsom）和萨缪尔·纽森（Samuel Newsom）兄弟是设计这类住宅的代表建筑师。

图2.02
布莱克住宅（格林和格林事务所，1906年）

这些要素在格林兄弟后来的作品中仍有延续，并通过设计"平层住宅"进一步确定，它们在1907—1909年间的作品中得到全面的反映[1]。伴随着"完美的平层住宅"（ultimate bungalows）的逐步成型，事务所名声日隆。

1922年，随着查尔斯·格林举家北迁至加州的卡默尔（Carmel），事务所宣告解散；亨利·格林留在帕萨迪纳，继续进行建筑工作。20世纪50年代，格林兄弟相继离世。

格林和格林事务所很少承接帕萨迪纳以外的项目，甚至会回绝洛杉矶市区的工作。他们的业务大多源自顾客委托，很多室内陈设，有时还包括织物纹样，都根据需求量身定做，这种投入在细部中的关注，对大量从事商业项目的大型事务所或者设计团队来说，是很难实现的。事务所立足地方，这使其卓越成就很少被外界认知[2]。直至1948年，美国建筑师学会帕萨迪纳分会方才对两兄弟进行表彰；1952年，全国总会嘉奖他们对"一种新型本土建筑样式"的创造。格林兄弟发展出具有强烈个人印记的美学特征，既归功于早年求学经历中的手工艺培训，也得益于后来吸取自日本传统建筑的木构框架及其精巧细部。他们的作品倾向于通过拼合、榫卯、绑扎等节点处理方式表现结构，而非借助装饰进行隐藏。刻意显示繁复的工艺，甚至增加受力支撑的数量，引发相关的视觉与触觉经验，传递给人们以牢固的安全感，这使他们设计的住宅拥有了经

1　格林和格林事务所的重要作品有：蒂奇诺住宅（Tichenor House，1904）、埃尔文住宅（Irwin House，1906）、罗伯特·R.布莱克住宅（Robert R. Blacker House，1906）、甘博住宅（Gamble House，1908）等。

2　1903年，查尔斯·格林的玛丽·达琳住宅（Mary Darling House，1903）草图在英国出版，是事务所作品首次在美国境外发行。

图2.03
甘博住宅（格林和格林事务所，1908年）

久不衰的品质，并且接合了美国"艺术与工艺运动"的潮流。在1908年建于帕萨迪纳的甘博住宅是格林和格林事务所的代表作品，也被认为是20世纪美国住宅之典范（图2.03）。

2.1.2 埃尔文·吉尔

埃尔文·吉尔生于美国纽约州的塔利镇（Tully），他没上大学，也从未接受正规建筑教育。吉尔先跟随锡拉丘茨（Syracuse）的建筑师埃利斯·G.霍尔（Ellis G. Hall）学徒，接着去了伊利诺伊州的芝加哥，在约瑟夫·莱曼·塞尔斯比（Joseph Lyman Silsbee）手下工作。此后，吉尔得到了丹科玛尔·阿德勒（Dankmar Adler，1844—1900）和路易斯·亨利·沙利文（Louis Henry Sullivan，1856—1924）事务所中的一个职位，并和赖特成为同事。吉尔在阿德勒和沙利文事务所（Adler and Sullivan）参与的最重要的设计是1893年哥伦比亚世界博览会交通大楼（图2.04）。

1893年，因为健康原因，吉尔搬至加州的圣迭戈，并在那里独立执业，主要设计"折中主义"风格的大型住宅。不久之后，他开始了和威廉·S.赫巴德（William S. Hebbard）长达11年的合作，赫巴德和吉尔（Hebbard & Gill）事务所

图2.04
埃尔文·吉尔

以设计"都铎复兴"（Tudor Revival）和"草原式"（prairie school styles）风格的建筑见长，在圣迭戈当地颇有名气。在此期间，两人完成了一些不错的作品，李-提茨住宅（Lee Teats House，1905）与乔治·W.马尔斯顿住宅（George W. Marston House，1906）是其中的代表。

1907年，吉尔开始和弗兰克·米德（Frank Mead）合伙，共事不到1年，只完成了拜利住宅（Bailey House）、阿伦住宅（Allen House）、劳福林住宅（Laughlin House）、克劳伯住宅（Klauber House）四个作品，但品质都很高。此时正值吉尔思想的转型期，他广泛地思考了以下问题：一是混凝土材料在形式创造中的潜力；二是追求经济和效率的设计，一方面符合当时流行的"泰罗主义"（Taylorism）管理理念，另一方面源于他的"震颤派"（Quaker）信仰，体现为对简单生活的崇尚；三是从"进步年代"（Progressive Era）延续下来的理想，吉尔认为建筑可以推动社会改革，他投入了极大的热情从事印第安自留地、黑人区教堂和墨西哥移民点的工作；四是对各种传统建筑越发浓厚的兴趣，既包括加州当地的西班牙式民居，也包括米德讲述的北非阿拉伯聚落。早年耳濡目染的芝加哥学派的探索——即美国的"现代建筑"之根——为他的思考提供了基础。

1911年之后，吉尔将自己的主要工作地点移至洛杉矶，在托伦斯（Torrance）新城区完成了不少设计[1]。他公认的最优秀的作品也集中在20世纪20年代的10年间，它们通常都是白色的混凝土方盒子住宅：附带着连续拱券形成的通高门廊或走道；平屋顶一般会开天窗，不做屋檐；多采用上部有气窗的竖向平开窗。在室内，吉尔极力减少细节，踢脚、装饰线、壁炉罩往往做简单的处理；抹灰墙面和水泥地板减少拼缝；尽量避免不必要的材料变化，连木质元素都很少出现。在追求造价经济、易于维护、清洁卫生的居住模式的过程中，吉尔不自觉地转向了理性主义的纯粹美学，他有时甚至被归为"立体主义者"（Cubist），并被视作美国现代运动最早的先驱之一（图2.05）。拉荷亚妇女俱乐部（La Jolla Woman's Club，1912—1914）是这一时期极具探索性的一件作品[2]，吉尔选择混凝土技术"立墙平浇法"（tilt-up）建造建筑外侧的拱廊墙体，这种施工方法在加州首次尝试（图2.06）。

20世纪20年代，吉尔回到圣迭戈。不久之后，他开始在设计中有限度地尝试"装饰艺术"（Art Deco）风格，这在当时一度被视作"现代"的代名词。

1　这一时期，吉尔的侄子路易斯·吉尔（Louis Gill）进入了事务所，起初做绘图员，不久擢升为合伙人，直至1919年合作结束。

2　该项目来自艾伦·布朗宁·斯科瑞普斯（Ellen Browning Scripps）的委托。

图2.05
道奇住宅（埃尔文·吉尔，1914—1916年）

图2.06
拉荷亚妇女俱乐部（埃尔文·吉尔，1913年）

这一时期的工作并不顺利，部分缘于他本人的拖延症，但更多地归因为公众品位的转变——吉尔并不是一个易于向业主妥协的建筑师——圣迭戈霍尔顿广场公园（Horton Plaza Park）的电子喷泉是其中比较重要的作品之一[1]。

埃尔文·吉尔逝世于1936年，除加州媒体外，美国其他各地没有太多报道。直至1960年埃斯特·麦考伊出版了《五位加州建筑师》（*Five California Architects*）一书，他的工作才得到系统的介绍。

吉尔留下的很多作品至今仍被视作圣迭戈市的建筑瑰宝[2]。

1　这个作品意外地选择了复古风格，是当时第一个将水景和彩色电子灯光效果相结合的设计。
2　无论是1932年MoMA现代建筑展中的亨利–拉塞尔·希区柯克（Henry-Russell Hitchcock，1903—1987）还是《空间、时间和建筑》（*Space，Time and Architecture*）的西格弗雷德·吉迪恩（Sigfried Giedion，1888—1968），都没有给予埃尔文·吉尔足够的重视。

2.1.3 丰盛的遗产

格林兄弟以及埃尔文·吉尔被视为探索南加州建筑"现代性"的先驱，很大程度上归因于他们与同时期美国的艺术与工艺运动或者芝加哥学派分享了某些共同的意识：立足于对折中主义的革新，不同程度地摒弃冗余的装饰，转向对材料本身的表现以及对细部的雕琢，或者重新匹配出一套简洁纯净的抽象几何语言。这些特征被现代建筑的早期观念一致接纳，然而未必不是"地域性"表征的复杂构成：它们以欧洲传统风格和北美木构体系为基础，同时吸纳了本土土著或者东方异域的居住文化，并将其视作未受"污染"的形式源泉。正当西海岸的建筑师通过郊区住宅寻找新建筑之际，在中西部地区，另一位建筑师也独立展开了相似的尝试，不久之后，他把这些经验带到了南加州。

2.2 弗兰克·劳埃德·赖特在南加州

20世纪20年代，弗兰克·劳埃德·赖特（Frank Lloyd Wright，1867—1959）

已经发展出了成熟的"草原风"住宅，但他在洛杉矶地区并未采取类似的尝试[1]（图2.07）。赖特赋予南加州一种独特的想象，并将自己在这里的工作称为"加州的浪漫曲"（California romanza），采取了更富有表现性的策略。这些作品同时显示出了源自日本，哥伦比亚—墨西哥地区，如印加（Inca）、阿兹台克（Aztec）、玛雅（Mayan）等地与美国西南地区文化的多重影响，以及他在橡树园（Oak Park）时期奠定的建筑新观念。

图2.07
弗兰克·劳埃德·赖特

---

1 "草原风住宅"是赖特于1900年前后设计的一系列住宅，多位于郊外，既呼应了美国民居传统风格，又突破了原有的封闭室内，并形成了一种契合中西部环境的浪漫主义田园逸趣。平面一般呈十字形，以壁炉为中心，空间分割又连续，根据需要设置不同的净高；形体组织利用高低的墙垣、平缓的坡顶、深远的出檐和层叠的花台形成水平感，并以烟囱进行垂直穿插；结构以砖木为主，表现材料本色，装饰多采用抽象植物纹样或几何图案。威立茨住宅（Ward Willitts House，1901）、马丁住宅（Dr. Martin House）、罗比住宅（Robie House，1908）等都是草原式住宅的代表作品。

2.2.1 起点

巴恩斯道尔住宅(Barnsdall House,1921),又称蜀葵住宅(Hollyhock House),坐落于洛杉矶东好莱坞,是赖特于1919—1921年间为油井继承人露易丝·艾丽安·巴恩斯道尔(Louise Aline Barnsdall)设计的豪宅。巴恩斯道尔起初有一个更庞大的设想,即以奥利弗山为基地,建造包括艺术馆、剧院,甚至私人幼儿园的综合体,住宅只是其中一部分,但这个计划最终没能实施。1927年,因不愿继续承担高昂的造价和维护费用,巴恩斯道尔将这座住宅捐赠给了洛杉矶政府,得益于其中的附加条款,加利福尼亚艺术俱乐部(California Art Club)获得了15年的租约,将其作为总部大楼使用到1942年,此后又被用作画廊和美国劳军组织(United Service Organizations,USO)的服务设施(图2.08)。以巴恩斯道尔住宅为蓝本,赖特还设计过几种"变体",包括两个规模较小的建筑,称作住宅A和住宅B,如今只有前者保留下来。

巴恩斯道尔住宅是赖特在加州的第二件作品,整组建筑围绕中心的大小两处庭院布置,并在其中一侧打开,形成用于表演的舞台,周围则设有分层看台、阶梯和柱廊。此外,还拥有儿童游戏室和现代式厨房,这在当时都属于新潮的配置。起居室的巨大壁炉刻有浅浮雕,周围是一圈浅沟,以地下暗渠连通庭院里的水池,水可以流过室内之后再引向室外喷泉。蜀葵被用作整幢住宅的中心母题,因循其植物形态,形成了许多对称的装饰,比如转角窗户便采用了带装饰嵌条的彩绘艺术玻璃。

巴恩斯道尔住宅通过内向的室内实现了业主对私密性的要求,又因其相

图2.08
巴恩斯道尔住宅(赖特,1921年)

互咬合的形体、呈85°角倾斜的封闭外墙、厚重的连续屋顶、狭长的外窗、遍布的蜀葵母题装饰，通常被归为"玛雅复兴"（Mayan Revival）风格[1]。不过，与其说这幢住宅是一处舒适的居所，毋宁说它是一件艺术珍品，因为没有考虑当地的雨季，积水很容易漫过中心草坪灌进起居室，平顶门廊也很难适应这种气候，悬臂混凝土结构在地震时同样表现出强度不足的缺点。巴恩斯道尔住宅是赖特在南加州规模最为恢宏的设计，它表明这名伟大的建筑师当时陷入了对古代文明的诗意想象，正沉浸在一种历史神秘主义态度之中。20世纪20年代初，赖特先后完成了7幢此类题材的作品，大部分位于南加州，而其中4座又出现了另一种至关重要的转向。

2.2.2 砌块编织体系

1923—1924年间，赖特连续完成了4幢住宅，全部由带图案装饰的预制混凝土方块砌筑而成，因此统称为"砌块编织体系"（Textile Block System），其中包括：帕萨迪纳的埃利斯·密拉德住宅（Alice Millard House），西好莱坞的约翰·斯托尔住宅（John Storer House），好莱坞的萨缪尔·弗里曼住宅（Samuel Freeman），洛杉矶格里菲斯公园区（Griffith Park）的埃尼斯住宅（Ennis House）。赖特为巴恩斯道尔设计了另一幢类似风格的作品，不过没有建成。这些巨大住宅的表面被茂密的攀缘植物所覆盖，透出装饰精致的网格，散发出遗迹般的历史韵味（图2.09）。

图2.09
埃尼斯住宅（赖特，1924年）

---

1 赖特在加州的首件作品为1909年在蒙特西托（Montecito）的乔治·斯图尔特住宅（George Stewart House）。

赖特曾系统阐述过关于混凝土的观点[1]。他一方面认为，"从审美学意义来讲，混凝土既没有颂歌也没有任何传说"，但另一方面，他也意识到混凝土作为一种新材料的意义："当我们发现钢材和水泥的膨胀系数彼此相同时，它们便立刻被赋予了新的生命、新的目标与新的可能。一个新世界此时此刻向建筑师敞开了大门。"[2]

关于"砌块编织体系"，赖特曾在1932年这样解释道："可以说，混凝土砌块是建筑工业的垃圾，但是我们应该努力将它从人们的鄙视中拯救出来，发现它不为人知的精神，挖掘它的活力和美丽——就像大树一样充满肌理。是的，'砌块'建筑就像一棵大树，耸立在故土的森林中。我们的全部工作就在于引导混凝土砌块的使用方法，对它们进行提炼，用钢筋将它们编织在一起，并且在它们就位以后，在钢筋加固的交接处灌进混凝土。这样，建筑墙体虽然不厚，但却如混凝土板一样坚固。同时可以满足形式想象的要求。而且只需普通工人就能完成施工。"[3]赖特的探索最先出于造价的考虑，他指出："它们是最便宜的材料……把钢筋加入混凝土块中，将它们联结在一起，总的来说，这从通常的处理手法中产生了一些具有显著实践意义的设计。为什么就不能适应一种新的现代建筑形式呢？它们是持久的、高贵的、美丽的，而且将会很便宜。"[4]砌块做法可以充分发挥这一优势："将混凝土浇筑成单独的砌块和体块，然后再用它们形成建筑空间。……混凝土浇筑需要木模，这永远是建筑造价增加的主要因素，因此，尽可能重复使用木模板就不仅是需要，而是必须。"[5]

此外，他还认为这种处理方式符合"未来"工业生产的趋势："我终于找到一种用机械化手段进行建造的简单方法，它可以使建筑看起来完全是机械建造的模样，就像所有纺织品呈现出机械制造的面貌一样。它的特点是坚固、轻盈但并

---

1 赖特是使用混凝土的大师，除了砌块编织体系的尝试以外，他的许多名作中都设计了十分精巧的结构，其中的代表作包括：1895年洛克斯弗棱镜公司（Luxfer Prism Office）大楼中以钢筋混凝土核心筒摆脱厚重的外墙；1922年东京帝国饭店（Imperial Hotel）中的钢筋混凝土加桩筏基础（pincushion）；1924年芝加哥国家人寿保险公司（National Life Insurance Office）大楼采取的树状高层结构及复合悬挑结构和双柱系统；1939年约翰逊制蜡公司（S. C. Johnson Administration）大楼的蘑菇状托盘柱；1943—1959年间古根海姆博物馆逐层向上向外的圆柱形体量以及内部连续的空间中的悬臂结构等。

2 赖特，考夫曼.赖特论美国建筑 [M]. 姜涌，李振涛，译.北京：中国建筑工业出版社，2010：110.

3 WRIGHT F L. Frank Lloyd Wright：writings and buildings[M].转引自：弗兰姆普敦.建构文化研究：论19世纪和20世纪建筑中的建造诗学[M].王骏阳，译.北京：中国建筑工业出版社，2007：111.

4 同2。

5 WRIGHT F L. Frank Lloyd Wright：writings and buildings[M].转引自：弗兰姆普敦.建构文化研究：论19世纪和20世纪建筑中的建造诗学[M].王骏阳，译.北京：中国建筑工业出版社，2007：108-109.

不单薄；耐久性好，可塑性强；它不需要刻意掩盖什么，完全属于机械化生产，具有机械的完美。标准化是机器生产的灵魂，他可能是第一次真正被建筑师掌握，这就是想象的力量。"[1]

尽管赖特的多数言论都是针对"砌块编织体系"在生产方面的优势而发，但在实际应用中，他显然更关注形式。赖特认为，相比于整体浇筑，化整为零的方式有利于探讨构件的交接问题。然而，这种模数体系难以在所有部分保持一致，楼板厚度就远小于16英寸的标准单元尺寸。此外，梁柱等无法使用预制砌块处理的混凝土构件，都被迫做了弱化处理[2]。

评论界对"砌块编织体系"的意见也并不友好，人们讶异于赖特居然会在一座造价昂贵的建筑内外使用混凝土这样平常至极的材料，报以嗤笑之声，正如20世纪20年代《纽约时报》的揶揄："听说，赖特正沉迷于一种还处于实验阶段的、低造价的混凝土建造模式，但这次他可走了些弯路。什么样的有钱人才想要住在这种房子里啊？大概会有标新立异、富得流油的款姐儿艾丽安·巴恩斯道尔，他们俩可是一直在打交道；至于其他冤大头，应该都是些珠宝商，吃珍本书版权饭的寡妇和混得不怎么样的医生吧。"[3]不过，赖特自己的评价倒是颇为自负："相比于罗马的圣彼得大教堂，我更希望能修建密拉德住宅这样的小房子。"[4]虽是艺术上的杰作，但也确实价格不菲，在此后的实践中，赖特对这种尝试也并未表现出过多的坚持，而是转向了其他探索——真正服务于美国普通"中产阶级"的经济实用的独立住宅——"美国风"住宅（Usonian House）。

2.2.3 延续或转折

赖特在南加州的建筑实践——以"砌块编织体系"为代表——包含着两种潜在的可能：一是类似于混凝土材料模块化的，应用于住宅生产领域的现代建

1　WRIGHT F L. Frank Lloyd Wright：writings and buildings[M]. 转引自：弗兰姆普敦. 建构文化研究：论19世纪和20世纪建筑中的建造诗学[M]. 王骏阳，译. 北京：中国建筑工业出版社，2007：109-110.

2　弗兰姆普敦. 建构文化研究：论19世纪和20世纪建筑中的建造诗学[M]. 王骏阳，译. 北京：中国建筑工业出版社，2007：111.

3　网址 http：//en.wikipedia.org/wiki/Millard_House："It didn't help that he was obsessed at the time with an untested and（supposedly）low-cost method of concrete-block construction. What kind of rich person，many wondered，would want to live in such a house？Aside from the free-spirited oil heiress Aline Barnsdall，with whom he fought constantly，his motley clients included a jewelry salesman，a rare-book dealing widow and a failed doctor."

4　网址 http：//en.wikipedia.org/wiki/Millard_House："I would rather have built this little house than St. Peter's in Rome."

造技术；另一是高度表现性的"玛雅复兴"风格。如果说，赖特本人对"美国风"住宅的探索以及另外一些现代建筑师的实践可以看作前一条道路的延续[1]，那么，他的长子小赖特（Frank Lloyd Wright, Jr., 1890—1978）沿袭的则是后一条道路。

图2.10
小赖特

小赖特1890年3月30日生于伊利诺伊州的橡树园镇（图2.10）。他曾短暂求学于麦迪逊的威斯康星大学，不久之后便离开了学校，去了奥姆斯特德兄弟（Olmsted Brothers）的景观事务所工作。小赖特自此专攻植物和园艺，并终生致力于将景观和建筑融为一体的设计与实践。

1911年，奥姆斯特德兄弟委派小赖特协助1915年在圣迭戈举办的巴拿马—加利福尼亚博览会（Panama-California Exposition）的景观设计项目，他因此迁至南加州，和埃尔文·吉尔、伯特拉姆·古德休（Bertram Goodhue）、卡雷顿·温斯洛（Carleton Winslow）共事，并有机会受到南加州多位名家的指点。1919年之后，东京帝国饭店占用了老赖特大量的时间和精力，于是，他将南加州的许多事务托付给长子小赖特和助手鲁道夫·辛德勒，巴恩斯道尔住宅就是在这两个人的指导下完成的。

1922年12月，小赖特正在筹备好莱坞的奥托·伯尔曼住宅（Otto Bollman House）的工作，他计划以混凝土方块为主要材料，这一构想很可能就是老赖特的"砌块编织体系"的雏形。1923—1926年间，赖特父子雄心勃勃地要将"砌块编织体系"发展为成熟的技术，小赖特参与了其中三幢住宅的设计和施工，即：斯托尔住宅、弗里曼住宅和埃尼斯住宅。

小赖特的独立工作始于1920年。1922年，他在派拉蒙影业（Paramount Studios）担任布景设计，为道格拉斯·范朋克（Douglas Fairbanks）出演的《罗宾汉》（Robin Hood）制作了大量12世纪的城堡和村庄。20年代中晚期，小赖特

---

1 赖特设计"美国风"住宅的初衷是解决1929年"大萧条"后的中产阶级住宅问题，这一设想体现了他对20世纪初期社会问题的思考。"美国风"住宅以"草原式"住宅为基础，并融入了对构件标准化的想法以降低造价。通过这种便于普及的小住宅，赖特有力地支持了自己在"广亩城市"（Broadacre City）中提出的居住分散化的理想。1937年，威斯康星州麦迪逊的赫伯特和凯瑟琳·雅各布斯第一住宅（Herbert and Katherine Jacobs First House，1937）标志着美国风的成熟。

在洛杉矶的好莱坞和洛菲利斯（Los Feliz）地区设计并修建了一批住宅[1]。约翰·索登住宅（John Sowden House，1927）被视作他最杰出的住宅作品，采用充满戏剧性的"玛雅复兴"风格，以混凝土砌块修建（图2.11）；小赖特在西好莱坞的自宅也使用了相同的技术。

20世纪30年代，"大萧条"使小赖特刚刚到达巅峰的职业生涯骤然陷入低谷，这一时期的工作以修复为主，很少有新项目。"二战"之后，他的思想趋向"表现主义"（Expressionism），并在设计中纯熟地使用各种装饰母题。其中的代表作品是1951年设计的位于派洛斯福德半岛（Palos Verdes Peninsula）的徒步行者教堂（Wayfarers Chapel，1946—1951），一幢几乎全部使用玻璃建造的斯威登堡教派教堂（Swedenborgian Church），又称"玻璃教堂"（Glass Church）。小赖特以一片北美红杉（Sequoia Sempervirens）树林环绕场地，乔木长成后簇拥着教堂，室内空间透过玻璃，与室外的树荫、海洋、天空融为一体（图2.12）。通过流逝的时间实现对自然环境的塑造，充分体现了小赖特作为景观建筑师的经验和才能。

图2.11
约翰·索登住宅（小赖特，1927年）

图2.12
徒步行者教堂（小赖特，1946—1951年）

---

1 小赖特的第一个成熟作品位于格里菲斯公园附近，是为第二任妻子海伦·塔加特（Helen Taggart）的母亲设计的塔加特住宅（Taggart House，1923）；另一件重要作品是为电影明星拉蒙·诺瓦罗（Ramon Novarro）的经纪人设计的山腰别墅，后来经过翻新和扩建，被诺瓦罗本人出资买下。

小赖特其他的重要作品还包括：1946—1957年间设计的坐落于莫哈韦沙漠的心理物理研究所（Institute of Mentalphysics），这是他最大的建筑群设计；1963年的位于派洛斯福德牧场镇（Rancho Palos Verdes）的约翰·P.伯勒尔住宅（John P. Bowler House，1963），也称作"天堂鸟"（Bird of Paradise）住宅；1970年的位于长滩的亨廷顿海滩（Huntington Beach）的购物中心。1978年，小赖特逝世于加州的圣莫尼卡镇。

2.3 奠基的原初

鲁道夫·辛德勒比理查德·诺伊特拉年长5岁，他们拥有相似的个人经历：出生于维也纳，并相识于1912年；先后移民至美国，在芝加哥停留，又继续奔赴洛杉矶；经历过短暂的合作，再独立开始各自的职业生涯；在欧洲接触现代建筑思想的萌芽，又到美国接受了赖特的指导；建立声名之后，影响了无数后来的年轻建筑师，其中不少人成为后来南加州现代建筑新的代表人物。然而，类似的年龄与出身、教育背景与活动轨迹、执业条件以及类似的客户和市场，这些雷同并没有抹除辛德勒和诺伊特拉之间的差异，不仅仅在设计本身，他们的思想与理论，受到的评价以及在行业中的境遇，都表现出了不同甚至相反的倾向。也许，南加州现代住宅发展历程中的复杂性与多样性，从此时就已经暗藏于这些初始的区别之中。

2.3.1 鲁道夫·辛德勒

1887年，鲁道夫·辛德勒出生于奥匈帝国的首都维也纳（图2.13）。

1906年，辛德勒进入维也纳帝国技术大学（Imperial and Technical University in Vienna）学习，并于1911年毕业，获得结构工程学位，在此期间，他还于1910年考入了维也纳美术学院，跟随奥托·瓦格纳（Otto Wagner，1841—1918）学习建筑，并于1913年毕业。同年，他和包括理查德·诺伊特拉在内的其他维也纳青年建筑师共同参加了阿道夫·路斯（Adolf Loos，1870—1933）的讲座。此时，赖特的工作

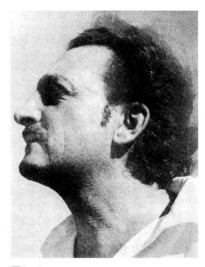

图2.13
鲁道夫·辛德勒

刚刚通过沃思茅斯（Wasmuth）出版社引介进入欧洲，辛德勒也接触到了这本当时产生巨大影响的作品集。1912年，辛德勒写下题为《现代建筑：一个计划》（*Modern Architecture：A Program*）的文章，首次阐述了他此后一直坚持的理念：现代技术和材料已经解决了结构问题，因此，"空间、气候、光线和氛围"应当成为新建筑的形式来源。

辛德勒的实践始于1911年，他在维也纳汉斯·梅尔和泰奥多·梅耶事务所（Hans Mayr & Theodor Meyer）工作到1914年初。同年3月，辛德勒去往美国，经纽约辗转来到芝加哥，在那里得到了奥滕海默、斯特恩和里切特事务所（Ottenheimer，Stern & Reichert）的一份为期三年的工作合同。1915年8月，辛德勒开始了为期六周的美国西部之旅，途经科罗拉多、犹他，最终抵达了加利福尼亚。在圣迭戈，他接触到了埃尔文·吉尔的作品，它们与辛德勒脑海中对路斯作品的印象产生了共鸣。他还前往亚利桑那州参观大峡谷，但这对自幼在阿尔卑斯山区长大的辛德勒来说，并不算十分迷人；不过他对新墨西哥州陶斯镇（Taos）的建筑倒是颇感兴趣，透过它们，辛德勒真切地感觉到了美国本土文化的魅力[1]。

1917年，辛德勒开始为赖特工作，这种关系断断续续地维持到了1923年。辛德勒参与过东京帝国饭店的设计，帮助完成了一些局部图纸，当赖特因为这个巨大的工程分身乏术时，他在洛杉矶的事务所的工作主要由辛德勒负责。期间，辛德勒也独立承接过其他项目，比如1920年新泽西州卑尔根自由图书馆的设计竞赛（Bergen Free Public Library Competition），他在这个方案中首次使用斜向轴线。

辛德勒在赴美之后，一直和诺伊特拉保持着书信联系，只在后者服兵役期间才有短暂中断。1920年前后，辛德勒一度考虑回到欧洲，去路斯的事务所工作，但战争让那里的建筑业行情陷入黯淡；美国西海岸欣欣向荣的经济形势以及诺伊特拉病中来信里流露出的对和平环境的向往，延缓了辛德勒当时的回国计划。1921年，辛德勒携全家迁往洛杉矶，逐渐开始独立执业。1921—1922年间，辛德勒完成了国王路住宅（Kings Road House，1921—1922），这幢位于西好莱坞的双拼住宅用混凝土和红木修建，是辛德勒和工程师克莱德·蔡斯（Clyde Chace）两家的合建住宅，也是他首个独立完成的作品。因其先进的理念，这幢住宅成为当时洛杉矶先锋艺术圈的社交中心。不久之后，诺伊特

1　陶斯镇位于美国西部的新墨西哥州，是早期西班牙人殖民点之一，它的建筑风格独特，是美国土著的遗留小镇，现在仍保留着土著的风俗传统，它的建筑群落是美国西南部最古老、最优美，保存最完好的印第安建筑之一。

拉也到了美国，这一举动更坚定了辛德勒留在加州的决心（图2.14）。

1926年，辛德勒为菲利普·洛弗尔（Philip Lovell）医生修建了混凝土框架结构的海滨住宅（Lovell Beach House，1926），这是他最著名的作品之一。同年，诺伊特拉举家迁至洛杉矶，开始和辛德勒合作，但没维持多久就因为业务纠纷终止了这一关系。1928—1929年，辛德勒完成了位于卡塔琳娜岛（Catalina Island）的沃尔夫住宅（Wolfe House，1928—1929），这个采用混凝土楼板的设计，是辛德勒的第二件具有影响力的作品。

从此以后，辛德勒的工作开始为外界所知。1930年，他的作品参加了在伯克利艺术博物馆（Berkeley Art Museum）举办的一次团体性展览。同年，在辛德勒的妻子鲍琳·辛德勒（Pauline Schindler）的组织下，西部博物馆负责人协会（Western Association of Museum Directors）在巴恩斯道尔公园（Barnsdall Park）加利福尼亚艺术俱乐部举办了题为"充满创造力的当代建筑师"（Contemporary Creative Architects）的展览，再次展出了辛德勒的作品。1931年，辛德勒在旧金山艺术协会（San Francisco Art Association）举办讲座；他还和诺伊特拉一起，在洛杉矶乔纳德艺术学院（Chouinard School of Art）讲授现代建筑；他的作品也被介绍到了东海岸，在纽约的建筑联盟（Architectural League）展出。然而，辛德勒的作品并没有被选入1932年亨利–拉塞尔·希区柯克与菲利普·约翰逊（Philip Johnson，1906—2005）在纽约现代艺术博物馆举办的"现代建筑展"，辛德勒曾在这一时期和约翰逊的通信中表明他和"国际风格"建筑师之间的区别。1937年，美国建筑师学会（American Institute of

图2.14
鲁道夫·辛德勒和理查德·诺伊特拉在国王路住宅，1928年

Architects）在巴黎筹办的"现代生活中的艺术和科技"展览（Art and Technique in Modern Life）在欧洲展出了辛德勒的作品。1939—1941年间，辛德勒在洛杉矶艺术中心学院任教。

1934年辛德勒在《沙丘论坛》（*Dune Forum*）发表了《空间建筑》（*Space Architecture*）一文，公开阐述了自己关于"现代建筑"的观点。1945—1952年间，随着"空间建筑"理论的最终完成，辛德勒还同时发表了另外两篇文章，继续阐述可应用于具体设计的比例调节方法与木框架体系，即1946年发表于《建筑师与工程师》（*Architect and Engineer*）的《空间中的可参照框架》（*Reference Frames in Space*）和1947年发表于《建筑实录》（*Architectural Record*）的《辛德勒框架》（*Schindler Frame*）。辛德勒还在1952年写下《视觉技术》（*Visual Techniques*）一文，但最终没有发表。

1953年8月22日，鲁道夫·辛德勒因癌症逝世。

2.3.2 理查德·诺伊特拉

1892年，理查德·诺伊特拉出生于奥匈帝国维也纳一个富裕的犹太商人家庭，是家中幼子（图2.15）。理查德·诺伊特拉从小表现出了对艺术的浓厚兴趣[1]：终其一生，他都喜欢在旅途中绘制水彩风景和人物肖像，画作明显受到古斯塔夫·克林姆特（Gustav Klimt，1862—1918）与埃贡·席勒（Egon Schiele，1890—1918）的影响。诺伊特拉自中学时代开始就是一个勤奋的读者，既喜欢儒勒·凡尔纳（Jules Verne，1828—1905）充满想象力的科幻小说，也热爱卡尔·麦（Karl May，1842—1912）以美国中西部为背景的冒险故事。他广泛涉猎各类知识，出版于1901年的经典著作《日常生活中的心理病理学》（*The Psychopathology of Everyday Life*）对诺伊特拉影响很深，特别是西格蒙德·弗洛伊德（Sigmund Freud，1856—1939）关于环境对人体心理和生理具有塑造作用的观点。

诺伊特拉在决定学习建筑学之后，一度考虑过申请美术学院并师从奥托·

---

1 理查德·诺伊特拉的父亲萨缪尔·诺伊特拉（Samuel Neutra）和母亲伊丽莎白·G.诺伊特拉（Elizabeth Glaze Nuetra）共有四个子女，均取得了不俗的成就：长子威廉·诺伊特拉（Wilhelm Neutra）是一名心理学和精神病专家；次子西格弗雷德·诺伊特拉（Siegfried Neutra）是一名工程师和专利权律师，还是颇有造诣的小提琴演奏者，和音乐大师阿诺德·勋伯格（Arnold Schoenberg，1874—1951）交往甚密；约瑟芬·诺伊特拉（Josefine Neutra）是唯一的女儿，擅长绘画，丈夫埃尔帕德·魏克斯加特纳（Arpad Weixlgaertner）是当时有名的艺术史学者，曾先后出任维也纳艺术史博物馆（Kunsthistorisches Museum）装饰艺术分部的负责人和馆长，夫妇俩是诺伊特拉艺术生涯最早的启蒙者。

瓦格纳——在8岁那年，他曾目睹过瓦格纳设计的地铁车站，并为之着迷，但获悉瓦格纳不久将会退休之后，诺伊特拉于1911年转入维也纳技术大学学习工程技术知识，在那里受教于阿道夫·路斯以及麦克斯·法比亚尼（Max Fabiani）和卡尔·梅瑞德（Karl Mayreder）。路斯带给诺伊特拉关于美国、芝加哥学派与路易斯·沙利文的信息。不久之后，和当时许多年轻的欧洲建筑系学生一样，他也接触到了赖特的建筑，被其深深地触动，并为此绘制了大量的作品草图。

图2.15
理查德·诺伊特拉

　　1915年，获悉辛德勒前往芝加哥求学之后，诺伊特拉也不禁心向往之，但这一计划被突如其来的战争所打断，并因此搁浅了9年之久。1914—1916年间，诺伊特拉在奥地利军队服役，相对于富足优裕的童年，战争带来的只有煎熬，他在病痛中接触到了德国心理学家威廉·冯特（Wilhelm Wundt，1832—1920）创立的实验心理学理论。1916年，诺伊特拉返回学校继续学业，并于1918年毕业。这是停战协议签订之年，不过，他再次染上了疟疾，只好前往瑞士接受休养并开始了最初的实践，和景观建筑师古斯塔夫·阿曼（Gustav Ammann）一起工作，也因此学习了景观设计的知识。欧洲寒冷的冬天以及1919年辛德勒从海外寄来的明信片，使诺伊特拉愈发向往美国，那里有赖特的芝加哥和温暖如春的加利福尼亚。1920年，在欧内斯特·弗洛伊德（Ernst Ludwig Freud，1892—1970）的帮助下，他得到了一份在德国柏林的工作[1]；1921年，又前往小镇卢肯瓦尔德（Luckenwalde）短暂担任城市建筑师；随后返回柏林加入埃里克·门德尔松（Erich Mendelsohn，1887—1953）的事务所，在此期间参与了1922年巴勒斯坦海法市（Haifa）新商业中心竞赛和1923年柏林的泽伦多夫住宅（Zehlendorf Housing）的设计，同时有机会接触当时最新锐的德国建筑师，比如沃尔特·格罗皮乌斯（Walter Gropius，1883—1969）与密斯·凡·德·罗（Ludwig Mies van der Rohe，1886—1969）的作品。

1　弗洛伊德之子欧内斯特·路德维格·弗洛伊德是诺伊特拉少年时代最好的朋友之一，两人曾在1912年结伴完成了意大利和巴尔干之旅。

图2.16
理查德·诺伊特拉在塔里埃森，1924年

1923年，31岁的诺伊特拉终于踏上了"勇敢新世界"的征程，移民去了美国。当时美国建筑界的主流被学院派把持，新古典主义大行其道，已经接受现代建筑思想的诺伊特拉很快就离开了纽约，去芝加哥拜访饱受心脏病折磨的路易斯·沙利文。次年，在沙利文的葬礼上，诺伊特拉初次遇见赖特，并于当年夏天应邀搬至威斯康星州，在塔里埃森（Taliesin）短暂工作了一段时间（图2.16）。1925年，诺伊特拉谢绝了赖特的挽留，迁往洛杉矶和鲁道夫·辛德勒会合，就此开始了西海岸的设计实践。他在洛杉矶最初的工作多是景观项目，包括为辛德勒位于新港海滩（Newport Beach）的洛弗尔海滩住宅（Lovell Beach House）设计花园以及为巴恩斯道尔住宅设计凉亭和涉水池。

1926—1927年，诺伊特拉和辛德勒联合参加了国际联盟（League of Nations）的设计竞赛，此外，他们还和规划师卡罗尔·阿罗诺维奇（Carol Aronovici，1881—1957）共同成立了一个叫工商建筑团体（Architectural Group for Industry and Commerce，AGIC）的事务所。在此期间完成的加迪内特公寓（Jardinette Apartment，1926—1927）采用了当时欧洲的新兴风格，引起了亨利–拉塞尔·希区柯克和沃尔特·格罗皮乌斯的注意（图2.17）。

1929年建成的洛弗尔住宅是美国境内首个成熟的"国际风格"的作品，并

图2.17
加迪内特公寓（理查德·诺伊特拉，鲁道夫·辛德勒，1926—1927年）

被选入1932年的MoMA"现代建筑展"，被视作诺伊特拉职业生涯，乃至美国建筑史上具有里程碑意义的历史事件。他逐渐被视为西部地区"现代建筑"的中心人物，在创建自己的事务所之后，身边很快集聚了一批慕名而来的年轻建筑师。1949年，《时代》周刊选择诺伊特拉作为封面人物，他是继赖特之后第二个获此殊荣的建筑师，声望在当时达到了顶点（图2.18）。20世纪40年代末期，诺伊特拉和建筑师罗伯特·亚历山大（Robert E. Alexander）组建事务所，更多地承接公共建筑，比如1955年美国驻巴基斯坦卡拉奇使馆的设计委托，他们的合作持续

图2.18
《时代》周刊封面人物——理查德·诺伊特拉，1949年

到1958年[1]；从1965年开始，诺伊特拉和次子迪恩·诺伊特拉（Dion Neutra）合伙执业。

1970年，诺伊特拉病逝于德国的旅途中，终年78岁。

2.3.3 寻找加州现代

若将20世纪20年代赖特对预制混凝土砌块的尝试视作南加州现代建筑征程的序幕，那么，通过其最初的后继者们在相关历史变迁中的不同境遇，则可以清晰地看到这些局部经验融入时代主线的多重进程。

鲁道夫·辛德勒是最早对现代"空间"观念进行探索的建筑师之一——这部分继承自路斯——但并未转向纯粹抽象的形式，他对室内的关注，同时包含了对材料触感的关注以及对明丽色彩的尝试。辛德勒将此视作"加州现代"的关键表征，即意味着对"地域性"的寻找。多年以后，他回顾往事时写道：

---

1 这在当时是一项极具雄心的项目，大批顶尖建筑师参与其中，在诺伊特拉的美国驻巴基斯坦卡拉奇使馆之外，还包括：沃尔特·格罗皮乌斯设计的驻希腊雅典使馆，爱德华·德瑞尔·斯通（Edward Durrell Stone，1924—2008）设计的驻印度新德里使馆，马赛尔·布劳耶（Marcel Breuer，1902—1981）设计的驻荷兰海牙使馆，约瑟·路易斯·瑟尔特（Josep Lluis Sert，1902—1983）设计的驻伊拉克巴格达使馆，埃罗·沙里宁（Eero Saarinen，1910—1961）设计的驻英国伦敦使馆。

"我很早就明确了这一认识，那座房子（国王路住宅）不是国际通行的，而是仅属于当地的，它意味着立足本土居住习惯，并借此发掘出加州的独有特征。我从不认为'现代'是出自欧洲的舶来品。"[1]而理查德·诺伊特拉则以工业化建造为核心，并为之匹配相应的形式。他在洛弗尔住宅纯白色的几何形体中尝试了大量新技术：钢骨架体系、喷射混凝土、预制钢窗等；此后，又通过简洁的梁柱框架结构，融合了当地景观和天然材料，以适应加州"中产阶级"的生活需求[2]。诺伊特拉认为，"加州现代"的特征根植于当地的文化潮流，他曾在回忆时指出："相比于其他许多地方，这里的人们在思想上更加无拘无束。"[3]

20世纪20年代，"国际风格"尚在孕育之中。鲁道夫·辛德勒和理查德·诺伊特拉分享了奥托·瓦格纳、赖特、阿道夫·路斯共同奠定的"现代建筑"关于空间与材料的观念起源。然而，与诺伊特拉不同，辛德勒没有经历"一战"之后，机器美学以及对工业化和大规模生产的兴趣在欧洲的兴起，他对"现代建筑"的理解更显著地根植于艺术学院式的几何、比例、和谐的古典美学。从此意义上说，个人经历的差异一定程度上造就了两者建筑思想的区别，其中包括了对南加州"现代性"或"地域性"的具体呈现[4]。

这种理解还同时隐含了某种预设，即"现代建筑"在回应社会转型的过程中浮现，并由于与重大历史事件的互动，产生了深刻的变化。1920—1970年间的美国正处于剧烈的震荡之中，辛德勒的早逝使他的工作在战后不久便戛然而止；诺伊特拉的转变以及后辈的探索，继续揭示了"现代住宅"不断面对的新问题。

2.4 新的一代

20世纪30年代早期，三名曾在理查德·诺伊特拉手下接受过指导，并深受鲁道夫·辛德勒影响的年轻建筑师——哈维尔·哈里斯，拉斐尔·索里亚诺，格

---

1 Rudolph Schindler to Elizabeth Mock, August 10, 1945, Rudolph M. Schindler collection. Architectural Design Collection, University Art Museum, University of California, Santa Barbara.转引自：KAPLAN W. Living in a modern way：California design 1930–1965[M]. Cambridge：The MIT Press, 2011：64.
2 诺伊特拉以尊重客户需求著称，他不太在乎项目大小，也并不急于将自己的美学观点加于对方身上，善于在沟通中通过极其细致的问题发掘客户的潜在要求。
3 NEUTRA R. Life and shape[M]. New York：Appleton Century-Crofts, 1962：207.转引自：KAPLAN W. Living in a modern way：California design 1930–1965[M]. Cambridge：The MIT Press, 2011：64.
4 希恩.R.M.辛德勒[M].沈阳：辽宁科学技术出版社，2005.

里高利·艾因相继崭露头角[1]。在艾因和索里亚诺的作品中清楚地显示出了诺伊特拉的痕迹；而哈里斯则更多地走向美国建筑自身的馈赠：由格林和格林事务所、伯纳德·梅贝克、赖特留下的传统，并与威廉·伍斯特在20世纪中叶奠定的基于木构体系的旧金山"湾区风格"产生共鸣[2]。

2.4.1 哈维尔·哈里斯

1903年，哈维尔·哈里斯（Harwell Hamilton Harris，1903—1990）生于加州的雷德兰（Redlands），他的父亲弗雷德里克·托马斯·哈里斯（Frederick Thomas Harris）是一名自学成才的建筑师（图2.19）。

1922年，正值哈里斯进入波莫纳学院（Pomona College）学习的第一个年头，一次全国性的流感诱发了老哈里斯的心脏病，并夺走了他的生命。不久之后，哈里斯也因健康问题被迫休学，回到在洛杉矶寡居的母亲身边，转入当地的奥蒂斯艺术研究所（Otis Art Institute），即如今的奥蒂斯艺术与设计学院（Otis College of Art and Design），学习雕塑与绘画。

1925年，哈里斯参观了赖特的巴恩斯道尔住宅，这引发了他对建筑学的浓厚兴趣。此后，哈里斯大量地翻阅赖特的作品和著作，并开始关注活跃在当时的本地建筑师及其作品。1928年，哈里斯偶然发现了加迪内特公寓——鲁道夫·辛德勒和理查德·诺伊特拉AGIC时期的一幢具有现代特征的作品，他随即前往辛德勒在国王路的住宅，拜访了两位建筑师。哈里斯放弃了去伯克利学习的计划，选择留在

图2.19
哈维尔·哈里斯

---

1 颇为有趣的是，在理查德·诺伊特拉的三大高徒之中，没有一个称得上是建筑系的好学生：哈维尔·哈里斯压根没有学过建筑学，只在奥蒂斯艺术学院学习过雕刻和绘画；拉斐尔·索里亚诺依靠法国文学凑齐了学分；格里高利·艾因则中途辍学。

2 威廉·伍斯特，1919年毕业于加州大学伯克利分校；1923—1926年间供职于纽约德拉诺和阿尔德里奇（Delano and Aldrich Office）事务所，后来回到旧金山创办自己的事务所；1944—1950年间，威廉·伍斯特应邀出任麻省理工学院建筑与城市规划学院院长；1950年，转任加州大学伯克利分校建筑系与环境设计系主任，直至1963年；伍斯特以其现代住宅设计著称，他的作品基于旧金山湾区传统风格做出改进，以出挑的屋顶结合木骨架结构为主要特征，影响深远，遍布加州各地。

洛杉矶，在此期间，他流连于洛弗尔住宅的施工现场，参加诺伊特拉的讲座，还在当地美术学院的建筑夜校听课，因此结识了格里高利·艾因。1929年，美术学院的课程结束后，诺伊特拉邀请哈里斯和艾因协助自己完成雷哈伊波特兰水泥公司（Lehigh Portland Cement Company）举办的机场概念设计的国际竞赛，哈里斯因此进入诺伊特拉的事务所，一直工作到1932年。

对哈里斯而言，赖特激发了他对天赐自然的美国式的热爱，诺伊特拉让他呼吸到了欧洲现代艺术的纯净空气，辛德勒赋予他极具表现力的空间与结构形式。哈里斯在这些先行者的指引下，最终形成了自己的建筑理念，他在20世纪30—40年代的住宅作品大多围绕十字形平面组织室内，同时借助起伏的屋顶坡度，创造出了既充满张力又具有连续性的内外空间，并以对材料及其细部的细致处理为特征。

1952—1955年间，哈里斯出任得克萨斯大学建筑学院院长，他对现代主义取向的教学改革持温和态度，在此期间，柯林·罗（Colin Rowe，1920—1999）、伯恩哈德·霍伊斯利（Bernhard Hoesli，1923—1984）、约翰·海杜克（John Hejduck，1929—2000）等年轻人陆续来到这里，构成了"得州骑警"（Texas Rangers）的中坚力量（图2.20）。

1955年，哈里斯离开学校，在达拉斯执业；1962年，迁往北卡罗来纳州的罗莱（Raleigh），任教于北卡罗来纳州立大学并继续他的建筑实践；1973年，他从教学上退休，但没有停止在罗莱的事务所业务，而是一直工作到1990年去世之前。

2.4.2 拉斐尔·索里亚诺

1904年，拉斐尔·索里亚诺（Raphael S. Soriano，1904—1988）生于希腊罗德斯岛的一个西班牙裔犹太家庭，1924年，索里亚诺随全家移民美国，并于1930年取得公民资格（图2.21）。对成长在一个传统社区中的索里亚诺来说，

图2.20
哈里斯和得克萨斯大学建筑学院教师的合影
（左六为约翰·海杜克，左七为哈里斯，左八为伯恩哈德·霍伊斯利，左九为柯林·罗）

传统样式是索然无味的，他一直疑惑，为什么美国人拥有着大量如此顶尖的新型科技成就，比如飞机、汽车、机器和家用电器，却仍然在建筑中沿袭历史风格。

图2.21
拉斐尔·索里亚诺

1929年，索里亚诺进入南加州大学建筑系学习，在那里，他有机会聆听赖特和诺伊特拉的演讲。在当时的索里亚诺看来，光芒万丈的大师赖特的发言空洞而以自我为中心，与此相反，诺伊特拉却表现出了理性而严谨的逻辑，特别是关于建筑和工业生产之间关系的见解，极富启发性。不久之后，索里亚诺专程拜访了诺伊特拉，并争取到了一个在其事务所实习的职位[1]。

索里亚诺于1934年毕业，他的第一份工作是跟着洛杉矶建筑师卡萨特·格里芬（Cassat Griffin）在当地承接一些政府工作，主要完成了一系列由公共事业振兴署（Work Progress Administration，WPA）投资的项目，并接触到了节省造价的木骨架结构。1936年，索里亚诺完成了自己的第一个委托设计——利佩茨住宅（Lipetz House），这个作品入选了1937年的巴黎国际建筑展（International Architectural Exhibition in Paris）。

因为"二战"的爆发，美国的住宅建设和地产开发大幅削减，这一时期，索里亚诺主要在南加州大学任教，并在一些竞赛和出版物中发表概念性的战后住宅设计。他以"胶合板住宅原型"（Plywood House Prototype）获得了1943年《艺术和建筑》杂志主办的"战后居住设计竞赛"（Postwar Living Competition）三等奖。

战争结束之后，他开始凭借实际项目频频获誉。电影城（Studio City）的卡茨住宅（Katz House）在1949年荣膺美国建筑师协会南加州第三分会颁发的奖项。1950年，索里亚诺应邀参加"案例住宅计划"，这个集体设计活动因为他对钢结构住宅的实验性探索而具有了先锋性，其本人也被视为该事件中具有转折意义的人物。1951年的作品柯尔比公寓（Colby Apartments）以现代化的设计外观和对钢材的出色使用再次赢得荣誉，包括：美国建筑师协会国家设计奖

1　在此期间，索里亚诺也曾在辛德勒的事务所短暂工作过一段时间，但不久之后就返回了诺伊特拉身边。

（National American Institute of Architects Award for Design），第7届泛美建筑师大会奖（The VII International Pan American Congress Award）以及美国建筑师协会南加州第一分会颁发的荣誉奖。

1953年，索里亚诺离开洛杉矶，搬至旧金山北部湾区马丁郡的狄布隆镇（Tiburon）。1955年，他为开发商约瑟夫·艾奇勒在帕罗奥图（Palo Alto）的项目设计了可以批量生产的钢结构住宅。在和艾奇勒合作期间，他又受到了美国建筑师协会北加州分会的两次嘉奖。

1961年，索里亚诺成为美国建筑师协会会员（FAIA）。1965年，索里亚诺开始了一项以铝为主材的预制住宅体系的实验性设计，后以"全铝制住宅"（All Aluminum Homes）为名投入市场，最终有11幢于1965年在夏威夷毛伊岛建成。不久之后，他将其改称为"索里亚结构"（Soria Structures）继续推广。

1970年后，索里亚诺处于半隐退状态，他周游世界，从事与建筑相关的演讲、写作和研究。他在1986年先后获得了美国建筑师协会颁发的杰出成就奖和南加州大学颁发的杰出校友奖。

拉斐尔·索里亚诺逝世于1988年。

2.4.3 格里高利·艾因

1908年，格里高利·艾因（Gregory Ain，1908—1988）生于宾夕法尼亚州匹兹堡的一个犹太裔的东欧移民家庭（图2.22）。父亲巴尔·艾因（Baer Ain）曾经是一名处于沙皇尼古拉斯二世严苛统治下的波兰农民，后来在苏俄马克思主义运动的影响下成长为社会主义者，母亲琪雅·魏斯伯格（Chiah Weisberg）出身于富有的纺织品商人家庭。1906年末，巴尔·艾因为了逃避政治搜捕，携全家流亡到了美国，投奔妻子居住在匹兹堡的叔父。一年后，格里高利·艾因出生，得名于当时的一名孟什维克领袖——格里高利·戈尔舒尼（Gregory Gershuny）。

1911年，艾因全家迁居至洛杉矶博伊尔高地区（Boyle Heights District），这是一个穷困拥挤的移民社区，聚集了超过7000名犹太人，大多数属于劳工阶层，其中不少是社会主义者。格里高利·艾因在这里度过了童年，他跟随父亲学习数学和科学，完成了自己关于政治和建筑思想的

图2.22
格里高利·艾因

最早的启蒙。从中学时代开始，艾因就表现出了对艺术和工程的兴趣，他十分喜欢绘制汽车草图，这让老艾因倍感忧虑，觉得儿子在学校里接受的"资本主义"教育大为可疑。艾因曾经制作过一张十分精美的桌子，但被老艾因批评为"浮夸而奢侈"，老艾因认为应该制作一些"实用"的东西。15岁那年，艾因用木骨架结构修建了一个车库，老艾因仍旧固执地指出设计中某些不尽合理之处。不过这并未阻止艾因学习建筑学的愿望在心中萌发。终其一生，格里高利·艾因的建筑思想中对美学品质的追求，都糅合着解决问题、讲究效率的实用态度，尽管他一直认为自己倔强的父亲并不理解建筑学，但却无法避免巴尔·艾因激进的社会理想和道德规范在自己的意识深处生根。

1924年，艾因参加了鲁道夫·辛德勒关于"空间建筑"的讲座，辛德勒指出，建筑师不需要像工程师一样只着眼于功能问题，而应以艺术家的天赋创造全新的空间，这种观点极大地震撼了少年艾因。不久之后，艾因参观了辛德勒的国王路住宅，更坚定了成为一名建筑师的决心。1926—1927年间，艾因进入南加州大学学习建筑，因为不满意学院派的训练方式，很快就终止了学业。离开学校之后，艾因前往B.马库斯·普利特卡（B. Marcus Priteca, 1889—1971）——当时美国首屈一指的剧院建筑师——的事务所担任绘图员，在此期间，他遇见了影响自己一生的良师——理查德·诺伊特拉。

从1928年起，诺伊特拉频繁在洛杉矶美术学院举办讲座，并开设了一个夜间设计课程；艾因在那里上课，与哈维尔·哈里斯成为同学。据哈里斯回忆，艾因的作业是一个使用预制技术建造的监狱设计——诺伊特拉曾经提起预制技术将是未来建筑发展的趋势——这个概念好像天生就是为艾因准备的。此时正值洛弗尔住宅修建时期，艾因近距离接触了这个具有革命性意义的作品，他亲身参与施工图的绘制，并不止一次地观察现场建造；艾因对该住宅楼梯间方案的确定做出了很大的贡献。

1930—1935年间，艾因进入诺伊特拉的事务所工作，协助完成了这一时期诺伊特拉的很多作品[1]。其中包括V. D. L.研究住宅（V. D. L. Research House, 1932）：诺伊特拉在1932年接受私人资助完成的一幢供自己全家使用，并作为工作室的实验性住宅，建成后不久，艾因和妻子艾格妮丝（Agnes）也一同在里面居住。1935年夏，由于一些个人事务的冲突，艾因离开了诺伊特拉，据艾格妮丝的回忆，搬离V. D. L.研究住宅的场景哀伤而酸楚，艾因沉默不语，

1　20世纪30年代早期，艾因也曾替辛德勒完成过一些工作，他同时受到辛德勒和诺伊特拉的影响，也意识到了两人之间的区别。

诺伊特拉失声痛哭。

从1935年开始，艾因完善出一套为工人阶级设计修建适宜住宅的有效方法，并以此逐步推广了可变式平面和开放式厨房，他视其为"服务于普通民众的普通建筑问题"（the common architectural problems of common people）。1940年，在古根海姆基金会的资助下，艾因致力于预制化住宅的研究。"二战"期间，他作为主要工程师，协助埃姆斯夫妇进行了一系列新材料的实验，其中包括那张著名的胶合木座椅（plywood chairs）。

战后是艾因最为活跃的创作阶段，他和建筑师约瑟夫·约翰逊（Joseph Johnson）、阿尔弗雷德·戴（Alfred Day）合伙，进行了很多大规模的社区建设，景观建筑师加雷特·埃科博（Garrett Eckbo）配合完成了其中许多项目。艾因的设计引起了菲利普·约翰逊的注意，作为纽约现代艺术博物馆建筑版块的策展人，约翰逊于1950年邀请艾因在博物馆的花园中设计一幢住宅（图2.23）。艾因因其激进的政治立场而被怀疑是共产主义者，麦卡锡主义弥漫下的"红色恐惧"使他丢掉了不少机遇，包括错过"案例住宅计划"的邀请。"二战"结束后，艾因曾在南加州大学教授建筑学，并于1963—1967年间赴宾夕法尼亚州立大学建筑学院担任院长。1988年，格里高利·艾因逝世。

图2.23
格里高利·艾因和菲利普·约翰逊

2.4.4 现代的多重维度

托马斯·S.海因斯（Thomas S. Hines，1936—）曾经这样评述："对诺伊特拉而言，艾因是那个充满批判意识的学生，索里亚诺是那个充满虔敬之心的学生，这样看来，哈里斯正处于两者之间。"[1] 拉斐尔·索里亚诺和格里高利·艾因都是出身劳工阶级的犹太人后裔，成长在外来移民社区，哈维尔·哈里斯则是地道的加州第三代居民，传统的白人新教徒，他的家族已在北美大陆生活长达一个多世纪之久。此外，索里亚诺和艾因的性情外向，喜怒哀乐直抒胸臆，哈里斯的个性则较为沉稳内敛，是一个逻辑清晰的演说家和写作者。

三名建筑师之间的差异，既关系着身世或者个性的不同，更涉及了意识形态的分歧；它再现为所谓的"地域性"与"现代性"特征，折射出"现代建筑"复杂的"观念"构成。哈里斯、索里亚诺、艾因这一代人，均在"大萧条"与"新政"时期度过了求学阶段与职业生涯的早期，而实践的黄金时期则要等到"二战"结束以后。这使他们无法回避当时美国正在经历的结构性转变，从战前继承下来的概念与方法——无论是哈里斯对场地、材料、工艺中传统的贴近，还是索里亚诺对工业化生产的探索，或是艾因服务大众的激进理想——在战后都将面临新的历史条件的选择，其中也包括经由不同阶层与群体重构了的住宅市场。

2.5 并存的道路

20世纪中叶，现代建筑成功于美国着陆，在此遭遇了更彻底的市场经济体制以及本土内生的实用态度与产品文化。风格与技术问题成为设计关注的焦点，同时显现在私人住宅设计与商业地产开发两个领域，并通过约翰·洛特纳和A.昆西·琼斯的工作在南加州地区得到了具体的反映。

2.5.1 约翰·洛特纳

1911年，约翰·洛特纳（John Edward Lautner，1911—1994）生于一个位于苏必利尔湖畔的小镇——密歇根州的马奎特（Marquette）。这里优美的自然风光给他留下了深刻的印象，直至晚年，洛特纳还时常流露出对少年时代的密歇

1　HINES T S. Architecture of the sun: Los Angeles modernism 1900—1970[M]. New York: Rizzoli, 2010: 483.

图2.24
约翰·洛特纳

根乡间充满理想化的缅怀（图2.24）。洛特纳全家都对建筑学充满兴趣，他的职业生涯与这种氛围密切相关。父亲供职于大学，洛特纳曾在那里学习哲学、伦理学、物理学、文学、音乐、绘画、艺术和建筑历史；母亲维达·凯瑟琳·盖拉弗（Vida Cathleen Gallagher）是一名室内设计师和画家。洛特纳一家在马奎特的住宅"纪念"（Keepsake）由建筑师乔伊·惠勒·道尔（Joy Wheeler Dow）设计于1918年，并刊登在《美国建筑师》（The American Architect）杂志上。洛特纳12岁那年，全家又共同设计了苏必利尔湖边名为"人间"（Midgard）的度假小屋，母亲维达完成了室内的每一个细节。

洛特纳于1933年获得艺术学学位，同年，赖特开放了塔里埃森的实习项目，洛特纳获得了这个机会。然而，他对制图工作兴趣寥寥，却更多地表现出对诸如木工、水管工、务农、烹饪和洗碗之类杂务的兴趣，认为"这才是真正的学习"。1933—1938年间，他一直在赖特的指导下，于威斯康星或者亚利桑那的工作室中学习和工作，并与一些著名的艺术家和建筑师，如E.费·琼斯（E. Fay Jones）和圣提亚哥·马丁内斯·德尔加多（Santiago Martinez Delgado）共事。在此期间，洛特纳完成了以下工作，包括：参与建造爱丽丝·密拉德（Alice Millard）住宅；以《塔里埃森的时光》（At Taliesin）为题在《威斯康星周刊》（Wisconsin State Journal）和《州府时报》（Capital Times）上发表文章；另外，还协助赖特指导现场施工，整理作品出版资料，制作参展模型等。

1938年，洛特纳离开赖特去洛杉矶独立执业，但两人的合作并未终止。当年9月，赖特联系洛特纳，让他协助处理南加州的一系列工作，此后5年里，两人完成了11个洛杉矶的项目。1943年，这一合作结束之后，洛特纳加入斯特鲁顿公司（Structon Company），从事战时军需工程的建设，这让他开始了解建造技术发展的最新趋势。

1939年，洛特纳完成了自己在洛杉矶的住所——洛特纳住宅（Lautner House），这是他独立完成的第一个具有影响力的作品，被亨利-拉塞尔·希区柯克誉为"出自30岁以下建筑师之手的扛鼎之作"，当年6—7月号的《加利福尼亚艺术与建筑》杂志刊登了这幢建筑，这是洛特纳的设计首次得到发表，他因此成名[1]。1944年起，洛特纳和建筑师萨缪尔·雷斯博德（Samuel Reisbord）、惠特尼·R. 史密斯（Whitney R. Smith）短暂共事了一段时间，随后和道格拉斯·洪诺德（Douglas Honnold）建立合作关系[2]。

1947年，洛特纳成立了自己的事务所，并完成了一系列重要的作品，其中包括：卡林住宅（Carling Residence）、沙漠温泉旅馆（Desert Hot Springs Motel）、甘特福特住宅（Gantvoort Residence）和位于格伦岱尔（Glendale）的亨利餐厅（Henry's Restaurant）。从20世纪40年代晚期到50年代早期，他的作品集广泛发行，各类杂志——无论通俗还是专业，比如《建筑实录》《艺术与建筑》《住宅与花园》《妇女家居周刊》以及《洛杉矶时报》——都对其报道不断，洛特纳声名鹊起。1949—1950年间，他承接到更多设计委托，包括一系列重要作品：达斯托姆住宅（Dahlstrom Residence）、古吉家咖啡屋（Googie's Coffee House）和位于伯班克（Burbank）的UPA工作室（UPA Studios）。50年代，洛特纳作为16名加州代表建筑师之一，参加了克莱蒙特（Claremont）斯克利普学院（Scripps College）的集体作品展；他的设计还被收入了哈里斯和博能伯格（Harris and Bonenberg）出版社1951年的畅销旅游手册《南加州当代建筑导览》（*A Guide to Contemporary Architecture in Southern California*）。约翰·洛特纳整个职业生涯设计了超过200幢建筑，大部分都是住宅，他的早期作品规模较小，不过随着后期知名度的提升，他逐步吸引到了更富有的客户，项目也越来越大，其中墨西哥阿卡普尔科（Acapulco）的阿兰戈住宅（Arango Residence）超过2300m²。洛特纳作为主要建筑师参与了1984年洛杉矶夏季奥运会工程的设计，这是他晚年的高光时刻。约翰·洛特纳逝世于1994年。

2.5.2 A.昆西·琼斯

1913年，A.昆西·琼斯（Archibald Quincy Jones，1913—1979）生于密苏里州堪萨斯城。因父母离异，琼斯在7岁那年迁居到南加州加登纳（Gardena），和外祖父母一起生活。高中毕业后，琼斯回到西雅图的律师父亲身边，随后进入华盛顿大学学习建筑学，并受到导师莱昂内尔·H.普莱斯（Lionel H. Pries，

1　洛特纳独立承接的首个项目是一幢仅耗费2500美元的小房子——斯普林格住宅（Springer House）。

2　在此期间完成的作品有洛杉矶的科菲·丹餐馆（Coffee Dan's Restaurants）以及比弗利山运动员俱乐部（Beverly Hills Athletic Club）的重建。洛特纳独立完成了另外两项设计：莫尔住宅（Mauer House）和埃斯利访客住宅（Eisele Guest House）。1944年3月号的《住宅与花园》刊登了题为"三幢西部住宅"的文章，其中包括洛特纳的贝尔住宅（Bell Residence），所用的4张照片由摄影师裘里斯·舒尔曼拍摄。

图2.25
A.昆西·琼斯

1897—1968）很深的影响[1]。1936年，琼斯获得建筑学学士学位（图2.25）。

1936—1939年，琼斯来到洛杉矶，先后为一些建筑师或者事务所工作，比如：1936—1937年的道格拉斯·洪诺德和乔治·维农·拉塞尔（George Vernon Russell）；1937—1939年的博尔顿·A.斯库特（Burton A. Schutt）；1939—1940年的保罗·R.威廉姆斯（Paul R. Williams，1894—1981）；1940—1942年的工程师联合体（Allied Engineers, Inc.），他在那里结识了建筑师弗雷德里克·E.伊蒙斯（Frederick Earl Emmons，1907—1999），两人后来成为合伙人。

在此期间，琼斯深化了圣佩德罗罗斯福基地（Roosevelt Base）和洛斯阿拉米托斯（Los Alamitos）海军战略储备航空基地（Naval Reserve Air Base）两个设计方案。1942年，琼斯应征入伍，成为海军上尉，被派遣到"莱克星顿号"航空母舰服役，执勤于太平洋战区。

A.昆西·琼斯于1942年获得了加州建筑师执业执照，他退伍后重新回到洛杉矶，开办了自己的建筑事务所。战后初期，琼斯和保罗·R.威廉姆斯在棕榈泉合作了一些项目，包括1947年的棕榈泉网球俱乐部（Palm Springs Tennis Club）、1948年的棕榈泉小镇餐厅（Town and Country Restaurant），还有一家叫作"岩石上的罗曼诺夫"（Romanoff's On the Rocks）的餐馆。此外，琼斯还应邀参加了"案例住宅计划"。

1950年12月号的《建筑论坛》杂志将"年度住宅设计"的荣誉授予琼斯，同期还刊登了约瑟夫·艾奇勒获得"年度地产商"奖项的消息，两人因此结缘。艾奇勒随后邀请琼斯参观了在帕罗奥图的开发项目，并提议建立合作关系。对于琼斯来说，这是绝佳的机会，可以实现自己在商业地产开发中融入公园式开放区域的设计构想，他因此成为在美国住宅区中引入绿带的先行者[2]。艾奇勒的委托促成了琼斯和故交弗雷德里克·伊蒙斯的重逢，两人从1951年起，共同工

---

1 莱昂内尔·H.普莱斯是法国工业设计师与学院派建筑师保罗·P.克雷（Paul P. Cret，1876—1945）在宾夕法尼亚大学的高徒。

2 1960年，A.昆西·琼斯与威廉·佩雷拉（William Pereira，1909—1985）共同规划了加州埃尔文（Irvine）的地产项目，这个工程成为此后城市开发与绿化结合的典范。

作到1969年伊蒙斯退休，就在这一年，琼斯和伊蒙斯赢得了美国建筑师协会年度最佳事务所（AIA Firm of the Year）奖项[1]。

1951—1967年间，琼斯还在南加州大学建筑学院担任教授，后来成为院长。60年代，琼斯完成了许多大学校园和一些大型办公建筑的设计，包括加州大学的几处分校以及位于加州威切斯特的IBM总部大楼（IBM Aerospace Headquarters）。1966年，琼斯为美国出版业巨头沃尔特·安纳伯格（Walter Annenberg，1908—2002）在加州的幻境庄园镇（Rancho Mirage）设计了占地2.6km^2，建筑面积达到3000m^{2}的豪宅，即后来被称作"阳光地带"（Sunnylands）的安纳伯格庄园[2]。

琼斯擅长结合工业化生产提升施工效率，应用预制件以控制造价，并以此为基础，推敲出精美的细部构造，他的工作使那些平淡无奇的灰泥"小盒子"蜕变为被绿色环绕、视线开阔、居住舒适的住宅典范，极大地改变了美国郊区的乏味形象。琼斯的探索一定程度上弥合了私人订制住宅和商业开发房产在品质上的鸿沟。

2.5.3 需求与市场

约翰·洛特纳的成就很大程度上是在私人住宅领域获得的。他对导师赖特终生怀有感激之情，一直是"有机建筑"专一的实践者。洛特纳的设计体现出很多赖特式的特征，其中便包括非线性的造型元素以及自由组合的空间序列，这使他的作品与众不同，经常吸引那种将住宅视作个性表现的业主的眼光。A.昆西·琼斯则将设计视作需要理性支持的逻辑过程，与其说是风格的简单拼凑，不如说是"解决问题"的逐步推理。琼斯以木框架和大块玻璃组成轻盈简洁的梁柱结构，并灵活地选用预制构件，为标准化居住单元注入多样性，以使他的住宅经济、实用、高效，这些特质深受普通中产阶级的欢迎，也让琼斯成为深受地产开发商青睐的建筑师。需求的差异持续存在于实际的住宅市场选择之中，建筑师也越发感受到，公众的偏好已经成为值得关注的问题。

---

1 弗雷德里克·伊蒙斯毕业于康奈尔大学，此后曾在一些纽约当地建筑师手下工作，后迁居旧金山，进入威廉·伍斯特事务所；1946—1950年间，伊蒙斯独自开业，主要设计住宅和学校；1951年始，伊蒙斯在洛杉矶和A.昆西·琼斯合伙成立事务所，一直工作到1969年。他们合作的重要作品包括：1961年案例住宅24号、1964年加州大学洛杉矶分校的图书馆、1966年河滨镇（Riverside）的钟塔（Clarillon Tower）等。

2 建成之后，安纳伯格夫妇把庄园作为"供具有国际影响力的人物举行私下会谈和度假的场所"使用，交由安纳伯格信托基金和安纳伯格家庭信托基金共同管理，曾有多位美国总统和外国政府首脑造访此地。

2.6 最后的高潮

《艺术与建筑》1945年1月号，主编约翰·因坦扎撰文宣布"案例住宅计划"正式启动，他写道："没有人可以预见，战争带给社会和经济方面不可避免的改变及其对日常生活的影响，需要多少时间才能最终显现。但是，观念与心态的剧变，已经必然地随之产生。也许，可以通过住宅这个为世人熟知的古老概念，尝试顺应新世界的步伐，去躲过退却至陈腐传统的命运；以创造新环境的方式，表达、理解、接受当代观念，是每一个人的责任与愿望。它将重新塑造人们生活与思想中最为广阔的领域。"[1]因坦扎还同时阐述了"案例住宅计划"的要求，所有的作品都应具有"原型"价值，不可复制的创作没有意义；对根深蒂固的传统形式可能的阻力也谨慎地表达了忧虑；但帮助公众理解现代设计，正是这次活动的初衷。

2.6.1 案例住宅计划

"案例住宅计划"是《艺术与建筑》杂志资助的一次住宅实验，这个项目委托当时主要的美国建筑师，包括理查德·诺伊特拉、拉斐尔·索里亚诺、查尔斯·埃姆斯和雷·埃姆斯夫妇（Charles Eames，Jr.，1907—1978；Ray-Bernice Alexandra Kaiser Eames，1912—1988）、埃罗·沙里宁、克莱格·埃尔伍德和皮埃尔·科尼格，等等，设计并修建造价便宜、施工便捷的住宅原型，以应对"二战"后国内市场旺盛的住宅需求。

该计划断断续续地从1945年实施到1966年。其中，1948年完成了首批6幢住宅，吸引了超过35万名的参观者。不过，入选的36个方案最终并没有全部修建出来，实现了的大多数坐落于洛杉矶地区，另有一幢公寓位于亚利桑那州凤凰城。此外，未建成的19号住宅拟建于旧金山湾区的艾瑟顿（Atherton），27号住宅打算建于东海岸，选址于新泽西州的升烟镇（Smoke Rise）。

摄影师裘里斯·舒尔曼（Julius Shulman，1910—2009）为"案例住宅计划"拍摄了大量经典的黑白照片[2]。参与"案例住宅计划"的建筑师及其作品概况

1　转引自：HINES T S. Architecture of the sun：Los Angeles modernism 1900—1970[M]. New York：Rizzoli, 2010：510.

2　其中最著名的即是皮埃尔·科尼格的案例住宅22号。

如下[1]：

案例住宅1号，建筑师为J. R.戴维逊，初始方案发表于1945年2月，未建成；三年之后，戴维逊又设计了一个新方案，发表于1948年5月的《艺术与建筑》杂志，并在北好莱坞建成[2]。

案例住宅2号，建筑师为萨姆纳·斯伯尔丁（Sumner Spaulding，1892—1952）和约翰·雷克斯（John Rex，1909— ），发表于1947年8月，同年在帕萨迪纳建成。

案例住宅3号，建筑师为威廉·W.伍斯特和泰奥多·C.伯纳蒂（Theodore C. Bernardi，1903—1990），1949年3月发表，同年建成于洛杉矶。

案例住宅4号，又称"绿带"住宅（Greenbelt House），建筑师为拉尔夫·拉普森（Ralph Rapson，1914—2008），发表于1945年9月，未建成。

案例住宅5号，即洛基亚住宅（Loggia House），建筑师为惠特尼·R.史密斯（Whitney R. Smith，1911—2002），发表于1946年4月，未建成。

案例住宅6号，建筑师为理查德·诺伊特拉，他为"案例住宅计划"所做的设计组成了一个系列，这个方案代号为"欧米茄"（Omega），1945年10月发表，未建成。

案例住宅7号，建筑师为索恩顿·M.阿贝尔（Thornton M. Abell），发表于1948年7月，同年在圣加百列镇（San Gabriel）建成。

案例住宅8号，即埃姆斯住宅（Eames House），案例住宅9号，即因坦扎住宅（Entenza House），由查尔斯·埃姆斯分别与妻子雷·埃姆斯和埃罗·沙里宁合作设计，1949年，两幢住宅相邻建成，位于太平洋帕利塞德（Pacific Palisades）。

案例住宅10号，建筑师为老肯佩尔·诺慕兰（Kemper Nomland）和小肯佩尔·诺慕兰（Kemper Nomland Jr.），发表于1947年10月，同年建成，位于帕萨迪纳。

---

1 "案例住宅计划"没有严格的编号体系，从排序中也难以看出时间或地点上的规律，且有部分作品编号相同，在某些文献中会用A和B来区分，但是在当时实际上并不会这样补注。

2 J.R.戴维逊，1889年生于柏林，最初在当地的事务所中出任绘图员，后来为建筑师弗兰克·斯图亚特·穆雷（Frank Stuart Murray）在伦敦的事务所设计船舱室内；1923年，戴维逊迁居洛杉矶，从事家具、灯具以及电影场景设计；1936年，戴维逊完成了自己的第一批建筑作品，其中包括作曲家赫伯特·斯图萨特位于圣莫尼卡的住宅（Herbert Stothart House）。戴维逊因为早期庞杂的设计背景以及与欧洲现代艺术的渊源，成为第一批加州移民建筑师的代表人物，他为"案例住宅计划"设计的三个作品全部建成，其中的案例住宅1号因为不俗的美学品质、实用的内部空间与高效的储物单元，受到了普遍欢迎，成为后来许多小住宅效法的对象。

案例住宅11号，建筑师为J.R.戴维逊，1946年建成于西洛杉矶，目前已毁。

案例住宅12号，建筑师为惠特尼·R.史密斯，设计发表于1946年2月，未建成。

案例住宅13号，即理查德·诺伊特拉的"阿尔法"（Alpha）住宅，1946年3月发表，未建成。

案例住宅15号，建筑师为J.R.戴维逊，发表于1947年1月，同年在拉肯纳达石岭（La Canada Flintridge）建成。

案例住宅16号之一，建筑师为罗德尼·沃克（Rodney Walker，1910—1986），1947年建成于比弗利山庄，目前已毁[1]。

案例住宅16号之二，建筑师为克莱格·埃尔伍德，发表于1953年6月，同年建成于贝尔埃尔（Bel Air）。

案例住宅17号之一，建筑师为罗德尼·沃克，同样建成于1947年，略晚于16号之一，位于洛杉矶，经历过重建，已经难以辨认出原貌。

案例住宅17号之二，建筑师为克莱格·埃尔伍德，1956年3月完成设计，同年建成于比弗利山庄，经历过重建，已经难以辨认出原貌。

案例住宅18号之一，即韦斯特住宅（West House），建筑师为罗德尼·沃克，1948年2月发表，同年建成，位于太平洋帕利塞德。

案例住宅18号之二，即菲尔兹住宅（Fields House），建筑师为克莱格·埃尔伍德，1956年6月发表，同年建成于比弗利山庄，经历过重建，已经难以辨认出原貌。

案例住宅19号，建筑师为唐·R.诺尔（Don Robert Knorr，1922— ），1947年9月发表，未建成。

案例住宅20号之一，即斯图亚特·拜利住宅（Stuart Bailey House），建筑师为理查德·诺伊特拉，1948年12月发表，同年建成于太平洋帕利塞德。

案例住宅20号之二，即巴斯住宅（Bass House），建筑师为康纳德·巴夫（Conard Buff，1926—1988）、卡尔文·C.斯特劳勃（Calvin C. Straub，1920—1998）、唐纳德·查尔斯·赫斯曼（Donald Charles Hensman，1924—2002），建成于1958年，目前已毁。

案例住宅21号之一，建筑师为理查德·诺伊特拉，1947年5月发表，未建成。

---

1 罗德尼·沃克早年求学于帕萨迪纳城市学院和加州大学洛杉矶分校，曾受雇于鲁道夫·辛德勒，在其手下工作过一段时间。在设计了自宅，继案例住宅16号之后，又受邀设计了17号和18号，全部建成。案例住宅16号使用了木结构，是"案例住宅计划"中颇具特色的作品。

案例住宅21号之二，即沃尔特·拜利住宅（Walter Bailey House），建筑师为皮埃尔·科尼格，1958年建成于西好莱坞。

案例住宅22号，即斯塔尔住宅（Stahl House），建筑师为皮埃尔·科尼格，1960年6月发表，同年建成于洛杉矶。

案例住宅23号，又称"三和弦"（Triad），建筑师为基林斯沃思、布莱迪和史密斯事务所（Killingsworth，Brady，Smith & Assoc.），1960年建成，位于圣迭戈的拉荷亚（La Jolla）。

案例住宅24号，建筑师为A.昆西·琼斯和弗雷德里克·伊蒙斯，1961年12月发表，未建成。

案例住宅25号，即弗兰克住宅（Frank House），建筑师为基林斯沃思、布莱迪和史密斯事务所，1962年建成，位于长滩，同年12月发表。

案例住宅26号之一，建筑师为基林斯沃思、布莱迪和史密斯事务所，发表于1962年，未建成。

案例住宅26号之二，亦称哈里森住宅（Harrison House），建筑师为比弗利·D.索恩（Beverley David Throne，1924—），1963年1月发表并建成于圣拉斐尔（San Raphael）。

案例住宅27号，建筑师为坎贝尔和王事务所（Campbell & Wong），1963年6月发表，未建成。

案例住宅28号，建筑师为康纳德·巴夫和唐纳德·C.赫斯曼，1965年9月发表，次年建成于千橡城（Thousand Oaks）。

案例住宅1950，建筑师为拉斐尔·索里亚诺，1950年12月发表，同年建成，位于太平洋帕利塞德，经历过重建。

此外，"案例住宅计划"之中还包括了两幢公寓作品：

一幢由建筑师阿尔弗雷德·N.比德尔（Alfred N. Beadle，1927—1988）和阿兰·A.戴利（Alan A. Dailey）设计，发表于1964年9月，1964年建成，位于亚利桑那州凤凰城。

一幢由基林斯沃思、布莱迪和史密斯事务所设计，1964年5月发表，未建成。

"案例住宅计划"的36件作品共涉及20余名建筑师或设计团队。其中，理查德·诺伊特拉、J.R.戴维逊、罗德尼·沃克、克莱格·埃尔伍德以及基林斯沃思、布莱迪和史密斯事务所均贡献了3个以上的作品；拉斐尔·索里亚诺、皮埃尔·科尼格、比弗利·D.索恩，坎贝尔和王事务所提交的方案，都堪称各自的代表作，至今被历史铭记。不过，这个计划在当时并不如想象中的顺利。活

图2.26
埃姆斯夫妇和约翰·因坦扎（右）

动要求大部分住宅的建设费用都要靠建筑师本人筹集，但这种实验性质的"现代住宅"难以获得银行贷款，愿意出钱的私人或企业也数量寥寥，很多时候，甚至要依赖举办者或者参加者自掏腰包，比如查尔斯·埃姆斯参与的两个作品（8号和9号）后来分别成为他和约翰·因坦扎的私人住宅（图2.26）。这也是大量"案例住宅"未能建成的主要原因。尽管如此，此次活动对"现代住宅"的发展而言，依旧功勋卓著且意义深远。这次大规模的集体设计，预示着战后南加州的"现代住宅"探索进入了鼎盛时期，从中走出的两名年轻建筑师，堪称"加州现代建筑"最后的旗帜。

2.6.2 克莱格·埃尔伍德

克莱格·埃尔伍德，原名乔恩·尼尔森·伯克（Jon Nelson Burke），1922年生于得克萨斯州科拉伦顿（Clarendon）。20世纪20年代，和当时很多美国家庭一样，伯克一家向西迁徙，终在1937年落脚于洛杉矶。1942年，伯克加入美国空军，成为B-24轰炸机组中的一名雷达操作员。1946年退伍以后，他回到洛杉矶，和兄弟克里夫·伯克（Cleve Burke）以及另两名战时结识的朋友共同创办了一家公司，取名"克莱格·埃尔伍德"，这也是日后伯克作为建筑师单独执业时所用名字的由来（图2.27）。

1948年前夕，埃尔伍德作为一名造价师加入兰博德·科弗·萨尔茨曼事务所（Lamport Cofer Salzman，L.C.S.），他得以接触到理查德·诺伊特拉、埃姆斯夫妇、拉斐尔·索里亚诺等著名建筑师，开始对设计和建造工作产生兴趣，并进入加州大学洛杉矶分校的夜校学习了五年结构工程，这些经验构成了埃尔伍德全部的专业教育。

1948年，埃尔伍德独自开业，成立"克莱格·埃尔伍德设计室"。在事务所中，埃尔伍德负责承接设计委托，确定项目策划，另聘请了南加州大学毕业的建筑师罗伯特·赛伦·彼得斯（Robert Theron Peters）——后来也有其他建筑师承担这些任务——提供技术支持，绘制图纸，并以职业建筑师身份提供必要的签字。

1952年的案例住宅16号是埃尔伍德的早期作品，这个设计受到广泛欢迎，一些具有影响力的建筑杂志，比如约翰·因坦扎的《艺术与建筑》亦被他的工作吸引，开始频繁地报道埃尔伍德和他的作品。埃尔伍德事务所的业务量随之增加，并逐步

图2.27
克莱格·埃尔伍德

覆盖到住宅和商业等多种类型，事务所规模持续扩张。这一时期，埃尔伍德设计的个人风格趋于成熟，特别是对"国际风格"报以巨大的热情，其中又以密斯·凡·德·罗的作品为最。至20世纪70年代中期，他已经完成了不少具有代表性的项目，例如加州圣莫尼卡的兰德公司（Rand Corporation）总部的整体规划，施乐公司（Xerox）和IBM公司办公楼，以及帕萨迪纳艺术中心设计学院（Art Center College of Design）极富创意的"桥屋"（Bridge Building），其横跨于道路和一条旱沟之上。

20世纪50年代晚期，尽管还不是拥有执业资格的建筑师，埃尔伍德却率先成为一名大学讲师，他在南加州大学和加州工程技术大学教授建筑专业，还在耶鲁大学做过一系列讲座。

1977年，埃尔伍德宣布退休，移居意大利；1992年，因为心脏病在那里逝世。

2.6.3 皮埃尔·科尼格

1925年，皮埃尔·科尼格生于加州旧金山。科尼格从小就对现代建筑表现出浓厚的兴趣，1939年，他随全家搬到洛杉矶郊区的圣加百列镇，在一群立志成为建筑师的年轻人中间，这一梦想逐渐成真。1942年，"二战"的阴云笼罩在美国上空，17岁的科尼格参加了美国军方的进阶特训项目，可以用两年时间获得原本需要四年的学位，然而，仅仅在犹他大学工程学院学习了一个

图2.28
皮埃尔·科尼格

学期，项目便意外终止。1943—1946年间，科尼格被送上美军位于法德边境的前线，服役于驻扎在292号阵地的炮兵观察部队，担任估测敌方火力分布的射程观察员（图2.28）。

战后，科尼格回到洛杉矶，进入南加州大学建筑学院学习。因为退伍士兵人数众多而造成了长达两年的等候，科尼格直到1948年才能入学。在此之前，他在帕萨迪纳城市学院先修了一些课程。南加州大学是当时顶尖的建筑院校，在战争余波影响下，这里成为培育建筑新观念的温床：建筑需要回应社会问题，例如洛杉矶人口膨胀带来的对低造价住房的需求；战后经济条件下产生的新的材料和工业技术在和平时期的应用问题，例如批量生产和预制技术。尽管科尼格不太认同对传统"学院派"理论的苛刻批评，但他以更大的热忱，沉浸在有关战后建筑的新理念之中，并将其作为指导自己整个职业生涯的信条。科尼格在学生时期就开始了实践，因其在设计课上提出的钢结构住宅方案受到指导教师质疑，科尼格决心通过实际建造证明自己概念的可行性。1950年，科尼格完成了科尼格住宅1号（Koenig House No. 1），这座钢结构房子的造价比传统木框架更低廉，并赢得了美国建筑师协会住房类荣誉奖。1952年，科尼格毕业并获得学士学位，此时他已成功地建造了另外3幢钢住宅。

刚毕业的科尼格更多的是和其他建筑师协同工作[1]。1950年，他曾经在拉斐尔·索里亚诺——另一名关注钢结构的建筑师——手下任绘图员，完成了索里亚诺"案例住宅计划"作品的渲染图；1956年，他参与了琼斯和伊蒙斯（Jones and Emmons）对艾奇勒X-100钢结构住宅原型（Eichler X-100 steel model）的设计工作。

1957年是科尼格事业的突破之年。这一年，他获得了执业执照；首次受到国际展览会的垂青，应邀参加圣保罗双年展；《艺术与建筑》杂志以"低造价

---

1 在此期间，皮埃尔·科尼格也为其他一些设计师短暂工作过，包括坎德雷瓦和加雷特（Candreva and Jarrett）、爱德华·H.菲柯特（Edward H. Fickett）、基斯纳（Kistner）、赖特和赖特（Wright and Wright）等，还同时做过家具设计。

住宅"为专题刊登了他的作品,并将他视为设计"如汽车般高效"的住宅的代表建筑师;最重要的是,约翰·因坦扎的"案例住宅计划"向他抛出了橄榄枝。

科尼格向"案例住宅计划"提交了两个作品,堪称自己建筑理念的宣言,引起了广泛的关注。案例住宅21号倾向于一种原型,造价便宜,便于生产,是对建筑学涉及的社会问题的具体回应;案例住宅22号则是一幢私人居所,出色地处理了几乎垂直的基地条件中的工程难点,并以其浪漫形象被视作洛杉矶"现代住宅"乃至美国战后生活的完美图腾。

科尼格始终如一地贯彻着最初的信念,永不背弃现代建筑曾经许诺的社会责任。他设计并建造的钢和玻璃住宅超过43幢,其中包括舒尔茨住宅(Schwartz House)和科尼格住宅2号(Koenig House No.2)两件名作,还有许多住宅加建、翻新和商业地产项目。

科尼格同时是一名热忱的建筑教育者。从1961年开始,科尼格在南加州大学的建筑学院担任设计教师;1964年正式成为助理教授;1970年升格为副教授,获得终身教职;1997年成为全职教授。科尼格还同时承担了一些管理职务,如建筑研究所(Institute of Building Research)助理所长,自然力实验室(Natural Forces Laboratory)的主任和创建者,本科教学中建筑科学项目的负责人。

2004年,皮埃尔·科尼格逝于圣迭戈的海滨小镇拉荷亚。

2.6.4 集体的群像

"案例住宅计划"完成了一次伟大的集结,几乎聚拢了所有当时以西海岸为支点的具有名望的建筑师,他们共同经历了20世纪上半叶的重大事件:世界大战、"大萧条"与"新政"、工商业勃兴、持续的"郊区化"与战后"婴儿潮"等。整体的背景和个人的经历交织在一起,并在某种程度上呈现出一定的共性[1]:

第一个重要的因素是环境。鲁道夫·辛德勒因为工作需要而来到南加州,

---

1 当时在南加州从事"现代住宅"工作的建筑师或设计团队还包括:保罗·R.威廉姆斯(Paul R. Williams,1894—1981)、亚伦·西佩(Allen Siple,1900—1972)、弗雷德里克·朗霍斯特和路易斯·朗霍斯特夫妇(Frederick Langhorst,1905—1979;Lois Langhorst,1914—1989)、密拉德·谢茨(Millard Sheets,1907—1989)、克拉伦斯·W.麦修(Clarence W. Mayhew,1907—1994)、小泰奥多·科莱里(Theodore Criley, Jr.)、福斯特·罗德·杰克逊、洛万·迈登(Rowan Maiden,1913—1957)、威廉·科蒂(William Cody,1916—1978)、杰克·席尔默、查尔斯·沃伦·卡利斯特、马里奥·科贝特(Mario Corbett)、爱德华·菲柯特(Edward Fickett)、马克·米尔斯、艾林·E.莫里斯(Allyn E. Morris,1922—)、J.拉蒙特·朗沃西(J. Lamont Langworthy,1930—)、约翰·马尔施·戴维斯(John Marsh Davis,1931—)、帕默尔和克里塞尔事务所(Palmer and Krisel)等。本书后续讨论中选取的大部分案例都位于南加州地区,不过也有少数作品位于加州中部或北部,因为出自同一批建筑师之手以及相似的特征也被列为研究对象,如无特定需要,不再一一说明。

并热情邀请了理查德·诺伊特拉；哈维尔·哈里斯、A.昆西·琼斯、皮埃尔·科尼格都在这里宜人的风光之中度过了自己的童年；而约翰·洛特纳成长于景色同样优美的苏必利尔湖畔。自然的慷慨馈赠对建筑师的眼睛充满了吸引力，很多曾服役于太平洋战场的人，都因此留在了这里。正如南加州建筑师查尔斯·W.卡利斯特（Charles Warren Callister，1917—2008）回忆的那样："整个情绪都截然不同。……我曾是空军飞行员，常在她的上空翱翔，俯瞰大地的时候，一切看起来都是如此美丽。"[1]

第二个重要的因素是战争。理查德·诺伊特拉经历过"一战"。在"二战"期间，A.昆西·琼斯参加过海军，克莱格·埃尔伍德服役于空军部队，皮埃尔·科尼格在欧洲前线担任炮兵，其他一些建筑师，例如唐·R.诺尔、查尔斯·沃伦·卡利斯特、比弗利·D.索恩、古德温·斯坦伯格（Goodwin Steinberg，1922—2010）都曾亲身参战。他们近距离接触了强大的战争机器：飞机、航母、坦克等，震撼于这些精密高效的产品以及流水线制造蕴含的巨大能量，为自己的设计革新提供了直接体验。

第三个重要的因素是教育背景和职业经历。这些建筑师中，有相当比例在加州大学伯克利分校或南加州大学接受专业教育，也有一些在哈佛大学或麻省理工学院完成学业。无论居留还是旅行，不少人都曾在欧洲得到现代艺术的洗礼，如果足够幸运，还能结识当地的顶尖建筑师，并在他们美国的事务所求得职位[2]。赖特是当时美国建筑师共同的导师，塔里埃森是设计创作的圣殿，鲁道夫·辛德勒、理查德·诺伊特拉、约翰·洛特纳以及福斯特·罗德·杰克逊（Foster Rhodes Jackson，1911—1998）、杰克·席尔默（Jack Hillmer，1918—2007）、马克·米尔斯（Mark Mills，1921— ）等，都曾受过赖特的教诲。

如果说，这些因素参与塑造了南加州"现代住宅"的发展，那么也应看到，即便是其中最为个体化的行动或选择，也属于从"区域"局部对"世界"整体的折射。因此，这些建筑师的相关实践，相对于一种处在"边缘"位置发声的方言（vernacular），或许更接近于某种配合"中心"乐章奏响的复调。

1 SERRAINO P. NorCalMod：icons of northern California modernism[M]. San Francisco：Chronicle Books，2006：29；转引自：HESS A，WEINTRAUB A. Forgotten modern：California houses 1940—1970[M]. Layton：Gibbs Smith，2007：9.

2 比如马里奥·西亚皮（Mario Joseph Ciampi，1907—2006），曾在哈佛大学师从格罗皮乌斯，后前往欧洲，拜访过埃里克·门德尔松、马塞尔·布劳耶、皮埃尔·路易吉·奈尔维（Pier Luigi Nervi，1891—1979）、勒·柯布西耶等著名建筑师，随后在1946年返回旧金山独立开业。

2.7 时代的支流

南加州孕育了众多极具创造力与影响力的思想：首先，这个地区拥有一大批专业教育机构与学术出版物，为建筑学发展提供了重要的智力支持；其次，这里的文化氛围开放，所有建筑师都能自由地进行理论与实践探索；同时，加州丰富的气候和地貌、多族裔混居的人文环境、新兴的尖端工业，大大激发了创作的灵感；最后，当地富裕的中产阶级孕育出繁荣的房地产市场，很多客户都愿意尝试新潮设计。从20世纪20年代起，特别是"二战"以后，南加州聚集了许多"现代住宅"的建设者和宣传者，共同构成了时代的整体风貌。

2.7.1 建设者

约瑟夫·艾奇勒是一名活跃在战后的美国房地产商，他的公司名为"艾奇勒房产"，主要业务范围覆盖加州旧金山湾区和大洛杉矶地区。1950—1974年间，他的公司在北加州建设了9个住区，在南加州建设了3个住区，总计超过了11000幢住宅，他最大的开发项目是1956—1964年间的"高地"，位于圣马泰奥（San Mateo）。艾奇勒喜欢雇佣职业建筑师为自己工作。赖特的门徒罗伯特·安申（Robert Anshen）在1949年为他完成了第一个项目。他合作过的建筑师还有旧金山的克劳德·奥克兰及其合伙人事务所（Claude Oakland & Associates），鼎鼎大名的洛杉矶建筑师拉斐尔·索里亚诺以及A.昆西·琼斯和弗雷德里克·伊蒙斯（图2.29）。

图2.29
约瑟夫·艾奇勒（中）在琼斯和伊蒙斯事务所，1952年

艾奇勒致力于为中产阶级建造住宅，推行自己理想的居住模式：拥有良好的公共景观和基础设施，充满文化多样性的社区。"艾奇勒房产"以建设现代风格的住宅著称。然而，第一批战后住宅的购买者，主要是更加偏好传统样式的退伍军人，对新产品的接受度不高。颇为讽刺的是，一些其他开发商会在自己传统风格的住宅中沿袭"艾奇勒房产"式的设计要素，甚至形成了所谓的"艾奇勒风"（Eichleresque），更加挤压了"艾奇勒房产"的利润率。20世纪60年代中期，由于郊区地价的上涨，艾奇勒被迫转向高端市场开发豪宅，这一举措使公司业务过度扩张，而陷入财政上的困顿。1967年，"艾奇勒房产"宣告破产。

约瑟夫·艾奇勒是"现代住宅"积极的倡导者，并将这种风格带进公众视野[1]。他是一名颇具社会责任感的地产商，因为拒绝支持一项歧视性政策，曾在1958年退出美国房屋建设者协会。

2.7.2 宣传者

1905年，约翰·因坦扎生于美国密歇根州卡路梅特（Calumet）。在他任主编时期，《艺术和建筑》杂志成为南加州现代建筑最重要的宣传媒介，最引人瞩目的贡献是筹办"案例住宅计划"——一个集设计、施工、展览、出版于一体的"现代住宅"实验项目[2]。

《艺术与建筑》创办于1929年，最初取名为《加利福尼亚艺术与建筑》；1936年，在马克·丹尼尔斯（Mark Daniels）的领导下，杂志进行首次改版；更重要的转折发生在1940年，因坦扎出任主编，杂志于1943年再次全面改版，并更名为《艺术与建筑》。因坦扎主政期间，《艺术与建筑》成为南加州成型不久的"现代建筑"的重要阵地，对洛杉矶、南加州、西海岸，乃至全美国的文化史产生了深远的影响，因坦扎也因此在现代建筑史上获得了举足轻重的地位。1962年，因坦扎从主编职位隐退，转任格拉汉姆基金会（Graham Foundation）负责人，《艺术与建筑》迎来最后一任主编大卫·特拉沃斯（David

---

1 约瑟夫·艾奇勒开发的房屋中走出了不少后来的名人，苹果公司的两位创始人——史蒂夫·乔布斯（Steve Jobs，1955—2011）和史蒂夫·沃兹尼亚克（Steve Wozniak），都曾在他建造的住宅中度过童年。
2 《艺术与建筑》是第一本介绍小赖特、拉斐尔·索里亚诺、埃姆斯夫妇、克莱格·埃尔伍德、弗兰克·盖里（Frank Gehry）的杂志，另外也发表了许多其他南加州建筑师的作品。它也关注建筑历史与理论的内容，如刘易斯·芒福德、埃斯特·麦考伊、小埃德加·考夫曼的文章；它还是高水平的平面设计杂志，经常刊登当时著名设计师的作品，包括埃尔文·路斯汀（Alvin Lustig）、赫伯特·马特尔（Herbert Matter）、约翰·弗里斯（John Follis）等。

Travers），后于 1967 年停刊。

建筑摄影师裘里斯·舒尔曼是现代住宅的爱好者，透过他的镜头，南加州的现代建筑受到全世界的关注[1]。舒尔曼一生拍摄过为数众多的建筑照片，其中一些经典，例如赖特和皮埃尔·科尼格的代表作品，都被反复出版。许多建筑杰作，如查尔斯·埃姆斯以及理查德·诺伊特拉和拉斐尔·索里亚诺的设计，都是借助舒尔曼的工作而为外界所知的。其中很多建筑都已经损毁，舒尔曼留下的影像成为如今了解它们的唯一途径。

舒尔曼的摄影作品，体现出他对建筑、景观、场地的敏锐的知觉和理解。通过精心设计的构图，他揭示出空间深处凝聚着的时代愿景和希望。舒尔曼最负盛名的作品题为："案例住宅 22 号，洛杉矶，1960，皮埃尔·科尼格"，即斯塔尔住宅，这张照片甚至可以看作 20 世纪中叶整个南加州"现代住宅"运动的缩影。

埃斯特·麦考伊是一名建筑历史学家，她的研究帮助加利福尼亚的现代建筑在世界范围内引起了关注。

1925 年，麦考伊从密歇根大学毕业，次年前往纽约，开始自己的写作生涯，一直延续到 60 年代[2]。1932 年，麦考伊被诊断出急性肺炎，迁往洛杉矶进行疗养，30 年代晚期，她在圣莫尼卡的大洋公园（Ocean Park）地段买下了一幢小屋，此后便定居在此。

麦考伊在南加州大学学过建筑，并于"二战"期间在鲁道夫·辛德勒的事务所里做过一阵子绘图员，但受限于年龄和性别，她最终未能很好地完成学业。麦考伊在建筑学领域的第一篇重要文章发表于 1945 年。从 20 世纪 50 年代起，她的论文频繁地出现在一些建筑期刊上，比如《艺术和建筑》《建筑论坛》《建筑实录》和《进步建筑》（Progressive Architecture）等，也包括一些欧洲杂志。此外，她还为《洛杉矶时报》（The Los Angeles Times）和《洛杉矶先驱考察

1　舒尔曼本人也拥有一幢现代住宅，坐落于好莱坞山，由挚友拉斐尔·索里亚诺设计。

2　埃斯特·麦考伊 1904 年生于美国阿肯色州的赫拉提奥（Horatio），曾先后就读于贝克大学（Baker University）、阿肯色大学（University of Arkansas）、华盛顿大学（Washington University）和密歇根大学（University of Michigan）。1924 年，她拜访了西奥多·德莱塞（Theodore Dreiser，1871—1945），并开始了对这位杰出小说家长达十几年的研究。麦考伊从 1929 年开始发表小说，像《纽约客》（New Yorker）和《时尚芭莎》（Harper's Bazaar）之类的杂志，还包括一些大学季刊，都刊登过她的作品，短篇故事《披肩》（The Cape）在 1950 年被选为"全美最佳短篇故事"。麦考伊的创作领域包括长篇小说、短篇故事和剧本，还曾和阿伦·里德（Allen Read）以阿兰·麦克罗伊德（Allan McRoyd）为共同笔名，合作发表系列侦探小说。麦考伊是活跃的左翼人士，曾为《方向》（Direction）、厄普顿·辛克莱尔（Upton Sinclair）的《终结贫穷的加州》（End Poverty in California，EPIC）和《进步新闻联合》（United Progressive News）写稿。

报》(*The Los Angeles Herald-Examiner*）撰写过建筑专栏。出版于1960年的《五位加州建筑师》是麦考伊的第一本建筑学专著，这本书首次让人们注意到加州现代建筑的先驱：查尔斯·格林、亨利·格林、埃尔文·吉尔、伯纳德·梅贝克和鲁道夫·辛德勒。她还以理查德·诺伊特拉、克莱格·埃尔伍德以及"案例住宅计划"为主题发表过专著[1]。麦考伊为很多展示加州现代建筑的美术馆和博物馆都写过导览手册，其中包括一些介绍性的短文；她还在南加州大学和加州大学洛杉矶分校做过学术演讲，并协助加州大学洛杉矶分校的档案馆誊写并编纂理查德·诺伊特拉留下的论文。麦考伊最后的工作是为洛杉矶当代艺术博物馆展出的"案例住宅计划"撰写一篇导览短文，活动开幕一个月后，即1989年12月，便与世长辞。

2.7.3 尾声渐近

加州"现代建筑"的发展持续呼应着战后东海岸的激烈辩论[2]。事件的开端被戏剧性地联系上了菲利普·约翰逊1934年从纽约MoMA的离开；1944年，经过十年的酝酿，伊丽莎白·鲍尔·默克（Elizabeth Bauer Mock，1911—1998）举办了题为"美国建筑"的展览，她认为需要定义一种属于美国的"现代性"，它的含义要比"糟糕地效仿欧洲"宽广许多，并将亨利·H.理查德森（Henry H. Richardson，1838—1886）、路易斯·沙利文和赖特追溯为其本土源头[3]。相关的出版物在1947年以《美国建筑：1932—1944》(*Built in U.S.A. 1932—1944*）为题问世，随即得到刘易斯·芒福德的声援，他通过《纽约客》(*The New Yorker*）的专栏将人们的目光引向旧金山湾区的伯纳德·梅贝克和威廉·伍斯特的实践。尽管默克温和地表示，建筑的"地域性"并非"现代性"的反面，而是其组成部分，但"国际风格"的反击却毫不留情。1948年初，阿尔弗雷德·巴尔（Alfred Hamilton Barr, Jr.，1902—1981）率先发难，并暗示"地域性"背后具有隐晦的纳粹渊源[4]。在此之后，作为"国际风格"的美国基地，MoMA不断集结东海

---

1 埃斯特·麦考伊也写过关于意大利建筑的论文，缘于20世纪50—60年代，她曾几次到访过意大利，并作为策展人，在洛杉矶组织过一次意大利建筑师十人作品展。为表彰麦考伊宣传意大利建筑的贡献，意大利政府在1960年为她授勋。

2 TZONIS A，LEFAIVRE L. Critical regionalism, architecture and identity in a globalized world[M]. Munich, Berlin, London, New York: Prestel, 2003.

3 伊丽莎白·鲍尔·默克曾在塔里埃森跟随赖特学习建筑，1942—1946年间接替菲利普·约翰逊出任MoMA建筑及设计部的代理部长；她的姐姐凯瑟琳·鲍尔·伍斯特（Catherine Bauer，1905—1964）曾在加州大学伯克利分校担任教授，亦为湾区著名建筑师威廉·伍斯特的妻子。

4 阿尔弗雷德·巴尔是美国著名艺术史家，1948年时任MoMA藏品部主管，和亨利-拉塞尔·希区柯克同为当时一系列论战的中心人物。

岸的"现代主义"阵营，甚至包括沃尔特·格罗皮乌斯、西格弗雷德·吉迪恩（Sigfried Giedion，1888—1968）以及亨利－拉塞尔·希区柯克本人等建筑界巨头，挑起论战，并于1952年再次以"美国建筑"为题举办展览，试图抹除8年前同名活动的全部痕迹。然而，纵使希区柯克的宣言态度强硬，但在选择参展建筑时难以回避表达"地域性"的典型作品，哈维尔·哈里斯的拉尔夫·约翰逊住宅（Ralph Johnson House，1947—1948）即为证据之一。这场争执逐步演变为长期的对立，南加州在其中始终占据一席之地，鲁道夫·辛德勒、理查德·诺伊特拉、埃斯特·麦考伊等代表人物通常都被归入"地域建筑"的派系当中[1]。

20世纪60年代晚期，南加州现代住宅的热潮逐步退却。1967年，《艺术与建筑》杂志停刊。同年，约瑟夫·艾奇勒宣告名下的地产公司破产，就此退出这一商业领域。1970年，理查德·诺伊特拉逝世。在相近的时期，哈维尔·哈里斯、拉斐尔·索里亚诺、格里高利·艾因相继隐退，A.昆西·琼斯也和弗雷德里克·伊蒙斯结束了近20年的合作，各自步入职业生涯的末期。克莱格·埃尔伍德在部分涉足公共建筑设计之后，于1977年退休。只有约翰·洛特纳和皮埃尔·科尼格依然维持着创作激情。伴随着"现代主义"，"现代住宅"似乎也即将走向衰朽的共同命运[2]。对"地域性"来说，它在与"现代性"的交锋之中并未落败。然而，更深刻的危机来自"后现代主义"的吸附，"地域建筑"的支持者被迫对自己的理论再次梳理并修正，并在70年代后，尤其在"全球化"对各地区特征形成冲击之际，继续向建筑学提供反省性的视角[3]。其中，刘易斯·芒福德于20世纪40年代的清晰阐述，仍然构成了后继思想"批判性"发展的重要支点。

结语：脉络的构造

在不少南加州"现代住宅"的相关文献中，同时包括对群体与个体的研究，从中都可以明显察觉到一个连贯谱系的存在（图2.30）。建筑师以时间为

---

1 TZONIS A，LEFAIVRE L. Critical regionalism，architecture and identity in a globalized world[M]. Munich，Berlin，London，New York：Prestel，2003.

2 新的理论风潮由罗伯特·文丘里（Robert Venturi）的《建筑的复杂性与矛盾性》（*Complexity and Contradiction in Architecture*，1966）率先奠定；1977年，查尔斯·A.詹克斯（Charles A. Jencks）以《后现代建筑语言》（*The Language of Post-Modern Architecture*，1977）正式确定了"后现代主义"的概念。

3 同1。

序被逐一介绍，并着意提及他们彼此之间的若干种关联，暗示出某种"承递性"或"连续性"的存在，使各自的理论与实践互为佐证，从而将标志性的时间、代表性的人物、节点性的事件编纂成"历史"。建筑史的论述亦可印证这一预设。以1920—1970年间的加利福尼亚南部为例，"住宅"产业的发展深刻地嵌入了当时西海岸、美国乃至全世界的"现代"转型之中，形成了曲折的演进路径。相关建筑师的个人经验，无论是不同代际之间，还是相同代际的个体之间，都随之呈现出明显的多样性。值得注意的是，他们并不需要直接介入当地的认同（identity），而是通过专业理论及其实践，针对既存建造经验进行

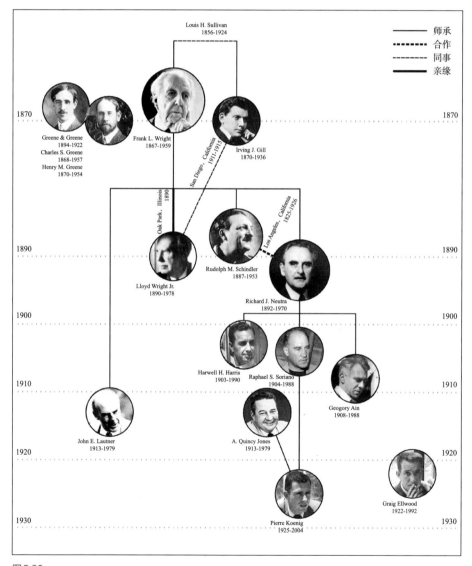

图2.30
南加州现代建筑师谱系，1920—1970年

"知识干预"，并试图使其转变趋势，与外界学科的整体轨迹保持一致。南加州建筑的特征随之凝固成如"风格"般的构造，凭借分类提供的内聚力，在观念的层次上维系着共同体（community）的存续。

诸多经典"现代建筑"的历史叙述，都试图基于某些特征的辨别，建构起二元对立的叙事模式，以此区分出与"国际风格"同时期并行的许多实践。即使在对20世纪中期的"现代主义"多元性的讨论中，依然很大程度上沿用着类似的逻辑。回顾南加州"现代住宅"的历史，易于将它理解为从拥有显著特征的当地环境之中经由居住"空间"逐步演进出的某种深具"地域性"的特质，并构成对"现代性"的重要补充。然而，通过先前的回溯，已经大致了解到，对当时的南加州而言，所谓"地域性"特征的形成，事实上也与整个美国社会结构的"现代性"变革紧紧缠结；而推动这一进程的主体，多数是来自东海岸或者欧洲大陆的移民，在频繁的选择与更迭之后，他们极大程度地改变了固有的生活传统。

20世纪以来，"地域性"与"现代性"的立论双方所采取的姿态并不一致，前者很少将自身排除在后者之外，后者却一度并不给予前者以对等的地位。但是，双方都相当默契地使用着大量的"二分论证"。这在现代建筑师的南加州谱系中同样依稀可见。"是赖特还是诺伊特拉"[1]——尽管二者大部分观点并无本质分歧——似乎分别构成了两个核心，放射出交织的光谱，其他人物通过各种关系置身其中，逐一定位。或者又如西格弗雷德·吉迪恩在1951年对理查德·诺伊特拉的概括——"欧洲的与美国的"——一样："如果诺伊特拉没有早早地离开奥地利（在1923年），也许，他将和与他同时代的其他建筑师走上相同的道路，很可能不会找到他自己。"[2]这种将"欧洲"与"美国"的差别等同于"现代性"与"地域性"的矛盾的论述，清楚地贯穿在后来的争辩之中。与之相对应的是，"地域性"虽然拒绝将自身从"现代性"中割裂出来，并极力避免被用作抵抗"全球化"的工具，但是，无论刘易斯·芒福德还是亚历山大·楚尼斯（Alexander Tzonis）与莱安·勒菲弗尔（Liane Lefaivre）以及肯尼斯·弗兰姆普敦，他们纲领性的论述仍相当程度地立足于对某些"观念"的占用并做出预设的区分。或许，正是类似的构造，导致了以下悖论："丰富与

1　这一分类的重要依据即是理查德·诺伊特拉与"国际风格"之间的关联。

2　"If R. J. Neutra had not left Austria early – in 1923 – he would have met the same fate which befell other architects of his generation；most probably he would never have found himself." BOESIGER W.Richard Neutra：buildings and projects[M]. Zurich：Editions Girsberger，1951：8.

混杂（rich mix）是加州建筑的核心。"[1]然而对它的历史叙述，却仍旧充满了"遮蔽"与"排除"。其中涉及的一些关键主题，也包括相关设计实践的讨论，将在此后逐一展开。

1　"This rich mix is at the core of California's architecture... The purpose of design was to explore possibilities rather than to establish a rigid set of rules and conventions." HESS A，WEINTRAUB A.Forgotten modern：California houses 1940—1970[M]. Layton：Gibbs Smith, 2007：276.

03

花园中的机器：
自然

"自然"作为西方思想体系中的基本观念之一，因为意识形态、社会结构和文化习惯的不同，经常在世界各个地区呈现出显著的差异。对建筑学而言，"自然"的含义含混而复杂：有时，被看成最初的原型，是人工造物试图模仿的对象；有时，被视为美的源泉，可用作重要的审美标准；有时，代表内在知觉的自我阐发；有时，表达政治立场，涉及天赋的自由等。其中两种近乎相悖的观点，它们对"现代性"的形成同等重要："自然"，一方面，意味着需要挣脱的枷锁或者等待征服的蛮荒；另一方面，意味着解除文明之弊病的良药[1]。此种逻辑亦是"地域性"试图处理的对象，"回归自然"是其传统主题，但并不限于浪漫主义的美学品位或乡愁情结，同时也是基于经济与政治考虑的生态发展观，但并不排斥必需的技术与社会改良[2]。美国人对"自然"的态度被里利奥·马克斯（Leo Marx）以"花园中的机器"（machine in the garden）精准地概括，这一经典隐喻既表达了与"自然"和谐相处的田园牧歌式的理想，更反映了追逐资源和权力所带来的混乱与纷争，它们共同构成了相关历史研究中的重要内容[3]。

3.1 反城市的倾向

美国人从未给予城市生活很高的评价，尽管城市是物质进步和经济成长的中心，但更是引发无数问题的"罪恶渊薮"。这种深具传统的质疑在19世纪显著加强，社会治安、火灾防治、生活供水、卫生系统等更多的公共服务问题在城市中一并爆发，污染、疾病、噪声以及令人生畏的陌生人，让曾经明亮平和的庇护所迅速沦为幽暗危险的巢穴。而此时的"郊区"正沐浴在明媚的阳光和新鲜的空气之中，它许诺人们以"如画般"的愿景，在这里，病痛、混乱、荒淫、腐败与城市一道被抛于身后。这种社会中的普遍心态，随即与饱含新英格兰风情的乡村意象以及深具神话色彩的"田园理想"结合起来，促使社会理论家、规划师与建筑师共同针对当时的居住模式进行根本性的改变。

3.1.1 田园的理想

美国关于"自然"的观念事实上具有深厚的欧洲起源。大概从300年前

---

1 FORTY A. Words and buildings：a vocabulary of modern architecture[M]. New York：Thames & Hudson，2000：220-239.

2 FRAMPTON K. Towards a critical regionalism：six points for an architecture of resistance[M]// FORSTER H. Anti-aesthetic：essays on postmodern culture. New York：The New Press，2002.

3 马克斯.花园里的机器：美国的技术与田园理想[M]. 马海良，雷月梅，译.北京：北京大学出版社，2011.

起，欧洲人已经习惯性地将某种颇具理想色彩的眼光投向新大陆，美国随之被赋予了一种"处女地"（virgin land）般的形象，被视为大西洋彼岸的"伊甸乐园"。伊丽莎白时代（The Elizabethan Era，1558—1603），游记文学中的"花园"隐喻具有浓厚的乌托邦色彩，未经开垦的海外沃土为这些虚幻的想象提供了现实的佐证，它们将成为"黄金时代"（Golden Age）的新起点[1]。这种"花园"意象后来又拥有了另外的源头，以托马斯·杰弗逊（Thomas Jefferson，1743—1826）为代表的美国国父们希望在殖民地建立自己的家园，既脱离孤悬海外的贫苦，也不受外来王权的欺凌，并将目光投向了更加久远的古罗马诗人维吉尔（Publius Vergilius Maro or Vergil，公元前70—前19）的《牧歌集》（Eclogues），诗中虚构出某处名为"阿卡狄亚"（Arcadia）的乐土，一片融合了神话与现实的象征性风景。《牧歌集》被视作美国经验的投射，一个重要原因是其中潜在的政治寓意，源自于对土地及其价值的认知以及对帝国威权的憎恶[2]（图3.01）。

　　1785年，托马斯·杰弗逊出版了《弗吉尼亚纪事》（Notes on the State of Virginia），这标志着美国"花园"意象的成熟：这片大陆荒凉却丰饶，这里终会建成富足的家园，而民主制度将会带来古代诗歌中那种"牧人"般的自由与快乐。从此，这一题材逐步脱离了纯粹的文学范畴，开始演化为具有意识形

图3.01
"阿卡狄亚"或田园之乡（托马斯·科尔，1834年）

1　英国女王伊丽莎白一世（Elizabeth I，1533—1603），都铎王朝（Tudor Dynasty，1485—1603）最后一位君主，她的统治时期，即"伊丽莎白时代"，是英格兰国家形成并趋向强盛的重要阶段，常被描绘为英国史上的"黄金时代"。
2　维吉尔在诗中描述了一种"流离失所者"的形象，这与罗马的暴政有关，当时很多平民被夺去家园，他们的土地收归国有，用以犒赏退役军人。

态意味的创作。杰弗逊观点的背后深藏着政治含义：首先反映在他作为"重农主义"者对农业经济的信奉上，他将自给自足的家庭农场视为最完美的生产单位，土地则扮演着社会组织与道德生活的中心；其次，杰弗逊以矛盾的态度看待机器与工厂，认为前者是一种清白无辜的力量，可以同时服务于城市工业和乡村农业，而后者可能是封建压迫的变体，应当留在欧洲，而远离美国本土。这表现了他对市场经济的抵触，尽管深知小农业生产无法支撑国家的独立与发展，却对独立以后制造业的快速成长满怀忧虑。杰弗逊认为"国民收入"的损失足以被生活的"美满幸福和长治久安"弥补，这一想法多少显得天真，但折射出了他的思想核心：一个社会成功与否的标准，不在于物质生产水平，经济因素只是相对次要的方面。事实上，美国并未按照杰弗逊的蓝图发展，《弗吉尼亚纪事》出版不久，他即承认，一个乡村的美国从经济学角度看来不尽合理，这种理想中隐藏着文学想象的本质[1]。从这个意义上说，杰弗逊并非一个严格的"重农主义"者，他的愿景属于"田园"（pastoral）而非"农业"（agrarian），根植于"自然"观念具有的审美、道德乃至宗教性质的精神力量，并将它们置入美国人集体意识的深处[2]。当后世再度提及相似的理论时，往往亦称之为"杰弗逊之梦"（Jeffersonian Dream）。

拉尔夫·瓦尔多·爱默生（Ralph Waldo Emerson，1803—1882）是20世纪以前对"自然"进行论述的另一名杰出的思想者。通过1836年的名作《论自然》

---

1 对此设想，"美国的公仆们是不会随意接受的"，出自托马斯·杰弗逊的信件（JEFFERSON T. Jefferson's reply，1785：631-634）。转引自：马克斯.花园里的机器：美国的技术与田园理想[M].马海良，雷月梅，译.北京：北京大学出版社，2011：97；杰弗逊经常阅读维吉尔和詹姆斯·汤普森（James Thomson，1700—1748）的作品，并深受其中田园理想的影响。詹姆斯·汤普森，苏格兰诗人，1726年出版长诗《冬》，随后相继发表《夏》《春》《秋》各诗，1730年合刊为《四季》，其他作品还包括：1735—1736年的长诗《自由》、1740年的戏剧《阿尔弗雷德》和其他五部悲剧、1748年的长诗《怠惰的城堡》以及杂诗若干，如1727年的《献给牛顿的颂歌》，《四季》是其代表作品，被文学史家认为开创了浪漫主义诗歌之先河。
2 《弗吉尼亚纪事》是一本内容丰富的短篇，既有细致的地理描写，也有精确的社会分析以及对未来的展望。托马斯·杰弗逊的写作始于独立战争期间，他将现实中的物质条件和眼前的革命形势结合进行考虑。全书分为23个问题，前7个都与"自然"主题相关，而在"问题19"中，杰弗逊塑造了自由、独立、理性的美国农民形象，这个片断被后世所有关注农业生产的政治家、社会活动家、新闻发言人奉为经典，堪称对美国"田园理想"最权威的叙述。在《弗吉尼亚纪事》之前，美国也曾出现过其他类似的作品，如罗伯特·贝弗利（Robert Beverley，1673—1722）1705年的《弗吉尼亚的历史与现状》（History and Present State of Virginia），赫克托·圣约翰·德·克雷夫科尔（J. Hector St. John de Crevecoeur，1735—1813）1782年的《一个美国农民的来信》（Letters from an American Farmer），还有一本1785年的匿名作者的16页的小册子《黄金时代》（The Golden Age）。详见：马克斯.花园里的机器：美国的技术与田园理想[M].马海良，雷月梅，译.北京：北京大学出版社，2011：55-109.

（*Nature*），爱默生建立了系统的哲学理论，他指出，未经开发的风景，如荒地和树林，可以看作"自然"的投影，其中蕴藏的形而上的力量，能够激发理性和信仰的回归，"审慎而明智的理解力可以在学校和城市里得到训练，但是，开阔而深远的理性却需要野生或者乡村的风景来适当培养"[1]。这构成了爱默生继续阐发"田园理想"的基础，也进一步解释了他主张疏离城市的原因："我们需要自然，城市无法给人以足够的感官空间。"[2]和杰弗逊相似，爱默生对技术也持有积极态度，将机器视为"利用智慧对自然的馈赠进行再生产或重新组合"的产物，毫不吝惜地给予溢美之词[3]。他将"西进运动"视为一次大规模的归隐运动，借助机器的力量，数百万计的美国公民扎根于广袤的荒原，从此遗弃陈旧腐朽的城市生活和欧洲文化，形成了独有的民族精神。爱默生在描述中专门使用了"花园"意象，并将它和新生的美国联系起来："整个国家是一个花园，人民在花园的凉亭里长大，那样该多么美好。"[4]

　　1844年2月7日，爱默生在波士顿发表了题为《年轻的美国人》（*The Young American*）的演讲，再次阐述了充满了浪漫主义色彩的田园理想，并在其中将杰弗逊式的将土地价值置于经济和政治问题中心的观点和"超验主义"（Transcendentalism）哲学结合在一起，进行了延续和深化。这同时体现了爱默生通过"年轻的美国人"形象揭示出信仰，摒弃世俗生活的牵绊，转向简单、纯粹、沉静的智性生活。

　　就在爱默生演讲后不久，1845年春天，他年轻的门徒亨利·大卫·梭罗（Henry David Thoreau，1817—1862）迁至瓦尔登湖，开始了一段长期的隐居生活。9年之后，他将在此期间完成的一系列文章——也许可以被认为是"超验主义"哲学的一份实验报告——以《瓦尔登湖》为题出版。通过从文明社会隐遁，回归"自然"的行动，梭罗试图以一种浪漫的方式将长久以来的"田园理想"付诸现实。然而，瓦尔登湖既不属于"阿卡狄亚"式的幻境，也不符合马萨诸塞州的现实，它是梭罗构筑的心灵风景：他戏剧性地把自己的木屋置于两种环境的交界处，一边是文明先进的村落，一边是原始苍凉的荒野，这种设置明显借鉴了"田园诗歌"的基本特征。但是，通过对自然场景的真实刻画以及对自己的劳作、收成、观察与思索的细致记录，梭罗令人信服地消除了艺术

---

1 转引自：马克斯.花园里的机器：美国的技术与田园理想[M].马海良，雷月梅，译.北京：北京大学出版社，2011：172.

2 转引同1，171页。

3 爱默生.论自然[M].吴瑞楠，译.北京：中国出版集团，中国对外翻译出版公司，2010：6.

4 转引同1，175页。

03
花园中的机器：自然

与生活之间的壁垒：在书中，他就是集经济、政治、道德理想于一身的"美国庄稼汉"。梭罗在《瓦尔登湖》的第四章"声音"中同样触及了机器问题，起初他对"沿着湖岸的铁路"与"呼啸而过的火车头"等意象流露出怀疑，随后又充满激情地赞美，以此表达自己的矛盾：他反对技术滥用的资本主义制度，但就机器本身来说，它确实促进了物质生活的繁荣，是毋庸置疑的进步；也清楚地察觉到传统生活方式在工业浪潮的冲击下必然会走向消亡[1]。

托马斯·杰弗逊、拉尔夫·瓦尔多·爱默生、亨利·大卫·梭罗共同奠定了作为"自然"象征的美国"田园理想"的基本内涵：它首先源自于政治和经济方面的思考，并引申到了道德领域，这些共同构成了土地价值的核心；随后，它被视作一种高度智性的人生哲学所依托的物质基础；最终，成为某种浪漫化的生活方式所渴求的环境。与此同时，"机器"作为工业文明中"技术"的隐喻，成为复杂的对立面贯穿其中，时而被否定，时而被接纳。

虽然"田园理想"所憧憬的意义和价值并不贮存在任何经济模式、社会制度或自然状态内部，本质上属于心智的产物，却长期缠绕着美国人的想象，反映在多种艺术创作之中，甚至升华为一种神话般的情感，一项民族的永恒事业[2]。亨利·纳什·史密斯（Henry Nash Smith，1906—1986）曾在1950年写道："……这个巨大而不断增长的农业社会意象表明，美国生活的希望……成了……一个集体象征的，诗意的理念……'花园'这一主要形象，包含了一组表示幸福、成长、增加以及在土地上幸福劳动的隐喻……"[3]

3.1.2 公共卫生运动

霍乱是长期侵袭人类社会的梦魇，随着城市化的步伐，这种古老的疾病来到了美国，19世纪的后70年里，整个国家都深受其害。霍乱多数爆发于夏季，

---

1 马克斯.花园里的机器：美国的技术与田园理想[M]. 马海良，雷月梅，译.北京：北京大学出版社，2011：178-184.

2 尽管梭罗以其冷峻的笔调指出了"田园理想"与现实生活之间的差距，但却不能阻止这一主题在后世的文艺创作中反复出现，"喧嚣的机器闯进静谧的花园"或"天真的少年邂逅世故的都市"构成了一切"美国经验"的共同原型：纳撒尼尔·霍桑（Nathaniel Hawthorne，1804—1864）、赫尔曼·麦尔维尔（Herman Melville，1819—1891）、马克·吐温（Mark Twain，1835—1910）、弗兰克·诺里斯（Frank Norris，1870—1902）、尤金·奥尼尔（Eugene O'Neill，1888—1953）、弗朗西斯·菲茨杰拉德（Francis Fitzgerald，1896—1940）、威廉·福克纳（William Faulkner，1897—1962）、欧内斯特·海明威（Ernest Hemingway，1899—1961）等一代又一代的美国作家都曾使用这层隐喻写下过动人的故事。

3 SMITH H N. Virgin Land：The American West as symbol and myth[M]. Cambridge，Massachusetts，1950：123.转引同1，103页。

其中1849年和1866年的两次为祸尤甚，造成了千万人的死亡[1]。

欧洲人关于霍乱的研究对美国城市的用水规划产生了重大的影响[2]。先是用于饮食、清洁和消防的市政集中供水的普及。费城在1801年最早建成了水厂，但在当时只有不足1/4的家庭开始使用，自来水既是家庭必需品也是商品的认知还没有形成，相似的情况也发生在了纽约。但是对霍乱的恐惧加速了这个过程。到了1860年，全美超过50000人口的16个城市已经全部拥有具有河水过滤功能的供水系统，许多规模较小的城市也都同时建设了自来水厂。相应产生的还有污水处理系统，1850年，莱缪尔·沙特克（Lemuel Shattuck，1793—1859）在《马萨诸塞州卫生状况报告》（*Report on the Sanitary Condition of Massachusetts*）中指明其重要性，随后，美国的各个城市陆续开始兴建，截至1880年，已经完成了200多例。

莱缪尔·沙特克开创了通过卫生措施改善公共健康的先例，从此引发了一系列类似的集体行动，并很快扩展到全国各地，这后来被视为美国"公共卫生"事业的开端[3]。1872年，一些民间团体与地方卫生官员联合创立了"美国公共卫生协会"（American Public Health Association，APHA），声称联邦政府有责任保护公众健康，并敦促其早日成立国家级别的卫生职能部门。1912年，以APHA的部分成员为班底，联邦"公共卫生服务部"（Public Health Service）成立。查尔斯–爱德华·A.温斯洛（Charles-Edward Amory Winslow，1877—1957）是美国"公共卫生运动"初期另一名贡献卓著的人物，这名细菌学专家在1920年系统阐述了"公共卫生学"的概念、目标及应用范围。"一战"以后，公共卫生在美国已经发展成为覆盖医药教育及其实践、疾病治疗与身体保健、传染病防治、卫生习惯与知识普及等多领域的庞大体系，它构成了普通公民生活品质的重要保障。

公共卫生运动促使人们建立了环境对健康具有重要影响的普遍认知：传染病或流行病，不仅是一种单纯的生理现象，也可能是伴随着城市生活而滋生

---

1 卡恩斯，加勒迪.美国通史[M].吴金平，许双加，刘燕玲，等译.吴金平，校订.济南：山东画报出版社，2008：438-439.

2 1849年，英国医生约翰·斯诺（John Snow，1813—1858）通过对伦敦霍乱的调查指出，霍乱的致病因子可能会通过被污染的水源传播，故而多发于居住在污水下游的居民中间，斯诺推荐了一些简单实用的预防措施，包括经常洗手、定期清洁衣物被褥、饮用开水等，收效明显。斯诺的推论在1883年被德国医生罗伯特·H.科赫（Robert H. H. Koch，1843—1910）证实，他发现了霍乱弧菌的存在及其依靠生活用水、食物、衣服等传播途径，据此提出霍乱的控制原则，并一直沿用至今。

3 布尔斯廷.美国人：南北战争以来的经历[M].谢延光，译.上海：上海译文出版社，1988：509-515.

出的社会病患。尽管它们带来的真实危险在1910年之后已经逐步消退，但是，城市是滋生隐患的温床，这样的意识开始持续地影响美国人选择居住地时的偏好，得到科学证实的经验，仿佛遥远地唤起了文化传统中某种"杰弗逊式"的担忧：城市，"对人类的道德、健康和自由都是有毒害性的"，它是在现代社会躯体之中不断生长的一种毒瘤[1]。

3.1.3 逃离城市

19—20世纪之交，美国城市的人口逐步赶超乡村。当时的基础设施和管理机制根本无力应付现代城市的需求，极速的扩张带来了一系列问题，既威胁着居民的生活，也危及国家的健康。城市的蔓延首先带来了贫困。在美国当时的政治观念中，救济机构和慈善组织都被置于相当边缘的位置，主流思想认为，社会福利只会滋长懒惰和依赖。尽管也有一些社会团体关心饥寒交迫的贫民，但这种援助举动归根到底与人们当时信奉的以个人奋斗为核心伦理的新教精神相抵触。无家可归的流浪者导致了犯罪和暴力。等到19世纪后期，美国城市的凶杀犯罪率迅速上升，偷窃、诈骗等其他罪行也有增长。这种局面刺激了私刑的滥用，并加剧了贫富阶层之间的矛盾。中产阶级畏惧暴乱的爆发，甚至通过组建私人武装、囤积武器弹药等极端手段以求自保。警察机构在这一时期正式成为政府必备的执法部门，他们以巡逻和侦破等方式，与地区检察官及公诉人共同维持治安，却又无可奈何地孕育着腐败和歧视。更隐秘的恐惧来自于人心。美国人对城市的乐观态度渐渐消退，转变为一种复杂而矛盾的情感：一方面，他们承认这里是充满机遇和激情的宝藏；但另一方面，他们也抨击这里是异化人性和引起堕落的深渊。一大批杰出的美国作家都曾描写过挣扎在社会底层，从事繁重而危险工作的贫民的绝望境遇[2]。火灾也是制造问题的因素。当时美国的城市建筑多由木材建造，一次大火就能席卷大片人口稠密的地段。芝加哥和波士顿都有过惨痛的教训[3]；其他城市，如旧金山，也因地震引发了相似的恐怖回忆。

现代城市的弊病最集中地体现在居住上。19世纪90年代初，有超过1400万的人口聚集在纽约曼哈顿，局部人口密度达到每英亩900人。根据1894年

---

1 霍尔.明日之城：一部关于20世纪城市规划与设计的思想史[M]. 童明，译.上海：同济大学出版社，2008：37.

2 包括：马克·吐温、林肯·斯蒂芬斯（Lincoln Steffens，1866—1939）、西奥多·德莱塞、杰克·伦敦（Jack London，1876—1916）等。

3 芝加哥历史上最著名的一次大火发生在1871年10月8日。

分租房委员会（Tenement House Commission）的报告，近3/5的城市人口居住在分租房中，这种住宅的建筑密度一般在80%以上。尽管政府已经在1866年设立城市卫生委员会，于1867年颁布《国家廉价公寓法案》，又在1879年对城市住房的覆盖率、通风条件、管井设备做出规定，仍无法阻止纽约的居住状况不断恶化。1890年，记者雅各布·奥古斯特·里斯（Jacob August Riis，1849—1914）发表了贫民窟调查的名作《另一半人在如何生活：纽约分租房研究》（*How the Other Half Lives*：*Studies among the Tenements of New York*），其中记录的惨状深深震撼了美国：终日不见阳光，阴暗潮湿，空气污浊，贫穷、犯罪和疾病泛滥成灾[1]（图3.02）。

　　所有现象都加剧了美国人对城市的抵触，他们开始寻找各种补救措施。如兴建颇具乌托邦色彩的"模范城市"，代表案例有芝加哥近郊的普尔曼企业城镇（Pullman Company Town，1880—1898），但该计划很快因为连续不断的工人运动而"臭名昭著"；另有拆除贫民窟，重建城市中心的尝试，然而新规划往往无法满足旺盛的住房需求，且破坏了原有的社区生活，依然很难落地[2]。最终，所有希望寄托在了那些试图"逃离城市"的人身上，并追溯至"乡村住宅"的传统。早在19世纪30年代，刚在欧洲出现不久的英国式住宅传入美国，逐步成为当时中产阶级普遍欢迎的居住类型，并得到了相关学者的重视。安德

图3.02
《另一半人在如何生活》插图（雅各布·里斯，1889年）

1　卡恩斯，加勒迪. 美国通史 [M]. 吴金平，许双加，刘燕玲，等译. 吴金平，校订. 济南：山东画报出版社，2008：436-437.
2　得名于发起者乔治·M.普尔曼（George Mortimer Pullman，1831—1897）。详见：布尔斯廷. 美国人：南北战争以来的经历 [M]. 谢延光，译. 上海：上海译文出版社，1988：415-428.

鲁·杰克逊·唐宁是其中的代表，他将"别墅"视为居住建筑的理想范本，并为此描述了一种英国乡绅式的生活，拥有上百英亩土地，尽享乡村生活的安详惬意[1]。唐宁在当时拥有大量读者，这种浪漫化的描述激起了人们对郊区生活的浓厚兴趣。他确实也是城市生活的反对者，曾写道："在美国，拥抱自然的家庭生活胜过城镇中被社会习俗约束的举止，因此，所有有识之士迟早会远离混沌的城市。"[2]他还在一则乡村住宅的广告中写道："对乡村之爱和对家庭之爱是难以割裂的。它能引导人们创造舒适优雅的居家生活，使邻里和睦，心情愉悦，因此不仅对个人的生活大有裨益，而且可以培养他崇高的爱国情操，让他成为更优秀的公民。"[3]唐宁在1850年的著作《乡村住宅建筑》(*The Architecture of Country Houses*)——到1886年时已历经9次再版——是关于公民、家庭与社会相互关系的最早的讨论，书中指出，乡村住宅拥有巨大的价值，因为核心家庭是理想的社会单元，以其为纽带可以建立起真诚、优美和秩序的世界[4]。

3.1.4 加利福尼亚之梦

待到20世纪初，美国人关于"自然"的观念，或许早就没有了杰弗逊、爱默生或者梭罗等人那种深邃的思考，也不见得是对科学新发现的迅速反应，而是更接近于一种朦胧却冲动的情感，集中反映了人们对城市的憎恶。

大众传媒适时回应了这种集体幻想，它们宣称，"自然"生活可以满足人们对露营、垂钓、野餐、园艺或者狩猎的热情，它代表了一种纯朴、浪漫、和谐的人生哲学。这种论调借助先辈们留下的丰富的智识遗产而变得合理且富有影响力。

加利福尼亚即是美国"花园"意象的完美缩影。从19世纪末期开始，这里就被塑造为具有特殊意义的"边疆"，人们在这里不仅可以得到土地、黄金与机会，也能安享舒适与欢愉。1872年，查尔斯·诺多夫（Charles Nordhoff，

1　安德鲁·杰克逊·唐宁（Andrew Jackson Downing，1815—1852），景观设计师、园艺学家、作家，1822年生于纽约，早年在父亲的苗圃工作，通过自学完成了植物学和景观学的专业教育；唐宁的写作生涯始于19世纪30年代，他一直将发展私有住宅视为一项具有积极意义的事业。

2　CURTIS G W. Rural essays[M]. New York，1853.这是在唐宁去世后，将其在《园艺师》(*The Horticulturist*) 杂志发表的论文汇编而成的一本选集，转引自：JACKSON K T. Crabgrass frontier：the suburbanization of the United States[M]. New York：Oxford University Press，1985：64.

3　DOWNING A J. A treatise on the theory and practice of landscape gardening[M]. New York，1859：9. 转引自：JACKSON K T. Crabgrass frontier：the suburbanization of the United States[M]. New York：Oxford University Press，1985：65.

4　详见：JACKSON K T. Crabgrass frontier：the suburbanization of the United States[M]. New York：Oxford University Press，1985：63-66.

1830—1901）为南太平洋铁路公司出版了一本旅游宣传册，名为《健康、愉快、适宜居住的加利福尼亚》(*California for Health，Pleasure and Residence*)，它后来成为畅销书，并引爆了一阵观光热潮。这种诱惑后来又被加入了卫生要素，1895年，洛林·布洛杰特 (Lorin Blodget，1823—1901) 在其著作《美国的气候学》(*The Climatology of the United States*) 之中将南加州比作意大利，建议患有肺结核、风湿和哮喘的病人移居到那里生活[1]。正如一首在20世纪60年代风靡一时的民谣《加利福尼亚之梦》(*California Dreamin'*) 所唱的那样：其他地方步入了天色灰暗，树木枯黄的冬日，加州却依然阳光和煦，温暖明媚。这种意象似乎已成为地方特征的宝贵源泉，"自然"为这里的"现代住宅"找到了独特的身份辨识。

3.2 理想居住模式

阿历克西·德·托克维尔 (Alexis de Tocqueville，1805—1859) 在游历了北美大陆后，明显察觉到这里弥漫着"杰弗逊式"的反城市情绪，并深植在一种悠久的乡镇"自治"传统之中。透过"田园理想"的乡愁，越来越多的美国人最终决定摆脱城市文明的桎梏，回归乡野沃土，投身到充斥着森林、绿茵、鲜花和阳光的宁静之地的怀抱当中，温情而亲切的传统家庭神话在现代时期的郊区得以复活。时至今日，美国郊区相互隔绝的规划模式已经浮现出很多值得批判之处，但在内战 (American Civil War，1861—1865) 之后的很长一段时间里，它都被塑造为"理想居住"的样板，并根植于这样的信仰：有一种环境可以兼得城市和乡村两者之长，给疲惫的身心提供永恒的"自然"居所。

3.2.1 浪漫的郊区

随着城市居住条件的日益恶化，方格网的规划模式逐渐被看成是祸乱的重要诱因，遭到猛烈批评：拥挤昏暗、脏乱不堪、疾病丛生，有如城市的疮疤[2]。卡尔弗特·沃克斯 (Calvert Vaux，1824—1895) 激烈地抨击了平庸的网格式道路设计："美国的一些乡巴佬包工头所做的事情中，最不能忍的就是他们提出

1　约翰逊.美国人的历史·中卷[M].秦传安，译.北京：中央编译出版社，2010：255-261.

2　网格道路系统在16世纪逐步显示出它的优势：它便于测量，边界明确，可以减少不必要的法律纠纷，并最大效率地容纳建筑物，自从制宪会议之后，它就成为美国最主流的规划模式，25英尺宽、100英尺深的长方形标准地块构成了许多城市的肌理，费城、纽约、华盛顿，这些地方都可以看到它的影响。

的村镇规划如此呆板，毫无'如画般'的景象可言。这些败笔就包括方形的住宅基地，以毫无变化的方式规则排列，这种布置和美国乡间仪态万千的风景是如此格格不入；自然女神（Dame Nature）从一开始就不会认可这种做法，不过，做出这种事情的人多半也从来没有与她相识。如果说，在大都市里，采用这种千篇一律的排列方法就鲜有益处，那么，在新建乡村中，这种沉闷又无趣的选择依旧经常被使用，就更加的不可原谅。"[1] 此类观点对浪漫主义的郊区规划起到了决定性的作用。

19世纪50年代，随着新通勤方式的出现，郊区开始成为人们心中可以与自然和谐共处的理想舞台，其中最为醒目的要素是弯曲的道路形态。曲线形的设计就仿佛自然生成的风景一般，营造出"如画般"的形象，两边随之缓缓展开的独立住宅，十分契合人们对田园生活的心理期待。几乎当时所有的地产商都意识到，这种手法能最直接地营造出理想郊区的视觉效果。大概从内战时开始，这种形态的居住社区陆续出现，如亚历山大·杰克逊·戴维斯于1852年设计的莱维宁公园（Llewellyn Park），弗雷德里克·奥姆斯特德（Frederick Law Olmsted，1822—1903）于1868年设计的河滨镇（Riverside），亚历山大·斯图亚特（Alexander T. Stewart，1803—1876）于1869年建造的花园城（Garden City）等。这种美学倾向奠定了此后美国郊区的一大基本特征[2]。

3.2.2 绿带城镇

20世纪初期，针对城市郊区规划出现了许多更具现代意义的系统理论，埃比尼泽·霍华德（Ebenezer Howard，1850—1928）的《明日的田园城市》（*Garden Cities of Tomorrow*）是其中最重要的著作之一。书中首先分析了城镇和乡村各自的优势与不足，接着便合乎逻辑地提出，需要以一种新型社区将两者结合起来，形成互补，即"田园城市"。田园城市本质上属于一种社会改革思想，而非纯粹的规划设计指导，霍华德希望能以城乡一体的新型社会结构取代传统的城乡分离模式。这种意图后来被很多人曲解了，霍华德关于社会的深

1　卡尔弗特·沃克斯，美国郊区建筑师、景观设计师，曾和奥姆斯特德合作设计了纽约中央公园。VAUX C. Villas and cottages[M]. New York，1857：51.转引自：JACKSON K T. Crabgrass frontier：the suburbanization of the United States[M]. New York：Oxford University Press，1985：67.

2　JACKSON K T. Crabgrass frontier：the suburbanization of the United States[M]. New York：Oxford University Press，1985：73-86.

刻思考远没有其中涉及的"园林式"美学那样受到欢迎[1]；不过，在很多后世的"新镇"计划之中，仍然可以同时看到这两种思想的痕迹。

20世纪30年代，在雷克斯福德·G.特格威尔（Rexford G. Tugwell，1891—1979）的主导下，由安置住宅管理局（Resettlement Administration，RA）资助建造的"绿带城镇规划"项目（Greenbelt Town Program）是"新政"时期住房领域重要的政府举措之一[2]。特格威尔的主要理念很大程度上源自埃比尼泽·霍华德的田园城市理论，在其设想中，每一个社区的人口应当被控制在10000人以下，以独立住宅为主，包括优良的公共服务和教育设施，同时被开阔的绿地系统所环绕。特格威尔的解释很简单："我的想法是让人口中心向外分散，挑选便宜的土地，建造良好的设施，吸引人们搬过去居住。然后就可以回到城中，把那些空出来的贫民窟推平，改造成公园。"[3]不过，"绿带城镇计划"的预算过于高昂，很难作为实际发展的样板。在新泽西州，这一构想只能停留在图纸上；在美国其他地方，也只有三个"田园社区"得以建成：马里兰州的格林贝尔（Greenbelt）、俄亥俄州的格林希尔（Greenhill）、威斯康星州的格林岱尔（Greendale）。同时，由于自身相对边缘的选址，仍然无法避免遭遇与城市"郊区"类似的命运：产业的缺失、阶层的隔离、通勤的不便，种种弊端逐一暴露。

更重要的是，它的开发模式违背了美国有关"自由市场"的资本主义信条——联邦甚至凌驾于地方，拥有对土地购置、开发过程和财税征收等更大的控制权——因此遭到保守人士的抵制，相关争议甚至持续到60年代末的林登·约翰逊（Lyndon Baines Johnson，1908—1973）时代，政府因向13个参与建造的私人地产商提供经济支持而被反对者搞得焦头烂额[4]。无论是作为社会计划，还是相应的技术手段，"绿带城镇"都面临着难以回避的矛盾。

1　在埃比尼泽·霍华德的理论体系中，"田园城市"是"社会城市"的一个局部性的试点或者范本，而"社会城市"则是由若干个"田园城市"组成的城市群，彼此之间通过农业地带分隔。这些设想在1898年10月的初版《明日：一条通向真正改革的和平道路》（*Tomorrow: A Peaceful Path to Real Reform*）中更明显。参见：霍华德.明日的田园城市[M]. 金经元，译.北京：商务印书馆，2012：1-17.

2　1938年，美国国会通过决议，撤除安置住宅管理局。详见：JACKSON K T. Crabgrass frontier: the suburbanization of the United States[M]. New York: Oxford University Press，1985：195.

3　转引自：JACKSON K T. Crabgrass frontier: the suburbanization of the United States[M]. New York: Oxford University Press，1985：195.

4　霍尔.明日之城：一部关于20世纪城市规划与设计的思想史[M]. 童明，译.上海：同济大学出版社，2009：124-135.

3.2.3 尽端路系统

美国区域规划协会（Regional Planning Association of America，RPAA）的克拉伦斯·斯坦因（Clarence Stein，1882—1975）也是美国"田园城市"探索过程中的重要人物，他的杰出贡献在于通过引入"雷德朋体系"（Radburn Idea）改善了社区中的交通流线，回应了汽车时代到来之际的难题，后来成为美国郊区普遍借鉴的规划原则之一[1]。"雷德朋体系"得名于克拉伦斯·斯坦因和亨利·赖特（Henry Wright，1978—1936）在1928年规划的新泽西州雷德朋新镇，其初衷是为了在保障机动车通行的同时，减少其对社区环境的干扰，通过人车分离的道路系统，创造出"作为政治和道德单元的邻里单元"的积极空间[2]。新镇中心拥有开敞的绿地，采取蜿蜒的道路系统，辅之以步行小径和自行车道，住宅沿尽端路形成组团，在新泽西的繁茂植被的掩映下，流露出自然气息。"雷德朋体系"具有以下特征：第一，按功能划分出道路等级，由树状结构结合尽端路组成通常呈曲线形的网状交通体系；第二，行人和机动车在同一标高上隔离；第三，低密度社区，住宅成组团配置，其中引入公共绿地；第四，在中心设置公共配套，通向各部分的距离接近均等。

3.2.4 住区规划

1940—1942年间，理查德·诺伊特拉得到大量公共住房的设计委托，其中一些由他与当地建筑师合作完成，如为洛杉矶住房管理局（Los Angeles Housing Authority）设计的庄园乡村住宅（Hacienda Village Housing，1942）和佩布洛德里约住区（Pueblo del Rio Housing，1942），也包括为联邦住房管理局设计的革新建设者住宅（Progressive Builder Home，1942）。受联邦工程局（Federal Works Agency，FWA）资助的通渠高地住区（Channel Heights Housing，1941—1942）是其中最著名的一个，位于洛杉矶圣佩德罗港，可供近600户家

---

1 20世纪20年代是美国某些专业团体与政治运动结合日趋紧密的年代，这也是"新政"前期的特征。美国区域规划协会中有各个领域的专家，这为其确立自己的"区域规划"原则建立了基础，其中包括：经济学家埃迪斯·E.伍德（Edith Elmer Wood）与斯图亚特·蔡斯（Stuart Chase），建筑师弗雷德里克·L.阿肯曼（Fredrick L. Ackenman）、克拉伦斯·斯坦因和亨利·赖特，进步思想家刘易斯·芒福德和本顿·麦凯耶（Benton Mackaye）以及凯瑟琳·鲍尔（Catherine Bauer）和阿尔伯特·迈耶（Albert Mayer）。

2 "雷德朋体系"堪称美国对"田园城市"实践最重要的贡献，并作为"绿带城镇规划"样板在三个"田园住区"中得到进一步体现，该设想相当程度上源自克拉伦斯·佩里（Clarence Perry，1872—1944）的"邻里单元"理论，认为这是形成社区中自治与互助精神的基本单位，对新移民融入美国社会也十分重要，但是穿越式的车行交通成为一个威胁。

图 3.03
通渠高地住区（理查德·诺伊特拉，1941—1942年）

庭居住，共包含200多个单元，单个造价大致为2600美元。整体规划的构思与稍早时期同样由联邦工程局委托的"埃米蒂·康普顿"（Amity Compton）社区研究项目相类似，采取曲线形主路与尽端路结合的交通系统，沿街有草坪，屋后是庭院和步行道，此外，还将不宜建造的陡坡地带改造为公园或集中绿地。与常规的布置不同，诺伊特拉将所有住宅扭转了一个角度，使之不平行于道路，这样，一方面不会形成单调的界面，另一方面增强了院落的领域感，此外，也兼顾了朝向海洋和港湾的视野（图3.03）。

诺伊特拉懂得，在美国人的心中，类似通渠高地住区这样的公共住宅是某种欧洲式集体意识的象征，无法取代对个性化的独立住宅的偏好。他尝试做出改变，但又不失担忧地认为美国人看中的只是浅表的风格差异，并不能觉察现代设计背后的理性因素："没人会用'千篇一律'或'单调一致'来抱怨同一树种所构成的景象；但是，我们的美国芳邻却似乎急于要从这样的居住环境中解脱。事实上，这是因为对'风格'刻意追求，而忽略了合乎逻辑的工作方法，很多新社区表现出来的多样性仅仅停留在形式表面而已。"[1]

诺伊特拉试着对此做出回应。1948—1961年间，在好友霍尔格·弗格（Holger Fog）的资助下，他于洛杉矶的银湖大道（Silver Lake Boulevard）建造了

---

1 LAMPRECHT B M. Neutra complete works[M]. Koln：Taschen，2010：78.

一个包含了9幢住宅的小型社区（图3.04）。这是一片东高西低，朝向湖面的缓坡地，西侧是南北走向的大路，横亘的厄尔街（Earl Street）将场地分成南北不相等的两块。诺伊特拉在北侧布置两幢住宅，直接从外部路引入车道，车库设在屋前，保证后部庭院的完整。南侧场地则被一条尽端路阿尔根特街（Argent Place）——如今已改名为诺伊特拉街（Neutra Place）——分为具有高差的两条带状地块，分别布置了3幢和4幢住宅组成的两个组团，其中，最南边的两幢住宅另通过背后的一条小路进入，这是综合考虑了地势、视野和院落私密性而做出的调整。诺伊特拉的次子迪恩·诺伊特拉解释道："建筑之间的关系遵循两个原则，一是最大限度保留朝湖视野，二是尽可能减少窗户间对视对私密性的影响。"[1] 9幢住宅中，索科住宅（Sokol House，1948）、特雷威克住宅（Treweek House，1948）、迪恩·诺伊特拉住宅即团聚住宅（Dion Neutra House/Reunion House，1949—1950）、耀住宅（Yew House，1957）、法拉文住宅（Flavin House，1957—1958）都是诺伊特拉颇见功力的佳作。诺伊特拉通过小型社区的规划实现了对多样性的追求，但是，这次实验依托于规模很小的住宅组团，场地本身的视野和景观条件是很多集中开发的项目很难相比的。

A.昆西·琼斯最重要的社区规划是1954年位于帕罗奥图受约瑟夫·艾奇勒委托的艾奇勒住宅的地产开发。这个名为格林麦道（Greenmeadow）的社区项目包含了大概180幢住宅，另外还有地块中心的游泳池和医疗站等公共配套。这是一个有三个主要出入口的封闭社区，琼斯通过户型搭配一定程度地保留了视觉上的变化，不过，整个社区交通的等级并不明确，虽然同样采取主干道结合尽端路的模式，但道路两侧都排列着住宅，线形也相对平直，这种做法可以提高容积率，对商业地产项目来说无疑是有利的。

琼斯在20世纪60年代前后的两个位于长滩的项目都有对开发强度的类似要求，规划条件的限制使他转向对更积极的公共空间的探索。其中，在1964年为美国海军西南分部（The U.S. Navy, Southwest Division）设计的住区中，琼斯试图利用两层的居住单元围合成中心组团，在中心布置景观，所有住宅在面向该区域的部分都被压低，仅布置了一层的体量，并留出带隔断的半开敞走廊，配合散布的绿植以及室外活动设施，增加场地的活力。停车库被独立在住宅以外，通过绿化带做出分隔，实现人车隔离。这些处理体现了当时美国社区规划的大部分原则，唯一的区别就是采取了直线形的行列式布局（图3.05）。

受限于城市道路的网格，格里高利·艾因在他的社区住宅项目（Community

1　LAMPRECHT B M. Neutra complete works[M]. Koln：Taschen, 2010：78.

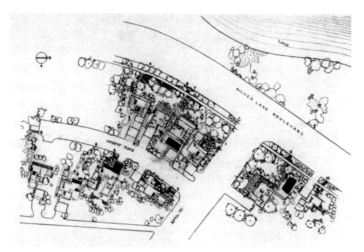

图3.04
银湖大道住区（理查德·诺伊特拉，1948—1961年）

图3.05
美国海军西南分部住区（A.昆西·琼斯，1964年）

Homes Project，1946—1949）中同样无法使用曲线形道路，但依然通过两条带状中心绿地以及多样的植物配置，尽可能地营造出了身处自然的体验；而1946—1948年间的公园规划住宅（Park Planned Homes，1946—1948）则试图重塑社区中的邻里关系。这个项目属于典型的商业开发，潜在的空间逻辑基于私有产权，相当保守，在利润驱使下几乎不给公共区域留下任何余地。对此，艾因将住宅形体处理成3层，朝向街道的一侧渐次收窄，横亘于60英尺×140英尺的纵向地块中，两两相对呈镜像排列，得到相对宽敞而完整的前院，并空出一条供两家合用的车道，试图增加人们在此接触的机遇（图3.06）。这也给景观设计师加雷特·埃科博留下了用武之地，他根据艾因的要求，在两家车库

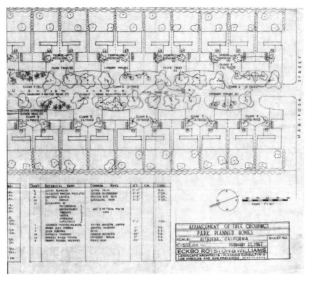

图3.06
公园规划住宅（格里高利·艾因，1946—1948年）

前方设计了小型绿岛，种上各种形态和色彩的植物，使沿街立面格外生动。投资商罗伯特·卡汉（Robert Kahan）的妻子多萝西·卡汉（Dorothy Kahan）对此十分满意，她解释说："这个项目之所以称为'公园规划住宅'，就在于我们希望从道路开始，就营造出公园一般的感觉。"[1]

这种寻求自然的原则在一些以工业化为导向的实验性设计中依然有所体现。20世纪60年代初期，建筑师埃兹拉·恩伦克兰茨（Ezra Ehrenkrantz，1932—2001）提出了一项名为"学校建造系统发展"（School Construction System Developmentt，SCDC）的计划，这是当时首个针对批量建造系统的研究。拉斐尔·索里亚诺很快通过一个概念性的区域规划回应了这一思想。这个设计包括适用于城镇或者乡村的两种可能，索里亚诺在左侧总图中采用直线路网解释布置要点，分别给出标准原型，再在右侧配上一排小幅图解，来说明不同情况下的可变性（图3.07）。这个规划拥有明确的道路等级和功能分区，顺应人车分流的要求，并囊括了工业、商业、教育、服务和不同类型的居住等多种业态。它们成组团布置，各自配置独立的小型景观，而整个社区也有开阔的中心绿地。索里亚诺的这个方案汇集了当时主流的规划理念，并通过专业技术手段探讨了将其投入实际中的批量化生产的可能。

总体来说，当时全美通行的规划模式基本一致，主要结合了三个层面的考虑：一是采用人车分流的交通体系，适宜于私家汽车普及的社会状况；二是注

1　DENZER A. Gregory Ain: the modern home as social commentary[M]. New York: Rizzoli, 2008: 115.

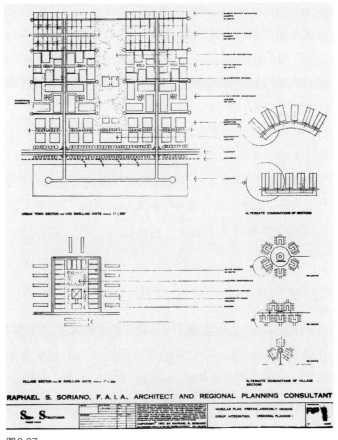

图 3.07
"区域规划"方案（拉斐尔·索里亚诺，20世纪60年代）

重私密性，满足生活中正常的心理需求；三是创造出良好的居住景观，既得益于得天独厚的地理条件，也契合于根深蒂固的文化传统。这是当时南加州建筑师实践中的普遍命题，但也遇到了共同的矛盾：这里早非人迹罕至的荒野，它在19—20世纪之交已被私人土地投机者急剧地改造；而参照了同时代欧洲经验的规划理念，其中蕴涵着吸引公众参与的"进步主义"诉求，也即意味着更多自上而下的控制，在向郊区渗透的过程中遭到了抵触，最终止步于某种经过长期塑造的传统的"自然"意象。美国的社会结构尚无法完全接纳专业内部的转变。

3.3 场地与形体

刘易斯·芒福德饱含诗意地描述自己对郊区生活的理想："成为独一无二的自己，筑造独一无二的房屋，让它坐落于独一无二的风景中；过《阿恩海姆乐园》(*The Domain of Arnheim*)描述的那种愉悦自我的生活，让各种奇思妙想尽情抒发，不再像幽闭的僧侣，或者孤独的王孙那样虚度光阴——这是'郊区'拓荒者们的初衷。他们试图创造出一个精神的庇护所，在那里可以作为独立的个体，享受城市带来的荣耀和利益的同时，抵御着这种文明可能带来的长久侵蚀。"[1]

在南加州，宽裕的用地和优美的环境同样成了建筑师灵感的源泉，特别是在新的规划理念无法完全实现的情况下，他们试图回到更为熟悉的领域去实现田园理想。这种取向首先集中体现为将建筑置入场地的过程中形成的领域感，并以此展现出某种与"都市无限之流变"相抗争的力量[2]。住宅形体的构成以及其中的庭院、露台、围廊等基本要素，在此过程中逐步突破了传统形式的制约，获得了多样的诠释。

3.3.1 庭院与景观

从1840年开始，人们逐步克服了"自然"带来的困扰，室外生活的优势开始体现。正是在这一时期，传染病的肆虐也迫使人们从拥挤的城市逃离，乡村住宅提供了更加诱人的居住体验[3]。等到1870年左右，人们对排屋的兴趣消失殆尽，分散式住宅已经清楚地成型，最受欢迎的选址是半乡村化的郊区地段[4]。1875年后，当人们普遍认为居住环境中已经不再需要从事生产并提供日常性补给的功能之时，私密性开始成为引人注目的话题。最先出现的类型是一种被园圃环绕的独立住宅，随着时间的推移，美国人又希望自己的郊区住宅能拥有一个宽敞的庭院，可以进行各类家庭活动，并且应当成为"美学和精神上的自然"，而草坪是一个聪明的布置，尽管视觉上向街道开放，却能够

---

1 "阿恩海姆乐园"是埃德加·爱伦·坡（Edgar Allan Poe，1809—1849）在1847年发表的一部幻想小说。MUMFORD L. The city in history[M]//JACKSON K T. Crabgrass frontier：the suburbanization of the United States. New York：Oxford University Press, 1985：71.

2 FRAMPTON K. Towards a critical regionalism：six points for an architecture of resistance[M]// FORSTER H. Anti-aesthetic：essays on postmodern culture. New York：The New Press, 2002.

3 这一关键性的转变颠覆了长达4000年的人类生活状态。从最古老的年代开始，城市借助高墙抵御入侵的游牧民族和凶暴的匪徒，隔阻意味着安全，而在"新世界"，防御工事提供的保护不再是必需品，但美洲殖民者和清教徒移民仍然将荒野视为蛰伏着撒旦信徒的恐怖巢穴。在当时，大多数的公共环境都修建得十分潦草，杂乱而令人不适，美国人喜欢以排屋的形式聚居，在很多地方都成为传统。

4 1860年以前，关于住宅的总体布置都不存在清晰的模式，没有规定要如何在两幢房屋之间留出空地，如何配置开放空间以及前院有多大，与后院是何种关系，这类问题都没有固定模式，这导致了当时很多设计都不会考虑庭院。

形成心理上的壁垒，凭借这道青翠的"壕沟"，可以将城市的威胁和诱惑阻绝在家庭之外。

此后，大部分郊区住宅都遵循相似的组织模式，道路、入口草坪、房屋、后院这一基本格局得到广泛沿用。在美国，前院还被视作家庭形象的标志，精心护理的草皮上，常会顺应自然地势，设置蜿蜒的小路、不规则的树丛以及装饰性的雕塑或凉亭。住宅庭院成为全家人静谧的栖息之所，是仿佛"伊甸园"般的理想的投射。

这种通行模式在"现代"时期仍然得到了建筑师的讨论。A.昆西·琼斯就曾经试图在20世纪50年代改变郊区住宅的传统布局，获取更好的户外庭院：放弃将住宅横置于场地中间，形成前后院的做法，转而以长向布置，在一侧获取整体面积更大的庭院，并在前方设置遮挡保证私密性。这种想法对于用地较狭窄的集中开发来说，具有一定的实际意义，不过对用地宽裕的高端地产而言，优势并不明显。琼斯本人事实上也很少有机会采取这种设计。

琼斯还在1967年做过一个名为"霍夫社区复兴"（Hough Rehabilitation）的研究，这个位于俄亥俄州克利夫兰的项目反映了他对邻里单元的思考。研究针对的是当地市区的贫民窟，一个拥有140幢木结构住宅的旧社区。琼斯的改造主要包括以下两点措施：一是将住宅屋檐向两边延伸，让位于两户之间利用率极低的边院可以置入生活功能，比如扩建后获得更宽敞的厨房。二是在门前公共部分进行环境整治，添加一些低矮的半开放式围墙，形成景观更好的庭院。该地段的居民都依靠家庭商店或小型手工作坊为生，环境的改善可以优化工作条件，也会创造出更积极的社区活动（图3.08）。

在温暖明媚的南加州，庭院构成重要的户外活动场所，理查德·诺伊特拉在他未建成的案例住宅6号之中，就特意讨论了它在家庭生活中的具体使用。这是一个十字形平面、斜屋顶的建筑，由此产生了四个室外部分，以顺时针的次序标注了C1、C2、C3、C4四个编号，对应着入口、社交、活动和服务，分别与交通、起居室、卧室和厨房连通（图3.09）。诺伊特拉在此做出了一种理想化的阐释，建筑师可以根据场地条件和服务对象的不同，对庭院的形态和功能做出适应性的改变，比如他本人在洛弗尔住宅中就坡地环境进行的处理。

结合不同的地形条件，在住宅周边设计庭院，是南加州建筑师极具特色的一项工作。哈维尔·哈里斯的名作韦斯顿·哈文斯住宅（Weston Havens House，1940—1941）即为一例。它位于一片西向陡坡上，为了让清晨的阳光能从东边射入房间，哈里斯在住宅和道路之间留出了很长的距离，这样既免受道路交通的干扰，也创造了良好的采光和通风条件，他还特别设计了一种倒置的不等边

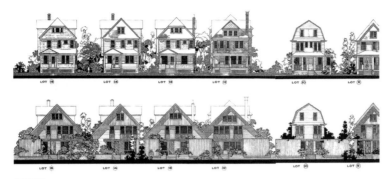

图3.08
霍夫社区复兴（A.昆西·琼斯，1967年）

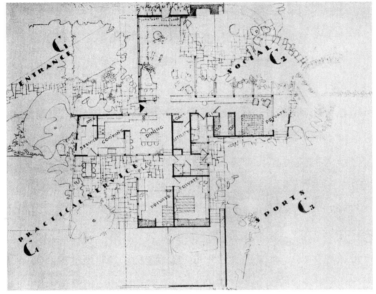

图3.09
案例住宅6号（理查德·诺伊特拉，1945年）

三角形的屋架，结合天窗以改善室内光环境。哈文斯住宅具有一个特殊的空间
序列：临街面只是一个低矮的车库，侧边隐藏着入口，左转经过一段向下的楼
梯后，踏上一座木工十分精美的天桥，经过这个行进中戏剧性的高潮之后，进
入最终的主体部分。住宅规模不算太大，主要功能房间只有两层，上层是起居
室、厨房、餐厅和一个卧室，下层背靠背地布置两个卧室，当中以一个椭圆形
楼梯作为分隔。哈里斯的匠心在这里显露无遗，通过设计将场地所有的消极因
素全都转化成有利条件：朝西，从坡地上可以居高临下，俯瞰远处山景；朝东，
和道路间的开阔空地形成平整的庭院，既引入充足的照明，又可以依托山势种
植树木，形成遮挡；以天桥和楼梯为界，将院子分割为两处，相互独立；三角
形屋架形成了高大的檐下空间，在此小坐片刻，情趣悠然（图3.10）。

在集合居住类型，比如公寓当中，庭院设计要复杂得多。根据开间宽度，在一侧以围墙隔出院落，是相对常见的模式，不过效果并不算好。鲁道夫·辛德勒1943年的福尔克公寓（Falk Apartments，1943）中的锯齿状布局更加巧妙，这种做法在理查德·诺伊特拉和格里高利·艾因的作品中也能看到（图3.11）。

辛德勒早先还尝试过其他变化。位于拉荷亚的佩布洛·里贝拉院宅（Pueblo Ribera Court，1923—1925）选址于靠近海边的不规则地块，布置了12个U形混凝土小住宅，开口对着院子，以带木框的玻璃门分隔内外，屋顶上方用作带构架的露台，在那里可以领略到不远处的海景。这个设计充分考虑了院落的私密性，它们都朝着不同的方向，通过相邻单元的墙体相互限定，很少有并置或者对视的情况出现（图3.12）。

这些建筑师还以泳池、水景、植被以及各种装饰性的小品点缀庭院，使居住中的户外生活更添乐趣。比如理查德·诺伊特拉在 V. D. L. 研究住宅2号，即 V. D. L. 研究住宅1号重建项目中，便在原先一层部分的屋顶加建了玻璃阁楼，

图3.10
韦斯顿·哈文斯住宅（哈维尔·哈里斯，1940—1941年）

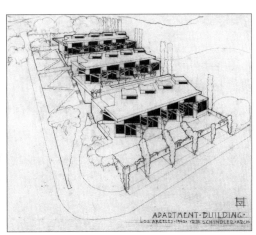

图3.11
福尔克公寓（鲁道夫·辛德勒，1943年）

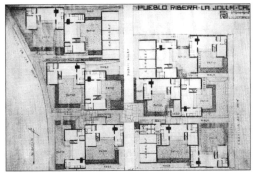

图3.12
佩布洛·里贝拉院宅（鲁道夫·辛德勒，1923—1925年）

图3.13
V. D. L. 研究住宅2号（一）（理查德·诺伊特拉，1966年）

以水体环绕其四周（图3.13）。哈维尔·哈里斯也设计过一种小型的庭院灯具，充满了东方韵味，精致、古朴而优雅。

庭院是世界上很多地区住宅中的常见要素，贯穿在各个年代的案例之中。尽管它们都在长期的演进中浸染于不同的当地脉络，附着了多重极具差异性的社会惯习或文化寓意，但对自然条件的利用总是构成了其中一个普遍特性。就南加州而言，多数住宅的庭院格局与其他地方的美国郊区并无二致，大部分建筑师的工作也都以此作为共识。由此推论，进入了"地域性"叙事的典型案例，它们在历史中的意义，与其说是本土环境塑造的"特性"，毋宁说是设计者依靠才能或创造力赋予作品本身的"品质"，不过，这种专业能力的获取与他们长期所处的地域并非密不可分。

3.3.2 集中锚固

"地形"是"地域性"论述中一个极富魔魅的概念，将结构置入场地并突显其中的特殊因素，构成了重要的原则之一，也因此折射出建筑师对设计的独到理解[1]。以基本几何体作为"形体"生成的起点是十分常见的策略，而简单实用的长方体显然是一个极具普适性的选择，于是，使多少显得刻板的外表融入特征各异的"自然"，成为相关实践中的重要内容。从南加州第一代建筑师开

---

1 FRAMPTON K. Towards a critical regionalism：six points for an architecture of resistance[M]// FORSTER H. Anti-aesthetic：essays on postmodern culture. New York：The New Press，2002.

始，就对此贡献了大量极富表现力的作品。

1921年，辛德勒来到了洛杉矶，不久之后，他通过波普诺住宅（Popenoe House，1922）提出了一个构想，标准平面以正方形为基础，结构分布在角部，四周设置露台，呈风车状向外悬挑，获得与外部接触的视野。差不多同期开始的洛弗尔海滨住宅同样清楚地体现出了这个想法，以巨大的混凝土立柱支撑通长的露台，底层局部架空，布置花园。辛德勒的策略十分适用于具有较大坡度的场地，先集中地落下基础，再依山就势，通过露台的错动或堆叠，形成层次丰富的形体。被他形容为"山峰上的平衡"的沃尔夫住宅便显著地呈现出这一特征。它坐落于一处陡峭的海滨坡地，南面阿瓦隆港（Avalon Harbor），东临太平洋，能够眺望到远处卡塔林纳岛（Catalina Island）的风光。住宅各层呈阶梯状排列，分别拥有相对独立的入口以及环绕外缘的外廊或是露台，转角玻璃窗继续增强了各个方向的视野（图3.14）。

洛弗尔住宅是理查德·诺伊特拉参与1932年MoMA"现代建筑：国际风格展"的重要作品，其中也出现了类似的处理：住宅顶层的东侧入口两边分别设计庭院和平台；二、三层南侧的起居室和工作室局部向外沿挑出一跨，形成阳台，被纤细的钢柱限定；底部的游泳池也是一个半凌空于地形之上的巨大露台（图3.15）。阳台在立面上形成水平的构图要素，配合以白色表面，这是诺伊特拉早期作品中的显著特征，十分常见，三四十年代的库恩住宅（Kun House，1936）、戴维斯住宅（Davis House，1937）、西德尼·卡恩住宅（Sidney Kahn House，1940）都属于这一类型。有些时候，诺伊特拉也会选择通透的栏杆作为露台围护，如他在1934年为盖尔卡·斯切

图3.14
沃尔夫住宅（鲁道夫·辛德勒，1928—1931年）

图3.15
洛弗尔住宅室内（理查德·诺伊特拉，1929年）

耶（Galka Scheyer）设计的住宅，格里高利·艾因帮助老师完成了这个设计[1]。

十多年后，艾因在自己的威尔冯住宅（Wilfong House，1946—1948）中沿袭了这一特征。这个设计受限于地形中的高差，在高处利用结构大幅度出挑，形成宽阔的露台，低处基本留作绿地，仅仅在尽端设置两个车位，隐没在投影之中，很难察觉。这幢住宅被认为是艾因最具诗意的作品之一，因其着重强调出建筑水平的漂浮感，而常被比作航行在绿色海洋中的白色游轮，挑檐留出的露天采光孔，起居室墙上的中悬窗，以及外挂的"舷梯"，进一步点明了这层隐喻（图3.16）。阳台作为维系住宅内外的视线交点，常常构成造型处理的重心，比如：克莱格·埃尔伍德设计的位于马里布海滩的亨特住宅（Hunt House，1955—1957）选择了凹阳台的方式，并以结构框架覆盖了侧边朝向海滩的露台以及中部另外两个小型露台，暗示了构图的完形；约翰·洛特纳设计的覆盖在弧形拱顶下的加西亚住宅（Garcia House，1962），通过一个出挑的曲面露台呼应了整体的流线感。

无论就设计、建造还是使用来说，长方形体量都是极具效率的选择，即便脱离了坡地地形，也依然适用。美国郊区的大部分宅基地大多是以长方形切割销售的，分布也相对紧凑，这在很大程度上规定了住宅的基本形态，特别是

---

1 盖尔卡·斯切耶，本名艾米丽·埃斯特·斯切耶（Emilie Esther Scheyer，1889—1945），德裔美籍画家、艺术收藏家，重要现代艺术团体"蓝色四人组"（Blue Four）——莱奥内尔·菲宁格（Lyonel Feininger）、瓦西里·康定斯基（Wassily Kandinsky）、保罗·克利（Paul Klee）、阿莱克西·贾伦斯基（Alexej Jawlensky）——的创建人之一。斯切耶和当时许多南加州建筑师都有交往，包括弗兰克·劳埃德·赖特、鲁道夫·辛德勒、理查德·诺伊特拉。1934年，她在好莱坞山委托诺伊特拉为自己设计了一幢混凝土与玻璃的住宅，位于日落广场（Sunset Plaza）附近。

图3.16
威尔冯住宅（格里高利·艾因，1946—1948年）

规模较小的项目。此时，设计要点从注重阳台的外部视野转向了内部对自然要素的接纳，既保持几何形式的完整，同时也尝试了多种变化，"案例住宅计划"提供了丰富的样本。

J. R.戴维逊于1948年5月发表的案例住宅1号在北侧设置了两个入口[1]：西边是主入口，左边有小花坛，穿过门厅后便到达起居室，接着两间卧室，其中一个连通庭院；东边事实上是一条走道，直抵后院，并将住宅分成两部分，一边用作车库和客房，一边朝向主要居住部分。两个入口之间夹着杂物院，紧贴厨房，以板墙进行围挡。南侧是主要的景观庭院，建筑师在这里使用落地窗，并设置了一个半露天的用餐区域。居住功能的细致分化不仅体现在房间的使用上，也体现在外部环境不同程度的渗透中，并通过一个基本的长方形单层住宅同时实现（图3.17）。

差不多在同一时期的案例住宅8号，即查尔斯·埃姆斯和雷·埃姆斯夫妇合作的埃姆斯住宅，则在狭长的长方形平面中依次排列了起居室、厨房、餐厅、工作室，并以一个单独院落将居住和工作两部分隔开。相似的布局也出现在皮埃尔·科尼格在1953年设计的拉梅尔住宅（Lamel House，1953）当中，起居室和卧室中间以院落为过渡，通过厨房和餐厅相连；1960年的赛德尔住宅（Seidel House，1960）同样以院落分隔起居室和卧室两部分，仅以一个小储藏室相连（图3.18）；而在1962年的奥伯曼住宅（Oberman House，1962）中，院落分开的是住宅和车库。

1　这是最终的建成方案。

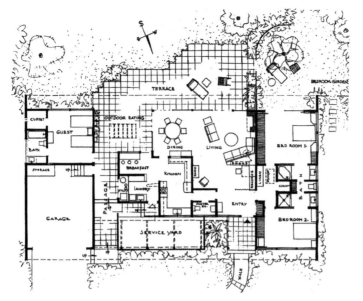

图 3.17
案例住宅 1 号平面图（J.R.戴维逊，1945—1948 年）

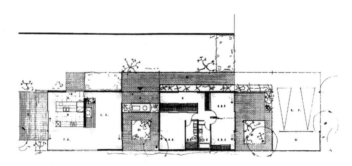

图 3.18
赛德尔住宅（皮埃尔·科尼格，1960 年）

以庭院嵌入长方形平面的做法，拉尔夫·拉普森在1945年的案例住宅4号中给出了最优美的诠释，这个被称为"绿带住宅"（Greenbelt House）的作品得名于住宅中央布置的带状花园。对于这种看似激进的构想，建筑师做出的解释是希望将自然最大限度地引入建筑内部，以此探讨现代居住的可能。他曾就此进行了多种尝试，这些概念草图和最终方案一起发表于当时的《艺术与建筑》杂志（图3.19）。

拉斐尔·索里亚诺在1947年的卡茨住宅以及1950年的"案例住宅1950"也采取了相近的策略，又通过另外两个作品发展出了更多的类型。1951年的柯尔比公寓（Colby Apartments）以一条花园般的小径作为主要交通，所有居住单元呈两列分布，全部连接了庭院：朝北的A、B、C三户有独立的小花园；东、西两端的D、E两户共享一个内部天井；第二层的F、G、H、I四户各自带露

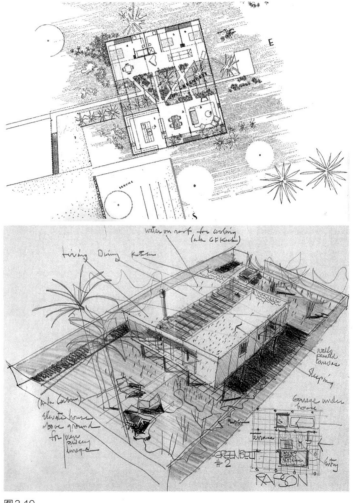

图3.19
案例住宅4号（拉尔夫·拉普森，1945年）

台；另外还包括一个供管理者使用的单元，占据了整个二层的北半部分，在东侧入口处有宽阔的户外平台（图3.20）。在1957年的库克住宅（Cooke House）中，索里亚诺综合地使用了多种室外空间。这幢住宅拥有东西向横置的矩形平面，仅以一排单跨钢架为主要结构：主入口位于北立面中间，有一个条状的花坛作为引导；从这里折向东侧，可以走进由起居室、餐厅、厨房和主卧室围合出的内院，既改善了内部的通风和采光，也可用作户外用餐场所；起居室朝东，是通透的大空间，附有室外平台；西北角的卧室单独带了小花园。

这些特征并非线性的演变，在南加州建筑师的实践中也没有明显的偏重或对应关系，几乎同时存在于每个人的独立创作中。比如：理查德·诺伊特拉的亨特住宅通过一个被称为"游戏区域"的半开敞庭院将建筑分成两块；哈维尔·哈里斯在1951—1952年间的福布鲁克住宅（Fallbrook House，1951—1952）中用了内院；克莱格·埃尔伍德在1960年的达芬尼住宅（Daphne House，

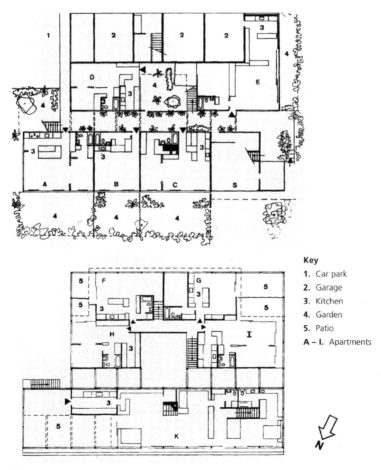

Key
1. Car park
2. Garage
3. Kitchen
4. Garden
5. Patio
A – I. Apartments

图3.20
柯尔比公寓（拉斐尔·索里亚诺，1951年）

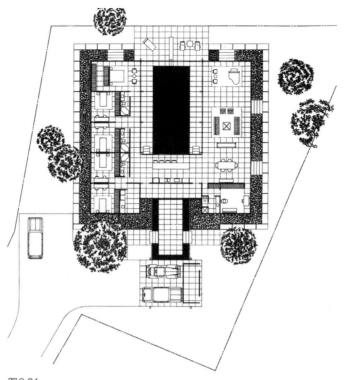

图 3.21
达芬尼住宅（克莱格·埃尔伍德，1960—1961年）

1960—1961）中通过庭院和构架将一个庞大的泳池整合进方形平面之中（图 3.21）。将阳台或庭院以不同的方式嵌入长方形体量，体现了南加州建筑师在工作中对不同场地条件的纯熟应对，他们通过形成一套较为稳定的设计语言，折射出人们对栖居于自然中的普遍共识；更重要的是，它接续了美国人迁居城市郊外的文化惯习，并同时唤起了南加州本土居住的传统意象。这种认知在另一种对"住宅"与"场地"的处理方式中再次得到强调。

3.3.3 分散组合

与赖特紧密联系在一起的"有机建筑"概念，尽管本质上看显著区别于本土固有的建造经验，但也确实与"国际风格"抽象纯粹的形式有很大差异，并且由于赖特"反城市"的思想倾向，天然获取了和"自然"观念的结合，成为很多美国建筑共同追溯的源头[1]。以"十字形"或"风车形"为典型的形体组合形式作为赖特设计的重要特征，也以此获取了相似的寓意。

---

1 弗兰姆普敦. 20世纪建筑学的演变：一个概要陈述[M]. 张钦楠，译. 北京：中国建筑工业出版社，2007；FORTY A. Words and buildings：a vocabulary of modern architecture[M]. New York：Thames & Hudson, 2000：220-239.

鲁道夫·辛德勒很早就开始发展"L"形的平面。最早的尝试以方形作为母题，向两边错动，并维持住中间斜向对角的轴线关系，这一特征在他参加1920年卑尔根自由图书馆设计竞赛（Bergen Free Public Library Competition）的方案中已经出现。在住宅项目中，这种方式融入了更多对景观的考虑，比如1925年的豪威住宅（Howe House），轴线贯穿了起居室和室外平台两个空间，分别朝向前方的湖景和背后的山景（图3.22）。相似的构图还出现在了后来的索霍尔住宅与工作室（Southall House and Studio，1938）中，辛德勒将不同功能分别布置在两个方形体量中，外侧各设庭院，夹角部分对着花园，一个带阳台的小型餐厅也出现在这里，作为过渡，并享有外部的山谷景观。

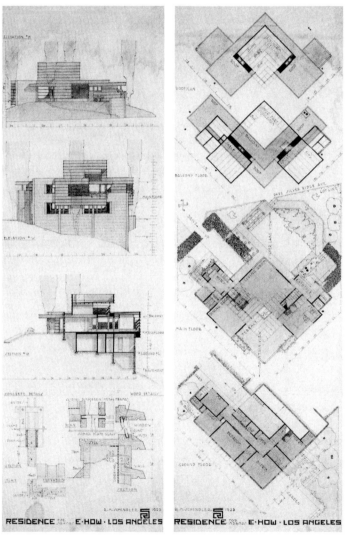

图3.22
豪威住宅（鲁道夫·辛德勒，1925年）

这些实践在时间上恰逢辛德勒与赖特共事之后，加上对景观与视野的细致考虑，因此易于从中辨认出"有机建筑"的影响，但也无法忽略它们还与波普诺住宅、洛弗尔海滨住宅、沃尔夫住宅的创作阶段重合，而且对称性的构图同样可以追溯到辛德勒在欧洲接受的学院派建筑教育。事实上，辛德勒更具赖特特征的作品出现在较晚的时期，罗德里格斯住宅（Rodriguez House，1940—1942）呈现为更加舒展的"L"形体量，围合阳台的斜向木构架具有强烈的塔里埃森式的印记，下方形成的几个主要空间都有不错的视野，要么是私密的内院，要么是开阔的外院，或兼而有之（图3.23）。一些先前出现过的特征仍保留了下来，起居室部分拥有一条贯穿前后的斜向轴线，这几乎成了辛德勒最具标识性的设计语汇，同样出现在1940—1942年间的德鲁克曼住宅（Druckman House，1940—1942）之中。他还有另外一些作品基于近似体量的组合或变形，比如1934年的伯克住宅（Buck House）与1936—1939年间的扎克西克海滨住宅（Zacsek Beach House），后者的平面仿佛双翼展开，形成钝角。

显然，"L"形体量能围合出私密性更好、利用效率更高的庭院，对场地的要求也不算苛刻，是可供建筑师广泛选择的平面形式。如皮埃尔·科尼格最著名的三个作品，科尼格住宅1号、案例住宅21号、案例住宅22号全部采用了这种设计。辛德勒还通过1924年的派卡德住宅（Packard House）尝试了一种不太常见的"Y"形平面，这是顺应三角形场地做出的选择。辛德勒为其设计了层次丰富的室外空间：沿街是前院草坪；东北向的起居室前有一片灌木围出的花园，可以看到远方山景；南向有宽敞的空地，连着活动室，可供孩子们出来玩耍；西北向是主卧室的后院；北向是杂物院和次入口，车库也设在附近。辛

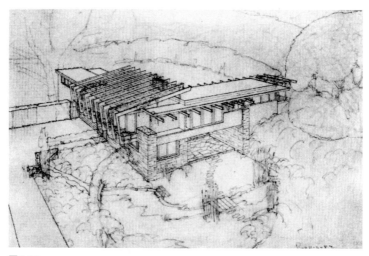

图3.23
罗德里格斯住宅（鲁道夫·辛德勒，1940—1942年）

德勒以高耸的坡顶配合了住宅新颖的造型（图3.24）。此外，他还使用过"U"形平面，最著名的例子要数佩布洛·里贝拉院落住宅。

住宅形体的选择不仅取决于场地的形状，也受限于它的大小。理查德·诺伊特拉成名之后，开始有机会在他的豪宅委托中尝试更舒展的"风车形"平面，如1946—1947年间的考夫曼沙漠住宅（Kaufmann Desert House）、1948年的特雷曼因住宅（Tremaine House）与1958年的奥克斯利住宅（Oxley House）等[1]。建于1955年的科隆尼施住宅（Kronish House）是其中规模最大的住宅之一（图3.25）。住宅入口朝东，处在接近中心的位置，紧挨着一个绿化的天井，上方露出一部分结构框架；天井西侧是一条玻璃走廊，途经西边的餐厅，可以到达住宅的南半部分：一个包含了起居室、练舞房、读书室和吧台等多种功能的大空间；再向前就是带游泳池的宽阔后院；主卧室位于东南角，南边有院子，北边也有用隔墙围出的一个狭长的室外走廊；另有三个卧室和一个活动室处于入口北侧，从这里可以进入西边的活动场。车库、厨房和两间佣人房都摆在住宅的西翼。这个住宅充分阐释了利用分散的"风车形"布局营造出多重院落的设计技巧，通过在中心处引入内院，让每一部分都能获得两个方向的景观，塑造了舒适的居住环境。也正是这一点打动了业主夫妇，尽管他们在1953年10月给诺伊特拉的书信中曾经明确表示，想要一座传统式样的木屋，不要平屋顶和玻璃推拉门，但是令人满意的结果改变了这种想法[2]。

诺伊特拉经常基于矩形、"L"形、"U"形等不同平面类型，从使用和景观的角度加以调整，以获得面向自然的宽阔视野。比如从1950—1952年间的穆尔住宅（Moore House）中就可以明显地看到，建筑被分成了两个部分：北侧是居住的主体，呈东西向布置，包括两个卧室和一个起居室；南侧是工作区域，包括一个卧室和一个工作室。一个弯曲的走廊连接两边，同时通往西侧的车库。因为北侧主体基本是一个"L"形体量，因此从整体来看，也接近于伸出三翼的"风车形"平面。穆尔住宅又以其繁花似锦的庭院而闻名，一池种植了睡莲的碧水远处横卧着连绵的群山，对秀美风光的营造曾为诺伊特拉赢得了美国建筑师协会的设计一等奖。

哈维尔·哈里斯同样擅长使用多种平面类型，比如1933—1934年间的洛依

1　埃德加·J.考夫曼（Edgar J. Kaufmann，1885—1955），德国出生的美籍犹太裔富商和慈善家。考夫曼可能是现代建筑史上最令人艳羡的业主，他在美国东西海岸各拥有一幢名垂青史的住宅，分别出自最早登上《时代》周刊封面的两位建筑师——弗兰克·劳埃德·赖特和理查德·诺伊特拉——之手，即俄亥俄州的流水别墅（Fallingwater House）和加利福尼亚州棕榈泉的沙漠住宅（Kaufmann Desert House）。

2　LAMPRECHT B M. Neutra complete works[M]. Koln：Taschen, 2010：288.

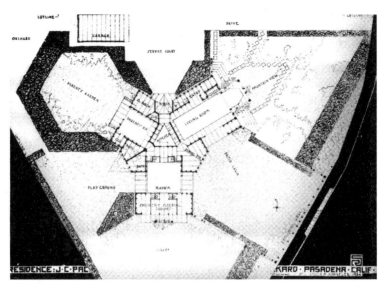

图 3.24
派卡德住宅（鲁道夫·辛德勒，1924年）

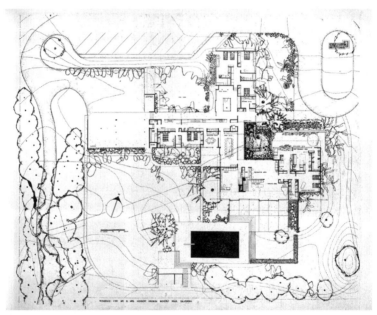

图 3.25
科隆尼施住宅（理查德·诺伊特拉，1955年）

住宅的"L"形平面，1938年的鲍尔住宅通过方形的扭转形成的扁平的"U"形构图，1949—1950年间的英格利什住宅则采用了近似于风车形的布局。哈里斯在1941年的洛德威克·勒克住宅（Lodewijk Lek House）中细致地考虑了视野、日照、季风、周边建筑状况等多种因素，并将它们通过指北针表达出来，以阐释设计的理由。因为场地的东北向有山景，所以主要的起居室和卧室据

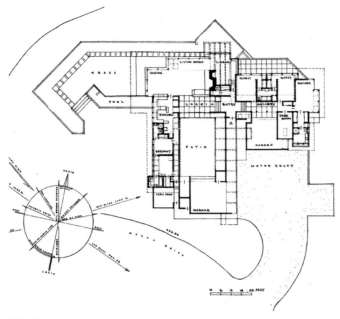

图 3.26
洛德威克·勒克住宅（哈维尔·哈里斯，1941年）

此确定朝向，并做了切角处理；为了消除不利的日照与通风条件的影响，又结合木结构留出了天窗，并在主要房间南向布置了重重的花园、内院和凉廊（图3.26）。

A.昆西·琼斯在科纳斯顿住宅（Kenaston House，1949）中使用了另一种"T"形构图。为了尽可能地争取朝向海边的开阔视野，琼斯将起居室、餐厅和两个卧室一字排开，构成方形体量，让厨房和客卧垂直与之相交，围出庭院，再以院墙稍作分隔，水平延展的屋面低调地融入了海滩绵长的岸线。琼斯在室内点缀了丰富的内景，其中从车库引向居住部分的条形花池形成的"绿色小径"，让本应平淡的交通空间显得生动而富有趣味（图3.27）。而在1956年的艾奇勒钢住宅X-100中，琼斯稍作改变，采用了"H"形平面：以厨房作分隔，在卧室和起居室之间形成两个院落，一个用作入户花园，一个由卧室和起居室分享；儿童活动场地被置于入户通道的侧面，由矮墙和车库围合而成，可从卧室直接进入；在起居室的外面另有一个带泳池的宽阔后院。

约翰·洛特纳的雷纳住宅（Reiner House，1963）也采用了类似的"H"形布局。这是一幢位于山顶的住宅，以混凝土浇筑出层层迭落的弧形屋面，呼应了场地形态。曲线的形式也出现在平面中，洛特纳通过一大一小两个弧形划分出两个分区，沿街部分用作厨房和车库，朝内则是一个颇为私密的小型露台，中间是主要的起居室，通敞的视线让山顶两边的景色在这里融为一体。洛特纳在景观上也做了独具匠心的处理，池水被赋予了动态，不断漫过边缘，向下跌落，仿佛要注入远处的湖水一般（图3.28）。

南加州"现代住宅"拥有极具多样性的形体，由此产生的多重院落，足以最大限度地获取与"自然"接触的室内外环境，并直观地构建了有益身心的宜人居所的普遍形象。这种基于形式特征展开的"类型学"叙事，通过将繁复的现象与多重的环境因素进行关联，从中提取出具有普遍性的解释效力，以此接

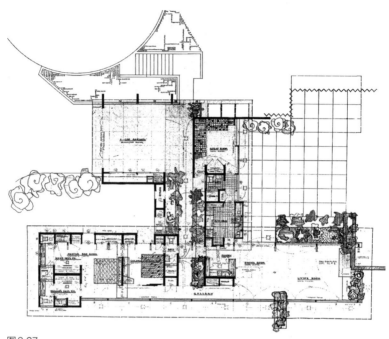

图3.27
科纳斯顿住宅（A. 昆西·琼斯，1949年）

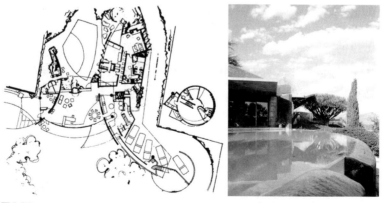

图3.28
雷纳住宅（约翰·洛特纳，1963年）

合了"地域性"论述中适应"场地"的设计原则[1]。但其中一些问题仍需进一步探讨：首先，很多要素并非南加州"现代住宅"的专属，若以建筑形体而论，无论长方形、"L"形还是"风车形"，都同样可能被应用于处在城市基地的公共建筑，此时这些处理并不能依靠"自然"条件得到完全的解释；其次，仅凭借特征的相似，在"形式"与"观念"层面都无法将它们从"国际风格"的实践中彻底区分出来，即便是同时代的勒·柯布西耶，都一样拥有大量利用"自然"的设计案例及其相关解释[2]；此外，不少建筑师与赖特所代表的美国本土专业者之间学缘关系的根据性并不可靠，他们往往拥有更为庞杂的背景，混合的影响被共同整合进各自的实践中，事实上，很多人作品中的"地域性"要等到20世纪四五十年代才能更鲜明地显现，难以分辨在独立执业后的创作成熟期，会否依然持久地回溯存在于早年教育背景中的某种单一源头。不过，无法否认的是，南加州"现代住宅"的形体生成显然与美国郊区自然化的环境密不可分，至少从中获取了得以成立的许多重要前提。

3.4 界面处理

建筑"界面"可以形成不同区域之间的分隔、过渡、渗透或者连通等不同的关系，并会影响视觉、听觉、触觉以及运动等多种身体感官，此外，它还直接地塑造着建筑的形象。南加州"现代住宅"试图消除自身与"自然"之间的隔阂，以获得更高品质的居住体验，这一想法促成了对建筑界面的新的理解，并进行了富有创造性的尝试。其中的某些特征，再次得到了"地域性"理论在建构过程中的青睐。

3.4.1 美景之窗

早在19世纪中期，美国都市中的很多百货公司都会在底层的沿街面使用轻巧的铸铁结构镶嵌大片透明玻璃制作橱窗，内部展陈的商品本身即成为一种生动有力的广告。美国建筑界使用玻璃改造墙壁的早期经验，多数由芝加哥学派提供，在使用钢铁结构取代砖石的同时，他们也在新形成的宽阔框架之间使用玻璃，等到20世纪中叶，钢铁与玻璃已经成为美国摩天楼最醒目的形式特征。

---

1 在对数量庞大的"空间"样本进行"共同特征"的研究时，经常使用这种"类型学"的方法，民居即为其中最具典型性的种类之一。

2 参见：FORTY A. Words and buildings：a vocabulary of modern architecture[M]. New York：Thames & Hudson, 2000：220-239.

尽管玻璃是一种十分古老的材料，但它成为大量使用的常规建材完全属于现代时期的专利[1]。19—20世纪之交，玻璃批量生产的技术实现了革命性的突破，美国的制造业逐步在这一生产领域崭露头角，罐头瓶玻璃、灯泡玻璃，也包括平板玻璃等方面的专利不断出现[2]。颇有远见的美国商人爱德华·德拉蒙德·利比（Edward Drummond Libbey，1854—1925）先后资助了两名玻璃工艺方面的发明天才，迈克尔·约瑟·欧文斯（Michael Joseph Owens，1859—1923）和埃尔文·怀特曼·科尔伯恩（Irving Wightman Colburn，1861—1917），支持他们分别改进自己的发明，利用这些技术，利比让自己的工厂拥有了当时世界上最先进的工艺，其中科尔伯恩提出的"平拉法"对玻璃成为建材的影响尤为深远。1916年以后，在西弗吉尼亚州查尔斯顿的利比–欧文斯平板玻璃公司（Libbey-Owens Sheet Glass Company）的巨大厂房里，科尔伯恩的机器大量地生产着平板玻璃，为全世界的建筑打开了自己的视野，创造出新的空间体验的手段呼之欲出[3]。

　　玻璃开始在墙壁中占据越来越大的部分，大型玻璃界面的出现，既可以起到必需的阻隔作用，又改变了室内空间与室外环境的视觉关系，获得了"如画般"的视野，称得上名副其实的"美景之窗"。正如当时的一则广告所说："玻璃把室内外环境统一了起来，扩大了生活空间。玻璃使较小的住宅看上去好像变大了。外墙上的玻璃产生了家庭主妇们所寻求的那种沟通室内外的富有情趣的交流。作为划分房间的材料，玻璃墙壁不但有隔离作用，而且也使人有一种

1　中世纪教堂使用大量彩色玻璃窗作为装饰，但这实际上显示了当时技术的局限性，在提纯工艺成熟之前，人们难以造出无色透明的玻璃。这一技术难题在13世纪时被威尼斯人解开，那里因此成为当时玻璃制造产业的中心。刚刚问世的透明玻璃是极为奢侈的装饰材料，因为不菲的价格也被称为"透光的白银"，直至19世纪早期，在窗户上使用玻璃依旧属于昂贵的消费，直接反映了屋主的经济能力，在很长一段时间里，英国和法国政府甚至会根据门窗数量课税。

2　17世纪，法国人开始使用利用圆形滚筒和浇铸台制造平面玻璃的方法，这种技术后来传到了英国，得到改进之后投入简单的机器生产；19世纪中期，已经可以做出面积为原先8倍的薄板状玻璃，但是工序依旧复杂，高温下浇铸台开裂的难题也十分棘手，将玻璃用作普通建材还难以实现。详见：布尔斯廷.美国人：南北战争以来的经历[M].谢延光，译.上海：上海译文出版社，1988：499.

3　爱德华·德拉蒙德·利比资助的两项专利为欧文斯制瓶机和科尔伯恩窗玻璃机，其中，埃尔文·科尔伯恩的发明在1908年被《科学美国人》（Scientific American）杂志称为"世界上第一部可以将窗玻璃连续拉制成任何宽度的机器……就其产品的质量来说，这种方法是非常了不起的。这种玻璃的表面像镜子一样晶莹光亮，比我们每天见到的吹制工艺生产的窗玻璃要好得多。即使平板玻璃的表面也不过如此。机器模具的范围可以加以调整来生产任何厚度的玻璃。我们看到了一些由这种机器制造的玻璃样品，有的几乎和细瓷一样薄，有的几乎和木板一样厚。"详见：布尔斯廷.美国人：南北战争以来的经历[M].谢延光，译.上海：上海译文出版社，1988：503.

宽敞之感。"[1]这种设计迅速得到美国建筑师及其顾客们的认可,人们普遍地钟爱那种可以在室内感知室外环境变化的"空间"经验。

　　这种做法后来也被公寓或者独立住宅所采用。差不多在同一时期,相同的转变也出现在了南加州的现代住宅当中。皮埃尔·科尼格的得意之作,案例住宅22号就以俯瞰洛杉矶的壮丽视野构成了南加州现代建筑史上生动的一页(图3.29)。而在此之前,已经出现了很多著名的先例。理查德·诺伊特拉早期的钢铁住宅,如拜尔德住宅,就使用了落地玻璃窗(图3.30)。这一特征在他采用"梁柱结构"之后变得更加明显,在以考夫曼住宅为代表的一系列名作中,都能透过玻璃看到周围环绕的"自然"(图3.31)。当时几乎所有的南加州建筑师都设计过这样的空间,它甚至可以被看作现代住宅的必备特征:使用轻盈纤细的结构,支撑起大面积的玻璃,在室内最重要的部位——通常是起居室、卧室,有时也包括餐厅——迎向室外景观最优越的一面。约翰·洛特纳对此贡献了一个极具想象力的作品,他在1968年的埃尔洛德住宅(Elrod House,1968)的直径达60英尺的圆形起居室上方,设计了可以局部开启的穹顶,这个巨大的混凝土结构中放射状地镶嵌着三角形玻璃天窗,在这里不仅可以环顾周围的景色,也可以仰望头顶的星空(图3.32)。

图3.29
案例住宅22号(皮埃尔·科尼格,1960年)

图3.30
拜尔德住宅(理查德·诺伊特拉,1934—1935年)

图3.31
考夫曼住宅(理查德·诺伊特拉,1946—1947年)

图3.32
埃尔洛德住宅(约翰·洛特纳,1968年)

1　布尔斯廷.美国人:南北战争以来的经历[M].谢延光,译.上海:上海译文出版社,1988:505.

3.4.2 模糊与渗透

借助玻璃透明的视觉属性，是将室内与室外融为一体的最直接的一种手段，除此之外，从南加州的"现代住宅"之中，还可以看到许多其他的尝试，它们在适宜户外活动的气候环境中得到普遍的应用。鲁道夫·辛德勒在其名作国王路住宅中开始使用推拉门，这通常被认为是从日本建筑中吸取的做法，并暗示出一种新的"空间"意识。在此后的埃利奥特住宅中，也以一排可以连续开启的门扇创造出类似的界面（图3.33）。这两种处理方式会产生相近的效果，即可以随意切换"连通"和"阻隔"两种不同的室内外关系。理查德·诺伊特拉的特雷曼因住宅中也存在类似的隔断方式，以此划分起居室和露台两个不同的空间（图3.34）。

诺伊特拉最著名的细部"蜘蛛腿"（spider legs）是又一个典型的例子，它实质上属于结构构件的延伸，并清楚地流露出"风格派"（De Stijl）的影响，显示了通过形式要素限定抽象"空间"的意识转变。从20世纪40年代中期的"原型建筑"（prototype building）开始，诺伊特拉惯用的结构类型逐步从早先的金属骨架转变为后来的梁柱体系，"蜘蛛腿"在这一时期成型[1]：它在1942年的内斯比特住宅（Nesbitt House）之中初见雏形；其后，在差不多同一时期的洛尔克住宅（Rourke House，1949）、威尔金斯住宅（Wilkins House，1949）和希斯住宅（Hees House，1950）当中出现了类似的形象；在迪恩·诺伊特拉住宅当中得到了更为清晰而完整的表现。这幢住宅位于洛杉矶银湖大道边的一块坡地

图3.33
埃利奥特住宅（鲁道夫·辛德勒，1930年）

图3.34
特雷曼因住宅（理查德·诺伊特拉，1948年）

---

1 1944年前后，理查德·诺伊特拉完成了一所波多黎各学校的校舍设计，他给出的方案后来被称作"原型建筑"，其中一些新特征在他的后期作品中反复出现，体现了风格上的转变。详见本书第4章。

上，入口朝向东北，通过室外台阶进入带有景观水池的前院，诺伊特拉在这一侧将两根横梁伸出卧室，并以柱子支撑，这对托架给予庭院概念性的围合，也使构图突破了方盒子的界限（图3.35）。

理查德·诺伊特拉十分注重自然环境和人类行为，甚至包括心理活动之间的联系，试图通过"空间"的方式对其施加影响，并接受这样一种假说：人在适应环境的过程中，主要凭借身体感官与自然界产生接触与互动。在诺伊特拉身后发表的论文《自然附近》（*Nature Near*）中，他写道："我们身为其中一分子的宇宙，是一个动态的连续统一体（continuum）。它从最遥远的银河系一直延伸至我们的大气层、生物圈，以及地表覆层，它甚至还深深影响到了分子和原子的排列，它们形成了所有的物质、运动和意识。我们的皮肤是一层薄膜而不是壁垒……即便是最久远的宇宙边际，也不仅仅是'外界的某种东西'，它们同样暗合于某种因果规律，甚至和我们的室内场景中某些最贴身、最深层的褶皱交织在一起。"[1]这种认识直接反映在他此后的许多代表作品中，并且共同形成了一种所谓的"热带地区特征"，其中包括敞廊、轻质隔断、遮阳百叶、天窗，可以形成良好的室内通风，并适应炎热气候中经常存在的强烈日照和潮湿多雨[2]。这一现象得到"地域性"论述的关注：它意味着"对气候条件的表达反应"，通过"把所有的开口处理为微妙的过渡区域，有能力对场地、气候和光线做出反应"，同时显示出对"视觉"以外的"其他的认知功能同等敏感"，特别是"对于周围冷、热、潮湿和空气流动的感受"，它们被视作地方建造经验的重要特性[3]。

20世纪40年代，诺伊特拉的作品逐渐发展出了更多试图融合室内外环境的形式要素。比如水体，在内斯比特住宅中，已经出现了穿过玻璃隔断，流向室内花台的池塘（图3.36）以及宽大的挑檐形成的过渡空间，在1939年的达维住宅中，这一特征已经十分明显，而在后期的梁柱结构中，更可以利用宽阔的开间获得通敞的室内，比如：在1950—1952年间穆尔住宅的屋檐下，布置了一段支出水面的平台；1951—1953年间的普莱斯住宅，则在挑檐和横梁形成的空隙间设置通气窗，调节室内环境；1956年的斯莱文住宅将挑檐与露台相结合。还有遮阳百叶，其中最著名的当数V. D. L.研究住宅2号，对"国际

---

1 转引自：LAMPRECHT B. Neutra[M]. Koln：Taschen，2004：10.

2 TZONIS A，LEFAIVRE L. Critical regionalism, architecture and identity in a globalized world[M]. Munich，Berlin，London，New York：Prestel，2003.

3 FRAMPTON K.Towards a critical regionalism：six points for an architecture of resistance[M]// FORSTER H. Anti-aesthetic：essays on postmodern culture. New York：The New Press，2002.

图3.35
迪恩·诺伊特拉住宅（理查德·诺伊特拉，1949—
1950年）

图3.36
内斯比特住宅（理查德·诺伊特拉，1942年）

图3.37
V. D. L. 研究住宅2号（二）（理查德·诺伊特拉，
1966年）

图3.38
辛格莱顿住宅（理查德·诺伊特拉，1959年）

风格"的V. D. L.研究住宅1号进行重建之后，六片竖向的白色百叶成为最醒目的立面要素，尽管诺伊特拉此前已经多次使用这种构件，但多用于公共建筑，这次属于住宅中的一次小小改变（图3.37）。在诺伊特拉晚期"风格"趋于成熟之后，这些特征往往集中出现在同一件作品中，如1955年的佩金斯住宅（Perkins House）、1956年的楚伊住宅（Chuey House）、1959年的辛格莱顿住宅（Singleton House），都采用了简洁的梁柱结构、水平舒展的宽阔挑檐、通高的玻璃墙体、流淌在建筑内外的水景，以及标志性的"蜘蛛腿"托架等多种造型元素。它们称得上是诺伊特拉对自己的设计思想最凝练的总结（图3.38）。

这些特征也被理查德·诺伊特拉的学生们所继承，比如哈维尔·哈里斯在1935年的柯什纳住宅（Kershner House）的雨篷位置也使用了露明的梁柱构件。此外还包括哈文斯住宅中三角形屋架形成的檐下空间，拉尔夫·约翰逊住宅中刻意延伸出去的木屋架，这在1948年的穆维希尔住宅（Mulvi hill House）中处理成了一片工艺精致的遮阳板。哈里斯最具个人特色的设计当数1941—1942年设计的博彻尔住宅（Birtcher House）中的"阳光孔"，因为出挑的屋顶部分具有相当的厚度，上面3平方英尺的开口只会阻挡较小角度的会直射进室内的阳光（图3.39）。

拉斐尔·索里亚诺在1941年的斯特劳斯住宅（Strauss House）中采取了另一种屋顶处理方式。住宅的西南角是一个室外花园，本不需要任何屋盖的遮挡，但是索里亚诺却以两片屋檐宽度的墙体在这里相交，再以一根圆形钢柱支撑，形成了一个上方开口的巨大外框，这种处理强调了庭院的领域感（图3.40）。索里亚诺非常喜欢这种以屋面开口、庭院与屋檐结合形成的过渡处理，在他此后的一系列作品，如克劳斯住宅（Krause House，1949）、舒尔曼住宅（Shulman House，1950）以及案例住宅1950当中都有出现，并且与植物相结合，这属于他的一种个性创造。

格里高利·艾因则经常在正方形四坡顶的尖端设置天窗，使得光线柔和地倾泻在房间的中心，和壁炉一同烘托出整个空间向心的仪式感（图3.41）。壁炉在美国人的家庭生活中占据着十分重要的位置，赖特就认为，其中蕴藏着某种神圣的秩序，指涉着人类崇高的精神与道德。艾因将天光和壁炉在这里结合，或许也表达了相似的观点，他在提尔曼住宅（Tierman House，1938—1939）与阿特金森住宅（Atkinson House，1958—1959）中都有相似的处理。入口也是艾因关注的部分，在马尔维斯塔住宅（Mar Vista Houses，1947—1949）中出现了一种很有特色的雨篷，通过一对"V"形斜柱支撑，侧上方开口，可以让树木穿过其中自由生长，形成一种颇为生态的感觉。

约翰·洛特纳也经常使用采光天窗的做法。如果说1961年的沃尔夫住宅的雨篷中，小小的三角形孔洞还显得有些拘谨，那么在两年后的雷纳住宅当中，

图3.39
博彻尔住宅（哈维尔·哈里斯，1941—1942年）

图3.40
斯特劳斯住宅（拉斐尔·索里亚诺，1941年）

图3.41
提尔曼住宅（格里高利·艾因，1938—1939年）

图3.42
谢茨住宅（约翰·洛特纳，1963年）

他已经敢于让高大的树木从孔中穿过了。而在同样建于1963年的谢茨住宅的餐厅上空，洛特纳使用了一个巨大的、可开启的天窗（图3.42）。

　　诸多方式在案例住宅23号中得到了综合，它包括了由基林斯沃思、布莱迪和史密斯事务所设计的三幢住宅，又称"三和弦"，位于圣迭戈的拉荷亚。这组住宅以"品"字形排列，由木框架和混凝土板搭建而成，覆以纯净的白色，处在一条社区尽端路的两侧。住宅A是其中占地最大的一幢，它以"U"形平面围合出带水池的前院，经过架在水面上的小道，可以到达入口处的平台；屋后是"L"形的后院，和起居室与主卧室咬合在一起。住宅B与住宅C位于道路的另一侧，两两相对，中间留有共同的广场，形成入口。住宅B依然是一个"U"形，不过院子被围墙包裹，完全属于内部，因此两边的界面也更加开放，并在朝向外部道路的一端形成一个被构架限定出的休憩平台；一条垂直于院子的通道穿过靠近广场一侧的起居室部分，连接起入口和各个房间；住宅的入口立面伸出四个"蜘蛛腿"一般的托架，上有遮阳板，下有水景，转角开间设置了落地玻璃窗（图3.43）。住宅C的入口部分也采用了与住宅B相似的处理方式，区别在于，它不带内院，但为起居室和厨房部分单独设置了两个带隔墙的小天井，提供了室外活动场地。构架、水景、平台，还有大大小小的院子，是案例住宅23号融合室内空间与室外环境的共同手段。

　　尽管很容易将南加州"现代住宅"中对气候的考虑——"热带地区特征"

图 3.43
案例住宅23号-B（基林斯沃思、布莱迪和史密斯事务所，1959—1960年）

是其中重要的方面——归于对当地"自然"条件的反应，但是，这些设计中的很多要素，事实上源自地中海地区，甚至很大程度上得益于"国际风格"的传播，而非本土建造传统。"地域性"的相关理论也察觉到了这一点，并使用"跨地域的地域主义"这一措辞进行了处理[1]。

就南加州建筑师而言，他们对室内外空间的转换，建立在对场地、空间、结构、材料等各个层面相关"设计问题"的不同理解，以及随之缔结起来的知觉经验之上，其中的一些甚至超越了纯粹的感官层面，进入了更加隐秘的领域。

3.4.3 表层的物质性

从"现代建筑"理论的发源时期开始，材料就已经获得了一种矛盾的双重性。莱昂·巴蒂斯塔·阿尔伯蒂（Leon Battista Alberti，1404—1472）在人体、几何和数理共同形成的美学基础上强调了建筑轮廓及其材料的意义，它们"一个是思想产物，另一个是自然物质"，人类处理自然的原材料，通过"设计"倾注心智，宛如神圣的创造者一般。从此时开始，建筑学渐渐确立了一种剖析结构内部，审视不同深度的材料及其属性的观察方法，"表层"被逐步看作是抽象"观念"的可能载体。整个经典"现代主义"盛期，先锋建筑师无限憧憬着属于白房子的"乌托邦"，通过白色这种单一且纯粹的"覆层"，隐匿了具体的材料表层，以此实现对"物质性"的抑制。然而，在建筑学久远的传统之中，构成围护的界面"表层"，又因其内在的材料特性与制作方式，使自身具有"知觉"层次的实在性，并从不同文化脉络中获取了多重意义。在20世纪中

---

1 TZONIS A，LEFAIVRE L. Critical regionalism, architecture and identity in a globalized world[M]. Munich，Berlin，London，New York：Prestel，2003.

叶，材料的"物质性"的价值再次得到发现，它的各种面孔——空间的限定、感知的媒介、技艺的载体、精神的象征等——交替隐没或者浮现，随之而来的"表层的材料—材料的表层"的概念转换，通过喻象的逻辑或工艺的显示，在南加州"现代住宅"的实践中，对自身经受过现代主义抽象之后的空间特性进行了还原和重构[1]。

美国建筑师对材料"物质性"的认知与使用，普遍表现出一种亲近"自然"的倾向，并且可以追溯至共同的思想基础。就如爱默生所写的那样："我将所有'自然'给予我们的馈赠归为'物质'的范畴。当然，这种馈赠是暂时的、过渡的，而不是最终的，如同'物质'相对于'心灵'。虽然'物质'是第一级的范畴，它本身却是完美的，也使所有人都感受到'自然'的赠予。'自然'源源不断地向人类提供丰富的物质，使之在地球上得以生存和快乐，最终进入天堂。"[2]大概在20世纪30年代早期，理查德·诺伊特拉已经开始尝试使用木材做贴面，如1933年的欧内斯特·莫斯克住宅（Ernest Mosk House），就以横向木板条为外墙材料，并将这次经验称为"美国口音的述说"（spoke with an American accent）。不过，在这个作品以及1936年的布莱斯住宅（Brice House）之中，诺伊特拉对材料的考虑更多出自建造方面，即内部的木骨架结构。到40年代末期，在位于旧金山的达林医生住宅（Dr. Darling House，1937）中，木材开始作为纯粹的覆层被考虑（图3.44）。旧金山是一座深具木构传统的城市，而达林医生住宅位于当地一个维多利亚风格的社区当中，诺伊特拉使用木材是为了对历史环境做出回应。

"二战"临近之时，材料紧缺促使理查德·诺伊特拉更多地使用木材作为墙体材料。在这一时期，他以木板条的表层肌理建造了很多作品，其中包括达维住宅、吉尔住宅（Gill House，1939）、斯威特住宅（Sweet House，1940）等。1941年的麦克斯维尔住宅（Maxwell House）是一件具有标志性意义的作品，诺

1　王为.混凝土与建筑表层：一个关于建筑观念史的个案研究[J].新建筑，2013，03（148）：134-139.

2　爱默生.论自然[M].吴瑞楠，译.北京：中国出版集团，中国对外翻译出版公司，2010：5-6.
　　爱默生的思想在美国建筑界存在一条久远的脉络：1843年，美国画家、雕刻家霍雷肖·格里诺（Horatio Greenough，1805—1852）的论文《美国的建筑》（American Architecture）从建筑学角度进一步地发展了爱默生的观点，继而又影响了路易斯·沙利文；沙利文1886年的论文《灵感》（Inspiration）以及1906年的论文《什么是建筑》（What is Architecture）当中，明显表露出爱默生思想的痕迹，特别是关于"自然"的见解，几乎就是"超验主义"哲学观的翻版；同样从中获益良多的还有赖特，他将这种美国式的对"自然"的文化冲动直接带进了"现代运动"的核心地带。参见：FORTY A. Words and buildings：a vocabulary of modern architecture[M]. New York：Thames & Hudson，2000：220-239.

图3.44
达林医生住宅（理查德·诺伊特拉，1937年）

伊特拉不仅在外墙材质上以木材取代了白墙，并且使用了坡屋顶的造型，可以看作是对原先"国际风格"的一次更彻底的转变。

一年之后，内斯比特住宅的建成再次吸引了世人的目光，这个作品以丰富的表层肌理以及与景观之间的和谐关系著称。木板条形成的外侧墙体以及网格状的屋顶檐口形成了强烈的韵律，而朝向内院一侧的水景与砖砌墙体的点缀也为室内外环境格外增添了情趣，内斯比特住宅因此被认为是诺伊特拉最优美的设计之一（图3.45）。与木材和砖块相比，石材往往需要就近取材，也具有更强烈的地方特征，考夫曼住宅的外墙就通过浅褐色的石墙融入了周围沙漠空旷而粗犷的气氛（图3.46）。因此，在后来的特雷曼因住宅、穆尔住宅、辛格莱顿住宅等作品当中，诺伊特拉也继续使用着石材。

理查德·诺伊特拉对自然材料的使用具有鲜明的特点，一般会对它们进行标准化的处理，这在木材的使用上最为明显，会将其切割为木板条，再拼接形成肌理，这和当时美国建造行业已经逐步实现工业化生产的状况是分不开的。同样，哈维尔·哈里斯从1933—1934年的洛依住宅开始，就大量地将木材用于结构或贴面，后来的克拉克住宅（Clark House，1937）、布莱尔住宅（Blair House，1939）、霍克住宅（Hawk House，1939）都是颇具代表性的作品。其中建于1939年的拜伦·庞弗莱住宅（Byron Pumphrey）显示出了来自赖特1938年

图3.45
内斯比特住宅（理查德·诺伊特拉，1942年）

图3.46
考夫曼沙漠住宅（理查德·诺伊特拉，1946—1947年）

斯图吉斯住宅（Sturges House）的影响，哈里斯在阳台部位使用了横向排列的木板条，并通过外倾的边缘制造出一种类似于叠涩的效果，这种处理也出现在A.昆西·琼斯1948年的诺丁格住宅1号（Nordlinger House No. 1）之中。即使是热衷于钢结构的建筑师，比如拉斐尔·索里亚诺、克莱格·埃尔伍德以及皮埃尔·科尼格，也常常采用木材或砖石建造墙体。鲁道夫·辛德勒甚至会在局部尝试帆布这样的织物材料，正如他在国王路住宅中所做的那样。不过，此类做法最著名的案例并不是住宅，而是他在1928—1929年间的早期作品——洛杉矶布拉克斯顿画

图3.47
布拉克斯顿画廊（鲁道夫·辛德勒，1921—1922年）

廊（Braxton House），辛德勒以此创造了一个非常别致的入口（图3.47）。

这些可以造就丰富的知觉经验的材料也同样出现在室内。比如格里高利·艾因在阿特金森住宅中创造的一个亲切舒适且不失中心感的起居室场景：在十字形木梁形成的尖顶天窗下是一个巨大的壁炉，由石材和灰砖砌筑，两边的墙面使用竖向木条贴面，前方地砖拼成的地面上铺有一块地毯，周围摆放着木质桌椅和织物沙发。材料温暖的色调与柔和的肌理有效地中和了现代建筑冰冷生硬的固有印象（图3.48）。

让–路易斯·柯亨曾经盛赞过约翰·洛特纳在材料使用中的不拘一格："他很高兴把木材和混凝土结合在一起……就像沙漠温泉旅馆那样……让钢缆、混凝土和抹灰相互打交道，这在托尔斯托伊住宅（Tolstoy House）中可以看到；或用钢结构支承木屋顶，如加西亚住宅；又或者，如洛特纳在'大气层'（Chemosphere）住宅中所做的那样，让三种不同材料共同作用，以层叠的木板围合居住部分，再用钢柱作支撑，而钢柱又拴在竖直的混凝土柱上，将结

图3.48
阿特金森住宅（格里高利·艾因，1958—1959
年）

图3.49
佩尔曼山间木屋（约翰·洛特纳，1957年）

构整体锚固在山体中。"[1]其中，1957年的佩尔曼山间木屋（Pearlman Mountain Cabin）是最为自由不羁的一件作品，它的外观看上去就像是小木屋和树屋的集合体。洛特纳使用几根基本上未加雕饰的圆木作为立柱，由此围合出一层的小木屋，一端架设在山地之上，一端与室外地坪齐平，所有的窗子都是镶嵌在结构中间的落地玻璃，木质圆形屋面在上方出挑形成屋檐（图3.49）。这个作品完美诠释了建筑师对自然的理解，建筑以最低调的姿态栖身于森林之中，接近360度的视野不受任何遮挡，所有材料竭力保持着本来的面目，散发出原始而野性的气息。这也折射出20世纪早期南加州的矛盾意象，"现代"的不期而遇惊醒了一个沉睡着的天堂；而就在整个地区都已令人痛惜地变成了一个个拥堵繁忙的都市之际，绿野中的住所依旧是世外桃源的理想化身。南加州"现代住宅"也因此具备了一种双重身份，它是文明缔造的人工景观与隐秘的世外小屋相混合的整体，让人们避开世间的劳碌与悲苦，尽享理想生活中的悠闲与欢愉。

事实上，当时美国的很多建材都已经实现了工业化的量产，比如木材，也

1 COHEN J L. John Lautner's luxuriant tectonics[M]//OLSBERG N. Between earth and heaven：the architecture of John Lautner. New York：Rizzoli, 2008：30.

图3.50
格里高利·艾因和埃姆斯夫妇等研究胶合木制品

有不少胶合板制品投入使用，并因其价格优势而迅速流通。从这个意义上说，以传统生产经验为基础逐步形成的"地域性"，并没有拒斥"现代性"的所有方面，只是天然地假定了对其的"批判"态度（图3.50）。其中也必然会涉及材料选择，生土、竹木、石材由于其"自然本源"，展示出"无可匹敌的现象学强度"，因此持有了超过其他材料的"原始感受力"，某种可以触发空间认知过程中的某些内在特质，与特定的地景意象、美学取向甚至道德价值相关联：表面的质感体验与内里的文化象征，让"自然生成"还是"人工制造"的分野退居其次[1]。正如弗兰姆普敦对阿克斯·莫拉凡斯基（Akos Moravansky）的引述："……材料所以被欣赏，是因为它们所代表的品质，……而不是因为它们固有的物理性能。因此，一个叠合在一片光滑立面中被粗糙砌筑的勒脚就会被视为一种原始的更为'土气'的状态，因为它代表了一种次要的构图因素。"[2]

这种意识亦被"地域性"的理论所承袭，并从几个不同的方面加以阐述：它首先意味着给予"触觉"和"视觉"相等同的地位；这种判断随后转化为一

1 弗兰姆普敦.现代建筑：一部批判的历史[M].张钦楠，等译.北京：生活·读书·新知三联书店，2012：418.
2 转引自：弗兰姆普敦.现代建筑：一部批判的历史[M].张钦楠，等译.北京：生活·读书·新知三联书店，2012：418.

套通过"建构"逻辑形塑的设计原则；最后，在材料处理过程中显现为一种模糊甚至矛盾的态度。

南加州现代住宅通过材料呈现指涉了"空间"经验中的"地方感"，它主要寄身于通过"建造"措辞形塑出的表层形式。具体言之，材料凭借"空间"塑造中必需的结构和构造方式及其相关的技术或工艺，有侧重地强调了纹理、颜色、粒度、瑕疵甚至残损等被认为可以维系住自身"本体特征"的物质信息，进而创造出某种美学规训后的"区分"，并且导致了特定的专业偏好，即选择材料最富意象性的特征，给予整体以及细部的夸饰。但是，为了规避陷入"绝对的历史决定论"或者沦为"杂乱无章的布景式插曲"，又必须审慎地放弃一些事实上深具本土传统的元素，比如装饰母题，而希冀所谓的"陌生化"效果的出现[1]。

结语：身份的制定

将"自然"视为"地域主义"和"国际风格"——它们在20世纪中叶的论辩中一度被美国与欧洲所指代——之间的重要差异，事实上是一种充满风险的区分：或许可以将美国的"逃离城市的倾向"看作对"自然"的回归，却很难将欧洲的"进入城市的权利"等同于对"自然"的背弃。但是，相关认知却长期纠缠着建筑学的头脑。作为移民，诺伊特拉一直对美国特性充满兴趣，他早期曾多次发表相关的建筑学著作，比如1927年的《美国如何建造》(*Wie Baut Amerika*)与1930年的《美国：合众国建筑风格的新发展》(*Amerika：Die Stilbildung des neuen Bauens in den Vereiningten Staaten*)。先前塔里埃森的时光让他接触到了赖特的"有机建筑"理论，尽管这个概念从没有得到清晰的阐述，但不难从中察觉到一种在自然的、有机的、人文的调和中使用技术的倾向[2]。这些思想随后渗透进了诺伊特拉自己在南加州的经验当中，并被融入了更多的自然科学要素，最终发展出了所谓的"生物现实主义"(Biorealism)理论，集中体现在他最重要的著作《通过设计生存》(*Survival though Design*)之

---

1 FRAMPTON K.Towards a critical regionalism：six points for an architecture of resistance[M]// FORSTER H. Anti-aesthetic：essays on postmodern culture. New York：The New Press，2002； TZONIS A，LEFAIVRE L. Critical regionalism，architecture and identity in a globalized world[M]. Munich，Berlin，London，New York：Prestel，2003.

2 克鲁夫特.建筑理论史[M]. 王贵祥，译.北京：中国建筑工业出版社，2005：321-322.

中，这本书出版于1954年，但写作早在20世纪40年代就已经开始[1]。而在此之前的1939年，诺伊特拉刚刚完成了《建筑中的地域主义》(*Regionalism in Architecture*)。以这两本书为线索，串联起他的一系列写作，比如1951年的《场地的神秘与现实》(*Mystery and Realities of the Site*)、1956年的《生活和人居环境》(*Life and Human Habitat*)、1971年的《建造与自然相伴》(*Building with Nature*)等，可以看到，"自然"以及"地域"两大主题一直贯穿其中。这种知识构型并非诺伊特拉的独创，它长期存在于"地域性"的相关论述之中，尽管"回归自然"这一传统表述已经很少提及，但却在削弱了"浪漫主义"的美学痕迹的基础上，被重新分解为"地形""气候""光线"以及经由"材料"组织起来的"建构"与"知觉"等一系列概念，仍然转向一种试图抹除"人工"与"自然"的界限的倾向，甚至于后来渐趋成型的"生态主义"立场[2]。

其中的一个原因，或许在于美国的"自然"观念起初便是伴随着国家独立以及建立民族认同的历程同步发展起来的，而类似的基因长期隐藏在"地域性"的机体之中[3]。托马斯·杰弗逊的《弗吉尼亚纪事》本身就是一种带有高度政治性的写作；而拉尔夫·爱默生曾经在1837年的演讲"美国学者"(*American Scholar*)当中明确指出美国文化要从欧洲的影响下独立出来："我们谦恭地听命于欧洲缪斯的训示已经太久了。"[4]他心中的理想发展道路就是与本国的"自然"遭遇："我不需要壮丽，不需要古朴，不需要浪漫。这些特点属于意大利、

---

1 20世纪40年代晚期，诺伊特拉的理论思考的重心明显发生了偏移，他曾在早期受到现代心理科学的影响，例如威廉·冯特的实验心理学理论，认为人的身体和意识、生理和心理是密切联系在一起的，因此建造人居环境应该立足于人的生理感官，他将这种哲学称为"生命现实主义"(Biorealism)。其中，"Bio"源于希腊语的"Bios"，意为生命，包含着人自身无限而多样的情感力量；"Realism"旨在说明建筑应该暗示出人类的真实行为和成长方式，和冰冷的抽象概念划清界限。"Biorealism：Bios, the Greek word for life, comprises the infinitely manifold emotive powers of our self. The world real refers to life-reality and steers away from vague abstractions." 参见：LAMPRECHT B. Neutra[M]. Koln：Taschen, 2004：9.

2 FRAMPTON K. Towards a critical regionalism：six points for an architecture of resistance[M]// FORSTER H. Anti-aesthetic：essays on postmodern culture.New York：The New Press, 2002；TZONIS A, LEFAIVRE L. Critical regionalism, architecture and identity in a globalized world[M]. Munich, Berlin, London, New York：Prestel, 2003.

3 TZONIS A, LEFAIVRE L. Critical regionalism, architecture and identity in a globalized world[M]. Munich, Berlin, London, New York：Prestel, 2003.

4 EMERSON R W. The American scholar, in selected essays[M]. New York：Penguin Books, 1985. "美国学者"是拉尔夫·爱默生著名的演讲词，他在其中宣告美国文学已脱离英国文学而独立，告诫美国学者不要盲目地追随传统与进行纯粹的模仿，因此被誉为美国思想领域的"独立宣言"。转引自：FORTY A. Words and buildings：a vocabulary of modern architecture[M]. New York：Thames & Hudson, 2000：236.

阿拉伯、希腊，或者普罗旺斯。我只求拥抱平常，从脚边最熟悉的不起眼的事物之中探寻灵感。着眼于今天，也可以触及远古和未来。"[1]赖特的很多思想都可以视为杰弗逊或爱默生的观点的建筑学版本，并可以追溯至路易斯·沙利文的影响[2]。"广亩城市"便是一种综合的设想，围绕四个概念构建：有机、分散、综合、民主。赖特将"现代城市"视作一切罪恶之源，而"广亩城市"一方面继承了"城市中令人期待的特征"，另一方面保证了"优良土地"不遭破坏，并希望以自然经济模式代替资本主义体制（图3.51）。"广亩城市"预示着赖特借助对"自然"的强调，回应了美国的建造传统，而他的思想也逐步走向"国际风格"的反面，并转入了"民族化"的轨道：他认为"全新的美国式的建筑概念"应当具有"代表民族特性"的形式[3]。

然而，在对"自然"的再现中，"地域性"并不拥有更多的特权，也无法将自身从其他影响因素中完全独立出来。郊区作为美国"田园理想"冲动的直接产物，向南加州现代住宅提供了最重要的本土脉络。不过，通过追溯它的历史可以发现，其中混合了大量外来要素，不少亦同时出自"现代性"孕育出的社

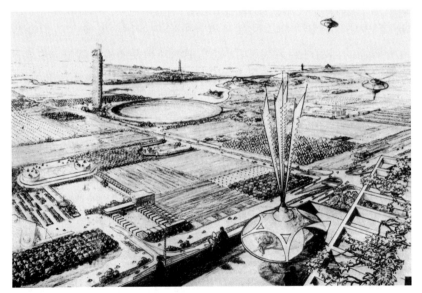

图3.51
"广亩城市"（赖特，1934年）

1 EMERSON R W. The American scholar, in selected essays[M]. New York：Penguin Books，1985.转引自：FORTY A. Words and buildings：a vocabulary of modern architecture[M]. New York：Thames & Hudson，2000：236.

2 FORTY A. Words and buildings：a vocabulary of modern architecture[M]. New York：Thames & Hudson，2000：220-239.

3 克鲁夫特.建筑理论史[M].王贵祥，译.北京：建筑工业出版社，2005：319-320.

会条件或者专业主张，甚至"国族"（nation-state）国家以及由此缔结起来的身份认同，也一样属于现代性的结果。

由此看来，"地域性"对"自然"进行占用，并从中汲取批判性的力量，某种程度上依靠的是一种知识性的预设。在其理论建构的过程中，特别是与实践接合的时候，因为"倾向于某些特征的类别"，而暗示了一种基于知觉结构的"类型学"叙事[1]，即借助在地方物质条件下形成的脉络，提供着某种混杂了"形式论"与"机械论"的论证模式：分辨、标识、确定案例的性质，并通过类别的规定，侧重揭示对象的多样性与独特性；根据某种因果关系，将它们确认为相互作用中的规律，以此对各类现象做出"解释"。

这些方法中蕴含着两种主要的风险：前者在于"选择的局限性"，后者在于可能的"决定论"式的谬误[2]。那么，在"自然"以外，是否存在着可以使南加州"现代住宅"历史建构过程更趋完善的其他因素呢？引起注意的是，对"自然"这一概念本身而言，"地域性"作为构成要素并不十分关键。在阿德里安·福蒂充满洞见的综述中，少许涉及此类意识的归纳仅存在于"作为'文化'解毒剂的自然"（nature as the antidote to 'culture'）与"拒绝自然"（the rejection of nature）两个条目中，而最可能指向意识形态立场的"作为一种政治观念：自然是自由，没有束缚的"（as a political idea：nature as freedom，lack of constraint）并没有在此角度作太多引申[3]。这或许意味着，对"自然"这一概念本身而言，另有更需应对的问题，而美国文化中"花园中的机器"的隐喻已经揭示出它的存在。

---

1 弗兰姆普敦.现代建筑：一部批判的历史[M].张钦楠，等译.北京：生活·读书·新知三联书店，2012：354-370.

2 详见：怀特.元史学：十九世纪欧洲的历史想象[M].陈新，译.彭刚.校.南京：译林出版社，2004：1-55；以近似理论在建筑史写作中的分析，参见：夏铸九.空间、历史与社会：论文选1987—1992[M].台北：唐山出版社，1992：1-40.

3 详见：FORTY A. Words and buildings：a vocabulary of modern architecture[M]. New York：Thames & Hudson, 2000：220-239.

04

"美国梦"的承诺:
技术

现代时期，通过技术手段进行批量生产深刻地改变了建造行业，建筑学界普遍接受了与工业化的联合，并将其看作"现代性"的重要特征之一。正如尼古拉斯·佩夫斯纳所说："大众传播和成批生产，是将我们这个世纪区别于以往世纪的标志之一。"[1] 美国20世纪活跃的住宅建设，与当时工业化建造体系的发展密不可分，持续经历了"镀金时代"（Gilded Age，1878—1889）、"进步时代"（Progress Age，1890—1913）与"爵士时代"（Jazz Age，1914—1928）的繁荣。尽管在"大萧条"时期，房地产业一度陷入暂时的低谷，罗斯福"新政"和第二次世界大战提供的契机，使它在20世纪50—60年代再次走向高潮[2]。然而，这一特征并没有得到"地域性"的重视。尽管长期以来，美国的技术力量在全世界占据显要的位置；在最近一个世纪中，加利福尼亚南部也是西海岸新兴工业与科技的重镇，其中很多成就并非没有渗透进住宅行业。可是，却在与之对应的论述中被置于另外的境地。

4.1 机械时代的建筑

雷纳·班汉姆（Reyner Banham，1922—1988）在其1960年的《第一机械时代的理论与设计》（*Theory and Design in the First Machine Age*）中，使用了"第一机械时代"和"第二机械时代"两个字眼形容20世纪以来的历史：一个"技术"革命彻底改变了社会生活轨迹的时代。班汉姆认为，在工业产品传播的过程中，现代神话的创造者们，如画家、诗人、建筑师，确立了新时期的美学，机器和人类的隔阂被逐步消解了；理性主义的效用标准，或者功能主义的形式决定论，被他归为一种"非常热情地和技术纠结在一起"的建筑所具有的特性，而"国际风格"就是曾经取得成功的表现之一；他还同时预见了新时代的

1　佩夫斯纳.现代建筑与设计的源泉[M].殷凌云，等译.范景中，校.北京：生活·读书·新知三联书店，2001：1.

2　"镀金时代""进步时代"和"爵士时代"指的是美国内战和"一战"之间这段历史的三个阶段，其中：镀金时代（1878—1889年）经历了高速的工业化，随着第二次工业革命的兴起，木材、开矿、铁路、石油、钢铁等产业的勃兴使许多人迅速致富，过上了"金色"的生活，该时期也因此得名；进步时代（1890—1913年）是继"镀金时代"之后社会改革活动活跃的时期，通过对政府的净化，消除腐败，打击政治寡头，同时兴起了女权运动；"爵士时代"（1914—1928年）出自美国作家弗朗西斯·菲茨杰拉德（Francis Scott Key Fitzgerald，1896—1940年），是贯穿第一次世界大战，止于"大萧条"前的时期，传统清教徒道德土崩瓦解，享乐主义大行其道，美国社会沉醉于巨大的物质成就中，因此产生了一个挥金如土、纵情声色、奢华与空虚并存的时代。

到来：技术的发展终会改变大众市场中的建造方式[1]。

这些展望，在遭遇了美国经验当中极度保守的资本主义、自由放任的市场经济、高度繁荣的现代工业，以及蓬勃兴起的中产阶级之后，找到了新的沃土。

4.1.1 机器的隐喻

19世纪中叶，在各种新型设备不断涌现的背景下，工业化的力量和潜能以及与其内在逻辑高度一致的"机器形式"，开始被视作理性的象征。于是，机器作为工业文明的核心意象，逐渐以隐喻的方式频繁出现在建筑理论之中。

美国理论界从机器隐喻中吸取的第一种观念是功能主义的形式原则。画家、雕刻家霍雷肖·格里诺（Horatio Greenough，1805—1852）在1843年的《美国建筑》中以造船作比，批评当时的美国建筑一味承袭欧洲历史风格的做法，主张从机器制造中汲取营养，从固有功能中提炼形式，这种带有些许民族主义情绪的观点极大地影响了后世路易斯·沙利文提出的功能思想[2]。

这种功能主义业已带有理性主义的美学成分。早在19世纪，伊曼纽尔·维奥莱特－勒－杜克（Emanuel Viollet-le-Duc，1814—1879）便试图通过研究哥特结构摆脱对传统形式的模仿，并提出了一种表现力学逻辑和建造程序的"铁构拱顶"（iron network vaulting）。这种空间构架原型被后来的追随者安纳托尔·德·博多（Anatole de Baudot，1834—1915）所继承，在他看来，显露结构这种强调技术与材料的表现方式提供了工业美学的新原则，并且暗示了可以批量生产的建筑构件所拥有的社会意义。勒－杜克和德·博多同样是机器隐喻的使用者，他们的著作都曾以轮船和机车为印证，要求建筑师以理性的方式工作，由此契合这个时代工业技术的价值标准[3]。结构理性主义的分析传统后来成为欧美建筑学院教育的重要组成，直至现代建筑时期仍具有持久的影响。

机器隐喻折射出的另一层含义被苏格兰建筑史学家詹姆斯·弗格森（James Fergusson，1808—1886）所捕捉。他并不满足于将理性视为其中唯一的美学价值，而是从工业部门的分工协作中，发掘出团队合作的力量[4]。集体生产的潜力正是推崇经济和效率的工业时代所渴求的。同时，早在"一战"之前，以"泰罗主义"（Taylorism）和"福特主义"（Fordism）为标志的现代管理就已经出

1　在《第一机械时代的理论与设计》当中，雷纳·班汉姆着眼于20世纪30年代前后的"先锋运动"，并指出，机器美学作为"现代主义"的关键要素，此时已经渗透到了建筑学的核心。班汉姆.第一机械时代的理论与设计[M].丁亚雷，张筱膂，译.南京：江苏美术出版社，2009：1-5，408-420.

2　柯林斯.现代建筑的思想演变[M].英若聪，译.北京：中国建筑工业出版社，2003：154.

3　同2，158页。

4　同2，155页。

现，它们将合理化、标准化和科学化确立为核心理念，奠定了资本主义大工业生产的基本组织模式。类似的想法在建筑领域的尝试以德国最为典型，也包括了德意志制造联盟和包豪斯的重要经验，不少欧洲建筑师都深受其影响，后来随着纳粹的崛起和"二战"的爆发，他们奔赴美国，并将这种智识遗产融入了当地固有的设计文化之中。

机器隐喻凝聚了现代建筑当中一些十分有力的思想，但也带来了一个矛盾：建筑物被当成孤立的对象来看待，而非环境的组成部分，这种想法在美国建筑界遭受了挑战[1]。其中，又以赖特的思想最具代表性。赖特反对"将房子想象成为一个可以居住的机器"的观点，而是代之以一种美国式的理解。1901年3月6日，在芝加哥艺术与工艺协会于赫尔馆的研讨会中，赖特进行了题为"机器的艺术和工艺"（*The Art and Craft of the Machine*）的演讲[2]。这是赖特影响最为深远的名篇之一。

他针对当时初兴的机器制造业发表了自己的见解，其中饱含着对困苦劳工阶层的关切以及对工业化社会弊端的忧虑，并恳请与会的业界人士携手，为创建现代美学和社会福祉而奋斗。赖特并不否认机器作为工具的积极作用，也赞赏其中蕴藏的简约之美，还特别强调了在建筑领域中加以应用的社会意义。他的矛盾态度集中体现于一篇名为《建筑艺术中机器的位置》的短文："科学可以给我们的只是工具箱里的工具，技术上的那些奇迹早已给过我们了。在我们能够掌握它们人性的文化的用途前，这些神奇的工具又能对我们有什么用途呢？！我们并不想生活在一个机器主导人类的世界里。我们要生活在一个人类可以掌控机器的世界里！"[3]这种矛盾归因于美国文化基因中与生俱来的冲突。

尽管如此，在一个普遍实现了工业化的国度里，功能的合理性、效率上的经济快捷、标准化和批量生产、推崇简约精确的美学时尚，通过生活中的必需品，彻底融入了美国人的日常经验之中。1957年5月，《建筑实录》的封面选用了约翰·麦克海尔（John McHale，1922—1978）创作的拼贴画《机器制造美国》，这件作品使用了大量具有象征意义的符号，都是深受美国公众喜爱的物件（图4.01）：煎牛排、夹心蛋糕、整洁的厨房、漂亮的汽车、机械化工具、电动

1　柯林斯.现代建筑的思想演变[M].英若聪，译.北京：中国建筑工业出版社，2003：160。

2　赫尔馆（Hull House）由简·亚当斯（Jane Addams）和艾伦·盖茨·斯达尔（Ellen Gates Starr）建立于1889年，向当时居住在附近的工人阶层提供教育、法律、经济等方面的社会援助，是一处极具先锋性的社会慈善机构；艺术与工艺协会是追随威廉·莫里斯和约翰·拉斯金倡导的"艺术与工艺运动"而成立的艺术家组织，赫尔馆是其重要的活动地点之一。

3　赖特，考夫曼.赖特论美国建筑[M].姜涌，李振涛，译.北京：中国建筑工业出版社，2010：37-41.

搅拌器、林荫道、海湾、电报机纸条、火花栓，还有各种电子设备等。艺术家使用典型的图像片断，生动地诠释了时代的风貌[1]。同时刊出的还有对此的解释："这是一个成功的故事，一个美国在现代建筑追求品质的过程中向其贡献了绝对数量的故事。就数量而言，美国早已成了现代运动的家乡，这个数量以财富、工业和技术为后盾，构成了当今建筑品质提升的先决条件。十年之间，美国建筑的规模扩大了4倍，唤起了两代建筑师的创作热情，而这一切正是对工业化浪潮的有力回应。除去现实中激增的建设量

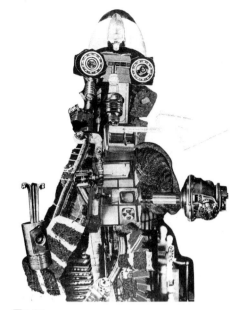

图4.01
机器制造美国（约翰·麦克海尔，1957年）

以外，还有一些其他因素导致了急剧的变革，主要包括活跃在今日的欧洲大师，以及众多天才结构工程师的影响。通过对世界经验的谦恭学习，美国建筑受益匪浅，并从此走向卓越。"[2]

4.1.2 工业奇迹

1860—1914年间，美国的人口增加了3倍，其中接近3000万是外来移民，又以欧洲人居多。自然增长和不断的大规模移民创造了数千万的劳动力，使从事制造业的工人总数增至原先的5.5倍，生产总值随之扩大12倍，整个国家工业创造的资产增幅达到22倍。1890年，美国工业创造的财富首次超越了农业，即使后者也处于持续的高速增长之中。19—20世纪之交，美国最终成为世界历史上第一个工业超级大国[3]。

美国工业势不可挡的步伐可以归结为以下几个原因：第一，美国很早就建立了开明的专利法，极大地激励了国民的创造热情，截至1911年，美国正式注册的专利总数已经突破百万；第二，为了应付相对匮乏的劳动人口和居高不

1　OCKMAN J. Architecture culture 1943—1968：a documentary anthology[M]. New York：Rizzoli，1993：237-239.

2　同上。

3　DEGLER C N. Out of our past：the forces that shaped modern America[M]. New York：Harper Perennial，1984：258-296.

下的人力成本，美国人乐于设计并使用省力的机械装置，推动生产效率的提高与生产规模的扩大，在此过程中还一并推广了机械部件的标准化制造；第三，农业成就催动了制造业的发展，面粉工业和肉食品加工都曾是美国最大的单一产业类型；第四，美国的资源丰富而多样，水力、木材和燃煤蕴藏十分丰富，生产、配送、使用能源的国内价格一直都很低廉；第五，美国灵活地使用了贸易自由和贸易保护的双重政策，它以宪法保障州际贸易，将本土建成当时全球最大的自由贸易区，同时对外征收高额关税，这一政策随着1861年之后共和党的政治优势不断加强，20世纪初期，美国97%的产品都是国内市场消费的[1]。由此带来的繁荣几乎贯穿了此后的整个世纪。

在"一战"摧毁了古老的欧洲之后，美国的优势地位被进一步确立；同样，"二战"的烽火也没有波及本土，国民经济避免了打击性的破坏，相反，战争刺激了美国的军事工业，一些新材料、新技术得到快速开发。1941年12月7日，珍珠港事件爆发，彻底消除了美国对参战最后的怀疑和犹豫，战争筹备工作在混乱和高效中开始了。在此期间，美国动员了历史上前所未有的人力、物力和财力，无论是"大萧条"的压抑和挫败，还是"新政"的克制和挣扎，瞬间一扫而空。美国的战时工业生产能力极其惊人，参战的第一年，美国的武器产量已经达到三大轴心国的总和，该数据在1944年又增加了一倍。战争这个消费的黑洞，让蕴藏在美国企业制度中的活力和适应性，在国家意志的驱使下尽情释放，并且催生了新时代的资本主义英雄。亨利·J.凯瑟（Henry J. Kaiser，1882—1967）——福布斯网站列出的史上最有影响力的20位商人之一，一位充满创造激情的美国企业家——对20世纪30年代的经济基础设施建设以及40年代的战备生产做出了巨大贡献。他建造了当时世界上最大的水泥厂，此外，还有大型的综合钢铁厂、造船厂，以他的名字命名的铝业公司和镁业公司。他的产业大部分位于南加州，大大加速了当地的工业化进程，并为其在"二战"后转变为发展新兴技术的核心区域奠定了基础[2]。

"二战"结束之后，美国已经积聚了令人生畏的经济力量。1945年8月，总统哈利·杜鲁门在一次电台演说中向全国宣称："我们已经从这场战争中脱颖而出，成为这个世界上最强大的国家，或许，也是历史上最强大的国家。"[3]20

1　约翰逊.美国人的历史·中卷[M].秦传安，译.北京：中央编译出版社，2010：87-197.

2　约翰逊.美国人的历史·下卷[M].秦传安，译.北京：中央编译出版社，2010：50-60.

3　WHITE D W. The American country: the rise and decline of the United States as a world power[M]. New Haven: Yale University Press, 1996: 21. 转引自：约翰逊.美国人的历史·下卷[M]. 秦传安，译.北京：中央编译出版社，2010：79.

世纪40年代后期，美国在国际经济版图中占据的比重是空前绝后的：它创造了全球收入的42%，工业产量的50%，其中包括57.5%的钢铁、43.5%的电力、62%的石油、80%的汽车；它拥有世界上差不多一半的商船，向各地输送本国产品；它的黄金储备约占各国银行总量的四分之三；国民人均收入达到1450美元，接近于其他西方先进国家的2倍——美国成为一个享受着充分就业和丰厚工资的国家，各种先进的机器在这里设计、制造，投入生产[1]。强大的工业促成了美国经济的繁荣，带动了产品设计的增长，并引导着消费群体逐渐接受机械般的形式特征，精确性、整洁感、精密的金属工艺，作为代表性的"现代美学"品质在市场上流行开来，"流线型"设计风靡一时便证明了这一点。

时局动荡下的工业发展造成了材料市场的起伏[2]。数据清楚地表明：在主要建材产量总体增长的趋势下，1929年"大萧条"是第一个转折点，不过，到了"二战"末期的1944年，产量已经基本恢复到经济危机前的水平；随后，由于缺少了战事的刺激，生产短暂地出现小幅度回落，1949年的数据支持了这一结论；但很快又转入战后的飞速增长阶段。其中，木材的增长态势较为平稳，在近65年的时间跨度中基本维持在年产量3500万吨上下；金属材料的涨幅要明显得多，特别是作为新型建材的铝，实现了成倍增长；而通过对生铁和原钢的比较，可以发现，在"二战"前夕，两者基本持平，但战后又以原钢的增长更为迅速。值得注意的是，以美国参战为界，此前的木材产量与生铁或原钢产量基本处在同一水平线上，有时甚至略占优势，但战争结束之后，则被后两者远远超过（表4.01）。这些变化及相应产生的政策，直接影响了建筑界的活动，在住宅建设领域表现得十分显著。

1914—1979年美国建材产量　　　　　　　表4.01

年份	生铁	原钢	铝	木材
1914	2370.7	2389.0	2.6	3734.8
1919	3151.3	3522.8	5.8	3455.2
1924	3191.0	3854.0	6.8	3593.1
1929	4329.8	5733.9	10.3	3688.6
1934	1639.8	2647.4	3.4	1549.4
1939	3232.1	4789.8	14.9	2514.8
1944	5706.0	8132.2	69.5	3293.8

1　约翰逊.美国人的历史·下卷[M].秦传安，译.北京：中央编译出版社，2010：75-87.
2　此前第二章已有论及，表4.01中具体数据参见：米切尔.帕尔格雷夫世界历史统计·美洲卷：1750—1993[M].贺力平，译.北京：经济科学出版社，2002.

年份	生铁	原钢	铝	木材
1949	4982.0	7074.0	54.7	3217.8
1954	5420.6	8011.5	132.5	3635.6
1959	5636.7	8477.3	177.3	3716.6
1964	7877.2	11528.1	231.6	3655.9
1969	8853.6	12815.2	344.1	3582.4
1974	8942.3	13219.6	444.8	3460.8
1979	8062.9	12368.8	455.7	4056.9

（注：本表中的计量单位均为万吨）

4.1.3 福利国家模型

20世纪上半叶，以1929年的"大萧条"为转折，美国政府开始对住房问题采取更为积极的态度。这种转变不仅受经济因素的驱使，也是发生在美国社会深处的结构性演变的长期结果，可以一直回溯到19世纪晚期，以南北战争的结束为肇始。

通常认为，内战标志着现代美国的诞生，战时国会主导下的美国政府保护并促进了工业资本主义以及与之相适应的，如今被称为"现代"的生活方式。不过，19—20世纪之交的经济数据显示，内战后的美国，财富与权力分配极其不均，它们大多集中在铁路、制造业、石油、煤矿、钢铁和金融寡头的手中，房地产的分布也支持这一结果[1]。

美国人把政府看作天然的掠夺者。早在建国之初，参与制宪的代表们就坚持要将《权利法案》(*The Bill of Rights*)——即10条宪法修正案——伴随美国宪法一同提出。这部法案规定，所有公民的基本人权在全国各地都受到保护，不受各级地方、州，以至联邦政府的侵犯。因此造就的政治传统是确保个人的核心地位，这意味着个人选择在消费市场、工作机遇或者生活方式等方面的自由。这些权利被几乎所有美国人认定为与生俱来。所以，从19世纪起，美国民主的核心，就是致力于建立某种"极度的个人独立与一个井井有条的社会与政治组织的联合"，通过家庭、社团、法律等途径调节各种社会关系，并承诺集体和个人可以通过相互支持而获益。长期以来，依靠市场解决社会问题是美国最受肯定的行政手段[2]。

---

1 克鲁格曼.一个自由主义者的良知[M].刘波，译.北京：中信出版社，2008：11-26.
2 威布.自治：美国民主的文化史[M].李振广，译.北京：商务印书馆，2006：206-278.

出于这样的原因，尽管累进税制和"福利国家"的概念当时已经出现，并在一些欧洲国家付诸实施，却没有对美国产生太多影响。即使国家财政十分宽裕，也基本没有建立什么社会保障制度，例如医疗保险、养老金和失业保险、贫民救济食品券等。总之，20世纪30年代以前，小政府、低税负的美国是富人的天堂，生产力的增长确实惠及了所有阶层，却没有任何迹象表明，随着经济的成熟，会自然演化出相对平等的中产阶级社会[1]。

20世纪20年代，新型政治观念的出现开始从根本上改变社会生活的面貌，在先前的一部分"公共问题"逐渐进入"私人领域"的同时，一些原本属于私人的事务也开始进入公众视线。造成这种变化的一个不容忽视的原因，是美国社会的阶级根源。"一战"的爆发使公众更加清醒地意识到全国性问题的客观存在，于是，奠定于19世纪，主张分散权力，依靠州一级地方政府对抗中央的"联邦主义"传统逐渐式微，并加快促进了全国性的阶级同盟的出现。人们逐步意识到，通过宪法可以追求更完善的公平与公正，能够求得一种真正平等的保护个人权利的公共政策。政府权力随之扩大，参与了更多的社会行为：农业与林业、交通运输、采矿与制造业、国内零售与对外贸易等更广泛的领域。随着这种干预逐步加深，现代政府成了国民幸福的最后保障[2]。

当今美国的局面是依靠政治举措创造的，源自于罗斯福"新政"——一个有时仍会被视为极端、激进和危险的计划。"新政"的最终实现有赖于以下条件：一是归功于威廉·J.布莱安（William Jennings Bryan，1860—1925）留下的政治遗产，他在美国民众心中奠定了推动自由主义计划的意愿基础[3]；二是率先出现在各州范围内的社会救助计划，它们树立了社会保障的准则，积累了相应的经验；三是逐步扩大的公民选举权，从1924年起，外来移民和南方黑人相继获得选举权，这些经济较为贫困的阶层将支持"福利国家"的倾向变得强烈；四是由于经济低谷迫使雇主降薪以及罗斯福政府出于政策需要而保护劳工结社权，因此造成美国工会力量上升，它们反过来对"新政"提供了关键的支持；五是经济衰退令共和党的实力削弱，顺应局势进行了政策调整；六是"二

---

1 克鲁格曼.一个自由主义者的良知[M].刘波，译.北京：中信出版社，2008：11-26.

2 威布.自治：美国民主的文化史[M].李振广，译.北京：商务印书馆，2006：206-278.

3 威廉·詹宁斯·布莱安（William Jennings Bryan，1860—1925），美国政治家、律师、民主党人，曾三次代表民主党竞选总统（1896年、1900年、1908年），但均告失败。布莱安一生致力于为贫苦农民及体力劳动者（也就是当时所谓的平民）争取权益，这为他赢得了"伟大的平民"的称号；1896年，布莱安发表了史称"黄金十字架"（Cross of Gold）的著名演说，并赢得民主党的总统候选人资格；自布莱安掌控民主党以后，该党派在经济议题上的立场变得比共和党更为左倾，从此深刻地改变了美国政治版图的格局，影响至今。

战"的危机要求政府干预经济，起初对于激进措施的疑虑被弃置一旁[1]。20世纪30年代，借助罗斯福"新政"，部分社会主义因素被注入美国的经济体系内，赋予资本主义以人性的面向。"新政"将部分工业国有化，规范各类型的企业行为，并鼓励工会，使工人能够以集体谈判的方式争取较好的薪酬与福利，并逐步引入一系列经济政策，例如社会安全、对农业的价格支持、失业与劳工救济、联邦住宅贷款担保、政府担保储蓄等，自那时起，美国的社会福利逐步覆盖了老年人的公共健康计划、职业培训、联邦教育补助、中小企业创业基金等多项内容[2]。"新政"的关注点在于创建一个"福利国家"，使社会财富能够更平等地分配，减少个人承受的痛苦。罗斯福政府在30年代以"新政"开启了新的时代，美国社会的收入差距在20世纪30—50年代期间急剧缩小，这在经济史中称为"大压缩"（Great Compression），在此之前的公众意识中，中产阶级社会被视为虚无缥缈的幻梦，而在此之后则被看成一个理所应当的事实[3]。"大压缩"是美国历史上的决定性事件之一，它意味着这个国家的结构性的改变。如今的一个普遍的共识是，在20世纪早期，美国政府开始具备现代行政机构的基本形态[4]：它的职能也因此而转变，通过"福利国家"的干预型经济与福利方案，调和了极度扩张的个人主义与市场体制，磨平了资本主义最残酷的部分，塑造出一种与"美国梦"紧密结合的更公平的社会意识。

不难想象，如果没有"福利国家"的努力，就不会存在以下这些得到了政府机构支持的住区规划项目：20世纪30年代，安置住宅管理局资助建造的"绿带城镇规划"项目；1936—1937年间，农场保障管理局（Farm Security Administration，FSA）资助建造的亚利桑那州钱德勒合作农场住区（Chandler Co-operative Farm Housing）；1941年，宾夕法尼亚州新肯辛顿的铝城住宅（Aluminum City Terrace）；1942年，加州洛杉矶圣佩德罗港的通渠高地住区；20世纪40年代，费城住房管理局（Philadelphia Housing Authority）扶持下的，以1940年科特斯维尔（Coatesville）的卡弗院落住宅（Carver Court）为代表的

1 克鲁格曼.一个自由主义者的良知[M].刘波，译.北京：中信出版社，2008：43-58.
2 巴拉达特.意识形态的起源和影响[M].张慧芝，张露璐，译.北京：世界图书出版公司，2010：93-97.
3 同1。
4 从此以后，美国国家政府的组成框架一般可以分解为：一个面向社会的办事员阶层；为个人或者团体提供一个和政府商讨利益问题的平台；一个更高级的管理阶层。代表不同利益群体的，相互竞争的政策在这里经过反复研讨甚至争辩后付诸实施，在经过必要的法定程序后，得到执行并用以解决国内外存在的各种问题。参见：威布.自治：美国民主的文化史[M].李振广，译.北京：商务印书馆，2006：206-278.

一系列项目等[1]。除去政府主导的住宅项目，一些建筑师个体，如格里高利·艾因，在独立实践中也十分重视对集合住宅的探讨。现代政治思潮无疑使居住问题中潜在的伦理学意味明显放大了。最后需要指出的是，美国政府的一系列住宅举措，尤其在战后阶段正处于"冷战"背景之下，希望通过对基本民生的解决，证实西方制度的优越性。

4.2 材料与结构

作为建筑最主要的技术分支，结构的现代转型与力学定律、材料技术的进步紧密相关。经过3个世纪的积累，由L.M.纳威尔（L. M. Navier，1785—1936）总结前人留下的研究成果，于19世纪初为结构知识的科学化奠定了基础。

尽管在亨利-拉塞尔·希区柯克以及菲利普·约翰逊的《国际风格：1922年以来的建筑》（*The International Style：Architecture since 1922*），这份现代建筑1932年的纲领性文件中，主要强调的是参展作品的美学维度，并将其和一种以"体量"为基本要素的构图方式联系在一起，但其中也明确指出，该原则的实现依赖于特定"技术"，比如一种由金属或钢筋混凝土构成的骨架，同时避免不必要的"装饰"，转而强调"材料"或"结构"本身的优雅与精致[2]。这些观点延续了希区柯克在1929年的《现代建筑：浪漫主义与再综合》（*Modern Architecture：Romanticism and Reintegration*）一书中的主张，即一组基于新"技术"方法的"结构"元素[3]。这些要素及其知觉特征，在此后很长一段时间里，事实上扮演着建筑现代性方向指南的角色，尤其体现在实践领域，并随之参与了一种风格在历史意义中的奠基[4]。

从某种程度上说，"地域性"的一些论述亦具有类似的构成，对"技术"问题的观点更是如出一辙，十分强调结构的清晰呈现，并将其视作建筑"自主性"的主要原则，继续接合上"建构"（tectonic）等一系列理论议题。

在20世纪以后，木材作为美国建筑中最普遍的传统材料，已经发展出以

1 弗兰姆普敦.现代建筑：一部批判的历史[M]. 张钦楠，译.北京：生活·读书·新知三联书店，2012：264-265.

2 HITCHCOCK H R，JOHNSON P. The international style[M]. New York：W. W. Norton, 1995.

3 HITCHCOCK H R. Modern architecture：romanticism and reintegration[M]. New York：Payson & Clarke, 1929.

4 TOURNIKIOTIS P. The historiography of modern architecture[M]. Cambridge & London, England：The MIT Press, 1999.

"轻质骨架结构"为代表的成熟体系，混凝土、钢铁和玻璃也在使用中得到全面的推广。就在这一时期，南加州建筑师通过各自的工作，对各种类型的住宅结构展开探索。

4.2.1 木结构的改进

美国住宅通行的建造传统建立在木骨架体系的基础上。作为"新政"的重要措施之一，罗斯福政府从20世纪30年代开始，以经济扶助的形式，对这一技术进行标准化改良，提高生产效率，以缓解"大萧条"留下的住宅困境。

事实上，出自职业建筑师的尝试在此前就已经开始了。从1916年起，赖特开始关注美国中低收入家庭可以负担的住宅设计问题，他提出了一种名为"预制木结构房屋体系"的中小规模住宅单元，以木材和灰泥为主要材料。根据《芝加哥论坛报》1917年刊出的广告，一套这样的住房在当时仅售2730美元，价格十分低廉。赖特同时考虑了建造和使用的需求，对单个房间的尺寸，他尽可能采用标准化设计，但布局上会为不同客户的喜好和需求留有调整余地。

赖特的这项计划与密尔沃基的阿瑟·L.理查兹公司合作完成，所有木质构件——如框架、地板、线脚等——都在厂房中事先制作、测量并切割，以此削减生产成本。可惜的是，由于理查兹公司的倒闭，当年大量设计资料均已湮灭，据后世估算，赖特可能完成了900多例此类住宅的图纸[1]。1917年，美国加入"一战"，此后建材紧缺的环境使这项实验活动仅维持一年便告终止，很多技术尚未发展成熟。总体上说，此类预制木结构房屋只能看作是"草原住宅"和"美国风住宅"之间的过渡产品，但仍不失为20世纪早期住宅木结构体系的一次有益探索。

赖特在1900年前后也曾经使用过"轻质骨架结构"，并由此形成了自己关于"模数"的思想[2]。这些设计在形式上有些类似于19世纪下半叶的"鱼鳞板"风格，将横向木板条固定在立筋上，弱化对竖向构件的表现（图4.02）。

受经济衰退的影响，在早期的混凝土实践之后，鲁道夫·辛德勒从20世纪30年代开始使用木结构，埃利奥特住宅是他的首个在木框架上用灰泥抹面的作品。在此后的本纳蒂木屋（Bennati Cabin，1934—1937）中，为了顺应当地

---

1 赖特.建筑之梦：弗兰克·劳埃德·赖特著述精选[M].于潼，译.济南：山东画报出版社，2011：183-184.

2 这一时期也被称为赖特的"森林时期".弗兰姆普敦.建构文化研究：论19世纪和20世纪建筑中的建造诗学[M].王骏阳，译.北京：中国建筑工业出版社，2007：106-108.

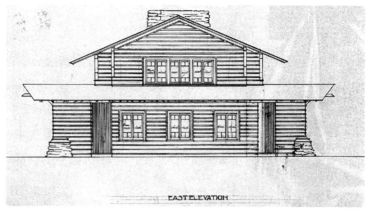

图4.02
A.P.约翰逊住宅（赖特，1905年）

图4.03
本纳蒂木屋（鲁道夫·辛德勒，1934—1937年）

的规划要求，辛德勒采取了自己熟悉的奥地利阿尔卑斯山区常见的斜坡屋顶。这座住宅也称作"全屋顶住宅"（All Roof House），分为上下两层，木质的倾斜屋架形成三角形剖面，承托楼板的横梁成对地与之连接，并向一侧水平扩展出一个低矮的空间，山墙是全景的玻璃窗。室内屋架全部露明，墙面由胶合板覆盖（图4.03）。

　　辛德勒在木结构方面最重要的贡献是"辛德勒框架"，其是对当时通行于洛杉矶的木骨架系统进行的革新，在他看来，改良并推广这种造价低廉的建造方式极具现实意义。辛德勒认为，涂抹灰泥和石膏的传统木骨架称不上真正的框架结构，只是填实的墙体，其中的横向龙骨局限于统一高度，并集中分布在重要的承重墙上，因此导致了无法变化的顶面和狭窄的开间，割裂了空间的连续性。针对这些限制，"'辛德勒框架'将所有横向龙骨升至与门齐高，消除了这种阻碍，从而在这个高度的平面上提供了联系的可能性。设计中的水平连续性是通过现实中的结构，而非抽象的度量体系完成的。"[1] "辛德勒框架"使门高基准线以下的平面布置更加灵活，可以获得更大的房间，通过同一高度的水平结构层承托横梁，让顶棚自由变化，还能提供悬挑以利于布置采光窗（图4.04）。"辛德勒框架"的构思主要出于空间方面的考虑，它首次发表于1947年的《建筑实录》（Architectural Record），而在此前的洛斯住宅（Roth House，1945）、戈德住宅（Gold House，1945—1946）以及普雷斯伯格住宅（Pressburger House，1945—1947）中已有使用，可以看作对该结构体系的具体诠释。

　　木骨架系统另一个重要的发展方向是与预制技术结合。1937年，格里高利·艾因在邓斯穆尔公寓（Dunsmuir Flats，1937）中选择了"轻质骨架结构"，并通过标准模数对此进行了探索。这个项目位于一块狭长的基地上，需要设计四个居住单元，艾因采取了锯齿形布局，将每个单元相互错开6英尺，借此限定出每一户的独立花园。每户住宅的结构布置和内部划分全部基于24英寸的

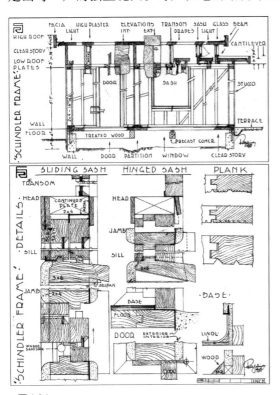

网格，形成的墙体骨架由通高两层，4英寸见方、间隔4英尺的立筋组成。6英尺的错动和4英尺的模数在每个单元的转角处产生冲突，因此出现了一个2英尺宽的开间。艾因对此没有选择简单的3英尺等分，而是通过开窗的变化暴露了这种矛盾，因为在他的设计中，立筋不仅是墙体结构，也是所有竖向门窗的外框（图4.05）。艾因在结构和开窗之间做出取舍，保留了骨架布置的连续重复关系，暗示出批量化生产的倾向。这种以严格的数学逻辑控制的结构系统，和当时最为普

图4.04
"辛德勒框架"（鲁道夫·辛德勒，1947年）

1　SHEINE J. R. M. Schindler[M]. New York：Phaidon，2001：100.

图4.05
建造中的邓斯穆尔公寓（格里高利·艾因，1937年）

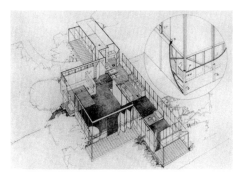

图4.06
布莱斯住宅（理查德·诺伊特拉，1936年）

图4.07
案例住宅20号之一（理查德·诺伊特拉，1949年）

遍的建造方法结合在一起，诠释了建筑界逐步兴起的标准化思想[1]。

　　理查德·诺伊特拉也设计过木结构住宅，主要有两种方式：一是结合木骨架用作表面材料，如1936年的布莱斯住宅——又称"道格拉斯冷杉木胶合板住宅原型"（Douglas fir plywood model demonstration house），1937年的达林医生住宅、1939年的菲利普·吉尔住宅等（图4.06）。另一种则有些类似于印第安建造传统，将木材用于一种简洁的"梁柱体系"，特别表现在屋架部分。其中较具代表性的作品是1948年的斯图亚特·拜利住宅，即案例住宅20号，采用立柱支撑出挑屋顶形成的木结构体系，结合落地玻璃，实现室内外空间的连续性，使建筑和环境融为一体（图4.07）。该类型的作品还包括1948年的假日住宅公寓（Holiday House Apartment）、1949年的弗里德曼住宅（Freedman House）、1952年的奥尔巴赫山间小筑（Auerbacher Mountain Lodge）。

1　DENZER A. Gregory Ain：the modern home as social commentary[M]. New York：Rizzoli，2008：82-83.

图4.08
舍伍德住宅（A.昆西·琼斯，1963年）

这种建造方式体现出的特征同样适用于预制化生产，因此在当时具有广泛的影响。罗德尼·沃克建于1948年的案例住宅16号也选择了这种结构体系。此外，还有克莱格·埃尔伍德在1952—1957年间建造的亨特住宅，和许多马里布海滩别墅一样，它一边临道路，一边是挑空露台。主要结构是由3英寸×6英寸的立柱和3英寸×14英寸的横梁构成的木框架，横梁间相隔8英尺，以2英寸×6英寸的木条联系，下方的支撑再以交叉的木条加固。这种木结构梁柱体系也可以用于偏传统样式的住宅，A.昆西·琼斯就以此设计过不少两坡顶的案例，多见于一些需要更多顾及市场偏好的商业地产开发项目，如舍伍德住宅（Sherwood House），完成于1963年（图4.08）。

哈维尔·哈里斯对木结构的兴趣极为浓厚，胶合木板、纤维板、红杉木板等都是他经常使用的材料。1933年，哈里斯接受了自己的第一个委托项目，为雕塑家克里夫·德尔布里奇（Clive Delbridge）及其新婚妻子鲍琳·洛依（Pauline Lowe）修建住宅。因为业主贷款的困难，哈里斯修改了最初的方案，以木框架替代钢框架，外墙以板材替代石材，以四坡顶替代平屋顶来降低造价，最终得到的形式奠定了他此后许多重要的设计特征。洛依住宅（Pauline Lowe House，1933—1934）的室内表现出了日本式的趣味，哈里斯在1975年的一封书信中写道："我喜欢日本住宅中清晰的形状和洁净的空间。……我惊叹于其中自然与几何的和谐，这些都通过表面处理的相似性得到体现。……我最看重日本住宅中的非物质形式——'空间'——它们不是被填满，而是被突显、被形塑出来的。日本建筑中的材料，虽然只是一些轻薄的线材和平板，却以某种韵律被排列着，一种抛除了体积的韵律。"[1]哈里斯意识到，木构体系限定开间的方式、材料表面的纹理、自然化的物质属性，都能产生特殊的空间体

1　HARRIS H，"Harris letter to Jan Strand，"Portrait of an Architect，（Sep.1975）：99-101；转引自：GERMANY L. Harwell Hamilton Harris[M]. Austin：University of Texas Press，1991：45.

图4.09
海伦·柯什纳住宅（哈维尔·哈里斯，1935年）

验。1935年，一名爱好哥特建筑的年轻女士海伦·柯什纳（Helene Kershner），委托哈里斯设计一幢用石头建造的住宅。但建筑师给她的建议是只在局部使用昂贵的石材，比如火炉、烟囱和壁龛，其余地方则以较便宜的红杉木为主，哈里斯凭借前期方案中的意象草图打动了客户，令她愉快地接受了这一想法。柯什纳住宅（Kershner House，1935）以一组方形体量迭落在一块坡地上，基座部分由石材砌筑，主要墙体为红杉木板材，使用了和洛依住宅一样的草原住宅式的四坡顶（图4.09）。

　　在很多美国建筑师眼中，木材是一种富有诗意并深植于传统的建筑材料。作为第三代的加州居民，哈维尔·哈里斯由此追溯至"艺术和工艺运动"和东方艺术的遗产，表现出更加明显的"地域性"倾向。柯什纳住宅之后，哈里斯为自己和妻子珍妮·邦斯（Jean Bangs）修建了一幢林间小屋——友情公园住宅（Fellowship Park House，1935），这个住宅原本是一个坡地上的小棚子，哈里斯用它来储藏洛依住宅中的推拉门窗。几个月后，他发现部件的金属导轨开始卷曲，于是决定修建一幢简易的木结构住宅，把门窗安装在其中，以维持它们的正常形态。友情公园住宅最初是一个12英尺×24英尺的大房间，轻盈地架设在山坡上，通过几步石阶导向后方的入口，当门窗全部拆卸走的时候，哈里斯通过改动一些结构加固了建筑。后来又陆续增加了厨房、卫生间和衣柜，供自家居住。住宅的开间通过一组组的木质构件进行划分，它们经过精心的设计：一对横向托梁从两侧夹住立柱，向外侧出挑3英尺，与一条钢木结合的斜向支撑连接，形成稳定的三角形结构。这个设计清晰地表达了木构件的受力、传递与相互支撑关系。拉尔夫·约翰逊住宅集中体现了哈里斯娴熟的木结构处理技巧。此时他的作品已经受到格林兄弟的影响[1]。珍妮·邦斯曾这样描述格林兄弟的作品带给自己和丈夫的感触："从他们的作品当中，我们不时觉察到，被用作柱、梁、格栅等的木质杆件通过槽口、插销和皮带连接在一起，这些木构件形成了具有韵律的图案，而节点也成为承担装饰作用的细部。"[2]约翰逊住宅以露明的屋架部分最为精巧，哈里斯对此解释道："简单地说，你可以将它想象成一顶长方形雨伞。雨伞总令我着迷，你手握一个支撑，再通过它支撑另一件张开的事物，你在下方仰视，所有的交接一目了然。"[3]这幢住宅厨房中的木椽一直穿过墙体，和贴邻的餐厅的木椽交织在一起，方向相反的两组木椽上下形成了一个夹角。哈里斯有意多做了几组屋架，将它们一直伸出室外，不做任何覆盖，让结构直接暴露在室外，形成了独特的檐下空间（图4.10）。

胶合木是当时逐步流行于美国的新型建材，战时的物资匮乏为其带来了良好的发展前景，使之快速实现了工业化生产，用以部分替代金属材料。而建筑师的探索又将材料革新和住宅空间的转型结合在一起。约翰·洛特纳于1946年建造的莫尔住宅，使用两组胶合木排架作为支撑，并将屋顶和单侧的墙体结合成连续体，再和另一侧的围护构件限定出下方的大空间，这种处理使业主可以根据自己的意愿分隔房间。屋架上设置木框形成条状天窗，引入室外光线提供柔和的自然照明，略带斜度的顶棚也有利于室内空气的流通（图4.11）。

在20世纪上半叶的美国，住宅产业紧紧维系着理论与实践两个相对分立的领域。建筑师对木结构的探索，绝大部分都在实际工程中得到了试验：或是得到商业资助，或是在地产开发项目中批量建设，或是使用了建材市场新推出的木质产品，或是在具有前瞻性的建筑展览上被视作迈向未来的先锋，或是受到建筑行业委员会的关注。案例住宅20号，即巴斯住宅，是其中的一个代表案例，业主为著名平面设计师与电影制作人索尔·巴斯（Saul Bass，1920—1996）。设计试图发掘胶合木的表现潜力，以木结构创造充满雕塑感的外观，

---

1 有资料表明，1933年时，哈维尔·哈里斯还没有接触过格林兄弟的作品，他对美国"艺术和工艺运动"的认识，很可能来源于另一幢距离洛依住宅基地不远的建筑——1909年由建筑师路易斯·B.伊斯顿（Louis B. Easton）设计的柯蒂斯牧场（Curtis Ranch）。参见：GERMANY L. Harwell Hamilton Harris[M]. Austin：University of Texas Press，1991：46-47.

2 转引自：GERMANY L. Harwell Hamilton Harris[M]. Austin：University of Texas Press，1991：113.

3 出自丽莎·杰曼妮（Lisa Germany）对哈维尔·哈里斯的访谈。转引自：GERMANY L. Harwell Hamilton Harris[M]. Austin：University of Texas Press，1991：113.

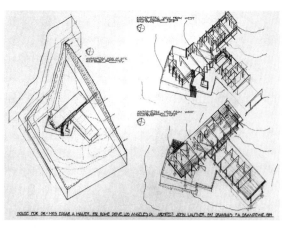

图4.10
拉尔夫·约翰逊住宅（哈维尔·哈里斯，
1947—1948年）

图4.11
莫尔住宅（约翰·洛特纳，1946年）

在常规梁柱体系的基础上引入新颖的结构要素[1]：起居室上空是预制的轻质胶合木板制成的连续筒形拱顶，又以伸出屋面的露明横梁呼应了木构的形式特征（图4.12）。结构框架的开间为8英尺，横梁截面为 $1\frac{1}{8}$ 英寸 × $1\frac{3}{8}$ 英寸，屋面由两层胶合木板黏合而成，上板厚1/4英寸，下板厚3/8英寸。所有的木质构件都在伯克利胶合木材公司（Berkeley Plywood Company）的车间中完成，直接运输到施工现场完成装配。

概括地说，美国的木构体系"现代转型"的进程具有以下特征：一是通过模数化、预制技术和工艺改良，实现生产的工业化；二是改变它作为纯粹结构支撑的呈现方式，使其契合当时不断演进的空间意识；三是向东西方的建造传统追溯，通过文化意义的重构去弥合历史的断裂。通过建筑师的专业实践，木构技术实现了转型过程中关键性的知识革新：工匠式的劳作开始进入标准化生产的领域，开放的空间逐步适用于社会生活更加多样的需求，抽象艺术则赋予了它们整合风格特征的能力。从这个意义上说，南加州的现代木构住宅可以被看作一个集技术、美学、文化、制度影响于一身的复合体。

1　索尔·巴斯，美国平面设计师、电影制作人，一生制作了大量的电影开篇短片、宣传海报和企业标志；索尔·巴斯曾和许多著名导演合作，如阿尔弗雷德·希区柯克（Alfred Hitchcock，1899—1980）、奥托·普雷明戈（Otto Preminger，1906—1986）、比利·怀尔德（Billy Wilder，1906—2002）、斯坦利·库布里克（Stanley Kubrick，1928—1999）和马丁·斯科塞斯（Martin Scorsese）；巴斯还设计了很多著名公司和产品的标志，如1969年的贝尔系统（Bell System）、1968年的大陆航空公司（Continental Airlines）、1974年的联合航空公司（United Airlines）、1983年的电话电报公司（AT & T）等；巴斯拥有"案例住宅计划"20号，建成于1958年11月，由康纳德·巴夫、卡尔文·C.斯特劳勃与唐纳德·C.赫斯曼设计。

图4.12
案例住宅20号之一（康纳德·巴夫、卡尔文·C.斯特劳勃和唐纳德·C.赫斯曼，1958年）

4.2.2 混凝土结构的探索

混凝土技术在19世纪后期已经在欧洲发展成熟并得到成功的应用，北美因为材料进口的限制起步略晚，到1900年后才较多地进行该方面的探索。赖特是最早的先行者之一，在新世纪最初的10年里已有一系列作品建成[1]。

在南加州地区，较早尝试混凝土结构的是鲁道夫·辛德勒，在其早期的重要作品国王路住宅之中，他选择了"立墙浇筑"的混凝土施工方法，制作标准的外墙单元，这是埃尔文·吉尔曾经使用过的技术；这幢住宅的另一名业主，工程师克莱德·蔡斯正是吉尔当年的助手，他对这项工程提供了很多帮助。

国王路住宅的外墙由一种略带斜度的混凝土厚板单元组成，它们浇筑好之后，被斜吊起来，再安装进地坪层预留的基础浅槽之中；每两块墙板之间留有3英寸宽的空隙，在底部和顶部留有用于联系的铁件，浇筑混凝土进行覆盖，中间镂空的部分镶嵌玻璃作为采光窗。墙板之间的水平向联系主要依靠红木横梁承担（图4.13）。

不久之后的洛弗尔海滨住宅中，辛德勒使用了混凝土框架，并称其为"有机的骨架"。辛德勒宣称自己从海边的木桩中获得了结构的灵感，并用现代的混凝土材料进行了重新演绎[2]。这个建筑具有英雄般的气势，底层粗壮的立柱支撑起悬臂式凉台，各楼层逐级出挑，形成了极具体量感的伟岸外观（图4.14）。

---

1 弗兰姆普敦.现代建筑：一部批判的历史[M]. 张钦楠，等译.北京：生活·读书·新知三联书店，2012：21-33.

2 SCHINDLER R. Building descriptions// SHEINE J. R. M. Schindler[M]. New York：Phaidon，2001：125-126.

图4.13
国王路住宅（鲁道夫·辛德勒，1939年）

图4.14
洛弗尔海滨住宅（鲁道夫·辛德勒，1922—1926年）

在1926年和理查德·诺伊特拉合作完成的国联大厦竞赛方案（League of Nation Competition）中，辛德勒也使用了类似的设计，特别是在议会大厅朝向湖水一侧，巨大的构架挑出了悬臂式玻璃平台，与洛弗尔海滨住宅十分相似[1]。

鲁道夫·辛德勒在20世纪20年代的混凝土住宅的代表作还有沃尔夫住宅，他在其中以浇筑在波形铁板上的混凝土修建了楼板和顶棚，但已经开始采用木质骨架和抹灰的方式处理外墙。在另外的一些作品中，如1923—1925年间的佩布洛·里贝拉院落住宅、1924年的派卡德住宅、1925年的豪威住宅以及设计于1927—1928年间但未能实现的"透明"住宅（Translucent House），都局部使用了混凝土结构。这一时期也可以称作辛德勒的"混凝土时期"，此后他转向了造价更低廉的石膏和灰泥，并用胶合板替代红木，进入了材料探索的新阶段。

随着混凝土技术的不断进步，相应的新型建材在这一时期陆续出现，轻质混凝土板就是当时很受欢迎的一种产品。理查德·诺伊特拉尽管并不经常选择混凝土作为主体结构，却乐于将其用作围护墙体，此类作品在其"国际风格"的作品中十分多见（图4.15）。不过南加州建筑师对混凝土住宅的探索远不止于此。1963年，约翰·卡尔登·坎贝尔（John Carden Campbell，1915—）与沃尔利·K.王（Worley K. Wong，1912—1985）发表了案例住宅27号——一个最终未能建成的混凝土住宅作品[2]。这个建筑分成五个单元，承担不同的功能，以走道相互连接，这种设计预留了后续发展的可能性，可以通过增加单元或者二层的方式进行扩建，满足未来的需要。每个单元都采用边长24英尺的正方形

---

1 鲁道夫·辛德勒和理查德·诺伊特拉就国联大厦竞赛方案署名权产生争议，导致了合作关系的结束。

2 这个作品预想的地点是新泽西，但作为一个由两名在加州接受专业教育的建筑师创作，在以南加州为中心的集体设计活动中通过西海岸的建筑杂志发表的未实现的概念方案，本书仍将其列入南加州住宅的讨论范围之内。这个作品代表了"案例住宅计划"发展的新阶段，在西海岸进行了18年之后，希望将已经成熟的批量生产住宅的空间模式与建造体系等概念向东海岸传播，继而波及全美。

图4.15
洛弗尔住宅使用的混凝土工艺（理查德·诺伊特拉，1929年）

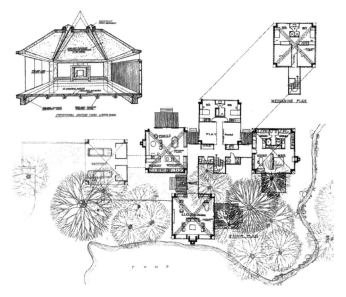

图4.16
案例住宅27号（约翰·卡尔登·坎贝尔和沃尔利·K.王，1963年）

平面；预制混凝土地板周边设有圈梁，和屋顶周边的圈梁通过四角布置的"L"形结构柱连接，形成一个刚性的框架，单元内部不再需要另外的支撑或者隔墙；对角线布置的横梁支撑起金字塔锥形的混凝土屋顶，屋脊交接的地方可根据需要设置天窗（图4.16）。这个作品探讨了一种依靠混凝土预制技术实现批量生产的住宅原型。

约翰·洛特纳经常使用非线性的建筑造型，混凝土因其材料特性而在此类作品中频繁出现。雷纳住宅（Reiner House，1963）的设计建造周期接近10年，期间经受了业主及其顾问团队的反复推敲与调整，在冗长的过程之后，洛特纳获得了充足的预算，这使他可以大胆采用创造性的方案。洛特纳将混凝土视为塑造空间的理想媒介，通过发掘它的造型潜力，可以同时获得"坚实与自由"。雷纳住宅的平面布局、室内陈设和细部造型中大量使用弧线，这些处理大多通过混凝土完成（图4.17）。这个山顶住宅最突出的特征是层层跌落的弧形屋顶，使整幢建筑仿佛与周围的地形融为一体，也因此获得了"银之顶"（Silvertop）的别称[1]。同年，洛特纳还完成了斯蒂文斯住宅（Stevens House，1968）——一幢拥有12个功能不同的房间的"豪宅"，处于马里布海滩一块狭长的宅基地中。洛特纳试图通过设计极力争取依山傍海的良好视野，他的解决方案是：将两片曲面的壳状屋顶交错在一起，再和次一级的结构——木质骨架、楼板和内墙——共同形成室内空间，重叠的部分解决主要交通问题，设置走道和楼梯。建筑浅灰色的混凝土结构暴露在外，看上去就像是海边的白浪，颇具诗意（图4.18）。在1979年完成的霍普住宅（Hope House，1973—1979）中，为了能使起居室、餐厅、厨房几个部分融为一体，洛特纳再次选择了混凝土壳体屋顶（图4.19）。业主多洛雷斯·霍普（Dolores Hope）起初对此种构想并无信心，

图4.17
雷纳住宅（约翰·洛特纳，1963年）

1 LANGE B A C. Lautner[M]. Koln：Taschen, 2005：59-63.

图4.18
斯蒂文斯住宅（约翰·洛特纳，1968年）

图4.19
霍普住宅（约翰·洛特纳，1979年）

他曾这样戏谑一个相近的先例——洛特纳于1973年的作品菲利克斯·坎德拉住宅——"至少当他们到了火星的时候，会知道自己到了哪儿。"对此，建筑师解释道："100英尺宽的拱顶使住宅显得开放，可以充分享受外界的景观，设置了30英尺深的挑檐，是为了抵挡炽热的阳光。"霍普还一度担心造价，但是在经历了一次火灾事故后，最终放弃了用木骨架取代初始方案中混凝土屋顶的计划[1]。

这些新奇的住宅多处在幽静宜人的环境中，如海滩、山地、丛林，属于极具个性的作品，体现了洛特纳在混凝土应用方面的杰出才能。他的探索，主要通过曲面的屋顶或墙体呈现出来，更多地着眼于材料的造型能力，就在普通住宅中的推广而言，借鉴意义较为有限。

就案例的数量和种类来说，南加州建筑师关于混凝土的"技术"探索不算太多，一个极可能的原因在于：当地某些另外的选择，在20世纪中叶的时代背景下，具有更大的优势；或者说，它们更加契合于某种"进化"的想象。

4.2.3 钢结构的推广

以"芝加哥学派"为代表，当时的美国建筑界对钢框架体系的运用处于领

---

1 HINES T S. Architecture of the sun：Los Angeles modernism 1900—1970[M]. New York：Rizzoli，2010：644-645.

图4.20
洛弗尔住宅（理查德·诺伊特拉，1929年）

先地位：不锈钢逐渐成为主要建材，铝材的应用日趋普及，玻璃的产量快速增长，焊接技术也已经发展成熟。推动钢结构住宅的发展是南加州现代建筑师最重要的贡献之一，理查德·诺伊特拉是该领域毋庸置疑的先驱（图4.20）。

　　1929年，诺伊特拉在洛杉矶建成了洛弗尔住宅，他把这件作品称为"属于洛杉矶的钢、玻璃与混凝土住宅"。洛弗尔住宅被底层钢柱架设在山坡上，将地面留给运动场、泳池、露天小剧场和景观绿化。洛弗尔住宅的承重体系以"轻质骨架结构"为参照，整个搭建过程只耗费了40个小时。地板和墙体结构是一组组的钢梁，屋架使用了桁架的形式，通过电焊的方法连接；外墙材料是白色的轻质混凝土，采用了当时先进的"喷射混凝土"工艺；所有的门窗都是预制标准件，3个一组，直接安装在骨架之中。钢结构体系在当时更多地被用于高层建筑，在设计初期，诺伊特拉将它确定为住宅的结构方案公布时，引起了不小的轰动。赖特在当年的一封给诺伊特拉的信中兴奋地写道："听说你正用钢铁建造一幢住宅，这真是个好消息！——好像这个愚蠢的可怜国家现在非得要从柯布西耶、斯蒂文斯、奥德、格罗皮乌斯那里才能学到这些一样。很高兴你给他们上了一课。"[1]

　　不久以后，在一篇题为《早期的钢铁建造》（*Early Steel Construction*）的文章中，诺伊特拉写道："内置骨架的有机结构模式，类似于两栖动物、爬行动物和哺乳动物的身体结构，却使我对自然界中另一种与它们相反的生命形态产生了兴趣，即甲壳类的外部骨骼。"[2]在这个生物学隐喻中，拜尔德住宅（Beard House，1934—1935）就是后者的典型案例。诺伊特拉设想要将覆层处理、结

1　转引自：HINES T S. Richard Neutra and the search for modern architecture[M]. New York：Oxford University Press，1982：84.

2　转引自：LAMPRECHT B M. Neutra complete works[M]. Koln：Taschen，2010：108.

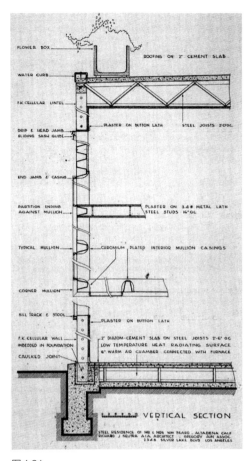

图4.21
拜尔德住宅立面结构（理查德·诺伊特拉，1934—1935年）

构荷载和空调系统全部置于一套外墙系统中解决，他选用了一种由洛杉矶当地的建筑师文森特·帕默尔（Vincent Palmer）开发，由H.H.罗伯特森公司（H. H. Robertson Co.）生产，多用于屋顶的金属板材，以其作为主要墙体材料。拜尔德住宅的金属外墙的顶部和屋面焊接，底部通过支架直接嵌入混凝土基础，深度达到16英寸，三者形成了一个整体结构，共同承受压力和侧向推力，强化了抗震性能。诺伊特拉用竖向空心沟槽对墙面进行分割，他认为这种处理可以起到小型拔风井的作用，将底部渗入的冷空气直接排出屋外。尽管实际效果并非如此，但某种程度上折射出了当时建筑领域应用先进技术的巨大热情。拜尔德住宅率先使用了许多新产品，比如减少阳光射入的玻璃，底部安装球形滚轮的推拉门等。建筑表皮被刷成漂亮的银灰色，可以反射强烈的日光，颜色也会随外部的光环境产生变化，直接展示出一种充满科技感的形象（图4.21）。

拜尔德住宅是诺伊特拉职业生涯中的一件具有原型意义的作品，建于1936年的冯·斯特恩博格住宅（Von Sternberg House，1936）——后来被小说家、剧作家、哲学家安·兰德（Ayn Rand，1905—1982）买下[1]——又称"全钢铁住宅"（All Steel Residence），以及1937年的阿奎诺复式住宅（Aquino Duplex），都是

1　安·兰德（Ayn Rand，1905—1982），俄裔美籍小说家、剧作家、哲学家，原名艾丽莎·泽诺夫耶夫娜·罗森堡（Alisa Zinov'yevna Rosenbaum）；兰德哲学上提倡"理性利己主义"（Rational and Ethical Egoism），政治上倾向"有限政府主义"（Minarchist Limited Government）和"自由资本主义"（Laissez-Faire Capitalism），是知识界最具争议的人物之一；出版于1943年的小说《源泉》（The Fountainhead）和1957年的《阿特拉斯耸耸肩》（Atlas Shrugged）是她最负盛名的作品；兰德是位于圣费尔南多山谷（San Fernando Valley）的冯·斯特恩博格住宅（Von Sternberg House）的第二任拥有者，该建筑由理查德·诺伊特拉设计，两人在住宅前留有一张珍贵的合影，由裴里斯·舒尔曼拍摄。

图4.22
冯·斯特恩博格住宅（理查德·诺伊特拉，1936年）

图4.23
格雷斯·刘易斯·米勒住宅（理查德·诺伊特拉，1937年）

以其为蓝本的金属外墙住宅（图4.22）。

金属骨架是诺伊特拉早期经常使用的结构类型，它在平面布置上具有高度的适应性，可以根据功能灵活划分并相应调整开窗大小，在1937年的格雷丝·刘易斯·米勒住宅（Grace Lewis Miller House，1937）当中，就能看到落地窗的使用（图4.23）。

1944年，在诺伊特拉的一所波多黎各学校的校舍方案中，出现了一张标注为"原型建筑"的概念图，其中明确显示出了"梁柱体系"的形式特征：扩大的立面开间，通高的玻璃窗，并列的横梁承托着平屋顶及其伸出的宽阔挑檐，两者之间留出通风气窗等。这些要素在诺伊特拉此后的作品中反复出现，并且不断地和各种材料相结合，他的设计风格也随之开始改变（图4.24）。

不过，诺伊特拉并没有完全放弃骨架结构，他的许多作品中，往往同时

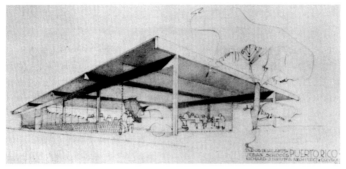

图4.24
"原型建筑"（理查德·诺伊特拉，20世纪40年代）

图4.25
考夫曼住宅室外（一）（理查德·诺伊特拉，1947—1948年）

出现两种处理方式：在朝向阳光、景观优美的部分，如开放的起居空间和视野良好的卧室，多采用梁柱结构以获取较大的开间，使用整片的玻璃墙面，并布置供休憩的挑檐；而在相对私密、尺度较小的房间，需要较多实墙的部分则会使用钢骨架结构。这在1946—1947年间的考夫曼沙漠住宅中表现得十分清晰：布置在南向朝泳池的起居室和主卧室以及东向的客卧，都使用了大开间的落地玻璃，而在北向的厨房和卫生间，则布置了细密的钢骨架（图4.25）。该作品并没有对檐部的横梁进行强调，这一特征在不久之后的特雷曼因住宅中才清楚地显露出来。

对钢结构"梁柱体系"的推行，拉斐尔·索里亚诺起到了十分重要的作用。他在早年的作品中多采用和老师理查德·诺伊特拉相似的钢骨架，直至具有转折意义的1942年。在这一年，索里亚诺完成了哈拉维尔种子园中心（Hallawell Seed Garden Center，1942）温室设计，这是一座全部使用预制钢部件的梁柱结构单层建筑，顶层以木条覆盖。此后，索里亚诺开始更多地尝试这种更为简洁的结构体系，让墙体消失而转向表现内部空间。正是这一年，索里亚诺在参加《建筑论坛》(*Architectural Forum*) 杂志1942年的"40年代新住宅"设计竞赛的作品当中，设想了一种可移动的住宅原型，可以清楚地看到出自飞机制造业的启发："便于运输、便于迁往新的居住地点，是这个设计的精髓。安上轮子之后，一辆小卡车就可以拖着它去任何想去的地方。它采用自承重结构，因此不需要基础，就像汽车和飞机一样。"[1]索里亚诺显然是1936年洛杉矶出现的称作"快船"(Clipper) 的房车的爱好者，这个名字正得自于当年流行的一种飞机机型。为强调这种传统住宅不具备的优势，索里亚诺设计了一个带轮子的"机器"，主结构是张开双翼的钢梁，玻璃、屋顶、隔墙等构件以此为框架进行安装。室内墙面材料可选择灰泥抹面、轻质金属板或带涂层的帆布，都预先经过处理，不需要再次粉刷；地面、顶棚根据需求采用石膏饰面或者木饰面；水暖提供的热气在结构层中完成循环，所需的电气设备模块化地直接嵌在钢架之间，因此也不用另外布置电路及管道；所有部件都以4英尺模数预制，现场快速安装。索里亚诺给出了一个参考平面，钢架中心立柱限定出的狭长空间被设定为服务区，布置厨房、卫生间和衣帽间，两边则分别设置大小卧室、起居室和停车库，室外空地则用作庭院（图4.26）。不过这种布局并不是唯一的，可以通过嵌入式家具灵活分隔，一个普通的成年人就可以完成这样的工作。在这个作品中，索里亚诺采用了一种与从前的骨架完全不同的结构类型，这可以看作他对钢住宅进行独立探索的开始。

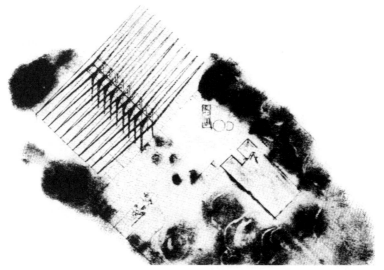

图4.26
40年代住宅（拉斐尔·索里亚诺，1942年）

1　WAGENER W. Raphael Soriano[M]. New York：Phaidon，2002：67.

图4.27
案例住宅1950（拉斐尔·索里亚诺，1950年）

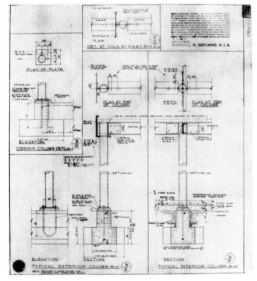

图4.28
案例住宅1950钢构节点（拉斐尔·索里亚诺，1950年）

40年代住宅（House 194X，1942）这个概念性设计清楚地反映出了索里亚诺通过钢结构改进当时的住宅建造模式的目标，他希望，可以通过一种以预制化为基础的批量生产体系，最终实现对行业管理流程的重组和建筑工人技能的培训。"案例住宅计划"给他提供了继续实验的机会。正如埃斯特·麦考伊所说，案例住宅1950的出现是这次活动的标志性事件："从早期的案例住宅到拉斐尔·索里亚诺的钢铁房子的过程，是一个从特殊到普遍的过程，从个性到共性的过程，从个案到原型的过程。"[1]索里亚诺对此做出这样的解释："如果你正像我一样，在寻找20世纪住宅问题的解决之道，那么群体和个体的目标就必须达成一致。"[2]在他看来，在"案例住宅计划"开始实施的前五年，并未达成它

的预期目标：以美国中产阶级经济上可以承受的方式，逐步改变他们以木结构为主的传统住宅。索里亚诺通过案例住宅1950展示了自己在钢结构住宅方面的创新经验：平面是简单的长方形，长边为7个10英尺的开间，短边为2个20英尺的开间，采用截面为3.5平方英寸的钢柱和6英寸宽的钢梁形成框架，以金属板铺设屋面（图4.27）。他不仅探讨了钢结构体系在普通单体住宅中的可行性，还试图确定一种被广泛接受的行业标准，其中许多构造节点和细部做法都在后来的同类型作品当中被多次使用，它们集中分布在1950年前后，例如卡茨住宅、舒尔曼住宅、柯蒂斯住宅等，并逐步趋于成熟（图4.28）。

---

1 MCCOY E. Case study houses 1945—1962[M]. Los Angeles：Hennessey & Ingalls，1977：73.转引自：WAGENER W. Raphael Sorian[M]. New York：Phaidon，2002：86.

2 同1。

图4.29
"艾奇勒住宅"（拉斐尔·索里亚诺，1955年）

　　1955年，约瑟夫·艾奇勒委托索里亚诺设计一种可以批量生产的钢结构住宅原型，即"艾奇勒住宅"（Eichler House，1955），这是当时美国建成的规模最小的工业化住宅[1]。索里亚诺基于"梁柱体系"，以10英尺为间距，设计了更加简洁的单排架形式，整个住宅内部都不再需要任何结构支撑。钢铁框架涂成了黑色，金属顶棚涂成了银白色，所有横梁和立柱都直接露明，这是他从1953年的自宅开始使用的室内处理方式（图4.29）。基于这种单排架结构的主要案例包括：库克住宅（Cooke House，1957）、列维尔住宅（Leaver House，1959）、麦考利住宅（McCouley House，1959）等。

　　拉斐尔·索里亚诺对钢结构住宅不遗余力的普及，让一大批同时代的年轻建筑师意识到了这种产品的发展潜力和探索价值，从此掀起了相关设计和建设的高潮，南加州因此成为在全美范围内都有巨大影响力的"现代建筑"实践的标志性地区。

　　琼斯钢住宅2号（Jones Steel House No.2，1954）是A.昆西·琼斯的自宅，他选择钢结构，是希望能验证其精确高效的施工流程。卡车将所需的材料一次性运达，一周之内装配完成主体结构，这个项目最终耗费了他3个月的时间，造价也因为劳务费用的降低以及全部使用工厂预制构件而大大缩减。琼斯以实

1　艾奇勒住宅位于帕罗奥图，旧金山湾区南部，后文提到的艾奇勒住宅X-100位于圣马泰奥（San Mateo），同为旧金山南部的一个小镇，严格意义上，它们都属于北加州的地理范围，但是拉斐尔·索里亚诺和A.昆西·琼斯的这两个设计中依然采取了具有原型意义的钢结构形式，本文仍将它们列入讨论范围之内。

例使人们信服：钢结构比木结构更具经济效益。他认为，建筑师有责任引导这种社会意识的转变："一个世纪以来，南加州住宅都是以木材建造的，在此之前使用的则是砖石。这因此造就了建筑师根深蒂固的成规。不过，现在的有识之士将会充满自信地预言，眼下的这个世纪将是属于金属和混凝土的。"[1] 住宅结构采用"梁柱体系"，屋架的钢梁涂成红色，从东侧伸出并直接露明；西侧屋面做了向下翻折的处理，以遮挡强烈的午后阳光。钢柱之间通过木质隔断减弱了金属的生硬感觉（图4.30）。

在两年后的艾奇勒钢住宅X-100中，琼斯试图通过批量化的房产开发再次证实钢结构的生产潜力。基于相同的"梁柱体系"，宽阔的建筑开间、通透的内部分隔、暴露在外的横梁结构，这些形式特征被保留了下来。钢梁使用深棕色，顶棚的波形钢板则使用了浅灰色，同是为了以暖色调中和室内的金属感觉（图4.31）。这个项目使用了大量的预制构件，几乎包括了所有外墙、屋面和梁柱等主体结构，钢构件直接从厂家定制，混凝土以预制模板现场浇筑，是"二战"之后钢结构住宅大规模生产的重要案例。不过由于朝鲜战争引起的钢铁价格波动，迫使开发商约瑟夫·艾奇勒终止了这项颇具实验性的商业行为。

几乎于上述两件作品的同一时期，琼斯受委托在伊利诺伊州巴林顿（Barrington）为美国石膏研究协会的乡村住宅项目（U.S. Gypsum Research Village House，1954）设计了一批实验性住宅，共同入选的有6个设计团队。琼斯此次没有使用普通钢梁，而是以桁架形成一个平缓展开的两坡顶，这种处理方式与1945—1949年间，查尔斯·埃姆斯和雷·埃姆斯夫妇的两个"案例住

图4.30
琼斯钢住宅2号（A.昆西·琼斯，1954年）

图4.31
艾奇勒钢住宅X-100（A.昆西·琼斯，1956年）

1　JONES A Q. Steel… your house of the future?. Los Angeles Herald Examiner，1956：6-7.转引自：
　　BUCKNER C A. Quincy Jones[M]. New York：Phaidon，2002：58.

宅计划"作品中的钢结构屋顶十分相似。

案例住宅8号即埃姆斯住宅，案例住宅9号即因坦扎住宅，位于两片相邻的基地，是"案例住宅计划"中较早的钢结构案例。埃姆斯夫妇在临近"二战"结束的时候，开始考虑即将到来的归国士兵住房短缺问题，工业化的标准建造体系是他们给出的解答。

案例住宅8号处在一片缓坡地上，以一堵长175英尺、高8英尺的混凝土挡土墙连接两个钢框架结构的长方体体量——8开间的居住部分和6开间的工作室部分——中间以一个庭院相隔，占4开间的长度，所有的开间长度都是7.5英尺。在竖直方向上分为两层：每层高8英尺，细分为6格，每格16英寸，顶部桁架高1英尺。4英寸宽的工字型钢框架局部增设了十字交叉的钢索以加强整体的稳定，采用深灰色，形成一个个墙面单元，嵌入不同材质的板材，包括夹芯板以及透明、彩色、磨砂、夹丝等各种玻璃。屋顶材料是波形钢板。框架、所有的构件及连接部位都直接露明。住宅以工业化方式建造，首先计算出所需构件的数量，交由工厂制造，同时继续细化方案，等到设计细节全部确定时，完工的构件已经运送到了施工现场，工人用电焊或螺栓连接构件，进行安装。最终，完成主体框架耗费了16小时，屋顶和楼面在三天内建成（图4.32）。案例住宅9号是由查尔斯·埃姆斯和埃罗·沙里宁合作设计的一幢单层钢框架住宅，使用了和案例住宅8号相同的墙体和屋顶结构构件，细部处理也十分接近。其中，方形屋顶结构采用了风车状布置，不过最后被混凝土的屋顶板材和木质顶棚所遮挡（图4.33）。

钢结构住宅是当时受到建筑师普遍关注的对象，他们之间相互影响，并且

图4.32
案例住宅8号（查尔斯·埃姆斯和雷·埃姆斯，1945—1949年）

图4.33
案例住宅9号（查尔斯·埃姆斯和埃罗·沙里宁，1945—1949年）

并未局限在南加州地区，在另一名重要的实践者克莱格·埃尔伍德的作品当中，就十分清楚地显示出了密斯的痕迹。始于1949年的海尔住宅（Hale House，1949—1951）是埃尔伍德独立执业后的第一项工程，在此前与别人合作的两幢住宅和三间公寓项目中，他都被迫省略了一些细部处理以降低造价，因此希望借这次独立作业的机会证明使用钢结构并不会增加建设成本。海尔住宅体现出了埃尔伍德早期作品的典型特征，采用4英寸工字形钢柱和4英寸的木质横梁形成的框架体系，结合倾斜的地形，一端落地并对外显露。其中还首次出现一种称作"阴影线"的细部，强调了结构与墙体以及垂直构件与水平构件的区分。海尔住宅也是使用模数化钢框架和轻质平屋顶的重要先例之一，此后，埃尔伍德逐步建立起追求精密清晰、严整有序的建造逻辑的个人风格，尽管直到1955年，他才觉察并承认密斯对此产生的影响。

继海尔住宅之后，埃尔伍德为"案例住宅计划"完成了一系列作品——16号、17号和18号，埃尔伍德通过这三个作品进行了钢结构节点的实验。他说道："我从不会被标准细部所束缚，也不会终止对于新方法的尝试。在没有被灌输某些做法属于必须的时候，你自然可以根据自己的信念和爱好，不先入为主地做事。"[1]案例住宅16号以8英尺为模数，使用了由2.5平方英寸的立柱和6英尺的工字形横梁组成的钢框架，结构全部露明。连接节点使用的涂抹灰泥的金属件和杆件上1英寸×6英寸的开槽处理都是埃尔伍德的新设计。案例住宅17号采用"U"形平面，所用的结构和细部形式都和16号类似，只是规模差

---

1 MCCOY E. Craig Ellwood[M]. San Monica：Hennessey & Ingalls，1997：21.

图4.34
案例住宅18号（克莱格·埃尔伍德，1956—1958年）

不多扩大了一倍。在设计案例住宅18号，即菲尔兹住宅时，埃尔伍德意识到，此前在16号中使用过的2.5平方英寸钢柱和3/16英寸厚的钢板，在这里可以作为预制系统中的一部分，使用在包括外墙的任何部位。于是，他以8英尺为标准模数，确定了一种由2英寸×2英寸的立柱和2英寸×5.5英寸的横梁构成的16英尺×16英尺的方形单元，并以此组成了32英尺×72英尺的平面，可以由4个工人在8小时内完成安装。他还设计了一种通用节点，可以让柱子与门窗、玻璃、墙板等任意一种部件交接，墙板使用不同胶合木板黏合成的夹芯板（图4.34）。

在后来的达芬尼住宅之中，埃尔伍德已经开始使用更加接近于密斯的结构和细部处理。这是一个形式上十分接近于范斯沃斯住宅（Farnsworth House，1945—1951）的作品，埃尔伍德也使用了外挂的白色工字型钢柱，在横向上与屋顶和地板通过焊接方式连接，形成主要支撑；内嵌的白色大理石墙板和灰色玻璃又向内退7英寸，通过光影效果强调了结构秩序。基础部分的墙体也向内凹进，下方铺有深色卵石，形成了一种漂浮的错觉（图4.35）。这些特征也延续在此后的罗森住宅（Rosen House，1961—1963）中。

皮埃尔·科尼格也在1950年——他在南加州大学负笈生涯的倒数第二年——建成了科尼格住宅1号，这座钢结构的自宅是他的首个付诸实施的作品。对他来说，使用钢结构既是对南加州木构传统的挑战，也是将工业化技术融入当地建造行业的努力。随着方案的逐步完善，科尼格成功地将预算从12000美元降至5000美元，以实际成果证明了钢结构住宅的可行性。住宅的"L"形平面以10英尺见方的网格为基础，边缘部分使用"C"型钢梁，中间用

图4.35
达芬尼住宅（克莱格·埃尔伍德，1961—1963年）

图4.36
科尼格住宅1号（皮埃尔·科尼格，1950年）

工字型钢梁，与内部灌注混凝土的直径为3.5英寸的圆形立柱交接后形成框架。外侧墙面，一边使用混凝土砌块，加强结构对横向推力的抵御；另一边使用胶合板、软木和带有竖向纹理的钢板组成的合成板材；朝向院子的内侧墙面采用4英尺宽的玻璃窗格和一扇推拉门（图4.36）。窗子和波形顶棚钢板都是可以在工厂中预制的产品。室内隔墙基本按照10英尺×10英尺的柱网布置，一侧是卧室、卫生间、厨房和走道，另一侧则是起居室。为获得完整的空间，科尼格取消了中心的柱子，暴露出了顶部的横梁，并暗示出会客区和工作区的分界。这个作品奠定了科尼格钢结构住宅的主要特征，比如简洁的钢框架、通透的玻璃墙体、宽阔的挑檐、水平的屋顶、露明的结构，以及波形纹理的金属顶棚等，它们一直延续在他后来的大部分作品之中，包括拜利住宅、斯塔尔住宅、奥伯曼住宅等一系列名作[1]。1963年的伊华塔住宅（Iwata House）是科尼格转变的重要标志。他根据客户的要求，改变了透明金属盒子的标志性风格。这个通体白色的多层住宅最明显的特征是置于玻璃墙体以外的竖向遮阳百叶，尽管其初衷是从功能出发，但是为了保证形式的统一，科尼格在北向立面依然使用了这种处理。主要结构体系还是钢框架，由两排共6根的8英寸×8英寸的立柱支撑，横向柱距为35英尺，落在混凝土基础上。每层都以两条沿长向布置的，间隔14英尺的横梁作为水平向的主要承重构件：顶层向外悬挑的方盒体，以27英寸高的工字钢为横梁；中间层的出挑长度较小，则相应减小至21英寸高的工字型钢梁；横梁之间再以16英寸高的工字钢作为次一级的承重构件。整个系统露明并着重表现了顶层部分，住宅所需的电气和空调设备都藏在结构形成的夹层中间（图4.37）。

在当时，钢结构住宅的兴起不仅归因于建筑师的探索，一些建材生产商也愿意通过对他们的资助来获取向公众宣传自己产品的机会，这些案例往往带有一定的实验性质。案例住宅26号，又称哈里森住宅，是为伯利恒钢铁公司（Bethlehem Steel Company）建造的"21世纪之家"（Twentieth Century Homes）项目提交的作品，建筑师为比弗利·D.索恩。这个住宅选址于一片陡峭的山地，设计没有对地形做太多改造：在与道路一侧平齐的部分布置入口和停车坪；再顺着山势下降一层高度，将包括四个卧室和两个卫生间的主要居住空间集中布置，并挑出一个可以俯瞰风景的宽阔露台；下方的钢框架与混凝土基础相连，直接落地。因为所有的推拉门都采用了相同的标准尺寸，建筑的正面都采用

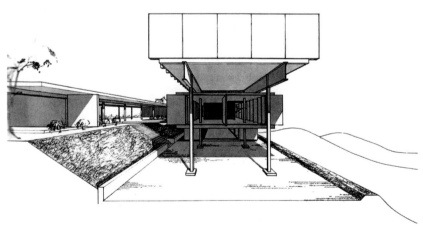

图4.37
伊华塔住宅（皮埃尔·科尼格，1963年）

1　即案例住宅21号和案例住宅22号。

图4.38
案例住宅26号（比弗利·D.索恩，1962—1963年）

10英尺的开间，角部的柱子出于抗震的考虑使用了更大的截面尺寸。进深方向共有三排柱子，两排限定出房间，一排支撑起露台，楼板两端都向外悬挑。车库部分的屋顶带有明显的坡度，垂直覆盖在居住部分上方，两者之间的空隙设置高窗，使室内空间显得高大而敞亮（图4.38）。

通过一系列设计与建造活动，建筑学对力学性能、材料质感、节点连接的关注进入了南加州钢结构住宅的"技术"实践中，接续了工业时代基于标准化、预制化与批量化的生产需求，逐步确立起注重造型简洁、组织明晰、细节缜密的美学经验，并将此直接转换为一种对"建构"逻辑进行直接"再现"的视觉语言。这种观念同时成为空间"现代性"与"地域性"的重要构成，尤其贯穿于与"结构"相关的众多议题之中。

4.2.4 新型结构的试验

由于住宅建筑自身的性质，其中所采用的结构方案呈现出了一些基本的共性：一是很少会遇到超高层和大跨度的问题，且受限于造价，不必采用特别先进的技术，但对选型的合理性要求更高；二是处于城市、郊区、乡村等各种环境中，有机会接触到海滩、丛林、山地甚至峭壁等多样的基地条件，提出因地制宜的具体要求；三是持续受到"传统"或"地方"建造经验的影响，驱使建筑师了解当地文化中的环境基础、选择惯性、思考方式等不同因素，它们往往体现为实施过程中的"路径依赖"。不过，在条件允许时，南加州建筑师也不拘泥于固有体系，仰仗自己对新型结构和材料的深刻理解，提出了不少大胆新

图4.39
查莫罗住宅（克莱格·埃尔伍德，1962—1963年）

奇的住宅方案，其中，最富戏剧性的要数几件20世纪60年代的作品。

　　1962—1963年间的查莫罗住宅（Chamorro House）是一个概念性的设计，克莱格·埃尔伍德在其中尝试了桁架结构，将住宅二层作为整体，直接搁置在两侧的承重墙上，这是他为应对高密度的城市环境提出的设想。这种做法减少了下层结构的数量，可以获得更通透的空间。该结构跨越了相距78英尺的两面墙体，以12英寸高的钢梁为水平向的主要承重构件，再以3.5平方英寸的钢管连续铺成楼地面，立柱也是同规格的钢管，间隔9英尺9英寸，并以斜向支撑加固（图4.39）。这种桥式结构经过此后的不断尝试，逐步成为现实。

　　埃尔伍德的周末住宅（Weekend House，1964—1968）也是简单的平层住宅，设计于1964年，建成于1968年。基地位于南加州稀有昂贵的海滩地段的一片小型峡谷中，鲜有平整的地块，埃尔伍德几乎没有对地形进行任何改造，而是以纯熟的结构技巧解决了这一矛盾。在周末住宅的原始设计中，将一座跨度为60英尺的桁架直接搁置在基础上，采用3英尺和4英寸两种模数，侧面长23英尺4英寸，正面长60英尺，分为6个10英尺开间，以斜向钢梁加固。最后的实施方案基本延续了这个思路，仅仅将尺寸调整为24英尺×48英尺，开间宽度缩减为8英尺，并对所有钢材做了防风化的表层处理（图4.40）。1968年，埃尔伍德又以接近的概念设计了一个称作"桥宅"（Bridge House，1968）的作品，但未能实施。此次设计的基地换为了一条林间小溪，河滩上几乎没有空地，埃尔伍德以四个浅滩上的方形基础伸出4组结构，每组由3根钢柱组成，支撑起方盒形的住宅。他为此选择了"空腹桁架"，即"弗伦第尔桁架"（Vierandeel Truss），横梁是12英寸宽的工字型钢梁，立柱是3平方英寸的空心钢管，斜撑是6英寸的槽钢（图4.41）。这两件作品都可看作查姆罗住宅的延续，埃尔伍德并不认为富有表现力的结构会破坏整体环境的和谐，他为此解释

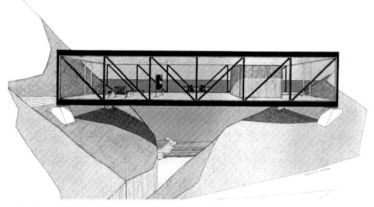

图4.40
周末住宅（克莱格·埃尔伍德，1964—1968年）

图4.41
"桥宅"（克莱格·埃尔伍德，1968年）

道："如果一幢建筑同时拥有了秩序和逻辑，那么它将毫无疑问地成为补足自然的一部分。"[1]

约翰·洛特纳的许多极具个性的作品也是对南加州住宅"结构"类型的重要补充。他经常尝试特殊的构件形式，例如卡林住宅的六边形轻质屋顶，便是依靠三个特殊的钢制三脚架支撑的。同年的甘特沃特住宅是业主为展陈自己从爪哇岛搜集来的柚木家具而建的住宅。洛特纳设计了弓形金属桁架作为屋顶结构，在其下缘以一条木质拉杆平衡侧推力；立柱两边通过钢制斜柱将荷载传至基础，构成外墙框架，并出挑形成檐下走廊（图4.42）。1960年的马林住宅，别名"大气层"，堪称洛特纳最新奇的作品。这个类似飞碟造型的作品处于一

---

1 转引自：MCCOY E. Craig Ellwood[M]. San Monica：Hennessey & Ingalls，1997：140.

块几近不可建造的陡峭基地上，完成时却成本低廉，这幢住宅只有简单的一层，只通过入口处的小桥与地面接触。主体立于单根混凝土柱上，被从中伸出的8根钢材斜撑抬升至半空，以脱离地面的方式保留了山坡植被。洛特纳对建筑的外墙做了精彩的构造处理，兼顾了结构、使用和视线关系，并细致地考虑了防水、通风等问题：曲线形屋顶以弯曲的木料分段铆接而成，固定着中部倾斜玻璃的上端，窗户下方有一圈钢结构支承着上半部分，被层叠浇筑的水泥墙面包裹，并在起居室边缘顺应弧度设置了座椅（图4.43）。马林住宅多少令人想起了1927年理查德·巴克明斯特·富勒（Richard Buckminster Fuller，1895—1983）推出的"戴马克松住宅"（Dymaxion House）原型，某种程度上亦可以看作技术乐观主义态度的一个缩影。事实上，它的业主莱纳德·马林（Leonard Malin）是一名航天工程师，当时正值人类航天事业繁荣发展的20世纪60年代，美苏两国积极开拓太空技术，这个设计也有意无意地折射出了当时流行的

图4.42
甘特沃特住宅（约翰·洛特纳，1947年）

图4.43
马林住宅（约翰·洛特纳，1960年）

一些"未来主义"思潮[1]。

毫无疑问，南加州现代住宅中使用的技术，具有高度的独特性与标识性，这在相当程度上与这个地区的内在条件相关联，比如经济成长水平、新兴科技和工业的集中、建造行业的活跃等。但不可忽视的是，这种特质只有在更广阔的区域互动中才可以形成。南加州在20世纪中叶的繁荣，首先依赖于"新政"对社会结构的调适，国家力量甚至权威进一步整合了国内外的资本主义市场，使"机器"之力不断注入"花园"般的西部[2]；其次，"二战"的爆发促使全美国的人力、物力向太平洋沿岸倾斜，世界范围内的地缘政治版图重构促成了该区域产业部门的发展格局；同样，战后来自苏联的外部压力，迫使美国在"披上欧洲国家现已脱下的全球权力的外衣"的同时，思考如何将"财富的创造"转变为"政治生态的生产"这一重要命题，日常居住的塑造亦构成了其中一个重要的组成部分[3]。

从这个意义上说，此类经由南加州实践展开的理论建构，其背后确实隐匿着"现代性"的身影。然而这似乎并不能充分解释，这些同样深具特征的"技术"主题缘何被剥夺了和"自然"本应匹敌的地位，而被放弃性地放置在"地域性"论述的边缘位置，甚至遭到一定程度的遮蔽，或任其逃逸至对立性的历史叙事之中。

4.3 职业工作方式

在19和20世纪之交，西方国家出现了很多由设计师组成的社会团体，他们试图让公众意识到"设计"在制造业经济中的重要性，并借此提升自身的职业地位。在美国，类似的机构是国家艺术和工业联盟（National Alliance of Art and Design），成立于1912年。

在战争时期，通过和工程师、科学家的共同工作，设计师有机会接触到新型的材料科技和完整的生产流程，并逐步接受了团队协作的观念。在1945年之后，战时使用的工作方法延续了下来，形成了美国许多新型设计公司的基本组织原则，许多大型的实践项目都以此为基础得到执行。差不多在同一时期，

---

1 HINES T S. Architecture of the sun: Los Angeles modernism 1900—1970[M]. New York: Rizzoli, 2010: 632.马林住宅修建前后，1957年，苏联发射了人类历史上第一颗人造卫星"伴侣号"（Sputnik）；1961年，加州建筑师和工程师威廉·佩雷拉也在洛杉矶国际机场附近修建了一座飞碟状的餐馆，即著名的"主题餐馆"（Theme Restaurant）。

2 沃斯特.帝国之河：水、干旱与美国西部的成长[M].侯深，译.南京：译林出版社，2018.

3 哈特，奈格里.帝国：全球化的秩序[M].杨建国，范一亭，译.南京：江苏人民出版社，2003.

设计领域行业组织的数量显著提升，通过集体性活动，设计师的身份价值也博取了企业、市场和社会更多的认可。

在现代化的职业体系中，建筑师身份不仅意味着相关机构给予的认证，更重要的是，必须拥有能够整合并解决复杂的"设计"问题所需要的综合技巧和经验。在20世纪中期，数学与统计学中的分析工具，社会学、人类学、物理学和行为心理学的认知模型，各个时期的文化与历史的理论知识，都开始成为业界关注的对象，被认为是和实践同等重要的因素，方法论在具体操作中也逐渐占据了主导作用，并推动了关于"设计思考"的新的研究领域。

然而，在20世纪的大部分时间里，"设计"在"生产"中的角色仍然经受质疑，艺术家的创作自由与制造业的现实需求持久地构成了一对固有冲突：主观与客观，独特性与标准化，个人情怀的抒发与社会服务的责任等，围绕这些问题，继续引发着争论。一份1937年题为《英国工业中的设计和设计师》（*Design and Designer in British Industry*）的报告指出：当前关键性的问题就是"艺术家和制造商之间存在着的互不信任，这必须被克服"。正是在这样的环境下，关于设计标准化的讨论应运而生了[1]。

4.3.1 模数与比例

从"二战"初期开始，建筑行业便效法一些协同化与复杂化程度较高的生产部门，例如飞机和汽车制造业，将模数化确定为生产的基本原则之一。当时具有超前意识的设计师、建筑师和工程师，在更早的时期便已认为这是未来值得重视的趋势。正如勒·柯布西耶所说："批量工作需要找到标准。标准把我们引向完美。……标准就是选择制造出的产品。……当我们确定某项标准时，……我们找到的是一个精确的点而不是大概其。所谓精确点、所谓精确，其实就是美的前提条件。……而经济学就是美感的基础条件。我指的是最高程度的经济学。"[2]

勒·柯布西耶1948年的《模度：合乎人体比例的、通用于建筑和机械的和谐尺度》一书详细阐述了"模度"（Modulor）理论的开端、发展、完善及应用。他比较了当时存在的两种通行于欧洲的度量方式：一是得自于人体的传统尺度，以"英制"为代表；一是满足工业化标准的"公制"。他的目标是创造出一套兼顾两者的优势，可以为建筑学使用的度量标准。柯布西耶首先运

1　转引自：伍德姆.20世纪的设计[M].周博，沈莹，译.上海：上海人民出版社，2012：211-213.

2　柯布西耶.现代建筑年鉴[M].治棋，译.北京：中国建筑工业出版社，2011：63-68.

用正方形和"直角轨迹"建立了一套比例网格，选择出四种高度，分别对应膝高、脐高、身高和举高；接着，借助"斐波那契数列"趋近"黄金分割比"的性质，分别以身高和举高为初始单元，划分出更细致的"红尺"和"蓝尺"；最后，再设定一个"标准人"身高，赋予体系具体的尺度——起初是法国人的1.75m，后来被调整为更高大的英国人的1.83m。这样得到的度量系统，同时具备了对人体的适应性和完美的比例，成为"模度"的定稿。从此之后，柯布西耶就将"模度"视作重要的设计工具，频繁应用于20世纪50年代的实践之中，在不同的场合发挥着尺度控制的效用[1]。

"二战"期间，英美军方也曾受过一种称作"操作研究"的方法指导，面向设计师制作了大量指南，相关著作于1954年在美国出版。1962年，伦敦帝国学院（Imperial College London）召开了第一次以设计方法为主题，名为"工程学、工业设计、建筑和传播中的系统与直觉方法"的学术会议。这一时期，相关主题的论文和专著已有不少出版，其中最具代表性的要数L.布鲁斯·阿彻尔（L. Bruce Archer）于1965年出版的《设计师的系统方法》(Systematic Method for Designers)。当时的许多设计研究都热衷于协调各种新型学科与"设计思考"之间的关系，例如控制论（cybernetics）、市场营销学、管理科学、人体测量学（anthropometrics）、人机工学（ergonomics）这样的专业学科不断涌现。人体测量学和人机工学，在美国有时归入"人类工程学"（human engineering），早在1945年后就已成为美国设计师十分重视的工具。工业设计师亨利·德里夫斯（Henry Dreyfuss，1903—1972）发挥了关键的作用；1959年，他出版了《人的测量：设计中的人类因素》(Measure of Man：Human Factors in Design)一书，指出设计要从依靠直觉的个人方式转向更加系统的协作方式（图4.44）。

模数成为普遍关心的对象，反映了战后运用技术手段解决问题的设计思想倾向。于是，住宅产业基于专业标准的分工协作成为可能，建筑学的知识体系开始向社会化大生产的逻辑转变，并逐步渗透进了从设计到建造的每一个环节。在此过程中，"尽管"模数的推行很大程度上源自工业化制造的经济需求，但仍持续受到"比例"这一建筑学经典概念的影响。即使进入18世纪以后，相关理论渐趋衰落，却通过现代时期对设计方法论的探索，重新发掘了建筑、人体和数学之间的关联。出于类似的原因，一些传统经验中的建造尺度也再次得到了建筑师的关注。

1　柯布西耶.模度[M].张春彦，邵雪梅，译.北京：中国建筑工业出版社，2011.

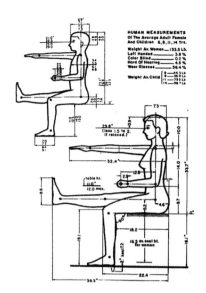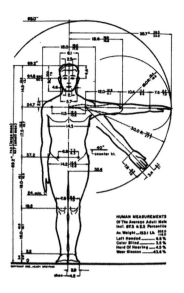

图4.44

约瑟和约瑟芬（亨利·德里夫斯，1948年）

4.3.2 传统尺度的调适

美国至今都没有放弃英制单位，因此在很多传统的建造经验当中，都留存了大量习惯性的尺寸单位，直至现代时期，它们仍然带有鲜明的个人、时期或地方印记。赖特曾经使用过多种模数标准，如"森林时期"的3英尺方格，南加州"砌块编织体系"中的16英寸方格，20世纪30—40年代"美国风"住宅墙面13英寸宽的水平木板凹槽等[1]。鲁道夫·辛德勒在塔里埃森时期的原木小屋（Log House）中采用了2英尺的模数；从国王路住宅开始，改用4英尺的模数；在以"板层浇筑"（slab-cast）法施工的佩布洛·里贝拉院落住宅和豪威住宅的混凝土墙面上，又使用16英寸模数进行水平分隔。克莱格·埃尔伍德也会根据项目规模的不同，选用3英尺、6英尺、8英尺等多种模数。哈维尔·哈里斯在洛依住宅中使用过3英尺的模数，并对此进行过专门的讨论："如果将12英尺宽的玻璃墙体划分为4个单元，不只可以形成宽广的视野，如果在中间设置一对门扇，就可以获得通向走道的6英尺的开口，门扇的开合也能改变室内的照明和通风条件。因此，是墙体和空间决定了房间的尺度感。自从使用石膏或红杉木板材以后，4英尺传统模数在经济上的优势已不再明显。"[2]由此可见，作为工业制品的新型材料极大地冲击了固有尺度的合理性。

1　弗兰姆普敦.建构文化研究：论19世纪和20世纪建筑中的建造诗学[M].王骏阳，译.北京：中国建筑工业出版社，2007：106.

2　GERMANY L. Harwell Hamilton Harris[M]. Austin：University of Texas Press, 1991：45.

辛德勒于1932年完成的《空间中的参照框架》（*Reference Frames in Space*）一文——发表于1946年的《建筑师与工程师》（*Architect and Engineer*）杂志——集中阐述了它对4英尺这一通行于传统建造中的尺度的理解。辛德勒的论证很大程度上基于比例原理，他指出，一套理想的系统应在满足测量需要的同时，解决比例问题，让建筑师可以将自己的"形式"构思如实地贯彻在"空间"之中，并避免把时间耗费在烦琐的计算上。辛德勒在这里使用了音乐的类比，经过简单的重复或精心的编排，片段可以构成丰富而和谐的主题韵律。他认为，4英尺的单元系统的合理性基于它与人体尺度的关联，随后，通过一定的比例对它们进行切分或组合，并建立起一套空间度量系统，还可以与当时木质骨架工业生产通行的16英寸标准尺寸直接配合，如木材长度、门窗尺寸、楼板高度等。辛德勒接着列举了一连串数据解释它在应用中的适应性问题："人体高度=$1\frac{1}{2}$个单元=6英尺，标准门高=$1\frac{2}{3}$单元=6英尺8英寸，标准层高=2单元=8英尺，分割关系：1/2单元=24英寸，1/3单元=16英寸，1/4单元=12英寸。"他试图以此证明4英尺单元尺度同时满足了主体与细部构件。辛德勒还设想出了一种施工方法，沿着基地外缘，按模数设置一圈标准木板作为标记，这样只需要简单地看一眼，便能确定尺度。在国王路住宅中，辛德勒实践了这种方法，从图纸中可以看到4英尺×4英尺网格的应用[1]。

辛德勒的模度系统拥有古典美学的根基，认为其中的"数理法则"仍是值得现代建筑师效法的对象。他曾在演讲中提及，选用"1/2、2/3、3/4、4/5、5/6"这种"a+1/b+1"的关系控制比例，源于音乐调弦的方法。不过，这并非僵化的规章，可以偶尔突破："我们必须认识到，'比例'不只是简单的数学关系，比如'黄金分割'法则，可以普遍地应用于所有建筑——就像古典时期那样。'比例'应当是鲜活而充满表现力的工具，现代建筑师应当自由地使用其中蕴藏的多样性，赋予每一幢以个人化的感受……一种适用于整个工业制造体系的健康的标准，不应压制个性表达，而是去激励它。"[2]他本人就使用过5英尺模数。

1944—1946年间，辛德勒多次和生产者委员会（Producer Council）交换意见，指出当时通行的模数的缺点[3]。他认为4英尺的尺寸过小，只能用于肌理处理，不便用于整体控制，并向他们推荐自己的4英尺模度系统。委员会对此表

---

1 SHEINE J. R. M. Schindler[M]. New York：Phaidon, 2001：96-98.

2 SCHINDLER R. Building descriptions. 转引自：SHEINE J. R. M. Schindler[M]. New York：Phaidon, 2001：96-98.

3 "新政"时期，4英寸×8英寸的基本模数被确定为木质构件的标准尺寸投入生产。

示了兴趣，并在"关于模数问题的第38次会议"上进行了集中的讨论。辛德勒的讨论，至今都被认为是20世纪"模度"问题最重要的成果之一，尽管他的设想最终未能得到广泛的接受[1]。

4.3.3 计划管理

建筑师工作方式的职业化，不仅体现在专业标准的建立上，也反映在设计流程之中的分工与协同方面。理查德·诺伊特拉在20世纪30年代的布朗住宅（John Nicholas Brown House，1936—1938）项目中的工作是其中一个典型的案例。他使用了大量的标准部件，对其绘制细部图纸，以此实现对后继工序的精确控制，即使施工时建筑师已在3000英里以外，但整个工程还是顺利结束了。诺伊特拉不仅将这种"流程化"的思想用作设计方法，还将其作为管理手段：在他的事务所中，所有的部件构造都被制成8.5英寸×11英寸的详图存档，在需要时进行选用。这种方法既便于客户选择，又节省了重复绘图的时间，施工也可以借鉴从前的经验而降低出错的概率，建筑师也因此能有更多的精力去关注设计中的具体要求（图4.45）。

这种将设计过程拆解为多个阶段的概念，甚至可以被结合进一种适时发展的家庭"计划"中。哈维尔·哈里斯在1942年提出的阶段住宅方案（Segmental House，1942）暗示了这一可能，并以题为《40年代再出发》（*For a Quicker Start in，194X*）的文章刊登于当年9月的《建筑论坛》杂志[2]。尽管最终没有实施，但是自从文章发表之后，就有不少客户给哈里斯写信表达对这个方案的兴趣。这是一个可以适应家庭成员和收入增加的不断"生长"的住宅体系，哈里斯在其中区分

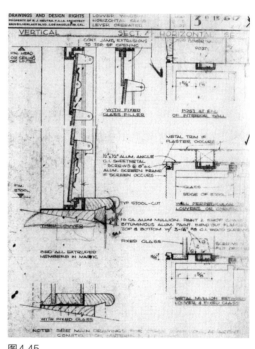

图4.45
典型窗构造大样（理查德·诺伊特拉，1936—1938年）

1　SHEINE J. R. M. Schindler[M]. New York：Phaidon, 2001：96-98.

2　这篇论文的目标是对战后居住模式进行讨论，因为当时并不能预测战争何时结束，所以标题中将时间标记为"194X"，没有具体的时间。

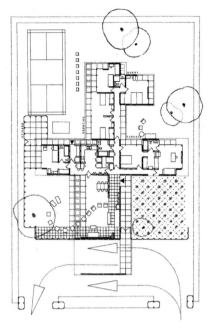

图4.46
阶段住宅方案（哈维尔·哈里斯，1942年）

出了几种基本功能：卧室、卫生间、阅读室、起居室、餐厅和厨房，布置在十字形平面中。厨房和公共卫生间居中，向周边伸出四翼，分别归为起居室区域、主卧室区域、儿童房和客卧区域、佣人活动区域。他以3英尺模数进行设计，用到的地砖、窗格和墙板等部件的尺寸和形状都已大致确定，并整合进预制单元。哈里斯以一套网格体系暗示了设计的后续变化，流程化的思想接合了概念性的工具（图4.46）。

早在1936年，美国工业设计师阿尔伯特·法维尔·比密斯（Albert Farwell Bemis）便出版了《进化的住宅：理性设计》（*The Evolving House*：*Rational Design*）一书，这是其《进化的住宅》系列丛书中的一卷[1]。"现代住宅"作为兼容了"进化"可能的标准产品，同时象征着对未来的许诺，它不再单纯地诉诸对"技术"的理想，而是更多地依赖经济制度与社会秩序的保障。"新政"在历史转折中重塑了资本主义的积累链条，要求对资本周转率的精确控制和管理，市场竞争的格局促使"生产"被更紧密地安排在对后续的预期之上。在此意义上，建筑学通过实务向"计划"理念的靠拢，清楚地揭示出它作为一种被外部"结构"塑造的知识，其中包含的标准生产、批量复制与利润管控等成分的逻辑关联。

4.4 批量化建造

至少在20世纪30年代晚期，对住宅进行批量化生产的尝试已经在美国出现。当时的相关部门普遍认为：借助工艺精密的装配流水线进行的预制化装配是理想的解决途径。"新政"时期对"轻质骨架结构"体系的改进，便包括将预制件的工业化生产从原有的门窗推及更多部位，例如屋架或墙身系统。结合制造、运输、装配各个环节的需求，在全国范围内建立起了统一的规格体系，总

1　阿尔伯特·法维尔·比密斯在这本书中提出的模数系统包括：一种4英寸立方体的基本模数单元和一种在三个方向对称的连接件模数单元，借助这两种单元的重复叠加，可以形成所有的建筑部件。

计完成了可满足近10万幢住宅建造量的预制构件。战后，许多军备技术陆续投入民用建筑的生产，极大地推动了建造行业的工业化进程，建筑界也积极配合这种趋势，南加州对"现代住宅"体系的探索是此期间取得的代表性成果之一。

图4.47
艾奇勒钢铁住宅（A.昆西·琼斯，1956年）

4.4.1 预制部件

赖特的"砌块编织结构"是南加州在住宅中使用混凝土预制件技术的首个重要案例。琼斯在1956年的艾奇勒钢铁住宅X-100的部分外墙也使用了混凝土砌块，不过仅是些实心的或中部透空的方块，远没有赖特当年带有图案纹理的产品复杂（图4.47）。

20世纪20年代初，理查德·诺伊特拉设计出了一种应用于轻质结构的住宅钢基础，并申请了专利。这个产品包括两种主要型号：依靠圆形基座同时承受竖直压力和侧向推力；侧翼有四个独立支撑，以连杆的形式向上支起，在上方的中枢轴处交接。这种设计提高了构件的可适应性，能根据不同的基地情况做出相应的调整（图4.48）。

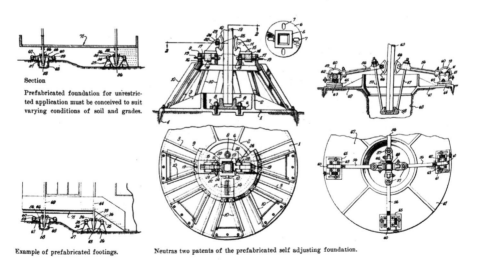

图4.48
预制基础构件（理查德·诺伊特拉，20世纪20年代）

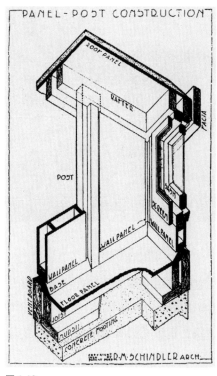

图4.49
"嵌板—立柱"系统（鲁道夫·辛德勒，1935年）

1931年，格罗皮乌斯研发出了"夹芯板单元"（sandwich unit），这是一种应用于墙体的预制构件；不久之后，南加州建筑师也分别推出了同类型的产品。鲁道夫·辛德勒于1935年创造的"嵌板—立柱"系统（panel-post system）是一种经过改进的骨架结构，包括立柱和不承重的嵌板，可以根据墙体、屋顶和楼板的具体要求，灵活地选用胶合板、木板、塑料和金属等各种材料，并且在制定规格时留有调整的余地。辛德勒希望以此取代早期的整浇混凝土体系（图4.49）。1940年，格里高利·艾因也发展出了一套名为"胶合板嵌板系统"（plywood panel system）的预制构件，使用热压树脂胶水黏结，精度达到1/16英寸，比当时的大部分同类产品精细，后经格罗皮乌斯和密斯的推荐，获得了古根海姆基金会的资助。这个系统同样适用于4英寸×4英寸的木骨架结构，板材和板材、板材和骨架之间都通过预留的沟槽互相连接。艾因还进行过一些关于预制技术的研究，并于1941年以《小尺度的预制技术》（Small-Scale Prefabrication）为题发表于《加利福尼亚艺术与建筑》（California Arts and Architecture）杂志，他写道："类型的标准化和单元的预制化是一项重要成就的附属产物，必须冷静地对待。和很多给现代建筑提供理论支持的观点相反，标准化并不具有天生的正面价值。不过，也未必就是坏事，正如预制化的产品未必就一定惹人讨厌一样。"[1]他尤其致力于木框架结构的建造改进，认为这不只是建造商的工作，而应视作专业能力变革的趋势之一。他在1946年7月号的《建筑论坛》杂志中写道："预制技术，即使仅仅讨论预先切割的技术，也需要精心设计，而非单纯的使用铁锤和长锯的功夫。预制技术必须依靠专家，比如理解材料及其性能的工程师和建筑师的研究才能最终完成。从反面来说，在传统建造中，很多重要

---

1 《加利福尼亚艺术与建筑》即是《艺术与建筑》的前身。DENZER A. Gregory Ain：the modern home as social commentary[M]. New York：Rizzoli, 2008：100.

问题都是依靠增加一把锯，或者扔掉多出的边角料这样的草率决策完成的。"[1]
艾因的研究还引起了美国胶合板公司（United States Plywood Corporation）的注意，因此在20世纪40年代晚期得到了它们驻洛杉矶分公司的室内设计委托，他为这个项目专门设计了许多构造节点。

4.4.2 装配单元

1929年，国际现代建筑协会（International Congresses of Modern Architecture，CIAM）关注低薪阶层的住宅问题，并提出"最小生活空间"（existenzminimun）的概念，掀起了设计界探讨"充分利用空间"的热潮。美国建筑师、发明家巴克明斯特·富勒于1937年推出"戴马克松卫浴单元"并申请专利。当时的工业设计鼓励人工废弃，占用了大量非必需的资源，富勒将此视为工作中的浪费，并通过这个产品表达了严厉的批评[2]。"戴马克松卫浴单元"占地仅5英尺见方，总重420磅，对材料的使用极尽节省，其中所有固定装置、设备和管道，包括脸盆、马桶和洗浴等基本组件，都能投入批量生产，在工厂制作完毕以后直接运到施工现场装配。理查德·诺伊特拉在1938年的布朗住宅中使用了这套卫浴系统（图4.50）。

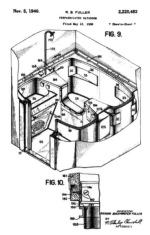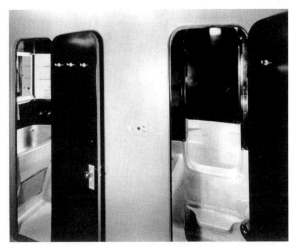

图4.50
"戴马克松卫浴系统"
左：巴克明斯特·富勒，1937年
右：布朗住宅（理查德·诺伊特拉，1938年）

1　AIN G. Fabrication[J]. Architecture Forum 84，1946：141.转引自：DENZER A. Gregory Ain：the modern home as social commentary[M]. New York：Rizzoli，2008：114.

2　根据富勒的计算，西方工业社会消耗的能源中，只有25%得到实际使用。弗兰姆普敦.现代建筑：一部批判的历史 [M].张钦楠，译.北京：生活·读书·新知三联书店，2012：265-266.

20世纪40年代，哈维尔·哈里斯在纽约结识了工业设计师唐纳德·德斯基（Donald Deskey），两人商议合作开发一种结合管道、线路和供暖系统，具备卫浴、厨房和洗衣等功能的装配式设备单元，可以直接放置在住宅中心，并通过提高顶棚，使用高窗的方式引入自然光源。据估算，使用这种产品将会缩减此项建造开支的40%，后根据《建筑实录》前主编劳伦斯·科彻（Lawrence Kocher）的提议，两人又在其中增加了壁炉。最终的成品占地9.5平方英尺，并且可以拆解为若干部分，安装十分便捷。这项工作完成后的两周，来自芝加哥的企业家罗伊·C.英格索尔（Roy C. Ingersoll）表示愿意出资将该产品投入生产，一年之后，英格索尔设备单元（Ingersoll Utility Unit，1945—1946）正式进入公众的视野。为了扩大宣传，英格索尔和德斯基商量邀请著名建筑师设计住宅，提供设备单元的应用样板，并选址在密歇根州的卡拉马祖（Kalamazoo）进行修建。当时共有8名建筑师应邀，哈里斯自然位列其中。正如构想的那样，当英格索尔设备单元被置入住宅中心时，它的四面分别构成厨房、洗衣房、卫生间和浴室的墙体，管道井占据了极小的面积，但提供的水电和热能足以维持整幢住宅的运转（图4.51）。

"二战"刚结束时，军备制造业的巨大产能被迅速地转入房地产业，用于解决归国士兵的居住问题。1948年，西格弗雷德·吉迪恩通过《机械化支配一切》（Mechanization Takes Command）这本著作预言了未来的可承担住宅当中必将要求一种经济实用的装配式功能单元，而南加州地区的实践已经更早地使之成为现实。

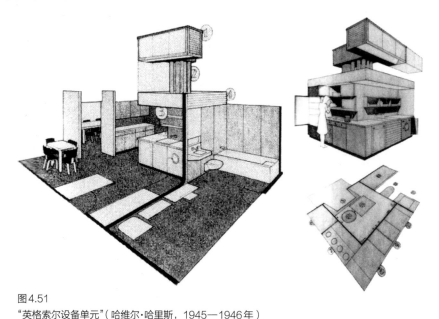

图4.51
"英格索尔设备单元"（哈维尔·哈里斯，1945—1946年）

4.4.3 标准原型

随着对预制部件与装配技术等一系列工业化建造的讨论，在20世纪早期，建筑师开始寻求可以批量生产的住宅标准"原型"，以应对各种情况下的居住需求。赖特的"美国风"住宅是其中一个典型的例子。赖特称其为"组合式房屋"，或者可以"像现代汽车一样制作得非常美观、非常高效"的"在工厂中事先制好"的"组装的"房屋。"美国风"住宅中的卫生间、连接供暖系统的厨房、标准化的卧室都处理成了多种规格的预制化装配单元，可以在现场直接拼装，并根据实际场地形成庭院。为简化工序，设计进行了相应的调整，比如直接浇筑混凝土地坪承载上部结构，取消地下室和车库，简化装饰并大量使用嵌入式家具等，造价也大大降低[1]。赖特还另外提出过一种称为"分区住宅"（The Zoned-House）的体系，可以视为"美国风"住宅的变体，分别适用于乡村、郊区和城市三种条件的宅基地。以上两种住宅体系都可以通过少许改变，适应不同结构与材料的特性，包括混凝土框架、砖石砌体、木或金属骨架与玻璃幕墙等[2]。

更加著名的案例是巴克明斯特·富勒在1927年推出的"戴马克松住宅"原型，他以此表达了对工业化建造的思考。住宅采用六边形平面，顶面和底面是两片空心地板，悬挂在中心的动力支撑柱上，所有设备都通过标准电源插口获得所需的能量，起居室、卧室、浴室、厨房等房间围绕四周，形成辐射状的布局（图4.52）。根据富勒的设想，"戴马克松住宅"将使用轻型材料，组装也非常快捷，能够在

图4.52
"戴马克松住宅"原型（巴克明斯特·富勒，1927年）

---

1 比如1937年的赫伯特·雅各布斯住宅（Herbert Jacobs House）可供三口之家居住，成本仅为5500美元，其中还包括设计费450美元。

2 "分区住宅"体系是赖特提出的一种概念性设计，时间上与"美国风"住宅重合，形式特征上也十分接近，只有很少的文献会单独提及这种住宅，但是赖特本人确实单独论及过这种住宅设计思想。赖特，考夫曼.赖特论美国建筑[M].姜涌，李振涛，译.北京：中国建筑工业出版社，2010：172-178.

短时间内大量复制并运输到世界各地，这种强调速度与效率的生产思想是当时很多设计共同关注的主题[1]。

差不多同一时期，理查德·诺伊特拉也使用类似的结构形式提出了名为"硅藻住宅"（Diatom House，1923—1926）的概念原型[2]。这个体系最初是一种双拼住宅，居中以一排立柱为支撑，再通过两侧伸出的横梁和拉索固定屋顶，墙体直接安插在顶棚和地板之间，所有功能都布置在模块化的单元当中，这种简明的建造体系显然也是针对量产而设计的。1926年，诺伊特拉在此前的基础上推出了新方案，可以更好地适应美国家庭对单体住宅的偏好。这个体系沿用了先前的结构，继续以模块控制平面：中间一排有三个单元，包括起居室、厨房和餐厅，前后各有一个单元，分别是卧室和车库。配合混凝土浅埋基础，这种产品可以建在不同坡度的基地中（图4.53）。

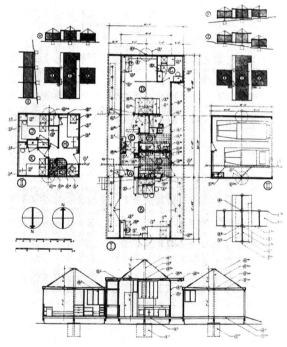

图4.53
"硅藻"住宅（理查德·诺伊特拉，1923—1926年）

---

1 "戴马克松"是富勒创造出来的一个词语，由"动态"（dynamic）、"最大化"（maximum）和"紧张"（tension）三个词语组合而成，有时也被解释为"动态加效率"（dynamism plus efficiency）。此后，富勒还分别在1941年与1945年推出了"戴马克松部署单元"和在原有产品基础上改进的"戴马克松住宅机器"。

2 Diatom，"硅藻"，一类单细胞植物，是由几个或多个细胞个体联结成各式各样的群体，常用一分为二的分裂方法繁殖，其形态多种多样。理查德·诺伊特拉的"硅藻"住宅正是通过比拟这些特征而命名的。

1933—1938年间，鲁道夫·辛德勒也设计了一种命名为"辛德勒居所"（Schindler Shelter）的低成本独户住宅原型，并获得专利。其中的地板、屋顶和墙体都是混凝土浇筑成的中空腔体，设备管线直接插入其中，向厨房、卫生间和洗衣房供能；起居室处在中央，顶部设有通风窗，可以从至少两个方向采光；大部分隔墙都采用嵌入式家具。这个设计提供了灵活多变的平面布局，每种类型至少有两间卧室，可以由使用者选择采取开放式或封闭式的空间。辛德勒还特别指出，工业化的住宅建造体系应当易于施工，这样使一些本地性的小型营造厂商也能进行装配，可以节省下某些特殊器材的配送费用。

　　拉斐尔·索里亚诺在这一时期就各种新型材料尝试了不同的住宅概念原型。在1943年《艺术与建筑》杂志举办的"战后生活"设计竞赛中，他提交了一种胶合木住宅原型。这个方案深受当时飞机制造业的启发，墙面、地面和顶面使用了类似流线型的造型，由一个连续平面弯折形成，内部饰面则可以根据喜好选择织物、夹丝玻璃或者薄金属板等不同的材料[1]。基本单元面积为250平方英尺，10英尺宽，25英尺长的自承重装配预制件，参照工厂规格以1.5英寸厚的胶合板制造，可以灵活组合。这个系统的重量从最初的30吨被逐步改进到10吨，并探讨了许多建造问题，试图将结构、功能、供给和装修综合解决，不再拥有承重墙、骨架、连接件、屋架等传统构造，在安装过程中不需要铁钉，是一件高度整合的工业制品。它主要适用于50英尺×125英尺左右大小的宅基地，据此发展出500英尺、750英尺、1000平方英尺三种规模的房型。1963年，拉斐尔·索里亚诺选择铝为主要材料，提出了"全铝制住宅"建造系统，并在1965年将其更名为"索里亚结构"（Soria Structures），在申请商标时，他将其描述成"模数化预制住宅的理想蓝图"。铝材是当时的新型材料，兼有较轻的重量和较高的强度，在价格和循环使用上也比钢材更具优势[2]。他解释道："我们用铝材制造飞机，而不是用木材。木材承受不了飞机在高速度和高海拔飞行状态中产生的压力，它甚至撑不过3秒钟。同样，应用于航空的设备，又是由什么材料制作？铝或者铝合金[3]。"索里亚诺试图通过这个系统整合所有建造流程，包括客户要求、材料选择、制造工艺、施工管理和造价控制等多种要素。根据他的设想，依靠6个工人工作5天就能完成两幢这样的房子。索里亚

1　Art and Architecture，1943，August：24.转引自：WAGENER W. Raphael Soriano[M]. New York：Phaidon，2002：71-72.

2　索里亚诺对铝材一直充满兴趣，曾经制作过一种8英尺的铝制推拉门，并在阿道夫实验办公大厦（Adolph's Laboratory and Office Building，1953—1957）的三个立面上使用过大量的铝制构件。

3　WAGENER W. Raphael Soriano[M]. New York：Phaidon，2002：155.

诺对当时惯用的金属结构做出了改进，因为钢框架的焊接工艺还是过于复杂，他为此设计了新的装配方式：将4平方英寸的柱子夹在一对"C"型钢梁中间，通过螺栓连接，仅需一把扳手就能完成框架施工。为了说明体系的普适性，索里亚诺给出多种规格的住宅类型，如"500型""2400型""公寓型"，规模和布局各不相同（图4.54）。洛杉矶的格罗斯曼住宅（Grossman House，1964）是第一幢实际建造的"全铝制住宅"，投资者为铝材生产商——人称"铝先生"（Mr. Aluminum）的阿尔伯特·格罗斯曼（Albert Grossman）；后来又有11幢通过夏威夷的开发项目建成。

这些实现了的住宅原型项目中，初具规模并较为成熟的是格里高利·艾因在20世纪40年代后期完成的公园规划住宅，这是一个计划包括60幢郊区住宅的房产项目，最终完成28幢。艾因希望以最高效的方式修建这些住宅，他采取了两点策略：第一，全部建造单元都是标准构件，可以批量复制；第二，以12英尺为模数，所有木材预先切割完毕，再运送到现场，从而省略了木工的加工工序。艾因还试图将住宅所需的设备整合在一起，他设计了一种集中式

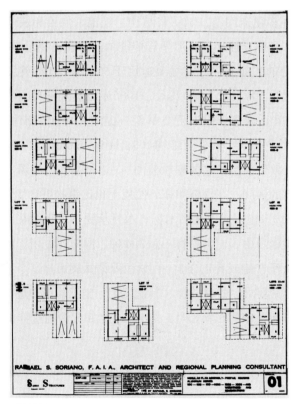

图4.54
"全铝制住宅"或"索里亚结构"（拉斐尔·索里亚诺，1962—1965年）

图4.55
公园规划住宅（格里高利·艾因，1946—1948年）

的管线配件，连接起水槽、洗衣机、水暖等设备，再根据墙体上的预留孔进行安装（图4.55）。尽管在这个项目中的收效不如预期，但是艾因仍有限地尝试了流水线的施工方式，这种源自军备工业的技术，后来被著名的房产开发商威廉·列维特发扬光大。

　　艾因并未止步于建造一批适于工业化建造的标准住宅，他还提出了一种具有"可适应性"的设计方法：依靠12英尺×16英尺的标准网格，利用单元模块组合完成整幢住宅所需的功能。在公园规划住宅的构思阶段，他使用了一个类似于拼图的抽象图解，其中最大的变体包括7个单元。理论上，这种概念可以提出足够大的平面，但艾因更看重它生成小型住宅的能力。公园规划住宅在销售时便以"最小的独立住宅"为主题进行宣传，它是一个从规划、设计直至施工都遵循"批量化"生产思想的典型案例（图4.56）。

　　直至20世纪70年代之后，仍有一些建筑师继续从事着类似的探索。1971年，圣贝纳迪诺（San Bernardino）的保护区维护委员会（Dependency Prevention Commission）委托南加州大学进行一项在保护区内建造的研究工作，因为居住在那里的"切梅惠维"部落（Chemehuevi Tribe）既渴望能够实现经济上的发展，又不希望家园遭到破坏[1]。整个项目包括三方面内容：一是关于保护区内土地利用方式的研究；二是针对部落的住宅开发进行规划；三是在沙漠中建造

1　切梅惠维（Chemehuevi Tribe）部落，生活在加利福尼亚州的印第安土著居民集团。

图4.56
公园规划住宅概念图解（格里高利·艾因，1946—1948年）

低造价的部落居民住宅。皮埃尔·科尼格作为第三项内容的指导教师，带领21名三年级学生，进行了为期10周的课程研究。为了适应沙漠酷热的气候，科尼格团队认为需要一种可以快速施工的住宅体系，以缩短户外作业时间[1]。他们共完成了6幢"切梅惠维"预制住宅（Chemehuevi Prefabricated House Tract，1971—1976），包括两种类型：400平方英尺的单卧室住宅以及1200平方英尺的带内院的四卧室住宅。结构采用基于40英寸网格的钢框架，基础使用20英尺长的排架，搁置在间隔10英尺的混凝土条形底座上；墙面使用具有良好隔热性能的板材；卫浴系统和厨房都是预制装配单元。该研究受到保护区维护委员会的褒奖，获得了高达90000美元的经费资助，共持续了3年。此后，科尼格个人又就此开展了为期两年的探索[2]。

在某种意义上，"新政"之后，美国资产阶级与普通劳工试图建立一种"进步主义"的政治联盟，因此建筑师在住宅领域的探索也可以看作通过专业手段对上述社会进程的介入。他们以"改革者"的姿态，将"理性设计的形式象

1　1961年1月，皮埃尔·科尼格通过《艺术与建筑》杂志了解到位于底特律的R.C.马洪公司（R. C. Mahon Company）制造了6幢使用钢框架和金属夹心墙板的工厂预制住宅，在当地的车间中完成配件后，运往加拿大的圣让进行安装，这种产品可以应付魁北克地区超过71℃的室内外温差，这引起了他对极端气候中建造问题的兴趣。

2　1979年，克里斯蒂·博尔顿（Christy Burton）和费雷尔·博尔顿（Ferrell Burton）委托皮埃尔·科尼格在马里布的太平洋海岸公路边修建一幢住宅，为他将"切梅惠维"预制住宅付诸实施提供了机会。科尼格在这个项目中提出了一种发展的策略，将项目分为四个单元，依次序修建，当第一幢完工时，客户可以先在其中居住，等到经济允许时，再进行第二幢的修建。因为坡地地形，住宅单元通过落在混凝土基础上的柱子架出地面，因此也被称为博尔顿"长杆"住宅（Burton Pole-House，1979）。

征"和"批量建造的技术力量"视作解决住宅问题的有效途径。据此提出的住宅"原型",既源自于某个特定职业群体对现代居住的诗化想象,又敏锐地捕捉到了正在发生的知识变革和产业升级,折射出资本主义经济形塑下的生产模式、阶级结构以及学科体系的变迁。

结语:希望的传递

通过"技术"的论述,"地域性"在自身与"现代性"之间进行着审慎的区分:它先是接受了关于"结构"以及"构造"呈现的理性原则,再将其置入以"建构"为核心组织起来的兼具"再现与本体"(representational versus ontological)意味的"形式"系统之中[1]。在此过程中,出现了某种潜在的倾向,将"国际风格"归为"技术"专制下的产物,而给予崇尚"自然"的"低技术"或者"适宜技术"更多的褒扬[2]。这个有些模糊的标准,多少导致了20世纪中叶南加州建筑相关历史叙事中的割裂。"花园"和"机器"两个核心意象,尽管它们事实上混杂在一起——正如理查德·诺伊特拉在1958年的论文《工业文明中的人文背景》(Human Setting in an Industrial Civilization)中的观点一样[3]。然而,在几乎所有"地域性"使用的征引中,以钢结构为典型的"现代技术"的痕迹被极大地抹除了。1945年后,南加州对美国战后制造业的发展起着关键性的推动作用,对建筑学的影响极为深远:金属网、胶合木板、纤维玻璃、合成树脂等新型建材都在这里率先研制成熟并投入应用,推动了建造行业的转型以及大众消费市场对工业美学的接纳[4]。

由此推论,无论是出自本土文化的意象性建构,还是源于外来影响的适应性融合,相较于"自然"来说,"技术"具有的"地方特质"并不匮乏。至少对美国而言,它进入国家独立或者民族认同的叙事轨道的时间同样不晚于"自然"。几乎就在托马斯·杰弗逊阐述"田园理想"的同时,另一种对"机器"的热情也正在孕育之中。坦奇·考克斯(Tench Coxe,1755—1824),一

---

1 弗兰姆普敦.建构文化研究:论19世纪和20世纪建筑中的建造诗学[M].王骏阳,译.北京:中国建筑工业出版社,2007.

2 TZONIS A,LEFAIVRE L. Critical regionalism, architecture and identity in a globalized world[M]. Munich, Berlin, London, New York:Prestel, 2003.

3 这篇论文分为以下几个主题:"社会凝聚力和技术传播""自然与物理""世界的开始""建筑仅仅是视觉的吗""为每个个体设计"。

4 KAPLAN W. Living in a modern way:California design 1930—1965[M]. Cambridge:The MIT Press, 2011.

个雄心勃勃的费城年轻商人，他设法参加了1787年5月11日——即制宪会议（Constitutional Convention）召开前三天——在本杰明·富兰克林（Benjamin Franklin，1706—1790）家中召开的"政治咨询协会"（Society for Political Enquiries），面对与会的50名要人——其中不少便是制宪会议的代表——发表演说，向他们阐述自己对未来发展的看法：美国的政治诉求仰赖经济自足，制造业将会成为其中的关键，只有"技术"，不但可以弥补劳动力不足的劣势，而且能够激发新大陆丰富的资源潜能[1]。坦奇·考克斯描绘出了工业化最初的蓝图，即便在1830年前后，"机器"意象中的灰暗色彩开始浮现，但早已经无法阻止"技术"信仰上升为美国的国家意识形态[2]。最直接的回应来自提摩西·沃克（Timothy Walker，1806—1856），他通过1831年的《为机械哲学辩护》（*Defense of Mechanical Philosophy*）一文建立起一套"进步"辞令，并据此指出，美国永远会在"花园"神话中为"机器"留下一席之地，因为它是未来、自由、民主的象征，将会实现前所未有的丰裕、和谐、合理的人类之梦[3]。

"技术"是某一类主体对世界的理想以及力争维护的秩序之体现，它以物质性为透镜，解析出空间背后的权力光谱[4]。美国20世纪的"技术"发展，在以"新政"为代表的一系列"结构"转型当中，得到了有力的支持与引导；从更广泛的意义上说，它服从于福利资本主义制度支配的增长模型。正是凭借效率与性能的优势，"技术"勾勒出了"现代性"崛起的轨迹，以此奠定了指涉"进步"的线性史观（图4.57）。

对建筑学而言，可能没有任何一个主题会像"技术"一般紧密倚赖于这种"有机论"的论证模式，并沉溺于其中蕴藏的整合性力量的驱使：借助"正典

1　坦奇·考克斯后来被视作美国"工业立国"思想最重要的代表之一，在1787年演说后不久，财政部长亚历山大·汉密尔顿（Alexander Hamilton，1757—1804）邀请他出任副手，委托起草了1791年的《制造业的报告》（*Report on Manufactures*）。

2　对工业化持有悲观看法，最具代表性的人物当数苏格兰历史学家托马斯·卡莱尔（Thomas Carlyle，1795—1881），他将自己所处的时代命名为"机械时代"（Mechanical Age），其中产生的社会文化和经济制度呈现出的是"机械的本性"，弥漫在各个领域，逐步摧毁了人们灵魂深处的道德力量；这些思想很快和美国本土内生的"田园理想"结合，部分反映在拉尔夫·瓦尔多·爱默生等人的写作之中。

3　事实上，在托马斯·杰弗逊、拉尔夫·爱默生等人的笔下，都没有对"机器"流露出过多的反感，即使沃尔特·惠特曼（Walter Whitman，1819—1892）这样的浪漫主义者，也在1851年向他的听众宣称，美国已成为"蒸汽机是一个不坏的象征"的国家。提摩西·沃克，美国律师、作家。马克斯.花园里的机器：美国的技术与田园理想[M].马海良，雷月梅，译.北京：北京大学出版社，2011.

4　白馥兰.技术、性别、历史：重新审视帝制中国的大转型[M].吴秀杰，白岚玲，译.南京：江苏人民出版社，2017：5-7.

的过去"形成"标准的叙事"，赋予其一种假想的趋势，去衡量其他区域的变迁，并不可避免地带着"中心论"的偏见，描述"他者"的停滞、背离或者分流[1]。"技术"的相互竞争，涉及物质以外的政治地位、经济关系、象征系统、道德规训甚至信仰准则，"二战"后的国际风格在很大程度上即是美国日益扩张的世界性领导权的"空间再现"——"建筑成了美国政府的名片"，《艺术与建筑》刊登的一篇1953年的论文中写道。这本西海岸的建筑杂志早在10年之前便已经去掉"加利福尼亚"的前缀[2]。"地

图4.57
《艺术与建筑》内页，1942年2月号

域性"，至少就南加州"现代住宅"的相关实践而言，似乎并未能够挣脱"主线历史"的吸附，只是选择性地通过对某些传统建造经验"意象"有限度的援引，镶补了"经典"现代建筑"科学技术化"的规范性价值，却又进一步挤压了其他另类路径的发展空间[3]。

在处理"自然"和"技术"两个主题时——在内容上两者互有重叠——"地域性"采取了不同的解释策略，与其说是由于南加州"现代住宅"自身历史脉络的复杂性，毋宁说是因为"现代性"本身具有多重的意识形态内涵，它们分别投射于20世纪变动的"美国"形象。这些形象，在遭遇另一个主题的时候，似乎又产生了戏剧性的融合。

1 详见：怀特.元史学：十九世纪欧洲的历史想象[M].陈新，译.彭刚，校.南京：译林出版社，2004：1-55.

2 TZONIS A，LEFAIVRE L. Critical regionalism, architecture and identity in a globalized world[M]. Munich, Berlin, London, New York：Prestel, 2003.

3 Lu D F. Third world modernism：architecture, development and identity[M]. London：Routledge, 2010.

05

布尔乔亚的集体想象：
空间

对现代建筑来说，空间既是理论中的基本概念，又是实践中的核心要素。但事实上，至少在18世纪以前，几乎没有文献将其作为独立的建筑学范畴给予特别对待，"空间"成为如此重要的主题，可以说是发生在现代时期之后的事情。

对于"空间"观念的建构，德语地区的理论家做出了最初的贡献，并且在与19世纪之后的历史意识结合的过程中，作为"时代精神"的重要表征，逐步构筑了建筑学的"现代性"论述最关键的基石。在20世纪初的美国，伟大的建筑师弗兰克·劳埃德·赖特率先通过个人创作暗示出"空间"的形式潜力，但并未即刻形成与之匹配的理论。直至1932年亨利—拉塞尔·希区柯克和菲利普·约翰逊做了以"国际风格"为名的"现代建筑"的相关描述，建筑学才开始通过"体量"（volume）一词初步触及"空间"的新含义。"空间"在英语世界广泛传播，主要归功于吉迪恩于1941年的巨著《空间、时间和建筑》（*Space, Time and Architecture*），它被正式确立为现代建筑知觉经验中的本质特征，得到普遍的接受。

现代建筑的空间意识根植于勒内·笛卡尔（René Descártes，1596—1650）经过数理抽象的"绝对空间"理论，并以此为主线，有力地吸附了相关的历史解释；而其中的"地域性"问题，是在1968年之后现代主义渐趋瓦解的过程中才逐步浮现的。尽管在相关论述中并没有太多针对"空间"的直接阐释，但从中可以清楚地分辨出源自海德格尔以及列斐伏尔的思想痕迹[1]；它们亦使得现今的"空间"讨论愈发复杂[2]。

5.1 抽象空间与日常生活

在南加州现代住宅的空间实践中，至少可以辨认出几种不同的取向：属于纯粹的现代建筑术语，即以"透明与连续"为特征的抽象空间；在现实中被大

---

1 FORTY A. Words and buildings：a vocabulary of modern architecture[M]. New York：Thames & Hudson，2000：256-275；FRAMPTON K.Towards a critical regionalism：six points for an architecture of resistance[M]//FORSTER H. Anti-aesthetic：essays on postmodern culture. New York：The New Press，2002；TZONIS A，LEFAIVRE L. Critical regionalism，architecture and identity in a globalized world[M]. Munich，Berlin，London，New York：Prestel，2003.

2 20世纪70年代，克里斯蒂安·诺伯格—舒尔茨对于现代主义的"空间"理论做出了重要的发展，他正视了这一概念的多义性，并区分出了"实用空间"（pragmatic space）、"知觉空间"（perceptual space）、"存在空间"（existential space）、"认知空间"（cognitive space）以及"抽象空间"（abstract space）五种层次的"空间"，同时，也从美学角度进行了探讨。

多数人追求的舒适实用的居家环境；文化意义上"中产阶级"所期待的"梦幻般的生活"。

长久以来，设计师都企图以"理性"对人物以及事件进行组织：赋予它们各自的位置、形式以及角色，但生活会采取相应的"抵制"策略而非盲从，它以日常性的经验影响着设计的改变与使用，并将它们重新占为己有[1]。

住宅不仅关乎美学的表达，更涉及主体的建构。通过许多实例都能看到，自20世纪以来，抽象空间与日常生活之间的界限逐步模糊，正如埃里克·霍布斯鲍姆（Eric John Ernest Hobsbawm，1917—2012）在《资本的年代：1848—1875》（*The Age of Capital：1848—1875*）一书中的描述："家是资产阶级世界的精髓。"所有的物件"不只有功利作用，也不只是身份与成就的象征。它们本身还是人格的表现，资产阶级生活的现实，甚至是改变人的气质的东西。"[2]或许，这也可被视作"美国住宅"的一种重要特征。

5.1.1 现代空间观念

大概从19—20世纪之交开始，"空间"就已经作为一个常见的概念频繁出现在建筑学的讨论中，其中多数来自德语地区[3]。到了20世纪20年代，已经出现了三种不同的"空间"含义：第一，"作为围合的空间"（space as enclosure），这是当时建筑界非常普遍的理解。戈特弗里德·森佩尔最早论述了这种概念，随后，H.P.贝尔拉格以及彼得·贝伦斯也对其作了进一步的发展。阿道夫·路斯提出的"空间规划"（raumplan）可以视为其中一种颇具典型性的理论，他以此描述自己的室内设计。第二，"空间作为连续统一体"（space as continuum）。可以将17世纪的笛卡尔作为遥远的起点，他通过解析几何给"空间"提供了一个数学量度，使虚空中的位置和运动拥有了基本的数理法则；随后，伊萨克·牛顿（Isaac Newton，1643—1727）依靠力学原理，奠定了科学时代"空间"的匀质、标准和无限的特征；到了阿尔伯特·爱因斯坦（Albert Einstein，1879—

1　赛托.日常生活实践1：实践的艺术[M].方琳琳，黄春柳，译.南京：南京大学出版社，2009.

2　霍布斯鲍姆.资本的年代：1848—1875[M]. 张晓华，等译.钱进，校.南京：江苏人民出版社，1999：312-313.

3　比如慕尼黑建筑师奥古斯特·恩德尔（August Endell，1871—1925）、维也纳艺术史家阿洛伊斯·里格尔（Alois Riegl，1858—1905）、布拉格艺术史家保罗·弗兰科（Paul Frankl，1878—1962）等。详见：FORTY A.Words and buildings：a vocabulary of modern architecture[M]. New York：Thames & Hudson，2000：256-275.

1955）的时代，"时间"也开始被视作"空间"体系不可分离的第四维度[1]。这些概念，帮助19世纪后的建筑学认知将"空间"从墙壁、柱子、楼板或者家具中独立出来，转变为独特的"物质"，成为设计操作的对象，并对其抽象属性进行着重的表现。这种观念带给"风格派"的影响极深，此外，还包括不少"包豪斯"的成员，比如拉兹洛·莫霍利—纳吉等人。第三，"空间作为身体的延伸"（space as extension of the body）。该说法源自德国艺术史学者奥古斯特·施马索夫（August Schmarsow，1853—1936），"包豪斯"教师西格弗雷德·埃伯林（Siegfried Ebeling，1894—1963）在1926年的《作为薄膜的空间》（*Space as Membrane*）中表达了类似的观点："空间"是感官形成的"一种连续的力场"（a continuous force field），被运动和欲望激发形成[2]。后来，法国现象学家莫里斯·梅洛—庞蒂（Maurice Merleau-Ponty，1908—1961）也通过身体经验的阐述向"空间"补充了"知觉"的证明。

20世纪初期，在"空间"转变为建筑学普遍接受的理论概念之后，相关实践开始尝试诠释这些"现代"思想，并且形成了一种可以称为"空间性"的美学品质，逐步颠覆了"传统"的古典建筑造型语言。

基于空间"围合"的意识，物质性形体的构图意义遭到削弱。1913年，鲁道夫·辛德勒在一篇论文中明确指出："我们不应再像雕塑一般地处理材料和形体。现代建筑师追求'空间'，它依靠墙体、顶棚和隔板而形成。唯一的理念应当关于'空间'及其组织。在剥离了雕塑般的厚实墙体后，作为'负形'的室内'空间'得以呈现，可以通过建筑的外观看到。因此，盒子般的建筑就是

1　这种说法首见于西格弗雷德·吉迪恩提出的"空间·时间"（space-time）概念，在后来的建筑学界得到了颇为肯定的认可，但却鲜有人能够说清它的确切含义和作用。该理论发表之时恰逢阿尔伯特·爱因斯坦陆续发表"相对论"，两种理论之间暂时的巧合使得当时的画家、雕塑家和建筑师十分振奋，尽管爱因斯坦的物理学理论，本质上属于针对力学问题提出的解析几何的代数方法，与建筑"空间"的联系事实上是极为牵强的。吉迪恩认为的"现代空间"突破了"古典空间"概念中与体积相关的密切关系，要把握这种本质，必须引入一种动态的体验的观点，爱因斯坦并没有在自己的著作中给出过任何相关的解释，不过在他为马克斯·詹默尔（Max Jammer，1915—2010）的《空间概念：物理学空间理论的历史》（*Concepts of Space：The History of Theories of Space in Physics*）一书所作的序言中，可以看到"关于空间概念，好像先有的是心理上更为简单的场所的概念。场所，首先是可由某个名称认出的地球表面的一小部分……它可以说是一种物质对象的状态"的说法。详见：柯林斯.现代建筑的思想演变[M]. 英若聪，译.北京：中国建筑工业出版社，2003：290.

2　这种观点也让人想起了早先弗里德里希·威廉·尼采（Friedrich Wilhelm Nietzsche，1844—1900）关于"力的场所"理论："空间"因为身体的运动和能量而产生。

这种新趋势中最早出现的原型。"[1]密斯也对此做出进一步发展。他在1933年的一本关于镜面玻璃材料的小册子中写道："只有在今天，我们才能对'空间'进行表达，将它打开并使之和景观融为一体。"[2]密斯将"空间"视为"现代建筑"的本质：它表达"真实"而放弃"象征性"。密斯因此表现出一种对体量、材料以及符号性装饰的拒斥，选择了"皮包骨"式的设计特征，用允许物体自由运动的"空间"替代厚实墙体包裹下的传统"房间"。密斯通过1929年的巴塞罗那德国馆明确阐释了这些"空间"属性在其建筑美学中的核心位置[3]。

空间"连续"也提供了一种发展方向，将不同部位明确区隔后再进行组合的古典定律也被打破，并且扩展至室内与室外间的联系。荷兰"风格派"对此起到了巨大的推动作用，从泰奥·范·杜伊斯堡和格利特·里特维尔德开始，"风格派"艺术家就将建筑视为一种融形体、色彩于一体的，由块面穿插形成的抽象雕塑。杜伊斯堡通过1923年的一张图解揭示出了"空间"的现代特征：不再有封闭完整的形体，不同色彩的面域从中心向四周伸展；采取非对称的构图，似乎追求着动态的均衡；几何要素间的相互关系构成了形式的主体（图5.01）。这项工作可以一直追溯至赖特于世纪之交的探索，他通过相互渗透的平面和交错叠合的形体暗示出一种非传统的"空间"意识[4]。赖特的作品集于1910—1911年间通过沃斯穆斯出版社（Wasmuth）传到欧洲的时候，很快受到先锋建筑师的追捧，形成了现代"空间"概念在大西洋两岸间的一次重要的交流[5]。这种特征有力地支持了吉迪恩式的"空间·时间"观念，其中包含了对运动中的身体经验的捕捉，或者，引发对多重场景的共时性的

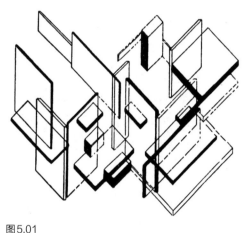

图5.01
水平面与垂直面的关系（泰奥·范·杜伊斯堡，1920年）

1　转引自：FORTY A. Words and buildings : a vocabulary of modern architecture[M]. New York : Thames & Hudson，2000：262.

2　转引同上，268页。

3　FORTY A. Words and buildings : a vocabulary of modern architecture[M]. New York : Thames & Hudson，2000：262-270.

4　根据"一战"之前的部分作品，赖特被认为是最早将现代"空间"概念成功付诸实践的建筑师之一，但他本人要等到1928年才开始使用这个概念来描述自己的设计。

5　CURTIS W J R.Modern architecture since 1900 [M]. New York : Phaidon，1996：148-159.

视觉感知；"透明"也因此成为一种现代建筑的表现方式，同时满足追求"无限"视角的渴望。

从现代建筑之中确实可以察觉出某些共同的"形式"倾向，它们很快得到了历史学家的关注。尽管吉迪恩的"空间"论述多少显得晦涩，却开创性地将其置入"时代精神"的整体轨迹，并奠定了它在现代建筑体系中持久的核心地位。

5.1.2 实用与舒适

科技深刻地改变了美国人的居住方式。大概在20世纪20年代晚期，现代家庭所需的基本设备，几乎全部出现，一名美国人只要足够富裕，便可以过上相当不错的生活；在战后的美国郊区，供水排污、管道煤气、集中供暖都已经成为独立住宅的基本配置，其中少数还拥有电话、空调和彩色电视；到了50年代中期，这种便利逐步普及，大部分人家拥有至少一部汽车，70%的家庭通了电话。

在19世纪末期，美国大部分地区陆续完成了市政管网的基础建设，随着集中供水和污水处理系统的产生，浴室普遍出现在当时的中产阶级家庭之中。辛克莱尔·刘易斯（Sinclair Lewis，1885—1951）笔下的巴比特（Babbitt）在1922年就已经在自家"用瓷砖铺成的、带有像银子一样闪闪发光的金属制品的、十分豪华的浴室里"开始一天的生活了。在此之前，只有厨房清洗槽边才有室内水泵，所有用水都要费力气抽取，因此，洗脸盆或浴缸只有在使用时才会搬到取水方便的地方，也没有形成盥洗室的概念。卫浴设备随之逐步成熟。在20世纪前夕，浴缸的生产仍处在起步阶段，甚至还没有确定该使用什么材料，钢板、铜板、铝板、铅板、锌板、铸铁，还有陶瓷，都尝试过，不过都不太理想，要么过于昂贵，要么不够结实。等到1870年左右，出现了一种在铸铁表面喷涂瓷釉的浴缸，满足了所有要求。这种产品采用全手工制作，需要花费一个劳动力一整天时间；到1900年，产量提高到每人每天生产10件，但基本仍靠手工。双层瓷釉浴缸在此后不久出现，并在1920年投入机器量产，基本流程包括：铸模、浇注、冷却、清洗，对工人的技术要求大大降低。1925年，美国瓷釉卫浴设备的年产量已经达到500万件[1]。现代浴室中另一件必不可少的设备是抽水马桶。几乎整个19世纪前期，处理便溺的习惯还没有形成；随着一系列科学发现，人们逐渐意识到，排泄物本身才是健康的大敌，而非它

1　除了浴缸还包括洗脸盆。

们散发出的异味[1]。19世纪中期，抽水马桶开始普及[2]。英国在1870年左右发明了利用虹吸原理自动清洗的新式马桶，并于20世纪初在美国投入量产，它们质地优良，远销海外，包括英国白金汉宫和普鲁士国王私邸在内的很多地方都安装了这些美国货。有趣的是，对如厕这件私事的社会态度也在此过程中悄然改变了，传统厕所往往可以供两三人同时使用，好像此间的相伴与交谈同为生活中的乐趣，但限于造价，住宅中的卫生设备都只够单人使用，这在后来彻底改变了公共场所的如厕习惯。类似的情况也出现在浴室中，古罗马时代的帝国奇观在20世纪的新大陆已经变成了专属个人的私密处所。

另一个产生重大改变的是厨房。随着市政管网系统的建立，20世纪美国家庭的用水量日益增多，"二战"以前，平均每人每天已经要用掉150多加仑（约567.8升）的水，几乎是欧洲的4倍。管道煤气以及洗碗机、垃圾粉碎机等电力设备也在此时逐步普及，厨房开始成为住宅中最具科技含量的地点。就在家庭主妇们从单一的炉灶走向布满了各类开关的操作台的时候，厨房中的设计成为建筑师和工程师共同关注的对象。对现代家庭内部"科学管理"的兴趣在"一战"之后兴起，美国学者克里斯汀·弗雷德里克（Christine Frederick，1883—1970）在1915年的《家庭科学管理》（*Scientific Management in the Home*）一书中大篇幅地描述了厨房，她主张减小面积，精简功能，除去其中与餐前准备无关的活动。厨房因此成为家庭生活现代化进程的重要起点。1924年，奥地利建筑师格雷特·斯库特-里霍斯基（Grete Schutte-Lihotsky，1897—2000）等人推出了"法兰克福厨房"，这个方案根据工作时间和流程设计各部分的大小和位置，以紧凑的布局配备了嵌入式餐具柜、储物格和操作台等功能单元，此外还通过旋转椅让主妇们可以轻松地够到污水槽、砧板和食物存放处。这个原型产生了极大的影响，很快得到推广，调整出不同类型，投入地产项目，不少建造商使用预制部件降低成本，而生产商则力争通过自家产品参与家居和厨房设备标准的制定。

因为在高空难以布置壁炉和烟囱，管道供暖最早出现在高层建筑中，随后逐步在私人住宅中普及。1874年，发明铸铁散热器，并于19世纪90年代开始量产，家庭供暖因此成为可能；20世纪50年代，半数美国家庭都已经享受

---

1 此前人们普遍认为，让这些物质自然分解参与生态循环才是合理做法，在隐蔽而僻静的地方解决只是出于体面或者避免恶臭，所以，厕所只是可有可无的。

2 1851年，白宫建成一个私人浴室并安装了抽水马桶，米勒德·菲尔莫尔（Millard Fillmore，1800—1874）总统因为这种"奢侈"行为受尽批评，这很难责怪美国人的苛刻，因为当时的污水处理系统不足以应付整个城市的需求，普通民众要到三四十年后才能享受到这种"总统式"待遇。

到了集中供暖带来的舒适。降温系统出现相对晚近一些，最迫切的需求出现在医疗和一些特殊生产领域。美国工程师威利斯·H.凯利尔（Willis Haviland Carrier，1876—1950）在1911年发表的论文《合理的湿度计算公式及其与气象学和空气调节问题的关系》为未来的空气调节技术奠定了理论基础，他在1923年发明了制冷离心压缩机。不久之后，杜邦公司（DuPont）研制出的"氟利昂-12"为凯利尔的创造提供了安全的制冷剂。空调在20世纪50年代成为大宗商品，到了60年代，美国每年要生产超过300万台空调，其中大概3/4为家用，汽车也普遍安装了空调。凯利尔在1919年提出的"天天好天气"的梦想在三十多年后变成了现实。

整个20世纪，洗衣机、增湿器、草地自动喷淋等家用设备陆续出现，新产品改变了现代人的生活，也改变了私人住宅的形式：就像汽车影响了住址选择，电视影响了起居室的布局，冰箱影响了对食物贮藏室的需求一样。而美国人最卓越的成就在于愿意并且能够将这些曾经的奢侈物品彻底地民主化，让带来便利的发明或者设计在社会中自由流通。他们心中没有等级观念，处处以"功效"与"性能"为判断，这种处事态度甚至可以追溯到19世纪出现的"实用主义"（Pragmatism）哲学，它深刻地影响了美国人在政治、经济、法律、文化等多个领域的社会活动，进而塑造了可以称之为"现代"的思考方式。在面对现实问题的时候，高效务实的"工具理性"成为一种赢得美国人普遍认可的惯常态度。

5.1.3 家庭与闲暇时光

"公共"与"私人"的分化是一个与"现代性"密切相关的历史过程。至少在19世纪后期，以住宅为标志，两个相对的领域已经得到区分，家庭生活越来越多地与私人生活重合，财产、健康、婚姻、道德这些问题逐步地个人化与隐秘化，并影响了社交规范的形成。住宅之中相应地开始出现专门的"会客室"，而在上流社会谨守的教条中，这个空间是将"家庭"排除在外的，比如家人的照片、孩子的活动，或者不恰当的日期等，在当时，如果要拜访某位绅士或淑女的居所，需托人介绍，在约定的"会客日"才能前往（图5.02）。随之产生的一个重要现象是在工作和休闲之间浮现出了一条清晰的界线，两边拥有截然不同的价值标准，在任何场所进行混淆都极其不恰当。基于家庭的工作形式慢慢衰落了，这成为20世纪西方世界的一个显著特征。

以上很大程度上归因于资本主义经济的成功。人们受本能的驱使，追逐那些薪酬优渥、效益稳定、上班时间更短的工作，亨利·福特在1914年首次施行8小时5美元的日均工资标准，这标志着美国工人的劳动待遇得到了关键性的提升：获取高收入的同时，还得到了更多自由支配的时间，从而可以回归家庭，将其改造成捍卫私人生活的壁垒。即使有一些特定人群，比如医生、律师，也包括设计师，可能因其职业特征而采取独立执业的方式，会选择家庭作为工作地点，但是许多方面仍然产生了相似的变化：首先，假如让妻子承担助理事务，如接电话、应门、招待等，必须认真地考虑伴侣的意愿，并且支付相应标准的工资；其次，需要和客户约定提供服务的时间范围，在

图5.02
中产阶级家庭会客厅，19世纪末期

此之外的打扰不受欢迎；最后，工作和休闲，两者之间会做出明确的划分，家中的"私人生活"要被彻底地隐藏。郊区为这种普遍的转变提供了环境基础，顺应了将工作从家庭中分离出来的心理期望。当时许多新建社区的道路都会以相关寓意命名，比如友谊路、优雅路、庇护路等，表示这里就是人们操劳之后，赖以放松的避风港[1]。

这种分化也对家庭内部的角色分工提出了新的要求，丈夫在外工作，妻子在内持家，此类安排赋予"家庭主妇"取得职业含义和平等身份的期望。在20世纪中叶流行的美国情景喜剧《我爱露西》(*I Love Lucy*) 之中便有女主人公随丈夫迁往郊区，成为全职主妇，拥抱"田园诗"般的家庭生活的经典情节。女性角色的转换逐步重塑了家庭伦理与性别关系。首先，是现代婚恋折射出的新旧价值观的分歧，在以好莱坞电影为代表的流行文化中，浪漫爱情和传统道德最终得到理想化的统一；其次，"大萧条"导致的经济动荡，使男性因为赡养家庭的压力剧增而推迟婚姻，女性则开始涉足职场，这一趋势在"二战"期间得到了更有力的推动[2]；再次，战争结束后，让妇女回归家庭的呼声再次抬头，于是衍生出另一种家庭分工模式——伴侣以趋于平等的身份共同赚钱，共同操持家务；最后，从20世纪50年代起，美国迎来了生育高峰，抚养

---

1 卡恩斯，加勒迪. 美国通史[M].吴金平，许双加，刘燕玲，等译.吴金平，校订.济南：山东画报出版社，2008：692-694.

2 尽管依然受到政策歧视和舆论阻力，但整体而言，这一时期职业妇女的社会地位确实有所提升。

图5.03
19世纪末期（左）与20世纪初期（右）的家庭影像

孩子的欢乐，缓解了男人在工作中的疲累与沮丧，填补了女人在家庭中的无聊与空虚。"核心家庭"模式在战后美国达到了最"完美"的形态：衣食无忧的物质生活、亲密的夫妻关系、子女承欢膝下的天伦之情等。家庭内部规范呈现出新气象，"维多利亚"时期纪律严明的面纱悄然揭去，露出温情与欢愉的本貌（图5.03）。

在19世纪末到20世纪初的美国，社会个体得到越来越多的关注，这意味着新的"个人主义"价值观的逐渐兴起。随之而来的是对公民个性的鼓励，并认为它可以通过丰富多彩的娱乐活动得到发掘。19世纪初固定下来的，以薪酬控制人们专注于工作的途径，在20世纪早期得到修正；转而主张完美的人生需要避开恼人的俗务，艰辛的付出未必是美德，理想的体制应当抹除生活的重担，并开始普遍地将等级森严的职业环境视作压迫，而人的价值不应被这些冰冷的、异化人性的制度支配。因此，"休闲"不再被视为懒惰，而是一种权利。但这在此前还是一个稀奇的概念，退休更是闻所未闻的新名词，即便人们总会有一点可以随意安排的时间，也一般用来参加带有些许功利性的社会活动：长期以来，城市中的音乐厅、剧院、芭蕾舞团、博物馆，都被看作提升品位、熏陶自我的机构。到了20世纪20年代，美国上层中产阶级的年度休假已经成为全国性福利，更重要的是，这些自由时光无须屈从于人们从内心施加的压力，不再和提高技能、充实知识或者履行社会义务掺杂在一起。"现代生活"的假期完全是属于家庭和闲暇的时光，这种观念在西海岸得到了最好的阐释：在19世纪的想象中，西部是通过个人奋斗达到成功的逐梦之地；而在20世纪的图景中，它完全变成了遣兴抒怀、尽享悠闲的迷人天堂[1]。

1　威布. 自治：美国民主的文化史 [M]. 李振广，译. 北京：商务印书馆，2006：210-228.

随着美国人口的重心向郊区偏移，人们都不再愿意奔波到遥远的市区，而是就近选择喜欢的活动，将家庭打造成愉悦自我的娱乐中心的想法渐渐改变了他们的生活环境。对此，大多数家庭都希望居住在气候宜人的地方，将住宅后院开辟为隐秘的内部生活的重心，进行奢侈的布置，凉亭、烧烤架、热水浴、泳池都是不错的选择。而前院的活动则越来越少，门廊就是明显的标志之一。作为夜不闭户、人人亲如兄弟的前工业时代的遗存，门廊曾经是各种社会活动的微缩舞台：既是观察外界的窗口，也是迎接访客的驿站，还是相互闲谈、编织衣物、拣菜剥豆，甚至情侣倾诉衷肠的理想地点。然而，在现代时期，人们可以快速前往任何自己想去的地点，原先很多需要在家中完成的事务，比如照顾幼儿、礼拜、教育、就医等，都被移至相应的公共场所完成。门廊的转变反映了公共联系的衰弱和个体生活的崛起，只有娱乐这一件事情在家庭中得到保留，唱片机、立体音响、彩色电视、录像机，这些设备大大拓展了相关活动的内容[1]。

居家模式的这一转变迅速得到了美国流行文化的反映。美国作家埃里克·哈金斯（Eric Francis Hodgins，1899—1971）于1946年出版的一部畅销小说《布兰丁先生修筑梦想之家》（*Mr. Blandings Builds His Dream House*），描述了战后中产阶级生活的许多细节：逐步提高的经济水平、长距离通勤、咖啡屋的小聚、户外烧烤等。这部作品两年后被搬上大银幕，引起了许多有着类似经历的观众的一致共鸣，并引发了一批相近题材文艺作品的出现。它生动地说明，远离工作、悠闲自在的氛围构成了人们憧憬郊区的重要因素[2]。

5.2 透明与连续

"现代建筑"渴望一种抽象的"空间"，并以此深刻地影响了自身设计特征和美学标准的形成，这种意识随着移民建筑师一并由欧洲登陆美国。与此同时，赖特也通过20世纪初的实践，特别是以"草原住宅"为典型，提出了一个称作"打破方盒子"的设计"法则"，揭示了这种"观念"的转变："自从现代生活的本质被定义为对自由的宣扬，建筑物也应该有一种自由的表达。方

1　JACKSON K T. Crabgrass frontier：the suburbanization of the United States[M]. New York：Oxford University Press，1985：278-282.

2　电影《布兰丁先生修筑梦想之家》的中译版名为《燕雀香巢》，由加里·格兰特（Cary Grant，1904—1986）和玛尔娜·洛伊（Myrna Loy，1905—1993）主演，描述了一个美国家庭以56000美元的预算乔迁新居过程中遇到的烦恼琐事。JACKSON K T. Crabgrass frontier：the suburbanization of the United States[M]. New York：Oxford University Press，1985：278-282.

盒子只是一种压抑和强迫。所有的建筑艺术都曾是方盒子——被装饰过的盒子，或者是盒子顶被放大，或者是带壁柱的方盒子，但无论如何，总是个方盒子。"[1] "从方盒子向自由平面转变，一种新的本体性——空间的而非物质的。"[2] 南加州建筑师惠特尼·R.史密斯（Whitney R. Smith，1911—2002）的洛基亚住宅（Loggia House），即案例住宅5号，其砖砌结构在不同区域的角部以"L"形的隔墙成对出现，没有完全封闭的房间，却限定出各种功能的空间，堪称对相关意识的一次明确的继承（图5.04）。

5.2.1 消隐的隔墙

南加州建筑界对"现代空间"的探讨，可以一直追溯到鲁道夫·辛德勒，他算是对"空间"问题最早做出系统论述的建筑师之一。3个20世纪40—50年代的作品集中阐释了辛德勒的"空间"观念，后来统称为"透明住宅"（translucent houses），其中包括：1948—1949年的詹森住宅（Janson House），1949—1950年的提斯勒住宅（Tischler House），1950—1952年的斯科尔尼克住宅（Skolnik House）。这种"透明"概念源自辛德勒早年帮助赖特修建巴恩斯道尔住宅的经历，他认为，赖特风格厚重的设计造成了昏暗的室内，并非理想的居住环境；事实上，业主艾丽安·巴恩斯道尔对此也不满意。于是，不久之后，当她决定修建另外一座住宅的时候，邀请辛德勒帮她设计。辛德勒提出的方案即以"透明住宅"为名，但最后没有建成。辛德勒对"透明"的理解与他的"空间"思想紧密关联，他在一篇1936年的论文中写道："对一名空间建筑师来说，只有在掌握了'透明建筑'的设计方法之后，他的作品才算达到形式上的成熟。"[3] 辛德勒一直在尝试一种消隐结构，只呈现"空间"的设计，这个20年代未能实现的设想，终在他职业生涯的晚期趋近完成。

詹森住宅是辛德勒为朋友艾伦·詹森（Ellen Janson）修建的一套采用预制构件技术的住宅，詹森是一名充满热情的幻想家，她曾经说自己希望居住在天空[4]。住宅架设在陡峭的坡地上，平面呈十字形，逐层外扩，垂直交通和承重结构都整合在中间位置。辛德勒试图以"透明"实现朋友的心愿，主要体现在转角的出挑部分，被几乎通高的玻璃墙体所包裹（图5.05）。

---

1 赖特，考夫曼.赖特论美国建筑[M].姜涌，李振涛，译.北京：中国建筑工业出版社，2010：85.

2 同上，79页.

3 SCHINDLER R. Furniture and the modern house：a theory of interior design-light[J]. Architect and Engineer, 1936：124.转引自：SHEINE J. R. M. Schindler[M]. New York：Phaidon, 2001：227.

4 SHEINE J. R. M. Schindler[M]. New York：Phaidon, 2001：227.

图5.04
案例住宅5号（惠特尼·R.史密斯，1945—1949年）

图5.05
詹森住宅（鲁道夫·辛德勒，1948—1949年）

　　提斯勒住宅同样位于坡地，业主阿道夫·提斯勒（Adolph Tischler）是一名从事银器制作的艺术家。起居室、厨房、餐厅、卫生间和三间卧室被置于一个狭长体量中，端头做切角处理，形成了拉长的近似六边形的平面，屋后留有庭院。底层沿街部分是可以容下两部汽车的车库，被一条弧形绿带围合；通过右侧的弧形台阶向上，途经二层的工作室，一直到达顶层的居住部分；屋顶中部高起，在边缘开有天窗，使室内显得更加高大而敞亮。为了争取更加开阔的视野，起居室朝向街道的山墙面全部采用木框架和玻璃构成的落地窗，由此构成了"透明"住宅的另一种形式（图5.06）。

　　斯科尔尼克住宅依靠一系列的15度斜线——不仅出现在墙体，也出现在屋顶部分——顺应了基地的边缘，平面是一个粗短的"L"形，起居室部分朝向内侧，厨房、卧室等功能分布在外侧。辛德勒在起居室上空设计了折线形坡顶，并以大片的玻璃让天光直接射入室内，"透明"屋顶使得下部"空间"更具开放性。

　　从上述三件"透明"住宅作品中可以看出，"空间"得自于"围合"，通过界面透明性的改变显现出自身的"现代性"。由于接受了早期美术学院系统的专业训练，辛德勒在很多作品中依然关注各部分形态的完整性以及相互间明确的轴线、等级与秩序关系，因此保留了些许古典的气质。他的空间依赖于对气候、光线、氛围等要素的呈现，通过视线穿透或者身体运动进行捕捉。这些特征在他早期的作品豪威住宅之中已有体现。这个作品以方形几何为母题，借助斜向轴线、转角窗引导下的视线、剖面高度的变化，强调了以起居室为中心的"空间"序列，墙体形成的"阻隔"关系被身体经验中的"连续"知觉所替代（图5.07）。

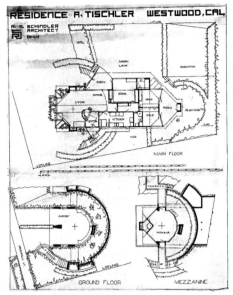

图5.06
提斯勒住宅（鲁道夫·辛德勒，1949—1950年）

图5.07
豪威住宅（鲁道夫·辛德勒，1925年）

　　如果说，从辛德勒的实践中可以看出路斯以及赖特的双重影响，那么，经受过欧洲现代艺术浪潮洗礼的诺伊特拉的"空间"意识，则表现出更加明显的"风格派"的印记。诺伊特拉不再以传统的隔墙进行室内的划分，特别是在一些家庭成员共享的区域，比如起居室、餐厅、活动室等，多采取轻型隔断、材料变化、顶棚或地坪高度变化等手段进行处理。1952—1953年间完成的海弗利与穆尔双子住宅是一个典型的例子。两幢住宅位于相邻的地块，其中，海弗利住宅以南北向布置，面朝东侧庭院，穆尔住宅位于海弗利住宅西边，以东西向布置，面朝南向庭院。两户之间以一条带绿化的入户道路为界，部分由顶棚遮盖，诺伊特拉在这里通过实墙和带隔断的院子保护了各自的私密性。两幢住宅的面积大小、功能安排几乎相同，在室内起居室、餐厅、书房三个主要区域之间，诺伊特拉几乎没有布置任何墙体：在穆尔住宅中，仅以轻型隔断，比如帘幕，进行分隔；而在海弗利住宅中，整个东侧包括了起居室、书房和钢琴室三部分，是一个"连续"的空间，主要通过地面材质和顶棚造型的变化进行区分（图5.08）。

　　这种消除隔墙的"空间"，在当时的南加州"现代住宅"当中已是普遍的特征。在哈维尔·哈里斯于1935年设计的海伦·柯什纳住宅之中，起居室、钢琴室和餐厅呈"T"形布置，三者之间没有任何隔墙，仅以细长立柱作结构支撑：一条走道隔开了餐厅和其余两个部分，地面材质的变化又分出了起居室和钢琴室（图5.09）。拉斐尔·索里亚诺则借助钢结构呈现出同样的"空间"特征。他在列维尔住宅中使用了单排钢框架，以此获得了一个不需要内部结构的连续空间：两侧分别用作起居室、厨房等"公共区域"以及卧室、卫生间等"私密区域"。"公共区域"几乎没有墙体，仅有一面隔墙供厨房布置家具，剩下的部分则完全通透，可以穿过落地玻璃直接看向室外。

图5.08
海弗利住宅（理查德·诺伊特拉，1952—1953年）

这种欧洲血脉中的观念也接续了赖特开创的"现代空间"的美国源头，它随着约翰·洛特纳来到南加州。1949年的斯卡弗尔住宅（Schaffer House）位于一片橡树林中，业主全家喜欢在这里进行森林野餐。洛特纳以红杉木板拼接成外墙，并在它们中间留出较大的缝隙，让光线可以柔和地渗透进来，模糊了

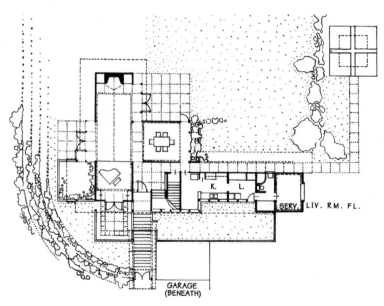

图5.09
海伦·柯什纳住宅（哈维尔·哈里斯，1935年）

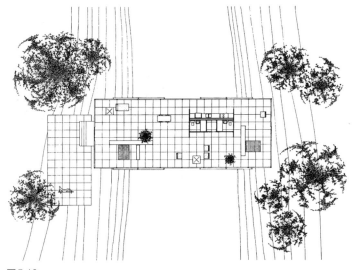

图5.10
"桥宅"平面图（克莱格·埃尔伍德，1968年）

室内外的界限；同时，还将起居室设计成一个"连续"的整体，取消它与餐厅、厨房之间的明确划分，仅在中心位置通过一个壁炉建立起这个"空间"的领域感。这种消解住宅公共区域之间隔墙的方法，后来逐步发展到极致。这种特征贯穿了克莱格·埃尔伍德职业生涯的始终，无论是在早期的海尔住宅，还是渐受密斯影响的晚期作品中都很明显，特别是1968年的"桥宅"（Bridge House）的概念设计，一套均匀的网格系统更体现出对"空间性"的强调（图5.10）。

图5.11
约翰逊住宅（皮埃尔·科尼格，1962年）

皮埃尔·科尼格的约翰逊住宅在最初建成时采用了"T"形平面，起居室和厨房被置于中间伸出的部分，被设计成透明的玻璃盒子，仅在中心放置一个壁炉。在1995年扩建之后，这一部分的格局被保留下来，说明这种"空间"观念已经凝固为恒定的"现代"美学品质（图5.11）。

5.2.2 错动的楼板

1945年，鲁道夫·辛德勒以一个称为"空间发展"（Space Development）的图解总结了自己的"空间"概念。他展示了一系列不同标高的平面图——3英尺、7英尺、9英尺，此外还包括一个屋顶平面——以此设想了一种不同房间拥有不同高度的"空间"体系。3英尺的高度是基准面，可以在这个平面中看到所有房间，包括一个起居室、三个卧室和一套厨卫系统；7英尺到达了门的高度，一些低矮的部分，比如卫生间，已经不复存在，厨房、卧室等房间的形状也产生了细微的变化；到了9英尺高度的时候，仅有通高的起居室还保持着平面的完整。以此为原型，可以通过旋转或者设置转角窗，适应不同的基地条件，获得理想的视野（图5.12）。辛德勒于同年开始设计的戈德住宅呈现出与这个图解较为一致的特征，并借助"辛德勒框架"体系实现了这一设想。

鲁道夫·辛德勒在1947年的《建筑实录》中发表了关于"辛德勒框架"的论文，虽然表面讨论的是建造，但事实指向的却是空间理论。在辛德勒看来，建筑设计的目的不是简单的形体构图，而是对其中的"空间"序列和关系进行组织，在此过程中，墙体、屋顶、门窗的尺度和比例，提供了可参照的坐标系统，因此可以用作"形式"调节的工具。20世纪40—50年代，"辛德勒框架"渐趋成熟，从他该时期的作品中已经可以辨认出一些共同特征：①墙体中的宽阔开口（large openings in walls）；②多层次的顶棚高度（varying ceiling heights）；③低矮的水平基准面（low horizontal datum）；④高窗与天窗处理（clerestory windows）；⑤大幅度悬挑（large overhangs）；⑥高度接近的室内地坪与室外地坪（interior floor close to exterior ground）；⑦邻近的空间单元或房间的连续性（continuity between adjoining space units or rooms）。其中不少内容

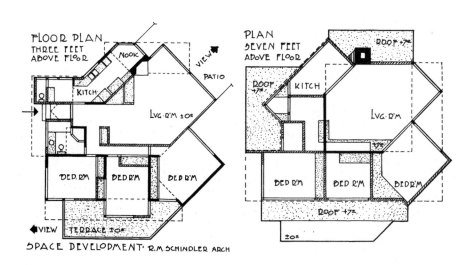

图5.12
"空间发展"（鲁道夫·辛德勒，1945年）

都涉及剖面，即通过在内部水平与垂直方向上的转换触发对"空间"的知觉[1]。

以剖面塑造空间的做法在辛德勒的许多早期作品中就已经出现。比如1922—1926年间的洛弗尔海滨住宅就以通高两层的起居室营造出了宽敞明亮的室内效果。辛德勒剖面设计的另一个"空间"特征在于多变的屋顶形式，比如各种坡度的单坡顶，不对称的两坡顶，反向翻折的折线顶，并利用山墙、檐下、屋脊部位的变化设置天窗，向室内引入自然光。1938年的叶茨住宅兼工作室（Yates House and Studio）、1940年的德洛斯特住宅（Droste House）、1940—1942年间的德鲁克曼住宅（Druckman House）等，都是其中颇具代表性的作品（图5.13）。

在不久之后的沃尔夫住宅中，采取的处理方式更加复杂。这首先取决于陡峭的基地，辛德勒采用了一种阶梯状的剖面，将所有的交通置于外部，各层分别赋予不同的功能：最底层临街，二层为用人房，三层为客房，四层为起居室和主卧室，顶层为屋顶花园。出于私密性的考虑，大多数住宅都会将卧室和起居室分开，但在沃尔夫住宅中，辛德勒仅以地坪高度的变化回应这项需求：将卧室错动半层，置于起居室斜上方，通过几级楼梯上下（图5.14）。这事实上更接近于所谓的"居住单元"概念，将两种功能并置在一起，依靠分层入口的方式，控制与其他部分之间的联系，同样可以形成相对独立、不受干扰的个人空间。这种做法还带来一些其他好处：首先，可以获得较高的起居室层高，使用上比较舒适；其次，减少了水平向的视线遮挡，即使面积不大，也能尽量形成开阔的感觉；同时，节省了交通面积，跃上半层之后通过坡道到达屋顶花园，不用专门安排楼梯间。这种剖面设计既结合了实际使用，也形成了独特的空间体验。

图5.13
德鲁克曼住宅（鲁道夫·辛德勒，1940—1942年）

图5.14
沃尔夫住宅（鲁道夫·辛德勒，1928—1931年）

1　SHEINE J. R. M. Schindler[M]. New York：Phaidon, 2001：100.

这种结合陡峭的坡地，利用逐层变化的剖面组织功能的做法，也出现在哈维尔·哈里斯1939年的作品布莱尔住宅（Blair House）之中。通过外置的"Z"字形楼梯串联起居室和餐厅、卧室、工作室三种功能，它们分别层叠在不同高度，体量交错形成露台。格里高利·艾因的奥兰斯住宅（Orans House，1941）同样位于坡地上，不过较为平缓。艾因采用错层的方法分隔不同部分：与道路同高的是车库；相对私密

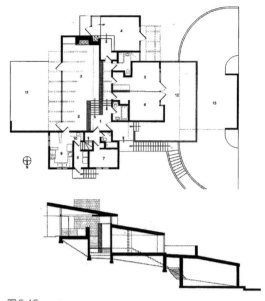

图5.15
奥兰斯住宅（格里高利·艾因，1941年）

的两间卧室和一间书房，往上抬高一层，并结合车库屋顶伸出一个露台；再向上半层是入口和用人房；最顶端的部分是连接院子的公共区域，包括起居室、餐厅和厨房。艾因利用高差在入口处对活动进行分流，明显形成了公私之间的界限，但视觉上却并不过分强调各自的独立性：卧室前的走廊和起居室之间没有用实墙分隔，而是以半高的嵌入式家具遮挡；下倾斜的坡屋顶也加强了空间的整体性与连续感（图5.15）。

相似的剖面特征也出现在理查德·诺伊特拉的作品之中。比如1929年的洛弗尔住宅以通高楼梯间暗示出下方起居室的"公共"性质；1936年的冯·斯特恩博格住宅也有通高两层的起居室，上方以带形高窗引入阳光[1]。其中一些剖面变化根据地形的天然起伏而形成，在1949年的格林伯格住宅中，诺伊特拉利用两段台阶制造出了三个不同的标高：下方的庭院种满花木；中间一小段露天平台使用硬质地面，可以在这里进行烧烤之类的室外活动；再向上的主要居住部分挑出宽阔的露台，可以俯瞰整片景观（图5.16）。

诺伊特拉还会利用细微的地坪高度变化划分出不同性质的"空间"区域，比如1956年的楚伊住宅通过几步台阶区分出了起居室、工作室和卧室三个部分，1961年的马丁·朗住宅（Martin Rang House）和1962年的戈德曼住宅通过高差处理强调了起居室，尤其是环绕在壁炉周边的区域。这在当时的南加

1　冯·斯特恩博格住宅即后来的安·兰德住宅。

图 5.16
格林伯格住宅（理查德·诺伊特拉，1949年）

州现代住宅中十分普遍，查尔斯·埃姆斯和埃罗·沙里宁的案例住宅9号与老肯佩尔·诺慕兰和小肯佩尔·诺慕兰的案例住宅10号当中，都能看到类似的特征。

同样，约翰·洛特纳的伯格仁住宅（Bergren House，1953）以台阶形成了起居室的下沉区域，此外，还利用梯形平面、倾斜的墙体与顶棚、室内植物以及材质变化强调出了室内空间的特性。这种通过高差、不规则形体、界面转换塑造剖面的方式在1962年的加西亚住宅之中再次出现，通过弧形屋顶和逐步下降的地面，让穿行于起居室的"连续"过程契合于"现代空间"捕捉运动的诉求（图5.17）。

图 5.17
加西亚住宅（约翰·洛特纳，1962年）

5.2.3 陈设与内饰

　　"现代空间"的美学偏好纯粹性，因此，陈设与内饰也被视为住宅设计的重要方面。很多建筑师都专门设计过家具，鲁道夫·辛德勒、理查德·诺伊特拉、克莱格·埃尔伍德等都有十分著名的作品问世，索恩顿·M.阿贝尔就为案例住宅7号绘制了完整的家具图纸（图5.18）。同时，他们还喜欢选择现代风格的家具布置在自己的作品中，在整体上实现统一，日裔设计师野口勇（Isamu Noguchi，1904—1988）于1947年制作的一款经典咖啡桌（Noguchi coffee table）就被诺伊特拉用在了1951年的厄尔·布洛德住宅（Earl Brod House）室内。建筑师还会结合具体用途在住宅中的一些必要部位布置嵌入式家具，作为塑造空间的要素，赖特在其"美国风"住宅中就有过很多尝试，为了鼓励集体性的家庭活动，他将卧室设计得隐秘而狭小，而起居空间、厨房——亦称为"工作区"——和餐厅等主要的公共区域以火炉为中心，做最大可能的连通，仅以预制装配的家具进行分隔[1]。"二战"之后，现代设计逐步成为各项展销活

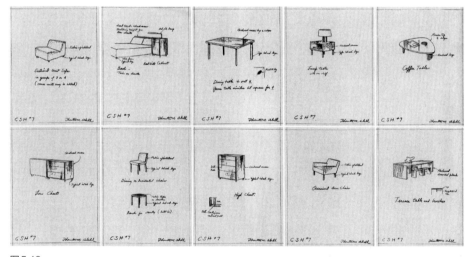

图5.18
案例住宅7号家具设计（索恩顿·M.阿贝尔，1945—1948年）

1　"美国风"住宅的想法最初出现在赖特位于明尼阿波利斯的马尔科姆·威利住宅（Malcolm Willey House，1934）中，但直至1937年威斯康星州麦迪逊的赫伯特和凯瑟琳·雅各布斯第一住宅（Herbert and Katherine Jacobs First House）之中，其主要特征才最终成型。"美国风"住宅通常用平顶，多数省略阁楼和地下室以节约造价，以混凝土厚板为基础，其中预先敷设好整幢房屋所需的供暖系统，墙体采用"三明治墙"（sandwich walls）。赖特试图以此解决1929年经济"大萧条"后的住宅问题，他一共修建了近60幢"美国风"住宅，1963年完工的戈登住宅是最后一幢"美国风"住宅。

图5.19
"优良设计展"（纽约，1951年）

图5.20
沃克住宅（鲁道夫·辛德勒，1935—1936年）

动的基本内容，在1950—1955年间，小埃德加·考夫曼（Edgar Kaufmann，Jr.，1910—1989）组织了一系列以"优良设计"为主题的展览，以此推动公众与投资商对现代美学的接受。其中，各种室内场景就通过大量风格简约的家具与生活设备，结合"现代空间"的形式特征进行布置，同时满足使用和美学需求（图5.19）。

鲁道夫·辛德勒在1934—1935年间的范·帕滕住宅（Van Pattern House）中，就将家具布置作为空间要素一并设计。他将壁炉摆放在起居室角部，并试图以此为中心形成聚合人气的区域：利用一个"L"形的沙发进行再次分隔，在前方限定出类似于"洽谈区"的功能，后方则保留了迎向庭院的开阔视野；在沙发的侧前方，看似随意地散布着两个小型沙发凳，模糊地指示出不同部分间的过渡关系。类似的方式在辛德勒的作品中频繁出现，嵌入式家具经常得到使用，1935—1936年间的沃克住宅、1938年的索霍尔住宅与工作室、1945—1946年间的多尔蒂住宅（Daugherty House）都是典型的例子（图5.20）。

大概在20世纪50年代前后，鲁道夫·辛德勒再次提出一套称作"视觉技术"的理论，可以看作他的空间理论的衍生，其中的重要观点之一，就是以多样的材料肌理丰富室内效果，比如胶合板材、木格栅、透明纤维玻璃、金属和各种石材在陈设与内饰表面的使用。提斯勒住宅就以一个金属壁炉而闻名。其主要居住部分拥有一个过渡性的门厅，被砖砌的曲面墙及其顶部的弧形顶棚限定。壁炉位于三层入口的前方，以更饱满的弧面背靠曲面墙，近似地形成不对称的树叶形，上方四棱柱体的金属烟囱通出屋面，下方砖砌的半圆平台和金属罩共同形成炉龛，并在周围细致地铺有一圈细石（图5.21）。

围绕壁炉组织家庭起居空间，是美国住宅室内的常见布局。赖特就对壁炉具有"着魔般的偏爱"，认为它指涉着道德和精神的中心，体现出了存在于理想生活中的一种普世的神圣感[1]。当这种倾向结合了"现代空间"意识之后，壁炉逐步成为室内设计中最受关注的要素之一。

比如在1955年的斯托勒住宅中，理查德·诺伊特拉就以丰富的细节将壁炉区域处理成为一个重要的空间节点：一个以红砖贴面的台基上，倒扣着"L"形的浅色抹灰体块，二者围合出炉龛。壁炉的一侧以一扇玻璃隔断，伸向一个被称为"独坐之角"（nook）的半室外区域，这里的地坪与壁炉台基等高，以几级踏步和起居室部分相连；另一侧是一面直抵顶棚的片墙，边上藏着一扇木门，通向后边的读书室（图5.22）。与此相似的，在1959年的辛格莱顿住宅中，壁炉与沙发和书架相连，形成了起居室和家庭活动室的界限。另外，一些外露的结构部件也配合着这种空间转换，1952年的奥尔巴赫山间小筑以横梁呼应壁炉，对起居室和餐厅两个部分进行暗示（图5.23）。哈维尔·哈里斯在约翰逊住宅中同样以壁炉区分起居室和门厅，类似的处理方式也出现在他在洛杉矶为雷克斯·哈迪（Rex Hardy）修建的海滨小屋（Beach Cottage，1950）中。

即使在一些取消了壁炉这种传

图5.21
提斯勒住宅室内（鲁道夫·辛德勒，1949—1950年）

图5.22
斯托勒住宅（理查德·诺伊特拉，1955年）

图5.23
奥尔巴赫山间小筑（理查德·诺伊特拉，1952年）

---

1 弗兰姆普敦.现代建筑：一部批判的历史[M].张钦楠，等译.北京：生活·读书·新知三联书店，2004：57.

图5.24
案例住宅24号（A.昆西·琼斯，1961年）

图5.25
沃尔斯托姆住宅（约翰·洛特纳，1969年）

统陈设的晚近设计中，也同样会通过其他布置方式塑造出家庭空间的中心感，A.昆西·琼斯在案例住宅24号中诠释了这种思路。他以钢结构获得了一个无柱的起居室空间，对局部地坪做了下沉处理，强调起居室和餐厅部分。一张横亘中间的条形餐桌划分出两部分功能，一组沙发围合出起居室，背靠厨房隔墙的则是餐厅。餐桌明显呈现出"风格派"的影响，以一个垂直的立柜与一横一纵的两块板材咬接在一起，架设在中间下沉区域的两端，保持了水平方向上"空间"的连续感（图5.24）。

在当时的不少现代住宅作品中，空间划分已经几乎完全依靠家具完成。比如拉斐尔·索里亚诺1950年的作品柯蒂斯住宅，以及1955年使用单排钢架结构建造的艾奇勒住宅。在建筑设计的同时，为之配置单元化的家具，这在后来甚至成为索里亚诺工作中的一项基本内容。20世纪60年代完成的"全铝制住宅"当中就包括了全套的家具设计。

类似的例子还有约翰·洛特纳1969年的沃尔斯托姆住宅（Walstrom House）。这是一个规模极小的两层单坡顶木屋，内部布置极为简单，底层是一个单一的大空间，仅在角部布置了卫生间，上方挑出一个倒锥体的平台，仅以半高的栏板围合出卧室，通过一段木楼梯上下通行。卫生间之外的所有"空间"都是开放的，各种功能通过家具得以界定，沙发和壁炉之间是起居室，一侧的书架正好充当卫生间的外墙，比如"U"形的工作台形成厨房，边上环绕餐桌的部分用作餐厅（图5.25）。

5.2.4 特征与品质

透明而连续的"现代空间"特征组织起了相应的"形式"原则，并凝固为建筑学专业普遍共享的评判标准，无论是开放的平面、变动的剖面，还是嵌入的家具，都服从于这套整体性的逻辑。在此过程中，理性、抽象、纯粹等美学倾向被视作某种规范性的设计品质，进入了"现代性"与"地域性"的分别建构。

事实上，最关键的区分出现在"地域性"论述的内部。在"空间"回溯向自身无法割断的欧洲式的抽象艺术渊源的同时，也会不可避免地陷入美国情境下的社会、记忆、情感等一系列深层的文化选择，二者的竞争不只意味着色彩、纹样、质地等一系列知觉经验的回归，或者对装饰等一系列问题的重新发现，更关系到一种具体脉络中的现代居住模式的主体建构。很大程度上，"地域性"的相关论述在20世纪80年代再度兴起，正是通过这些"特征"或者"品质"将自身从"充满矫饰的帝国式的博辞""历史主义的化装舞会""杂乱无章的布景式插曲""对乡土因素感情用事的模仿"等形式语言之中抽离出来，并以超越"后现代主义"的姿态，再次介入对"全球化"问题的思考。以此形成的"空间再现"的策略，也深刻地影响了与"自然""技术"主题相关实践中的许多选择[1]。从此意义上说，"现代性"与"地域性"之间确实存在着多重观念的碰撞，却又共同被无形的"时代精神"所牵引。

5.3 功能组织

"现代住宅"最重大的转变之一，体现于内部"功能"的独立化和专门化，它源于家庭生活和社会规范的改变。对美国中产阶级来说，它们主要发生在三个方面：一是公共领域和私人领域的界限。早在20世纪初，上流社会的居所中率先出现了相关的分化，在专门用来接待客人的房间之中，仅仅展示"体面"的东西，不应受到"窥探"的东西则被排除在外，"会客室"因此成为公共领域和私人领域之间的过渡[2]。二是工作地点和居住场所的分离。工作在这一时期不再依赖于个人劳动，而是逐步转向有组织的协同生产，人们前往固定的工作地点，根据协议通过雇佣关系赚取工作薪酬，住宅开始趋向以休闲为主的生活场所。三是家庭成员中角色分工的改变。一方面，大部分中产阶级无力承担聘请佣人的费用支出，另一方面，则表现为由妇女承担家庭事务在社会观念中

---

1 FRAMPTON K. Towards a critical regionalism：six points for an architecture of resistance[M]// FORSTER H. Anti-aesthetic：essays on postmodern culture.New York：The New Press，2002；TZONIS A，LEFAIVRE L. Critical regionalism，architecture and identity in a globalized world[M]. Munich，Berlin，London，New York：Prestel，2003.

2 在现代时期之前，尽管已经依靠墙壁将家庭和外部社会区分开来，但真正意义上保护"个人隐私"的空间还没有形成，这些仅仅是那些处在社会顶端的阶层才能享受的特权。

逐步定型。战后美国社会的初婚年龄更加年轻化，离婚率下降，并迎来了生育的高峰，"孩子是家庭幸福的中心"这一深入人心的观点同样在住宅布置中得到了体现。

现代人的生活逐步分裂成三个基本部分：公共生活、家庭生活、个人生活。战后典型的美国"中产阶级"住宅当中，家庭成员共同拥有宽敞的起居室和干净的厨房，各自拥有独立的卧室。此外，富裕家庭还会另设区别于普通起居室的仅供内部成员使用的"家庭室"，或者供来访者留宿的客房。这些不同的功能通过走廊或过厅相连，在大多数卧室当中，也逐步出现了单独的卫生间、更衣室以及专门的休息娱乐空间。

5.3.1 公共与私密

理查德·诺伊特拉于1929年设计的位于洛杉矶的洛弗尔住宅受限于坡地条件，必须从建筑的顶部进入，但是室外活动场地只能结合环境置于底部。于是，不同的功能被安排如下：顶层用作卧室和工作室，中间层布置起居室、餐厅、厨房和客房，底层用作庭院、泳池、洗衣房。尽管最具私密性的卧室部分被迫置于连接入口的顶层，但是凭借交通组织，诺伊特拉依然营造出了"公共·私密"过渡的空间序列。首先，通过宽阔的入口平台拉开住宅和道路之间的距离。在进入门厅之后，可以接触到几条不同的流线：左边是楼梯间，有一个通高的梯井，直接将目光引向起居室，暗示出下方区域的公共性；左前方的房门通向书房；右前方的房门内是走道，尽端被放大，形成一个过厅，集中了两间卧室和一个公共卫生间的入口。诺伊特拉对主卧室部分的考虑尤为细致，进门后的侧面是专属卫生间，向前是更衣室，这里构成了又一个小小的交通转换点，经过左边的门可以直接走进书房，经过右边一道门才算正式到达了卧室部分。通过这条刻意拉长了的，多次转折的路径，诺伊特拉成功地强调了主卧室在住宅主人"私人生活"中所处的特殊地位。类似的考虑也出现在中间层，一条走道分开了客卧和起居室，保证了在里面休息时能够免受外界干扰（图5.26）。

这种对"公共·私密"关系的细致处理同样出现在诺伊特拉为自己修建的V. D. L.研究住宅1号之中。有所不同的是：第一，基地面积不大且比较平整；第二，两边都有良好的景观，能同时看到银湖和锡耶拉·马德雷群峰；第三，这幢住宅也兼作工作室，承担一定的对外功能，有时诺伊特拉的学生或者助手也会住在里面，比如格里高利·艾因就曾在里面待过很长一段时间。诺伊特拉在住宅中做了明确的功能分区，"H"形体量中，东侧沿街部分为一层，主要由

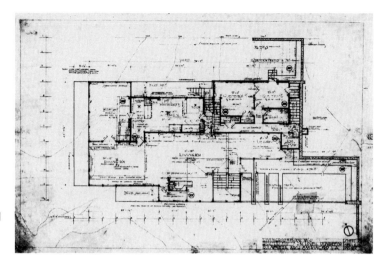

图5.26
洛弗尔住宅平面图
（理查德·诺伊特拉，
1929年）

起居室、厨房、活动室和车库组成；西侧朝湖部分有后院，下层是工作室，包括诺伊特拉专用的一间办公室，上层是独立的生活单元，有卧室，还有专供家人使用的起居室、厨房和餐厅；两部分中间以院落和公用卫生间相连。几条流线的设计十分精巧：西侧上层的居住部分可以通过一部楼梯经车库到达，无须穿过"公共部分"；他本人还能通过另一部楼梯直接去自己的办公室；工作室、起居室上下两部分本身相对独立，通过一个小小的过厅联系。诺伊特拉十分注重空间之间的主次关系，比如斯莱文住宅的主体架设在一个宽阔的平台上，平面为两个错动的矩形：后半部分功能比较简单，由一排共五间卧室组成，前半部分则布置了起居室、餐厅、厨房、活动室、书房和主卧。诺伊特拉从以起居室和餐厅为中心的"公共领域"引出了两条走道，分别通向两边的卧室，并在其与被称为"喧闹区"（rumpus room）的部分之间形成了遮挡关系，卫浴被隐匿其中。至于最为私密的主卧部分，沿用了与洛弗尔住宅类似的处理方式，由更衣室进入，并且连着书房（图5.27）。在这种以分区满足"私密性"的布局方式中，走道的串联与屏蔽起到了关键性的作用，在许多其他建筑师的作品中，比如格里高利·艾因在1946—1948年间的作品威尔冯住宅（Wilfong House）之中，都可以看到类似的安排。

鲁道夫·辛德勒在其名作国王路住宅中对这种空间关系同样进行了精彩的演绎，这幢住宅因为由两家合用而显得与众不同：辛德勒和妻子鲍琳·辛德勒，以及工程师克莱德·蔡斯和妻子艺术家玛丽安·达·卡梅拉·蔡斯（Marian Da Camera Chace）共同居住在里面[1]。他们合用车库、客房、厨房，又有相互独立

1　玛丽安·达·卡梅拉·蔡斯和鲍琳·辛德勒是大学时期的同学。

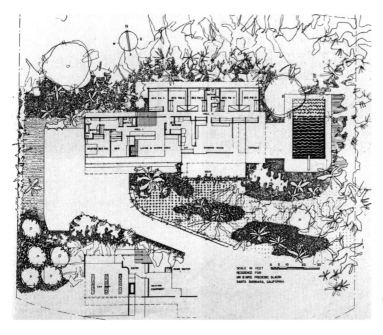

图5.27
斯莱文住宅平面图
（理查德·诺伊特拉，
1956年）

的小型入口门厅。辛德勒基于三个"L"形平面，以风车状布局组织功能，并
形成了供各自家庭使用的院落：合用部分单独占据一个"L"形，环绕着一个
杂物院；两家的主要居住空间各占一个"L"形，面朝庭院，交通空间和卫生
间设在拐角处。辛德勒大胆突破了起居室和卧室的传统功能布局，而将每个
居住部分分成两个单元，得到了四间"工作室"，由每户的夫妇两人分别使用：
这一方面和住户的职业背景有关，满足了他们的工作需要；另一方面也保证了
合住时可能出现的私密需求和社交活动之间的冲突。在立面处理上，朝院落的
一面，木框架和玻璃形成了通透的视野；而贴近街道或靠邻居家的背面，则使
用预制的混凝土墙体，显然也是出于同样的考虑（图5.28）。

　　"公共领域"和"私人领域"之间的区分以及它们自身内部的等级与秩序，
在一些大型住宅中体现得更加明显。1973年的斯莫利住宅是A.昆西·琼斯完成
的面积最大的住宅之一。其中，各个性质不同的区域围绕一个内院进行组织：
在这个不等臂"T"形的半室外场所周边，分别布置了入口、通高两层的起居
室、厨房、餐厅和洗衣房，这些都是全家共用的功能。斯莫利住宅拥有五个卧
室。主卧室单独置于西南侧，宽敞而奢华，内带两套卫浴和更衣室，供夫妇二
人使用。另外四间卧室排列在东北侧，分两组布置，中间附带一套单独的起居
室和餐厅。四个房间的大小与功能各有不同：北面一组自带学习室，各有衣帽
间，盥洗室分开，合用淋浴间；南面一组更衣室相连，卫浴部分更宽敞，盥洗
室独立，合用浴缸（图5.29）。

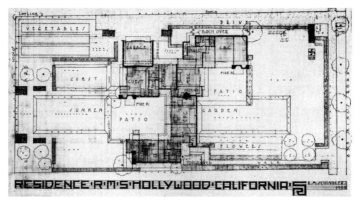

图5.28
国王路住宅平面图（鲁道夫·辛德勒，1921—1922年）

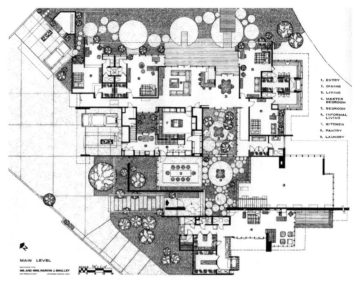

图5.29
斯莫利住宅平面图（A.昆西·琼斯，1973年）

在《洛杉矶时报家居杂志》（*Los Angeles Times Home Magazine*）1974年刊登的一篇文章中，丹·迈克麦斯特斯（Dan McMasters）写道："有时候，设计一幢大房子要比小房子困难，设计一个预算不受限制的房子要比一个平均成本的房子困难。但归功于琼斯处理复杂问题时的娴熟技巧，斯莫利住宅这幢名副其实的豪宅的布局却清晰有序而高效合理。"[1]

5.3.2 工作与休闲

尽管现代时期的工作逐步从家庭生活中分离出来，但某些职业由于自身的

---

1 MCMASTERS D. That one exalting stroke[J]. Los Angeles Times Home Magazine，1974：17.

图5.30
科尼格住宅1号工作场所（皮埃尔·科尼格，1950年）

特殊性，依然要求在住宅中留出相应功能，拉斐尔·索里亚诺为建筑摄影师裘里斯·舒尔曼设计的舒尔曼住宅就是其中的著名案例之一。

不少南加州建筑师也采用类似的执业方式，他们设计的自宅，根据具体情形的不同，呈现出多样的特征。鲁道夫·辛德勒是一名特立独行的艺术家，喜欢个人工作，因此在国王路住宅中对混合功能的"生活·工作"单元进行了组合的布置，在此居住过的克莱德·蔡斯与理查德·诺伊特拉都曾经是他的业务伙伴。而皮埃尔·科尼格在修建科尼格住宅1号（Koenig House No.1,

1950）时，还是一个未出道的籍籍无名的年轻学生，因此只在起居室简单地留出一个区域，作为工作场所（图5.30）。另一种方式，如理查德·诺伊特拉的V. D. L.研究住宅1号或者A.昆西·琼斯的琼斯住宅3号（Jones House No.3,1965），在修建时建筑师已在开设一定规模的事务所，有固定的学徒、助手与雇员在其中工作，并接待来访客户，因此会开辟出更独立的区域。V. D. L.研究住宅1号的工作室占据了一层空间，和居住部分在流线上互不交叉；琼斯住宅3号则将两部分沿街并置，结合庭院分设入口：住宅部分的庭院内向封闭，入口尺度狭小，凹进一块体量，中间有一簇屏风一样的植株，大门转向右边；工作室入口是完整的院子，正对绘图室，要敞亮开阔许多（图5.31）。

"工作"与"休闲"功能两分的空间布局，以埃姆斯夫妇合作设计的案例住宅8号最为典型。在长条形的矩形平面中，建筑师以一个庭院分隔了居住部分和工作部分，并将起居室和工作室置于外侧，厨房、卫生间这样尺度较小、隔墙较多的辅助功能置于内侧，进一步减少了不同区域之间的干扰。此外，它们的入口也是分开的，各自通过一个庭院与外部联系（图5.32）。

对其他职业来说，不像建筑师一样拥有大量在家工作的时间，也就不必做出如此明确的区分，根据各种身份的具体要求，他们住宅中的工作空间也呈现出多样的布置方式。一种具有开放的特征，往往称为"图书室"，和起居室相连：一方面，可以满足家庭成员日常生活中的阅读需求；另一方面，也

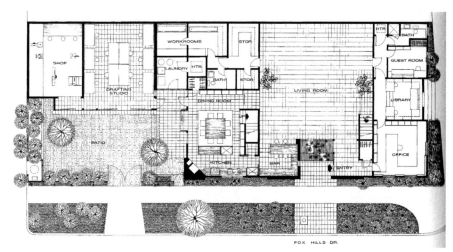

图5.31
琼斯住宅3号平面图（A.昆西·琼斯，1965年）

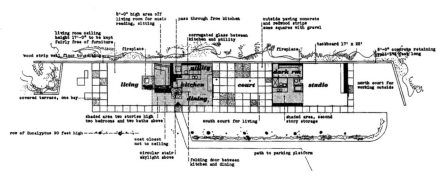

图5.32
案例住宅8号平面图（埃姆斯夫妇，1945—1949年）

可以通过藏书展示住宅主人的气质和品位，正如埃里克·霍布斯鲍姆指出的某种"人格的体现"。哈维尔·哈里斯在博彻尔住宅的入口处做了这样的设计，需要经过图书室进入起居室，两部分仅以一组嵌入式的沙发和橱柜进行分隔。另一种相对独立，但不是只强调私密性，更接近一种对准入的控制。哈里斯的哈洛德·英格利什住宅的功能分区十分明确：一楼是"公共领域"，包括通高两层的起居室、厨房、餐厅，还有去泳池玩耍之前所需的更衣室；二楼是"私人领域"，包括主卧室、两个自带卫生间的次卧以及工作室。以当时住宅的平均水准来看，这个空间的规格称得上"超豪华"，不仅拥有堪与主卧室相比的面积和不一般的层高，还拥有独立卫生间和宽敞的阳台，另带一个小制作室。这当然与业主哈洛德·英格利什的个人爱好有关，这位美国富商在娶了法国太太之后，成了一名艺术收藏家，喜欢收藏欧洲古典绘画和家具，这个工作室就是为此定做的。当他得到一幅艺术珍品后，就会在这里进行裱糊装框的工作，并选

图5.33
哈洛德·英格利什住宅（哈维尔·哈里斯，1949—1950年）

择一些在这里定期展出。哈里斯熟谙这个小圈子里的游戏规则，于是将这个空间打造得气派奢华（图5.33）。他对此解释道："（英格利什住宅中）空间的设置、塑造和联系，都是对某种个人生活模式的打造——工作、阅读、睡眠、饮食、白日做梦、谈天说地、修养身心——可以在最舒适的状态下进行。"[1]很显然，英格利什住宅提出的是一种特殊的需求，工作成分很少，主要承担社交、娱乐和休闲功能。这种气质同样体现在其他部分，如主卧室中穿套的一个小厨房，连着转角阳台，被业主的好友——欧洲音乐大师阿诺德·勋伯格（Arnold Schoenberg，1874—1951）昵称为"茶道馆"（Tea Kitchen），在此品茗静坐，眺望远景，无疑是风雅惬意之事。

南加州经济宽裕的中产阶级对高品质休闲方式的追求，深植于喜爱室外活动的传统习惯之中，这不仅得自于当地温和的气候，也在于现代医学对健康生活不遗余力的宣传。在国王路住宅中，鲁道夫·辛德勒便在庭院里设置了壁炉，为那里的室外活动供暖，这在南加州其实是一种常见的设计。此外，他还提出了一种称为"睡眠摇篮"（sleeping baskets）的休息空间，每两个"生活·工作"单元，即每户家庭共享一个，被置于"L"形转角处的二层，通过楼梯上下，侧面可以打开，直接接触到室外环境。近似的特征在理查德·诺伊特拉的洛弗尔住宅中更为清晰。这幢住宅中的一些功能是根据业主的要求布置的，比如穿套在顶层"起居室"里，紧贴外窗的三个标注为"睡眠外廊"（sleeping porch）的小房间。在实际使用中，前者才是正式的卧室，后者实属于一种休闲养生空间，它与业主菲利普·洛弗尔的个人生活主张有关。洛弗尔是当地一名反对药物治疗，提倡自然疗法的医生，他认为，健康的生活方式应该包括适度锻炼、

---

1 HARRIS H H. Client form，1981.这是哈里斯在北卡罗来纳州立大学给学生的一次演讲，后发表于 *Portrait of an Architect*（p127-p132）。转引自：GERMANY L. Harwell Hamilton Harris[M]. Austin：University of Texas Press，1991：132.

图5.34
V. D. L.研究住宅1号（理查德·诺伊特拉，1932年）

图5.35
案例住宅28号（康纳德·巴夫，唐纳德·C.赫斯曼，1965—1966年）

身体按摩、冷热水浴、在空气流通的环境中入睡、日光浴以及素食等。当时，洛弗尔医生在《洛杉矶时报》（*Los Angeles Times*）主持一个医学专栏，在洛弗尔住宅建造时期，他在报纸上现身说法，认为自己的新宅就是"南加州的健康生活方式"所需的理想环境，也许这个"睡眠外廊"就是支持其主张的实例。这也符合诺伊特拉的观念，他喜欢这个设计，在1932年的自宅V. D. L.研究住宅1号中布置了相同的房间（图5.34）。

对于室外生活的热爱，在案例住宅28号中表现得最为明确。建筑师康纳德·巴夫和唐纳德·C.赫斯曼在这个位于千橡城的住宅中，以一个拥有巨大泳池的庭院为中心，形成了"合院式"的布局。住宅的主体分为三个部分，呈"品"字形排列。车库凸出在外，停车后经过主入口到达门厅：一边是"公共领域"，包括起居室、家庭室、餐厅、厨房和公用卫生间；一边是"私人领域"，包括一个主卧室和四个次卧室；所有的部分以宽阔的玻璃走廊相连，当中陈列着业主的艺术收藏品。泳池占据着庭院构图的中心，大概撑满了1/3的宽度，四周散布着小圆桌、躺椅；在泳池两侧，有一组"U"形墙形成的高大的支撑体，上面架设着木格栅顶棚，内部藏有灯光或者喷泉。立面表层以赭黄色砖砌肌理为主，映衬于碧水蓝天之间，色彩浓烈，充满了悠然自在的假日风情（图5.35）。厨房边上还有一个称为"服务间"的房间，面向庭院开门，能直接到达室外，这种布置正是"休闲"在家庭生活中所占比重逐步加大的情况下呈现出的转变。

5.3.3 补给与消耗

家用设备的现代化改变了住宅的内部布局，这无疑得益于科技的进步，A.昆西·琼斯于1963年设计的肖克里夫高塔公寓（Shorecliff Tower Apartments）

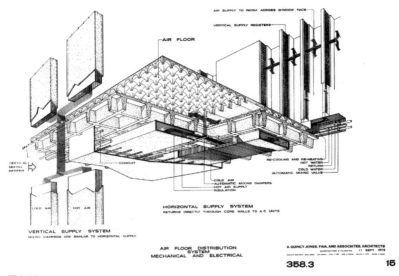

图5.36
肖克里夫高塔公寓（A.昆西·琼斯，1963年）

之中已经出现了相当先进、完备且复杂的管线系统（图5.36）。不断出现的电气产品也让厨房、盥洗室、浴室等空间变得更加便捷与卫生。H.克雷斯顿·多纳（H. Creston Dohner）于1943年设计的"后天的厨房"（Day after Tomorrow's Kitchen）一经推出就很快被商品化，它的模型陈列于全美各大百货公司的橱窗。1956年，通用汽车公司的"明日厨房"展览也吸引了大量消费者的目光，其中陈列的设备极为先进，比如：扩音器电话让主妇不用走出厨房就能接听，还带有传真功能；"贮存中心"（roto-storage center）实质上是冰箱的升级，拥有干燥、冷藏和冷冻等多种功能，圆形造型极具未来感，取用食品时可以旋转，玻璃舱门方便观察内部的存货，及时补充；超声波洗碗机可以烘干和消毒；IBM电子食谱能够配置出营养丰富的菜肴；大理石台面内置发热元件，清洁舒适；半球形玻璃烤炉使用石英材料隔热；自动洗衣机，用三个洗衣箱清洗分拣后的衣物，任何一个负重超过8磅（约3.6kg）后就会自动运转。这样的展销活动在战后层出不穷，接待了数以百万计的观众（图5.37）。

除此之外，它更归因于社会结构的改变。在大部分

图5.37
"明日厨房"，1956年

中产阶级家庭之中，丈夫外出工作，操持家务和照料孩子的任务全部落在妻子身上，因此，紧凑高效的厨房设计逐步成为当时备受关注的主题。比如，人体工程学针对从事这些日常琐事时的行为模式进行研究，提出了许多系统性理论，其中最具代表性的便是伊利诺伊大学研究人员在20世纪40年代提出的"厨房工作三角形"（kitchen work triangle）概念，有效地提高了厨房工作的效率，至今仍是人们普遍遵守的黄金定律。

在这种浪潮之下，南加州的建筑师们也进行着同样的探索。一种将厨房一类的"服务"功能置于住宅中心的做法，在鲁道夫·辛德勒的早期作品中就已经初见端倪。比如1924年的派卡德住宅，厨房被放置在"Y"形平面的核心位置，组织起周边的功能。克莱格·埃尔伍德的库伯利住宅（Kubly House，1964—1965）则提供了更加极端的例子，他设计了一个极为少见的接近完全对称的平面：厨房以狭长的矩形出现在中轴线上，两边分别布置起居室和餐厅；四个房间两两一组，共享一个卫浴单元，位于尽端位置。两个卫生间和一个厨房构成了三个"服务"核心。

格里高利·艾因对此有着更深刻的自觉，他清楚地意识到，这种布局的意义不仅限于形式。他在马尔维斯塔住宅中利用餐桌连通厨房和起居室，使用开放式的设计，并将其置于场地的中心，一边紧邻院落，拥有面向外部的视野，也能看见门前道路上发生的情况。这样能让主妇们在做饭的同时，监护孩子们的活动（图5.38）。建筑历史学家格温多林·赖特（Gwendolyn Wright）就此评论道："一个母亲需要能够穿过窗户形成的画框，看见自己的孩子在户外，或者，在开敞的室内中的举动。这种视觉关系应当被确定为住宅设计的新的基本前提。"[1] 艾因使用"监视"这个字眼来解释自己的构思，厨房被赋予

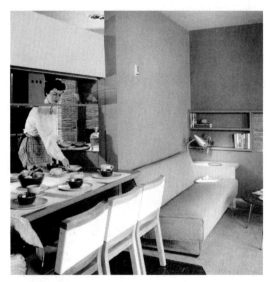

图5.38
马尔维斯塔住宅（格里高利·艾因，1947—1949年）

1 WRIGHT G. Building the dream: a social history of housing in America[M]. New York: Pantheon Books, 1981: 254.

图5.39
案例住宅1950厨房设计（拉斐尔·索里亚诺，1950年）

中心的地位，通过视觉控制周边"空间"中的行动，改变了人们对家庭主妇这一社会角色的传统认知，强调了她们对现代家庭的意义。此外，艾因还在厨房中留出了洗衣机的位置，他认为，既然所有家务都由主妇一人完成，那么将这些功能集中安排会更加适宜。对战后普通家庭来说，这是十分周详的考虑，很快得到了后来人的效仿。

有些厨房采用开放式设计，既是为了追求视觉控制，更是为了得到良好的景观视野，它已经不再被看作单纯的"服务空间"，而是被视为高品质家居生活的重要组成。这在拉斐尔·索里亚诺的案例住宅1950中得到了清晰的体现。在矩形平面的角部有一个半开敞的庭院，被起居室和餐厅环绕，厨房以"L"形包裹在餐厅边缘，只以家具和可移动的隔断作区分，透过大块的玻璃能够分享到庭院景观，并且设置了室内、室外两个用餐场所（图5.39）。这种对开放性的强调，同样出现在A.昆西·琼斯于1955年为亨利·海瑟威（Henry Hathaway）做的住宅加建中，他为原先的都铎风格建筑增加了一个面积为900平方英尺的钢结构部分，主要用作厨房、餐厅和起居室。鉴于业主电影导演的身份，琼斯强调这里承担的社交和娱乐功能，提出了一个"聚会厨房"的概念，这个区域没有隔墙，可以直接看向室外景色，功能划分都通过高度、材质和家具完成，以一个回旋镖形的餐桌隔开起居室和地坪下降的厨房（图5.40）。海瑟威先生对此极为满意，并在6年之后再次邀请琼斯为自己设计新宅，而琼斯本人则在位于棕榈泉的罗宾逊住宅中重复了这个构思。皮埃尔·科尼格也接受了类似的思路。拜利住宅的"L"形平面由居住和车库两部分组成，中间以一个院子相隔。科尼格将开放式的厨房布置在内院旁边，既可以毫无阻隔地和起居室相连，也可以看到后院的场景（图5.41）。

相比之下，理查德·诺伊特拉的大部分作品中的厨房都显得封闭，往往采用较多的实墙与室内其他部分分隔，仅在局部通过家具空隙提供一些视觉联系，如1950年的韦林住宅（Wirin House）以及1953年的克拉默住宅（Kramer House）等（图5.42）。这可能和他成名较早，经常承接富人委托的豪宅有关。

图5.40
亨利·海瑟威住宅加建（A.昆西·琼斯，1955年）

图5.41
案例住宅21号（皮埃尔·科尼格，1956—1958年）

他们有能力雇人为自己服务，于是，诺伊特拉会为他们布置与佣人房相连的厨房，以窗户保证这里的通风、采光和视野，但却对室内形成了视线上的遮挡。由此形成的某种设计习惯，也延续到了他的很多小住宅作品之中。这种现象可以通过哈维尔·哈里斯的经历加以印证。哈里斯也经常接受来自富裕阶层的委托项目，用地宽裕，景观良好，此时他多会采取分散式的布局，将厨房置于平面中的一翼，拥有单独的院落和入口。而在他完成的一些概念性设计中，如1942年提出的阶

图5.42
韦林住宅（理查德·诺伊特拉，1950年）

段住宅方案，则将厨房和卫生间置于十字形平面的中心；更典型的例子是20世纪40年代提出的英格索尔设备单元，完全是按照一个需要组织四个方向上的"功能核体"而设计的居住空间。这从另一个角度证明了南加州"现代住宅"中的功能"空间"的形成，本质上属于家庭模式转变的结果。

5.3.4 现实与预期

20世纪50年代之后，不少现代建筑师开始承认"功能"决定论的局限，逐步放弃了规定建筑各部分具体用途的方式，而转向通过设计探寻预见以外的更多可能。住宅，作为"生活的容器"，也试图通过"空间"去寻求"可变性"

的应对手段，并一定程度上呈现出一种抽象的不确定性[1]。比如艾奇勒钢住宅 X-100，使用钢框架结构获得了一个 "H" 形平面，厨房、起居室和一个被标注为 "多功能房" 的房间，内部几乎没有任何的结构和隔墙，作为公共部分构成了建筑的一翼，仅在中间以一张餐桌做出了某种使用上的暗示（图5.43）。

　　针对这种 "可变性" 的目标，这一时期出现了两种不同的意见。一是在设计中将某些特定的方面置于不完整或未完成的状态，根据以后的发展再做决定，哈维尔·哈里斯1942年的阶段住宅方案便可看作这种想法的体现。显然，这种概念极大程度上依赖于预制 "技术" 的支持，二次施工即使在完全装配式建造的情况下，对家庭生活而言依然显得烦琐。针对这一问题，格里高利·艾因也提出了相应的方案，恰好契合于另一种观点：建筑师提出综合的方案，但给将来留下调整的余地[2]。艾因认为，现代美国中产阶级家庭的一个演变趋势是成员越来越少，基本维持在两代3～4口人的规模，因此首先要将一些生活必需品集中布置，方便家庭主妇整理与清洁。在丹尼尔住宅（Daniel House，1939—1940）中，艾因设计了一个半悬空的置物柜，划分起居室区域，这组家具结合了书架、书桌、沙发、茶几等多种功能（图5.44）；顶部和坡屋顶之间

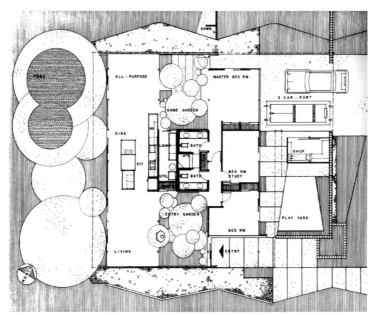

图5.43
艾奇勒钢住宅X-100平面图（A.昆西·琼斯，1956年）

1　FORTY A. Words and buildings：a vocabulary of modern architecture[M]. New York：Thames & Hudson，2000：142-148.

2　同上。

图5.44
丹尼尔住宅（格里高利·艾因，1939—
1934年）

图5.45
MoMA展览住宅（格里高利·艾因，1950年）

留出距离，可以设置高窗改善通风和采光。基于近似的考虑，艾因1950年的
MoMA展览住宅（MoMA Exhibition House）特别提出了一个称为"可变的室内
空间"（flexible interior space）的概念：在主卧室与起居室之间，以及两个儿童
卧室之间设计了轻质的可移动隔墙，它们在打开时会形成更开阔的场地，可用
于多样的用途（图5.45）。

　　而在此之前，艾因已经凭借邓斯穆尔公寓、社区住宅、马尔维斯塔住宅
等一系列作品而闻名，菲利普·约翰逊对他在低造价住宅领域的成就充满兴趣，
邀请艾因在纽约现代艺术博物馆的花园里设计一幢展示性住宅。这是艾因第
一次在洛杉矶以外的地方进行创作，并要追随一系列大师的脚步。约翰逊说
服了博物馆的主要赞助商，其中包括声势烜赫的洛克菲勒家族，让这名西海
岸建筑师完成此项工作[1]。彼得·布雷克（Peter Blake）认为这是一次眼光独具的
选择："完全归功于约翰逊的天才，他总能敏锐地感觉到现实世界与艺术世界
中正同时发生的事情。他认为'二战'后的'美国梦'将立足于那些政府扶持
的，普通人可以负担的'包豪斯'（Bauhaus）式的住宅，这个判断无比准确。"[2]
在MoMA展览住宅建成一年之后，艾因发表了题为《直面现实的可变性住宅》
（The Flexible House Faces Reality）的论文，并用一种说服式的语气阐述了自己
的观点："越来越多的家庭在选择住宅时都已经接受了这样的观念，合乎逻辑
地分析自己的生活需要，勇于做出决定，坚持理性的解决问题的方法，即使它
并不满足约定俗成的日常规范。……您的住宅所需的基本布局应满足多样化的

1　这也是格里高利·艾因第一次去纽约，在他之前，曾有三名顶尖建筑师：巴克明斯特·富勒、弗兰
　　克·赖特和马塞尔·布劳耶在MoMA完成过类似主题的展示性住宅设计。

2　BLAKE P. Architecture is an art and MoMA is its prophet[J]. Art News，1979（78）：100.转引自：
　　DENZER A. Gregory Ain：the modern home as social commentary[M]. New York：Rizzoli，2008：
　　158.

用途，它的‘空间’可以根据需要扩展或者压缩，它应当是真正的可变性的。”[1]
在这里，艾因不仅将“现代住宅”设计视为解决问题的过程，还表明了一种不同的“空间”概念，并同时赋予了“可变性”超越“形式”的地位，将其和人类自由联系在一起，流露出一种激进的道德立场，新的“空间”模式将会建立起新的社会秩序：“人们已经过上了自由的生活，他们的住宅也应该提供更多的机会，让他们享受这种自由。”[2]

从根本上说，对“可变性”的追求，虽然直接体现为处理“现实”与“预期”的落差之间的“功能”问题的意图，并表达了对使用主体的关注，但当它诉诸一种基于对活动的抽象而给出的“空间”语言之后，仍旧落入了对理性的“技术”乐观主义的相同幻觉。这些出自职业角度的专门化手段，一方面，显得“既不准确且过于简单化”，另一方面，因为遮蔽了其中蕴含的政治倾向，最终呈现为一种纯粹的经验表象[3]。或许也正因为如此，对它的期待在20世纪70年代晚期遭到质疑并逐渐褪色[4]。

5.4 生活的塑造

家庭生活的理想很早便被看作“美国梦”的重要组成之一，它在长期演变中有力地塑造了现代中产阶级与之相关的集体心态。在19世纪后期，相对于竞争激烈而残酷的外部世界，家庭意味着“平静的避风港”，这一隐喻在20世纪继续得到深化。在经历了“大萧条”和“二战”之后，美国人终于告别了此前所有的灰暗厄运，开始享受和平与繁荣，特别是在战后公共领域变得日益琐碎、精细、复杂与制度化的时候，人们愈发渴望转向家庭生活并从中获得精神慰藉。

几个世纪以来，随着社会的变迁，根植于美国中产阶级意识深处的生活理想，不断地被赋予新的形式，成为被主流阶层普遍奉行的标准。具有现代意义的家庭观念可以追溯至19世纪初的“维多利亚主义”，被当时英美上流社会富裕的白人群体所推崇，强调奋斗、节制与纯洁的道德约束。这种传统在20世

1　AIN G. The flexible house faces reality[J]. Los Angeles Times Home Magazine，1952（15）：4-5.转引自：DENZER A. Gregory Ain：the modern home as social commentary[M]. New York：Rizzoli，2008：160-161.

2　AIN G. The flexible house faces reality[J]. Los Angeles Times Home Magazine，1952（15）：5. 转引自：DENZER A. Gregory Ain：the modern home as social commentary[M]. New York：Rizzoli，2008：161.

3　FORTY A. Words and buildings：a vocabulary of modern architecture[M]. New York：Thames & Hudson，2000：174-195.

4　同上，142-148页。

纪之后开始改变，物质上的极度繁荣催生了过度消费的奢靡之风，这被当时的社会改革家视作腐败与堕落，他们将肃清社会风气的希望同样寄托在了新型的家庭组织之中，如果这里能够提供健康的休闲与娱乐，并对居住者完善人格起到塑造作用，那么崇高的旧式道德就会得到保留。

尽管这一初衷并未如预想的那般彻底实现，但也没有妨碍以此为基础的，一种从政治与经济行为中退出，更强调个人化与私密性，不失传统价值但富于乐趣的家庭观念在20世纪20年代之后成型，随着逐步浮现的中产阶级生活方式来到了美国郊区。

5.4.1 社交的舞台

随着现代生活中"公共领域"和"私人领域"的逐步分离，家庭在社交中扮演的角色也渐渐发生变化，尽管依然会承担接待宾客的功能，但是方式与内容已经倾向于宴请、闲谈、娱乐等个性化的行为，并且成为更为亲密的人际关系的一种直接反映。赖特的塔里埃森就是这样一个独特的舞台，在当时的年轻建筑师心中，这里无疑是美国建筑的"麦加"，他们渴望来到这里，欣赏新作，聆听教诲，吸取经验。赖特也给予他们充分的礼遇与提携，不少后来活跃在南加州的建筑师，比如鲁道夫·辛德勒、理查德·诺伊特拉、约翰·洛特纳等，都有过在塔里埃森居住、学习、工作的经历。塔里埃森是一个充满欢乐的地方，赖特和他的门徒们常常举行一些文艺活动，打发工作之余的时光。诺伊特拉就曾经出现在其中的一次小型音乐会上，大家环绕而坐，赖特倚靠在沙发座椅上，左手边紧挨着理查德·诺伊特拉，在两人前方席地而坐的是狄翁·诺伊特拉（Dione Neutra）——诺伊特拉之妻，一对东方面孔的青年男女分别坐在壁炉两侧，两名提琴演奏者在另一边合奏（图5.46）。诺伊特拉一家在塔里埃森的生活相当愉快，夫妇俩为当时刚出生的长子取名为弗兰克·L.诺伊特拉，以示对赖特的感激和尊敬，在一张合影之中，赖特宛如一名慈爱的祖父，将弗兰克·诺伊特拉抱于膝上。

在西海岸，鲁道夫·辛德勒的国王路住宅一度扮演着同样的社交中心的角色，频繁举办音乐会、舞会、颂诗会，许多文化精英与社会名流在这里相聚[1]。

---

1 包括：弗兰克·赖特和他的助手、建筑师J.R.戴维逊、工业设计师肯姆·韦伯（Kem Weber，1889—1963）、摄影师爱德华·H.韦斯顿（Edward Henry Weston，1886—1958）、作曲家亨利·科威尔（Henry Cowell，1897—1965）与小约翰·米尔顿·凯奇（John Milton Cage Jr.，1912—1992）、小说家西奥多·德莱塞（Theodore Dreiser，1871—1945）、现代舞蹈家约翰·博文顿（John Bovingdon，1890—1973）、艺术收藏家盖尔卡·斯切耶（Galka Scheyer，1889—1945）等。

图 5.46
理查德·诺伊特拉全家在塔里埃森，1924年

图 5.47
盖尔卡·斯切耶在国王路住宅，
1931—1933年

不过，作为一件浪漫不羁的作品，国王路住宅似乎更适合艺术家的工作与独处，而不太适合普通的家庭生活。克莱德·蔡斯一家在女儿出生之后，即对其进行改造，增设了一间儿童房，并在1934年搬离了国王路住宅。对辛德勒自家而言，随着鲍琳·辛德勒于1932年7月诞下马克·辛德勒（Mark Schindler），也在一年后于"睡眠摇篮"一旁加建阳光房，不过这仍不能令人完全满意，1937年夏，鲍琳·辛德勒携子迁出了国王路住宅。即使盖尔卡·斯切耶这样的艺术家——她在这里住了将近三年——也不喜欢半开放式的"睡眠摇篮"："我可不是个波西米亚人！"她曾经在信中这样抱怨道（图5.47）。斯切耶在1934年自己修建住宅的时候邀请了理查德·诺伊特拉，并明确提出希望得到一个更传统的设计[1]。

　　埃姆斯夫妇是颇具名望的跨界设计师，在建筑、室内、家具等设计领域都取得了很高的成就，他们合作设计的位于洛杉矶近郊的自宅埃姆斯住宅，也成了频繁接待宾客的地方。电影大师查理·卓别林（Charlie Chaplin，1889—1977）便于1951年在这里观看了一次日本茶道表演，查尔斯·埃姆斯亲自按下快门，捕捉了这一历史瞬间（图5.48）。这种记录了社会名流活动的影像，通过自身的传播，也使建筑本身成为媒介，参与到"现代住宅"的建构过程中。1961年6月20日，著名电影导演比利·怀尔德（Billy Wilder，1906—2002）和妻子奥德莱·怀尔德（Audrey Wilder）造访了埃姆斯住宅，两对夫妇在起居室中相谈甚欢。这是一个典型的现代"场景"，顶部吊顶格栅悬挂着连串的小灯泡

1　不过，鲁道夫·辛德勒本人却从心底热爱这种自由而前卫的生活方式，并在1938年成功说服妻子，不时地回归小住数日。详见：SHEINE J. R. M. Schindler[M]. New York：Phaidon，2001：112-114.

图5.48
查理·卓别林在埃姆斯住宅，1951年

图5.49
比利·怀尔德夫妇与埃姆斯夫妇在埃姆斯住宅，1961年

作为照明，"L"形沙发的靠背上摆放着许多小型艺术品收藏；上方的墙壁，一面是一组吊柜，使用了埃姆斯夫妇惯用的彩色格子设计，另一面以木板条贴面，置物架上陈列着几本现代设计杂志，《艺术与建筑》赫然在列（图5.49）。

同样，1947年，建筑师阿尔伯特·弗莱出席了工业设计师雷蒙德·罗维（Raymond Loewy，1893—1986）举办的晚间聚会，地点设在弗莱设计的位于棕榈泉的罗维住宅之中，所留下的影像呈现出明显的现代"空间"特征。水平展开的屋檐、通透的玻璃推拉门、简约的室内陈设，特别是相互渗透的室内外关系：不仅两个部分几乎没有设置高差，并且将水体向起居室部分延伸，突破了不同材质划分出的边界。在拍摄时，这一界面被完全打开，可以看到前后场景中同时发生的活动（图5.50）。

类似的故事还有，在安·兰德买下冯·斯特恩博格住宅之后，曾邀请设计者理查德·诺伊特拉和其他一些朋友在一个阳光和煦的下午来家中做客。有趣的是，这是安·兰德和诺伊特拉的初次见面，兰德和他并不相熟，反倒对建造商福代斯·雷德·马尔什（Fordyce Red Marsh）更感兴趣，认为他的形象和气质都十分地接近自己的近作《源泉》（The Fountainhead）中的主人公——建筑师霍华德·洛亚克（Howard Roark），这使诺伊特拉略感不悦[1]。尽管如此，相关的影像却只记录下了宾主双方在后院中相谈甚欢（图5.51）。事实上，这种发生在作为"私人领域"的住宅中的社交活动，在当时频繁地通过诸如影像等媒介不

1　小说《源泉》的主人公霍华德·洛亚克是一个理想主义的建筑师，他的设计风格被社会视为异端，一度沦落到去采石厂当小工。他答应无偿为政府设计经济适用房，但方案被政府主管部门任意修改，于是他将施工中的建筑炸毁，在法庭上，他为自己的创作权利自辩，被认定为"狂人"而无罪释放。

图5.50
阿尔伯特·弗莱与雷蒙德·罗维在罗维住宅，1947年

图5.51
理查德·诺伊特拉和安·兰德在冯·斯特恩博格住宅，1935年

断地流入"公共领域"，这从某个层面折射出了当时社会的建构过程：建筑师向住宅中注入的"现代性"，首先得到了物质基础和个人品位的支持，随后嵌入了某一特定阶层的"意义创造"过程之中，为其主体建构与认同形成创造了具体情境，最终逐步沉淀为某种概念化的区分，并得到多种方式的呈现。

在很长一段时间里，"现代住宅"都被视为一种具有艺术品性质的珍藏，那些出于名家之手的经典作品的拥有者，绝大部分都是经济宽裕的富商、医生或者律师，其中相当一部分从事着与设计相关的工作。除去石油商露易丝·巴恩斯道尔、富商与慈善家埃德加·考夫曼、医生菲利普·洛弗尔、平面设计师索尔·巴斯等人，还包括不少当时的名流：犹太裔表现主义艺术家和室内设计师赫尔曼·撒克斯（Hermann Sachs，1883—1940）与洛杉矶许多德裔艺术家、作家、电影人来往密切，他的住所马诺拉院落公寓（Manola Court Apartments）由鲁道夫·辛德勒设计[1]；电影导演、剪辑师斯拉夫科·沃卡佩奇（Slavko Vorkapich，1894—1976）在1938年委托格里高利·艾因在比弗利山设计了一幢带花园的住宅，是当时采用预制建造技术的典型案例之一，现已损

---

1 赫尔曼·撒克斯，犹太裔表现主义艺术家和室内设计师，1883年出生于罗马尼亚，后移民美国。20世纪20年代，撒克斯活跃于芝加哥艺术界。1925年前后，他来到洛杉矶从事室内设计工作，主要作品包括：布洛克斯·维尔舍大厦（Bullocks Wilshire Building），现为西南法律学校（Southwestern Law School）；联合车站（Union Station）；洛杉矶市政厅（Los Angeles City Hall）等。此外他还担任过洛杉矶创意艺术学生联盟（Creative Art Students League of Los Angeles）的负责人，代顿美术博物馆（Dayton Museum of Fine Arts），即如今的代顿艺术研究所（Dayton Art Institute）第一任馆长。

毁[1]；律师本·马格里斯（Ben Margolis，1910—1999）的住宅建成于1951年，由格里高利·艾因和詹姆斯·加洛特（James Garrott）设计[2]。收藏家和慈善家弗朗西斯·拉斯克·布洛迪（Frances Lasker Brody，1916—2009）的住宅位于洛杉矶近郊的霍姆比山（Holmby Hills），里面陈列着她的艺术藏品，由A.昆西·琼斯和威廉·海尼斯（William Haines）分别完成建筑和室内设计[3]；计算机技术先驱、风险投资家麦克斯·帕莱夫斯基（Max Palevsky，1924—2010）在加州拥有三幢住宅，以其建筑、家具和收藏而闻名，其中最著名的一处是克莱格·埃尔伍德的作品。不过，亦有阻力抵制着这种精英意识的"再生产"。在2003年的一部时长169分钟的纪录片《洛杉矶影话》(*Los Angeles Plays Itself*) 中，汤姆·安德森（Thom Andersen）指出，好莱坞导演"系统性地贬低了"南加州"现代住宅"中的代表作品，它们总是与作奸犯科的恶棍或者骄奢淫逸的富人牵扯在一起[4]。这种文化意识的对抗或许揭示出了某种可能：对现代"空间"的接纳与否，并非单纯的美学判断，也不只是经济或政治地位造就的鸿沟，还在一定程度上源自不同身份群体的主动选择。

5.4.2 居家的娱乐

对家庭中的娱乐方式来说，电视的普及无疑是其中最具革命性的成就之

---

1 斯拉夫科·沃卡佩奇，塞尔维亚出生的美籍电影导演、剪辑师、画家，曾任南加州大学电影学院主席，他是探索"蒙太奇"手法最具成就的先锋之一，以高超的剪辑技巧压缩影片中的时空表现，当时好莱坞电影中的类似手法常被直接称作"沃卡佩奇"。主要作品有：1934年的《自由万岁》(*Viva Villa*)、1935年的《大卫·科波菲尔》(*David Copperfield*)、1936年的《旧金山》(*San Francisco*)，1939年的《史密斯先生到华盛顿》(*Mr. Smith Goes to Washington*) 等。

2 本·马格里斯（Ben Margolis，1910—1999），美国律师，他以担任"好莱坞十君子案"(Hollywood Ten) 和"沉睡的珊瑚礁谋杀案"(Sleepy Lagoon Murder) 的辩方律师而闻名，还是1945年《联合国宪章》(*United Nations Charter*) 的起草者之一。

3 弗朗西斯·拉斯克·布洛迪，艺术收藏家和慈善家。她在洛杉矶的文化圈极具影响力，是洛杉矶艺术博物馆创建之初的捐助者之一，也是亨廷顿图书馆和艺术品收藏花园（Huntington Library, Art Collections and Gardens）的赞助人之一。

4 例如在《银翼杀手》(*Blade Runner*，1982) 中，赖特的恩尼斯住宅（Ennis House，1923—1924）被用作男主角哈里森·福特（Harrison Ford）的住所，在镜头中散发出一种末世氛围中的冷漠与颓废；在《粉红色杀人夜》(*Body Double*，1985) 中，约翰·洛特纳的马林住宅（Malin House，1960）成为主人公窥视他人的角落，并因此目击了一场凶案；而在《洛城机密》(*L.A. Confidential*，1997) 中，理查德·诺伊特拉的名作洛弗尔住宅被安排成一个以性贿赂手段控制政府要员的皮条客的住所，在最后成为他的葬身之地。

图5.52
电视进入美国家庭，20世纪50年代

一，20世纪50年代，电视开始占据美国住宅中起居室的中心[1]（图5.52）。在理查德·诺伊特拉1952年的古德曼住宅（Goodman House）中，电视已经出现，但贴墙布置的"L"形沙发却位于同侧，只有几张座椅摆放在适宜的观看位置（图5.53）。而在厄尔尼·布劳恩（Ernie Braun）于1956年为"艾奇勒房产"公司拍摄的广告照片中，则可以清楚地看到沙发等坐具朝向电视的布置方式（图5.54）。这种过渡清楚地记录了住宅"空间"格局的改变。

在庭院中从事户外休闲活动，也是南加州家庭生活的重要组成部分。克里夫·麦（Cliff May，1909—1989）通过在日落大道（Sunset Boulevard）附近的自宅克里夫·麦住宅3号（Cliff May House No. 3，1939）戏剧性地表现了这一场景[2]（图5.55）。《日落》（Sunset）杂志的编辑保罗·C.约翰逊（Paul C. Johnson）在1946年对此评论道："他的激情不仅仅局限于建筑学的层面，提供那些人们喜欢居住的住宅式样。他会细致地观察家庭成员在住宅中活动时的各种情形：他

1　信号传播图像的技术在20世纪20年代初就已初步实现，但真正的发展高峰要等到50年代后：1946年，全美只有不到2万台电视；1957年，这一数据突破了4000万，相当于美国家庭总数；60年代中期，借助政府或者商用通信卫星，美国与欧洲大陆之间实现了电视画面传输；与此同时，美国三大广播公司——国家广播公司（NBC）、美国广播公司（ABC）、哥伦比亚广播公司（CBS）——将业务拓展到电视工业，全国性的电视网初步形成。电视对美国人的生活产生了深远的影响：20世纪50年代末，它取代了报纸、杂志和广播成为最重要的新闻媒体，并逐步成了政治生活的一部分，例如1952年的艾森豪威尔总统竞选以及1963年肯尼迪遇刺这样的重大事件，都因为电视新闻报道而更具感染力；电视的高覆盖率也使得节目之间插播的广告成为商家竞逐的金矿；由于激烈的比赛能够吸引大量的观众，获得较高的收视率，使得广告费用剧增，于是进一步促进了职业体育经济的繁荣；娱乐节目也是赞助商们关注的对象，冠名播出是一种普遍使用的形式；一些重播的经典电影也很受欢迎。详见：布林克利.美国史：1492—1997[M]. 邵旭东，译.海口：海南出版社，2009：834-837.

2　克里夫·麦是一名成长于圣迭戈的建筑师，西班牙移民在南加州的第六代后裔，深厚的家族背景影响了他的设计，在融合了美国中西部牧场、西班牙式庄园以及部分"现代建筑"元素的基础上，他创造出了一种被称为"现代牧场风格"的住宅样式，在20世纪中叶风行一时。他在战后设计了超过1000幢"现代牧场风格"住宅，很多开发商也经常"偷师"他的创作，大概超过18000幢的住宅都是基于他的图纸修建的，还不包括那些模仿之作，这些建筑遍布于全美的"中产阶级"社区，在南加州郊区，更加成为一种流行的风格。

图5.53
古德曼住宅（理查德·诺伊特拉，1952年）

图5.54
艾奇勒房产公司广告，1956年

们如何举办聚会，如何准备佳肴，如何在庭院中从事户外娱乐。这些场景会激发他的灵感，并通过实践在下一个作品中进行更加完美的展现。"[1]

　　克莱格·埃尔伍德通过案例住宅16号体现出了现代家庭对儿童生活的关注。这幢住宅的矩形平面周围，散布着大大小小的院落，有的是起居室前的绿地，有的是室外用餐的地点，有的为卧室提供景观。埃尔伍德给予室外活动场地更多的考虑，他以"L"形隔墙和一排低矮的灌木对其做出限定，除草坪之外，还在两个角部布置了沙坑和硬质铺地；部分围墙上设置了一些纵横交错的铁棒，供儿童攀爬嬉戏之用；活动场地贴邻厨房，主妇可以在忙于家务时透过玻璃留心孩子的安全（图5.56）。

图5.55
克里夫·麦住宅3号（克里夫·麦，1939年）

图5.56
案例住宅16号（克莱格·埃尔伍德，1952—1953年）

1　JOHNSON P C. Western ranch houses by Cliff May[M]. Menlo Park：Lane Books，1946：7.转引自：KAPLAN W. Living in a modern way：California Design 1930—1965[M]. Cambridge：The MIT Press，2011：87.

5.4.3 欢聚的时刻

南加州"现代住宅"当然也承载了对和睦的家庭关系的美好憧憬。鲁道夫·辛德勒全家便在国王路住宅极富特色的，使用"立墙浇筑"方法和预制技术建造的单元式混凝土外墙前留下了一张珍贵的合影。辛德勒站在一侧，妻子鲍琳·辛德勒、岳母苏菲·吉布林（Sophie Gibling）、岳父埃德蒙·吉布林（Edmund Gibling）怀抱着外孙马克·辛德勒，还有鲍琳的姐姐多萝西·吉布林（Dorothy Gibling），依次坐在辛德勒前方的草地上，尽显阖家团聚的欢乐之情（图5.57）。

类似的主题在理查德·诺伊特拉的弗里德曼住宅中亦有体现。这幢住宅分成两部分，车库、洗衣房连成一体，独立在居住主体之外，相互间以廊道相接，由此形成的"L"形平面围合出院落，内设游泳池。围绕着起居室的壁炉，诺伊特拉设计了一个连续的活动区域，现代空间的这种特性被一个极富情趣的生活场景所捕捉：年幼的孩子在前院玩耍，母亲斜倚在躺椅上，一边阅读一边注视孩子的动向，宠物狗躲在阴凉处休息，父亲则在后院泳池旁享受明媚的阳光（图5.58）。"案例住宅计划"作为推广性的设计活动，同样着力渲染了此类画面，例如理查德·诺伊特拉1948年设计的案例住宅20号，康纳德·巴夫、卡尔文·C.斯特劳勃、唐纳德·查尔斯·赫斯曼于1958年合作设计的案例住宅20号，皮埃尔·科尼格的名作案例住宅22号等，都以相似的场景登上了《建筑与

图5.57
鲁道夫·辛德勒全家在国王路住宅的留影，1923年

图5.58
弗里德曼住宅（理查德·诺伊特拉，1949年）

图5.59
艾奇勒房产的地产广告，1953—1955年

艺术》杂志，得到广泛的传播[1]。

这种对家庭生活场景的描绘，也被地产开发商用作重要的销售策略进行产品宣传。约瑟夫·艾奇勒旗下的"艾奇勒房产"公司就经常以此作为售房广告的主要内容。摄影师厄尔尼·布劳恩曾以艾奇勒住宅为背景，拍摄过一个系列的专题作品，其中包括：全家人在庭院之中欢笑；父子在起居室中对弈，母亲在一旁操持家务；夫妇二人在壁炉前亲密相依等。配以极具感染力的文案："进入精彩的世界"（Enter the wonderful world）——"择宅相地，专为您的生活模式而设计"（Choose the home … choose the lot … designed for your pattern of living）。这种将"成功家庭"定义为男性主外，女性主内，以子女为中心，在郊区住宅中享受富足生活的意识，在战后成为美国中产阶级普遍接受的观念（图5.59）。

5.4.4 复制乌托邦

美国人赋予住宅以"梦想之家"（dreaming house）的想象，将其和财富、地位、品位等身份标签结合在一起，意味着富足生活和自我实现，它之所以能够赢得普遍的支持，在于其建立在一个强有力的文化"理想"之上：一个依

---

1 即拜利住宅、巴斯住宅、斯塔尔住宅。

靠个人奋斗就可以拥有完美家庭生活的现代"乌托邦"。此等图景驱使建筑师、地产商、购买者进行各种尝试，共同催生出新的居住"空间"原型。刘易斯·芒福德在1938年的《城市文化》(The Culture of Cities)一书中将郊区描述为"个人生活的集体成就"，它不仅是建筑师或规划师在脑海中对抽象理念精英主义式的孤立推演，更是美国中产阶级的集体创造。就此意义上说，"现代住宅"议题中"现代性"与"地域性"的复杂缠结，或许不仅存在于形态化的知觉特征背后，也跻身于更为具体而复杂的主体经验之中。

不过，以私人住宅为基础的"郊区"建设，本质上却属于一个特定阶层的"集体主义"幻梦：他们内心深处充满对稳定生活环境的渴求，但这一切建立在地产投机的流沙之上；他们对城市与工作带有憎恨，试图寄情于自然与休闲的和谐之中，可前者恰是实现目标所需的财富来源；他们都声称自己有个性化的需求，而住宅消费市场中的审美偏好仍是受到控制、便于预测、可以复制的产物。正如亨利·福特在回忆录中的描述："我们定制一辆小汽车，它的性能和价格能够满足每一个普通人最重要的需求。归根结底，我们使消费者标准化了。"[1]美国的郊区居民亦被视作"标准美国人"，社会学家赫伯特·甘斯(Herbert J. Gans, 1927—)曾以《列维特人》(The Levittowners, 1967)为题发表相关研究成果：他以位于新泽西州威灵伯勒的"列维特镇"为样本，通过对当地社区中的家庭结构、收入状况、生活方式的观察与分析，揭示出美国中产阶级普遍分享的集体心态及其塑造出的以"WASP"(White Anglo-Saxon Protestant)——"盎格鲁-撒克逊"裔白人新教徒——主导的家庭观念与所谓"美国生活"的普遍特征。可是，郊区作为深具美国特征的居住类型，本身即是一系列负面效应的根源：过度的蔓延致使基础服务效率渐趋低下，并给政府部门造成沉重的财政压力；"上班族"因为长时间通勤而筋疲力尽，在空余时间愈发倾向于蜗居家中，逐步退出公共领域；儿童失去了行动自主权，在隔绝的环境中成长为无聊的青少年；子女的抚育转嫁为妇女的负担，一般需要为此付出放弃职业的代价；逐渐失去行动能力的老人也在此困入孤独的囚笼[2]。更重要的是，郊区还在不同身份之间划定阶级的鸿沟，这并非单纯由选址造成的结果，还关系到地产

1 TEDLOW R S. L'Audace et le Marche, L'invention du marketing aux Etats-Unis[M]. Paris : Odile Jacob, 1997 : 191. 转引自：阿苏利. 审美资本主义：品味的工业化[M]. 黄琰，译. 上海：华东师范大学出版社，2013：98.

2 杜安尼，普雷特-兹伯格，斯佩克. 郊区国家：蔓延的兴起与美国梦的衰落：十周年纪念版[M]. 苏薇，左进，译. 南京：江苏凤凰科学技术出版社，2016：124-141.

价格、收入水平、文化背景以及形成于社区内部的限制性契约[1]。

这很大程度上涉及"社会空间"的概念，它也渗透在"私人空间"的深处，譬如借助"家居性"讨论而引发的亲缘、身体、性别、分工及其伦理与规范等"家庭行为模式"背后的权力关系。换言之，"空间"受到社会结构的诸多支配，无论"地域性"抑或"现代性"，都不可避免地成为"现代"资本主义抽象控制的再现[2]。

结语：家室长存

"地域性"试图通过对"空间"主题的论述，与"现代性"保持距离；此时，后者很大程度上被"国际风格"所指代。例如鲁道夫·辛德勒在1932年给菲利普·约翰逊的信中写道："这次展览是一次对现代建筑的搜集与检阅，我知道这种活动通常都拥有某些特定的标准。不过，在我看来，此次的选择似乎有着别样的抱负，相对于展示当代最具创造力的建筑，更希望聚焦那些所谓的'国际风格'作品。既然如此，我的工作将不在此列。我不是一个'风格主义者'，也不是一个'功能主义者'，也不是受其他口号驱使的走卒。我的每个作品都针对不同的建筑问题，在这个理念化的'机器世界'里被遗忘的学科本质。"[3]两年以后，通过《空间建筑》一文，辛德勒明确指出，"空间"即是自己认定的建筑学科的"本质"："现代建筑是那些有能力理解'空间'及其'形式'的建筑师脑海中的艺术观念的发展。"[4]这在他早年提出的以空间、气候、光线、氛围构成的建筑四要素中已有清晰的呈现。如果将辛德勒对"空间"的阐释视作"现代住宅"之中南加州特性发展的关键节点，便可以看到一种对以视觉为中心的抽象"空间"经验的补充：它一方面受到所处地理条件的影响，另一方面通过身体与精神进行感知，同时呼应了理查德·诺伊特拉通过"生物现实主义"阐发的设计哲学。

辛德勒还强调了一种"文化"视角的观照："工程师和建筑师的工作方法存在着本质的不同。前者有赖于既有科技成就的全部积淀，后者则需要见证某种文化形态的童年，并预示它的成长方向。而建筑师依靠各种来源，包括民族

---

1 福格尔森.布尔乔亚的恶梦：1870—1930的美国城市郊区[M].朱歌姝，译.上海：上海人民出版社，2007.

2 FORTY A. Words and buildings：a vocabulary of modern architecture[M]. New York：Thames & Hudson，2000：256-275.

3 转引自：SHEINE J. R. M. Schindler[M]. New York：Phaidon，2001：69-70.

4 转引同上，74页。

的、种族的、地域的生活特征，并在无形之中受到它们产生的微妙作用的驱使，选取相应的形式进行表达。"[1] 以此为基础，辛德勒论及了"空间"提供的"个性"以及由此形成的身份"认同"："深植于历史意义之中，以潜移默化的方式，和人类发展的某个特殊时期紧密相连。"[2] 这与赖特提倡的"建筑是容纳生活、关于生活的背景与框架"的观点也有相通之处[3]。在"地域性"的论述中，这构成了与知觉经验受到同等关注的另一重"空间"特性[4]。

"地域性"极力修正着"现代性"奠定的"设计"表征，却依然无法摆脱"时代精神"建构出的"历史"计划。1943年，美国画家诺曼·P.洛克威尔（Norman Perceval Rockwell，1894—1978）发表了一幅题为《不虞匮乏的自由》（*Freedom for Want*）的画作。这是他以富兰克林·罗斯福总统于1941年1月6日提出的"四大自由"——言论自由，信仰自由，不虞匮乏的自由，免除恐惧的自由（freedom of speech, freedom of worship, freedom from want and freedom from fear）——为题材创作的系列作品之一（图5.60）。尽管完成于资源短缺，战时政府对日常生活用品采取限额配给政策的背景下，洛克威尔却选择了感

图5.60
不虞匮乏的自由（诺曼·P.洛克威尔，1943年）

恩节晚宴的场景，通过丰盛的食物和喜庆的气氛，塑造出对美好生活的憧憬，试图以幻想的方式，冲淡现实中的挫败感，鼓舞民众战胜困难的决心。画作借鉴了《最后的晚餐》式的古典构图，烘托出围绕"家庭"制度构筑的理想秩序的永恒，即使身处现代时期的动荡局势中，仍旧呼应着某种传统的信仰：美国社会中，一名男子或者一名女子分别代表的身份含义，以及由此缔结起的一个健康、和睦、稳定的组织单元应该具备的"空间"范本。

1　转引自：SHEINE J. R. M. Schindler[M]. New York：Phaidon，2001：88.

2　同上。

3　SHEINE J. R. M. Schindler[M]. New York：Phaidon，2001：85.

4　TZONIS A，LEFAIVRE L. Critical regionalism, architecture and identity in a globalized world[M]. Munich, Berlin, London, New York：Prestel, 2003.

06

先锋的权力：
形式

"形式"在西方思想中拥有极为漫长的历史，并一直被用来处理许多涉及"艺术"的问题，也因此构成了建筑学相关理论最初的源头[1]。直至今天，建筑学仍然普遍地认为"形式"描述了自身最关键的特征，它比其他许多概念都更能体现学科本质，并将对其的创造视作重要的专业实践；同时，"形式"也是沟通现实中的感知和心智中的构想的重要中介，并以此将对具体形象的理解从"物质世界"上升到"观念世界"。

　　建筑史以自身的媒介——修辞性的"语言"以及视觉性的"图绘"或"影像"——进行"再现"，其中，针对叙述对象——尤其是某些被赋予"正典"地位的案例——的表达，具有高度的选择性与意向性，受学科或专业制度中的价值体系所支配[2]。这种意识也进入了"地域性"与"现代性"的相关论述当中，并凭借特殊的知识与技能，将其转化为指引"设计"实践的规范性原理，以此维系着"形式"的物质感知和观念建构，进而揭示社会经验对其象征意义的占用[3]。

　　美国在"一战"后的崛起造就了市场经济的高度繁荣，从20世纪20年代起，"设计"就已经被视作一种策略，成为维持产品销量的重要手段。在后续的发展中，美国的"现代设计"逐步吸纳了美观、卫生、便捷、科学等多重观念，建立起了一套与之相匹配的"形式"特征，并将其诉诸社会改革的进步理想；同时也试图找到属于本土性的经验，根据不同的"地域文化"部分改变标准化的产品风格，通过"有计划的迭代"适应多样的市场需求，以此从日趋激烈的商业竞争中脱颖而出。1951年10月21日，《洛杉矶时报》旗下的家居杂志采用了一张题为"什么造就了加利福尼亚形象？"（*What Makes the California Look*？）的封面图片，其中集中了许多标志性的南加州设计产品，比如：建筑陶艺的花盆；范·凯佩尔—格林（Van Keppel-Green）设计的由金属和绳索组成的品牌靠椅；一块约瑟夫·布鲁姆菲尔德（Joseph Blumfield）出品的深红色地毯边缘放着霍克家居（Hawk House）标志性的烤架和台灯，另一边是一张出

1　FORTY A. Words and buildings：a vocabulary of modern architecture[M]. New York：Thames & Hudson，2000：149-172.

2　需要说明的是，在"现代建筑"的论述中，特别是作为"设计"的实践对象时，"空间"和"形式"的混用十分普遍，在本章中，更将"形式"理解为经过"再现"的视觉材料，着重讨论其同时作为经验对象和观念载体，以此指涉建筑学科"本质"的属性，并特别关心它在"历史"论述中的使用，以此继续检视此前对"自然""技术""空间"三个主题的剖析。

3　夏铸九. 字词与图绘·论述形构与草皮·实践的力量：对建筑教育的意义[C]//2018年"建筑理论与关键词"新建筑春季论坛. 武汉：华中科技大学，2018：06. 关于"空间"及其"实践"的论述，或见：LEFEBVRE H. The production of space[M]. Trans by Donald Nicholoson-Smith. Oxford：Blackwell Publishing，2011.

自埃姆斯夫妇之手的有机玻璃椅子；靠墙的置物架前方竖着一面由斯宾塞·斯迈利（Spencer Smilie）制作的浅黄底色上带有绿色植物图案的塑料屏风。主要色调选取了鲜亮的黄色、明丽的橙色、青翠的绿色，营造出轻松随意的氛围（图6.01）。通过一系列的典型形象——简洁的产品外观，醒目的色调搭配，丰富的表面肌理等——对生活场景进行主题式布置，使南加州"现代住宅"得到了风格化的"再现"，并且在自身与"国际风格"之间做出区分。

图6.01
"什么造就了加利福尼亚形象？"（《洛杉矶时报家居杂志》，1951年）

1920—1970年间，南加州同样经历着振奋人心的变革，正如著名的当地箴言——"以现代的方式生活"（Living in a Modern Way）——的描述，"加利福尼亚形象"正试图成为"现代生活"的代名词，并成为"敢于试验，渴望不同，以加利福尼亚的方式解决问题"的精神象征[1]。1947年，也即亨利·德里夫斯（Henry Dreyfuss，1903—1972）从纽约移居帕萨迪纳的第三年，他写道："太平洋沿岸没有传统的镣铐。只有对于新思想的永不停滞的发展，以及将它们付诸实施的强烈愿望。"[2] 他还就此追问："加利福尼亚激发并孕育了如此之多的年轻的想法和新奇的创意，这是否意味着，终有一天，它会变成全世界新的设计中心？"[3] 在当时，"加州设计"（California Design）频繁地出现在新闻报刊、时尚杂志、产品型录、广告招牌、

1 STEWART V. The California look[J]. Los Angeles Times，1951（21）：6. 转引自：KAPLAN W. Living in a modern way：California design 1930—1965[M]. Cambridge：The MIT Press，2011：28.

2 DREYFUSS H. California：world's new design center[J]. Western Advertising，1947，June：60. 转引自：KAPLAN W. Living in a modern way：California design 1930—1965[M]. Cambridge：The MIT Press，2011：28.

3 转引自：KAPLAN W. Living in a modern way：California design 1930—1965[M]. Cambridge：The MIT Press，2011：21.

展销现场与商店货架上，其中包括建筑师理查德·诺伊特拉、克莱格·埃尔伍德、皮埃尔·科尼格，或者开发商约瑟夫·艾奇勒等人推行的"现代住宅"。

经过20世纪中期的争论，南加州被视为美国"现代建筑"的重要阵地，住宅设计与建造扮演了其中最核心的一股力量。作为一种"现代性"脉络中的"地域性"经验，南加州的住宅以"现代形式"处在历史论述之中的"再现"弥显珍贵，它不只折射出了对"自然""技术""空间"此类主题及其相关"观念"的多样化的理解与阐释，同时，也反映了它们处在"时代精神"的变迁过程中经受的选择与塑造。

6.1 媒介中的加州住宅

在20世纪中叶，建筑学的传播主要通过一些公开刊印的媒介，当时涉及住宅领域相关内容的类型大致包括：学科或专业性的专著与期刊，公共展览，新闻类的报纸，各种时尚、家居、地产杂志，商业广告，文学、绘画、电影等各种文化产品等。它们分属不同的发行系统，提供了观察各个群体对"理想居住"差异化的理解与表达的重要途径，并从多重的角度共同建构起关于"现代住宅"复杂的认知。

6.1.1 制作经典影像

1960年7月17日，《洛杉矶观察者》（*Los Angeles Examiner*）刊出了摄影师裘里斯·舒尔曼为建筑师皮埃尔·科尼格的新作斯塔尔住宅，即"案例住宅22号"拍摄的作品。舒尔曼通过两次拍摄合成了这张照片，他以一次长达7分钟的曝光捕捉了夜幕笼罩下的城市灯火，随后再以闪光灯拍摄获得了室内的画面，如果仔细地辨认，透过右边女士的晚礼服，可以看见些许理应被遮住的光点（图6.02）。这幅影像后来成为加利福尼亚南部，乃至整个美国"现代建筑"的里程碑，它生动地刻画了整个时代的风貌：肯尼迪时代（Kennedy Era）"天使之城"洛杉矶的夜晚，一幢玻璃与钢构筑的透明住宅，水平悬挑在悬崖之上，宽阔的挑檐下掩映着整座城市的璀璨灯光。然而，这幅影像并未真实地反映出当时的情形：建筑在拍摄时还没有完工，里面满是施工留下的灰尘；所有家具都是特地借来的，其中便包括一件科尼格自己的陶瓷装饰品；景观也是临时的布置，左侧的植株其实是手举起来的树枝；两位年轻女士交谈的场景同样是刻意的安排，她们一个是加利福尼亚大学洛杉矶分校的本科生，一个是帕萨迪纳高中（Pasadena High School）的在读生，被要求摆出那样的姿势（图6.03）。

2001年7月，当年参与这张具有传奇色彩的照片拍摄的人们于斯塔尔住宅重聚，包括：建筑师皮埃尔·科尼格，摄影师裘里斯·舒尔曼及其助手勒兰·Y. 李（Leland Y. Lee），业主伯克·斯塔尔（Buck Stahl）和凯罗塔·斯塔尔（Carlotta Stahl），在起居室留下倩影的两位女孩——安·莱特博蒂（Ann Lightbody）和辛西娅·廷德尔（Cynthia Tindle）以及两个现场帮忙的小伙子，即科尼格的助手杰姆·詹宁斯（Jim Jennings）——那时他已经和安订婚——和他的室友唐·墨菲（Don Murphy）。他们在记者玛丽·梅尔顿（Mary Melton）的主持下，共同回忆了昔日的情景（图6.04）。从他们的对话中，可以清楚地看出"现代住宅"的"形式"特征如何在被建筑师建构之后，再被摄影师重现，并被其他人认知[1]。

图6.02
案例住宅22号摄影作品（皮埃尔·科尼格，1960年）

图6.03
裘里斯·舒尔曼在案例住宅22号拍摄现场，1960年

舒尔曼这样描述自己当时的状态："我需要呼吸点房子里的空气，（拍摄）不仅是单纯地把事物暴露在镜头之前，而是要获取对其中活动的自然感觉。建筑为了人而存在，所以我对皮埃尔说，'让你的学生带他们的女朋友来'，（拍摄）时我肯定会在场景中用到他们。"[2] 于是，詹宁斯不但让自己的朋友唐·墨菲来现场帮忙，还邀请了自己的未婚妻安·莱特博蒂担任模特，安又找来了辛西娅·廷德尔。活泼的辛西娅对盛装出现在照片中感到兴奋，愉

1　SMITH E A T. Case study houses：the complete CSH program 1945—1966[M]. Koln：Taschen, 2009：314-319.

2　同上，314页。

图6.04
"制作历史"的人们，2001年
上排：皮埃尔·科尼格，裘里斯·舒尔曼，勒兰·Y.李
下排：安·莱特博蒂，杰姆·詹宁斯，辛西娅·廷德尔，唐·墨菲

快地将这次经历形容为"一次约会"；但在安的回忆中，当时的情形并不那么美好。房子里满是灰尘，厨房还不能用，只好饿着肚子干等；两个小伙子一直忙个不停，虽然唐·墨菲有一辆漂亮的1955年雪佛兰轿车，却没人能抽空陪她们出去吃饭，最后都靠着一点草莓果腹。"我们只能让一切听起来显得好一些。"[1]辛西娅总结道。未完工的建筑、光秃秃的庭院、空荡荡的房间让拍摄的筹备工作倍显慌乱。勒兰·Y.李认为，舒尔曼对现场细节的掌控十分到位，对这些不完美的地方都做了细致的处理：用临时植被遮盖裸露的场地，调整玻璃门窗的开合以免产生反光，精心地选择和布置所有陈设。安排妥当后，所有人静待夜晚来临。

拍摄终于在那个微风习习的温暖夏夜开始了。所有人都沉浸于住宅周边的美景，安和辛西娅背对着通高的玻璃窗，坐在沙发上，身后是灯火通明的好莱坞。舒尔曼无意间瞥见了这一幕场景，灵感在他心中迸发。"我们要改变构图。"他指挥助手重新测光，自己则亲自对两个女孩说："你们现在正处在完美的位置上，请就坐在那儿，一个人可以扬起肘部靠在扶手上，另一个人只需让自己坐得舒服就好。两个人假装交谈，一个看窗外，一个看对方。"[2]灯光调好后，舒尔曼宣布："我们将会拍摄一张名垂青史的照片。"[3]在辛西娅的回忆中，舒尔曼布置得很随意："他们没有帮助我们摆造型，仅仅简略交代了一下"[4]；而自己当时有些紧张，想到即将出现在一个了不起的画面中。安则将当时的情形比作

---

1 SMITH E A T. Case study houses: the complete CSH program 1945—1966[M]. Koln: Taschen, 2009: 315.

2 同上。

3 同上。

4 同上。

梦境。李对此做了补充，舒尔曼不喜欢使用职业模特，而喜欢拍摄对象的自然反应[1]。

这张照片确实广为流传，在此后的很长一段时间里，凯罗塔·斯塔尔还时常被访客们问起，她是否就是画面中的那个女孩。1962年，一部名为《烟雾》（Smog）的意大利影片将这幢住宅选择为重要场景，不过却讲述了一个讽刺住在玻璃房子中的富人的故事，但是斯塔尔夫妇不为所动，观影时他们心中仍然充盈着喜悦和感激："这是我们的家。"也许还是辛西娅这位20世纪60年代"穿裙子才出门的年轻女孩"的看法最为生动："这是一幢漂亮房子，可以看到整个好莱坞，真是棒极了——要知道这可是最出名的美国城市之一。对我和安来说，你可以尽情想象我们正在说些什么，这都无所谓。重要的是，我们当时还很年轻，正要开始生活的冒险。将会遇到很多像这里一样奇妙的地方，想去就不应错过的地方。"[2]

对斯塔尔夫妇而言，最初只是希望自己的住宅能保留下完整的视野，也就是说，面向悬崖的一端最好不要出现实墙，这在当时很多建筑师看来是一项不可能完成的任务。皮埃尔·科尼格因此提出以钢铁为材料建造这幢住宅，即使他早就被告诫过："这是一种工业材料，家庭主妇们不会喜欢。"[3]凯罗塔·斯塔尔也承认，他们当时对钢与玻璃住宅全无概念，不少朋友也表示担心，这种透明房子里连挂画的地方都没有；甚至，连科尼格的助手杰姆·詹宁斯都表示很迷茫，他当时已经是一名南加州大学的建筑系学生，早先就通过《艺术与建筑》杂志接触到了科尼格的作品。他直截了当地指出："（对它们）不是特别喜欢。对我来说很冰冷。不过我希望能够（通过这次工作）看到他看到的东西。"[4]对此，舒尔曼通过一张杰作给出了自己的解答："尽管我妻子经常对我说，'归根到底，这只是两个姑娘坐在玻璃盒子里面罢了'。但无论如何，这个场景确实表达出'这幢建筑关于什么'的问题。如果当时，我没有看向她们那边的话，也许我就会与这张历史性的影像擦肩而过；更甚至于，整个世界都会错失认识这种建筑类型的机会。"[5]

除案例住宅22号以外，裘里斯·舒尔曼还为其他一些著名的南加州现代住宅拍摄过照片，它们频繁出现在各种建筑学著作或者期刊之中，逐步在更广泛

1 SMITH E A T. Case study houses: the complete CSH program 1945—1966[M]. Koln: Taschen, 2009: 314-319.

2 同1，315页。

3 同1，314页。

4 同1，314页。

5 同1，315页。

的范围内得到认知。其中，以理查德·诺伊特拉的考夫曼住宅、埃姆斯夫妇的埃姆斯住宅为题材的作品都堪称经典之作。

6.1.2 专业期刊

20世纪中叶，《建筑实录》与《建筑论坛》这样的专业期刊都成为宣传南加州"现代住宅"的重要媒体。尤其是1940年，在约翰·因坦扎执掌《艺术与建筑》杂志后，更试图将其建设为属于本土的核心阵地。这一时期，欧洲同行也同步进行着对美国"现代建筑"的观察，仅以《Domus》这本创办于1928年的意大利期刊为例，从中可以看出"现代主义"的起源地区对当时南加州住宅的基本观点。

《Domus》1932年8月号刊登了理查德·诺伊特拉提交给维也纳奥地利制造联盟住宅博览会（Werkbundsiedlung in Vienna）的参展作品——模型住宅（Model House，1932），这是他在这本杂志中的首次亮相，不过这个作品显然和南加州甚至美国的"地域性"没有太多关系。1938年，诺伊特拉已经独立工作了近10年时间，他的作品再次出现在《Domus》当年的8月号，并以《结构的革命》（*Rivoluzione Delle Strutture*）为题，得到了更加深入全面的报道，收录了：加迪内特公寓、V. D. L.研究住宅、拜尔德住宅、戴维斯住宅等一批"国际风格"的名作（图6.05）。不过，整个1928—1939年间，即《Domus》发展的最初的10年，关于美国设计的内容并不算太多，除了诺伊特拉之外，在此期间还有另外两件南加州住宅作品刊登在了1936年9月号上，即出自保罗·T.弗兰科（Paul T. Frankl，1886—1958）之手的科尔特住宅（Kuhrt House）和维弗利住宅（Wilfley House）起居室的室内，南加州的"现代运动"尚未完全进入建筑学界的主流视野。

20世纪40年代，越来越多的美国设计在《Domus》上发表。在1947年6月号中，一篇题为《美国校园建筑》（*Le Scuole in America*）的文章收录了赖特、诺伊特拉、沙里宁等人的作品，其中不少位于加州地区。住宅也开始得到关注，1946年9月号和1947年的10—11月合刊分别报道了罗伯森·克拉克和阿尔伯特·弗莱合作完成的弗莱住宅以及戈登·德雷克设计的自宅，这两篇文章都以《加利福尼亚住宅》（*Casa in California*）为题（图6.06）。相对于诺伊特拉的早期作品，这次发表的案例侧重表现了南加州现代住宅基于梁柱结构、深远的挑檐、表面材料肌理等暗示出的"地域性"特征，美国西海岸出现的"形式"变革开始被欧洲建筑界察觉。处于创作盛期的理查德·诺伊特拉仍然频繁地出现，相似的转向同样清晰地反映在1941年2月与1941年11月先后两次的报道之中

图6.05
《Domus》, 1929—1939年

图6.06
《Domus》, 1940—1949年

（图6.07）。这种兴趣一直延续到50年代，1948年的特雷曼因住宅、1955年的佩金斯住宅，还有一些公共建筑作品，都在《Domus》上陆续刊出（图6.08）。

20世纪50年代，正值"案例住宅计划"的实施阶段，两名以钢结构住宅见长的建筑师也因此得到欧洲同行的认可。其中一位是拉斐尔·索里亚诺，他在1951年设计的柯尔比公寓刊登于1952年9月号；另一位则是克莱格·埃尔伍德，他的三幢"案例住宅计划"作品，即16号、17号、18号，分别在1954年

图6.07
《Domus》，1940—1949年

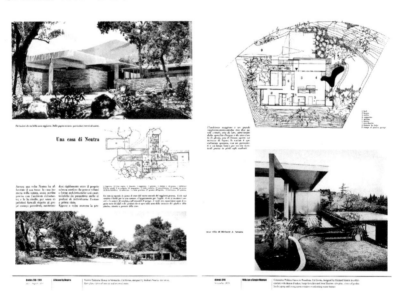

图6.08
《Domus》，1950—1959年

2月号、1956年7月号、1959年11月号得到专门的报道，此外，他在1949年的早期作品海尔住宅也被收录进了1958年12月号，尽管这些算不上他最具代表性的作品（图6.09）。

1960—1970年间，"现代建筑"渐入低潮，"案例住宅计划"也走向了尾声。这一时期，南加州"现代建筑"受关注的程度与前10年相比已经惨淡很多，《Domus》只发表过诺伊特拉的4个作品，其中有两个是住宅。

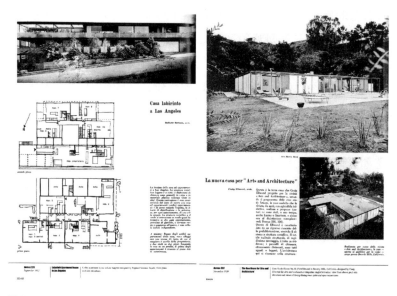

图6.09
《Domus》，1950—1959年

　　总体而言，就一本欧洲专业期刊来说，尽管地理距离在20世纪中期已经不再是文化交流中的决定性障碍，但仍然不免将大西洋彼岸的美国，特别是西海岸的实践置于较为边缘的位置。不过，数量相对不多的案例，却更能聚焦地呈现出"现代建筑"基于"形式"特征对选择案例的倾向。第一，存在着某种"偏见"，并且更多地和"风格"或者"技术"联系在一起：战前，诺伊特拉早期的"国际风格"作品得到了最多的关注，战后，则明显表现出了对钢结构这种基于工业化建造的"现代技术"实践的偏重。第二，到20世纪中期，一些具有"地域"特征的探索开始进入观察视野，经典"现代主义"通过对南加州相关案例的援引，实现了对原初单一体系的镶补，共同勾勒出了这一时期"多元化"的发展路径。第三，缘于上述偏见，形成了对象选择的惯性，范围较为狭窄：诺伊特拉长期占据着绝对核心的地位，他与美国建筑的精神领袖赖特吸引了最多的目光；但一大批同样具有典型性的另类实践仍遭到忽略，比如哈维尔·哈里斯对木构体系的发展，或者A.昆西·琼斯在地产市场的活跃表现，甚至于皮埃尔·科尼格极具代表性的钢住宅探索。

6.1.3　大众读物与广告

　　早在20世纪初，南加州的住宅就已成为广受各类媒体青睐的题材来源，比如格林兄弟位于圣迭戈的科佑住宅（Kew House，1910—1913）便曾经随着"以坚固、舒适、美丽的平层住宅为家"的口号出现在公开发行的明信片上。

公共展览的导览手册与活动海报是其中重要的类型之一。1944年纽约现代艺术博物馆举办的"美国建筑"展览中，策展人伊丽莎白·默克（Elizabeth Mock）高度评价了西海岸的专业实践，称其"以令人惊喜的新鲜感点亮了现代主义的眼球"，当时发行的资料手册以加州建筑师约翰·芬克（John Funk）的海肯多夫住宅（Heckendorf House，1939）作为封面图片。此外还有1950年夏天格里高利·艾因应菲利普·约翰逊之邀在MoMA修建的概念住宅展品，以及1950年芝加哥住宅博览会上克里夫·麦以预制技术修建的"现代牧场风格"住宅的样板间。这些展览的动机不尽相同，一些以商业目的为主，另一些则具有更多学术或专业方面的抱负。

事实上，默克和约翰逊在MoMA举办的两次展览，都处于"地域性"与"现代性"的争论之中，他们对南加州"现代住宅"案例的征引，特别是借助图像进行的"形式"选择的分歧并不像观点那般针锋相对：在某种程度上，默克对海肯多夫住宅入口采取的一点透视构图甚至更关注"现代空间"的抽象特征（图6.10）。

此外，还值得注意的是，格里高利·艾因在MoMA的概念住宅展品是以"女性的家庭指南"（Woman's Home Companion）为主题推出的，这或许说明了"现代住宅"是吸引该群体的重要内容。事实上，在当时，很多大众媒体都曾使用过相近的策略。

大概20世纪50年代前后，加州已经在全美范围内奠定了自己作为"未来家居生活样板"的典型形象。《妇女之家月刊》曾在1949年11月号中称之为"新

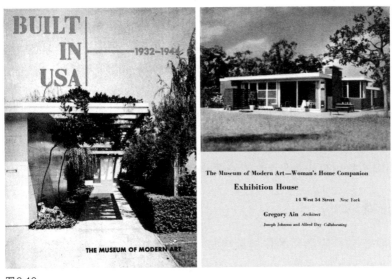

图6.10
海肯多夫住宅（约翰·芬克，1939年）；MoMA展览住宅（格里高利·艾因，1950年）

图6.11
"日落之山" 20世纪50年代;《日落》杂志，1950年3月号

设计产生的广阔温床"（vast incubator of new designs）;《假日》同样认为，这里引领着"对未来的展望"。两种差异化的"形式"倾向共同引导着大众接受"现代住宅"设计，并试图建构起某种认知：透明、连续、开放的空间与清晰、秩序、轻盈的结构等标志性特征，以及休闲化的陈设、装饰与色调暗示出的家庭日常生活的乐趣。随着这种认知在战后的广泛传播，它们逐步凝固成为一种"现代性"与"地域性"并存的西海岸居住方式。比如一幅题为"日落之山"（Sunset Hills）的宣传画，着重强调了一幢住宅檐下部分梁柱体系的结构特征；或者《日落》杂志经常使用的一类封面图片，通过鲜艳的色彩与丰茂的植物构筑出温馨自然的室内或者庭院场景（图6.11）。

　　这些特征也出现在各类地产广告中，如报纸杂志的"家居"板块，地产公司的样板房，各种施工、建材、设备厂商的展销活动，售房宣传材料等。比如艾奇勒地产公司在20世纪60年代制作的一系列广告，即同时表现了住宅外观及其内部生活，特别是透过玻璃墙面看到的阖家团聚的场景（图6.12）。女性形象在这些影像中具有重要位置，经常占据构图的中心，直接反映了"中产阶级"家庭分工的变化。有一则艾奇勒的广告，便通过快乐起舞的主妇形象表达了"设计让你每一天都如同节日"的含义。

　　这一时期，大量的"现代住宅"形象通过各类媒体频繁出现，并根据不同目的对其中的多重"形式"特征进行选择性的呈现。比如一份1960年的圣迭戈地区的报纸刊登出的蒙特戈梅利住宅（Montgomery House）起居室的室内，便以白色和灰蓝的色调及简洁的家具体现出一种典雅的现代风格（图6.13）；同

图6.12

艾奇勒地产公司广告，1960年

The Alpha Montgomerys relax in blue and white-accented living room which features cantilevered fireplace, 8-foot sofas, plush white carpeting. Room's main colors are charcoal and white. It also has observation sector.

HILLTOP LIVING

San Diego family has modern home overlooking the city

IN THE sun-tanned hills of California, casual living is the unchallenged way of life. And probably nobody has found their place in that sun more casually than the Alpha L. Montgomerys of San Diego, whose startlingly designed $87,500 home perches on a 3½ acre plot atop one of the city's Emerald Hills.

Built on a 5,600-square foot concrete slab, the home is in the architectural style of a Roman town house with three patios, three major hallways, and all rooms having access to the atrium—or central patio. For inside entertainment, the Montgomerys have room-to-room high fidelity and TV, and a stereophonic sound-wired family room. When they go outdoors, there is a swimming pool and a panoramic view that includes not only the home of San Diego's Mayor Charles Dale on the next hill, but also the Pacific Ocean, and the borders of nearby Mexico.

图6.13

蒙特戈梅利住宅，1960年

在1960年，由圣迭戈设计师文森特·伯尼尼（Vincent Bonini）为迪士尼乐园创作的名为"未来不会等待"（The Future Won't Wait）的主题屋中，类似的设计要素被安排进了一间由曲面形成的壳状房间，经由"流线型"造型表达出了对技术发展的前瞻性展望（图6.14）；而在一件1962年畅销的"芭比娃娃的梦想之家"（Barbie's Dream House）儿童玩具中，也在现代样式的室内及家具的基础上，通过材料纹理进行了装饰性的点缀，并采用了富有吸引力的鲜艳亮色（图6.15）。

图6.14
"未来不会等待"主题展览（文森特·伯尼尼，1960年）

图6.15
芭比娃娃的梦想之家（儿童玩具，1962年）

　　南加州"现代住宅"的形象还同时出现在很多产品的广告中，居住功能并非此时表现的重点，而是以"风格"烘托主题，形成某种"先进"的意象，特别是在某些具有共性的对象之间"制造"联系，当它们不断地在受众的感官当中并列出现的时候，就会形成具有特定含义的符号系统，构成对其中产品进行理解的认知基础。通用汽车公司旗下的汽车品牌"奥兹莫比尔"（Oldsmobile）就曾分别以理查德·诺伊特拉的 V. D. L. 研究住宅以及鲁道夫·辛德勒的伯克住宅为背景拍摄广告，旗帜鲜明的口号："每一个现代特征都令人舒适"或者"一分钟进入现代"充分体现出建筑和工业同是现代设计文化的重要组成（图6.16）。

　　同样，《艺术与建筑》1956年5月号刊登的范·凯佩尔-格林的家居店广告中，所有商品摆放在一个起居室场景中展示，透过左侧的落地窗，可以隐约看到庭院一角；室内装饰简单，迎面是一面清水砖墙，靠门的顶棚是一块平

图6.16
通用汽车广告

图6.17
范·凯佩尔-格林广告，1949年

图6.18
利比·欧文斯·福特公司广告，1963年

板，压低一定的高度，这些都是"现代"住宅的典型特征（图6.17）。建材厂家也经常利用"现代"住宅推销产品，著名的玻璃制造商利比·欧文斯·福特公司（Libby Owens Ford）就让建筑师索恩顿·M.阿贝尔在其作品中用上自己最新出产的防辐射玻璃产品（图6.18）。

6.1.4 品位的区分

通过建筑学科及其专业著作，南加州"现代住宅"的设计特征得到了清楚的梳理，许多具有关键意义的作品得到了详细的分析，建筑师的创作过程及其构思得到了系统的描述，由此形成了大量相关的文字、实物与影像资料。通过对它们的归纳和阐释，批评家和理论家完成了南加州"现代住宅"理想"形式"的构建。

通俗文化中的"现代住宅"形象则提供了更加丰富的材料来源，它们往往与文字、声音相结合，通过模仿、象征、夸饰等手法，将抽象的概念具象化。它们同样表达着制作者看待事物的方式，不仅记录下历史的形象，留存住丰富的信息，还折射出了不同的视角和见解。许多经验证明，利用可感知的"形式"宣传目标商品具有良好的效果；在现代时期，作为意图的载体，它们得到了更广泛的应用，这在政治和商业领域尤为明显。其中，绘画或者摄影尽管在立场上无法绝对客观，但在需要真实性与可信度的场合，仍极力对自身提出保持中立的要求；而对广告、海报、漫画等类型的媒介而言，作为重要的宣传途径，阐述作者的愿望或者倾向是被默许甚至是被鼓励的。虽然在一定程度上存在着贬低或美化，但这些材料并非完全虚构。就广告而言，必要的写实，特别是迅速而清楚地交代宣传对象的主要特征并覆盖重要的细节，是其首要任务；

当然，它也擅长以市场分析数据为基础，采取技术手段，操纵消费者的潜意识，诱发相关的"联想"即是经常使用的方法之一。

随着学科与专业不断发展，在建筑学和外部的交流过程中，二者之间的壁垒愈加明晰。学术或专业著作与通俗文化之间的关键分野，指涉着对建筑学而言具有本体（ontology）意义的"形式"论争。首先，它既是物质世界中的实践对象，也是抽象观念中的思维产物，两者在现代教育体制内外出现了难以弥合的割裂；其次，在资本主义的经济格局中，它同时关系着产品竞争和利润创造；最后，通过和"设计"共谋，它还经由"品位"的建构制造出身份的"区分"。这种对立同样出现在学科或者专业内部，特别是在某种经由"操作性批评"（operative criticism）展开的叙事中，"形式"分析被"设计"的规范性价值支配，导致建筑学论述本身成为既定社会与权力结构"再生产"过程中的观念工具[1]。

对于这些不同性质的"空间的再现"，一种可能的理解是：它们可能源自某些约定俗成的预设，代表着一个时期被某个群体普遍信奉的规范或者标准。这同时涉及了对历史叙事的塑造，需要在另一重脉络中进行观察。

6.2 受追忆的现代

1920年以后，"现代建筑"思想在美国建筑师心中逐步生根。鲁道夫·辛德勒以及理查德·诺伊特拉在南加州的工作，不仅引起了东海岸乃至欧洲的极大的兴趣，也使当地另外一些建筑师同步感受到了新时代的脉搏，而渐渐形成了一次区域性的"先锋"（avant-garde）运动。不过，现代建筑论述并未给予这些人物或者事件同等的关注，正如托马斯·海因斯的《阳光下的建筑：洛杉矶现代主义1900—1970》与阿兰·赫斯的《被遗忘的现代：加州住宅1940—1970》两本关于南加州现代建筑的著作呈现出的极具差异性的视野。如果承认真实的历史并非单一的主线，几乎每一次的转型过程都是多种现象的并存，那么问题就在于：什么原因导致了很多同时期的"现代住宅"实践，有一些被铭记，有一些被遗忘，而有一些又被再次提起？

1　夏铸九.字词与图绘·论述形构与草皮·实践的力量：对建筑教育的意义[C]//2018年"建筑理论与关键词"新建筑春季论坛，武汉：华中科技大学，2018：06.参见：FORTY A. Words and buildings: a vocabulary of modern architecture[M]. New York: Thames & Hudson, 2000: 136-141.

6.2.1 有机的世代

深具美国本土传统的"有机建筑"经常被视为一种区别于源自欧洲的"国际风格"的抵抗性姿态，它在南加州也有大量的支持者。弗兰克·赖特的门徒约翰·洛特纳、福斯特·罗德·杰克逊、马克·米尔斯在这里进行着各自的实践；在塔里埃森的影响以外，另一支源自于布鲁斯·阿伦佐·高夫（Bruce Alonzo Goff，1904—1982）的设计流派，也通过约翰·马尔施·戴维斯（John Marsh Davis，1931— ）等人的活动，从中西部来到了西海岸；同样，其他的一些建筑师，如杰克·席尔默（Jack Hillmer，1918—2007）和查尔斯·W.卡利斯特（Charles Warren Callister，1917—2008），虽然没有直接的师承关系，也明显地受益于同样的思想遗产。

马克·米尔斯于1948年离开塔里埃森，在旧金山待了6个月后前往位于洛杉矶和旧金山之间的海滨小镇卡默尔，协助完成了一幢赖特设计的住宅；他随后定居在不远处的蒙特利郡（Monterey County），开始独立承接业务。1957年的欧文斯住宅由马克·米尔斯和纳撒尼尔·A.欧文斯合作设计，这个作品某种程度上折射出两种建筑思想的冲突与融合[1]。作为业主，欧文斯坚持使用"A"字形的混凝土屋架，虽然米尔斯觉得这并不适用于狭长的山脊环境，但依然尊重

图6.19
欧文斯住宅（马克·米尔斯，纳撒尼尔·A.欧文斯，1957年）

了对方的意见。住宅通过屋架覆盖开放式的起居室和厨房，顶部天窗让室外光线倾泻进室内，让人感受到阴晴雨雾等不同天气下的环境变化（图6.19）。卧室部分作为侧翼偏向一边，使用了巨大的木质排架结构，它在和"A"字形屋架交接时显得不尽协调，但统一的木材表面在感觉上对此进行了统一。住宅周围有一圈石砌露台，凌驾于陡峭的山崖之上，视觉效果颇具震撼性。这个案例诠释了米尔斯所信奉的"应对场地、客户、材料、气候和功能等方面的不同要求，设计独

---

1 欧文斯是SOM事务所（Skidmore, Owings and Merrill）的创始人之一。

一无二的作品"的赖特式的创作理念[1]。

福斯特·罗德·杰克逊——另一名活动于加州的赖特门徒,他于1955年修建了自己在克莱门特的住宅,这个设计被视作他对在西塔里埃森沙漠中度过的时光的怀念。福斯特·罗德·杰克逊住宅(Foster Rhodes Jackson House,1955),这幢面积达到3600平方英尺的巨大建筑绵延在一片位于山顶的场地中,采用"环绕式"布局回应了做出类似安排的西塔里埃森(图6.20)。不过,这件作品并不是对赖特的简单模仿,也融进了许多杰克逊自己的想法:中心部分是一个宽敞的主厅,拥有一个颇具仪式感的壁炉,用混凝土和玻璃建造而成;一个大型露台从一侧挑出,形成通向屋面的走廊;住宅的其他部分相对低矮,各个部分通过走道或者露台联系,车库和工作室被独立在外。室内明显体现出现代的"空间"理念,大量使用铝制推拉门,形成连续性的特征;巨大的混凝土框架支撑起屋顶,中间镶嵌着整面的透明窗户。然而,杰克逊丰富的细节处理呈现出与"现代建筑"不尽相同的美学趣味:粗大的结构与墙体都做了收分,营造出一种如同古代"纪念性"建筑的稳定感觉;住宅主体使用了一种颇具特色的材料,在混凝土中混入了大量采自当地峡谷河床中的卵石,并将其作为显露出的肌理;此外,阳台、檐口等部分都以多种石材拼接成表面,虽然采用了相对简洁的处理方式,部分装饰性的图案仍然显示出赖特的影响。

虽然"有机建筑"缺乏一个精确的定义,但明显的是,它既区别于古典传统,也不完全等同于乡土营造,还暗示出一些与东方文化的关联,这些都与"国际风格"抽象、纯粹的"形式"特征相背离,并且由于以赖特为代表的建

图6.20
杰克逊住宅(福斯特·罗德·杰克逊,1955年)

1　HESS A,WEINTRAUB A. Forgotten modern:California houses 1940—1970[M]. Layton:Gibbs Smith,2007:168-185.

筑师的有力宣称，"有机建筑"与美国特性紧密地联系在了一起，区别于源自欧洲的"正统"现代设计理念。

二者关键性的分歧，从不同侧面分别得到了呈现。"有机建筑"更加注重在表现材料天然质地的基础上，采用经过简化但仍保留一定装饰性的构造处理。比如约翰·马尔施·戴维斯的唐纳德·巴尔博住宅（Donald Barbour House，1964），位于一片山坡地橡树林中，主体由深色的细长木杆件建成，远看仿佛一个旧式的谷仓（图6.21）。设计有意识地强调了结构体系被赋予的形式逻辑，并通过竖向延展的构图比例在视觉上形成连续的韵律。这在住宅的公共区域得到了明确表达，特别是靠窗的通高侧廊，由木质框架和透明玻璃限定，上部结构以一排斜撑强调了构件之间清晰、精确、稳固的交接（图6.22）。类似的做法还出现在查尔斯·W.卡利斯特的弗洛尔住宅中，其中采用的结构类型、材料工艺、细节特征显示出了伯纳德·梅贝克与日本风格的双重影响（图6.23）。"有机建筑"并不排斥出自不同时期、不同地域的历史元素的混杂。在卡利斯特1961年设计的位于圣拉斐尔的卡尔森住宅当中，同样使用了钢与玻璃这样的新型材料，但仍然充满了大量的风格性装饰，比如壁炉上的雕饰、层叠的木质线脚、板材表面的天然纹理等，室内选用的多种色调，如深紫、墨绿，还有不同色相的红色，营造出了温暖宜人的氛围。对屋脊处横梁及其托柱的夸饰性的表现，反映了对真实清晰的建造逻辑以及木材轴向受力的概念特征的遵从（图6.24）。

当然，"有机建筑"并非南加州"现代住宅"呈现"地域性"的唯一方式，不过，其中蕴含的一些主要特征，逐步被视作区别于"国际风格"的最重要的

图6.21
巴尔博住宅（一）（约翰·马尔施·戴维斯，1964年）

图6.22
巴尔博住宅（二）（约翰·马尔施·戴维斯，1964年）

图6.23
弗洛尔住宅（查尔斯·W.卡利斯特，1958年）

图6.24
卡尔森住宅（查尔斯·W.卡利斯特，1961年）

参照，它们贯穿在当时并行的实践之中，并凝固为相关历史论述中"形式"选择的普遍标准。

6.2.2 建构的呈现

南加州"现代住宅"中经常出现的"梁柱结构"同时适用于木材与钢材的建造体系，它们某种程度上也成了具有普适性的"形式"特征之一。

1953年，爱德华·菲柯特（Edward Fickett）接受乔治·雅各布森（George Jacobson）和米丽娅姆·雅各布森（Miriam Jacobson）的委托，在洛杉矶设计一幢住宅。雅各布森夫妇热爱建筑学，他们此前就已经拥有一个来自约翰·E.洛特纳的1947年的设计，此时菲柯特刚刚开始独立执业，主要作品多采用传统风格。战后的南加州房地产行业竞争激烈，经济效率和市场偏好强有力地塑造了建筑师的选择，他们也会适时向客户推销一些新想法。菲柯特在乔治和米丽娅姆·雅各布森住宅1号（George and Miriam Jacobson House No.1，1953）中适度引入了"现代建筑"的特征，通过梁柱式木结构形成简洁的形体，朝外侧的墙体以木板条覆盖，开口较少，朝内侧庭院的一边则较多地使用落地玻璃门窗。雅各布森夫妇对菲柯特的工作十分满意，他们于1966年再次委托他设计另一幢住宅。乔治和米丽娅姆·雅各布森住宅2号（George and Miriam Jacobson House No.2，1966）位于一片山坡地上，门前的道路高于宅基地，菲柯特在这里布置了车库，并通过砖砌的挡土墙在下方形成了一个带泳池的庭院。一部室外楼梯向下依次联系起入口、带有一圈露台的用作起居室的顶层、拥有三间卧室的底层，所有空间都朝向景观敞开；住宅的中心部分还有一个通高两层的天井，顶部开有采光孔，里面种了植物，另有一部联系上下两层的楼梯。各种材质的肌理被真实地呈现，比如大片墙体都保留了红砖的裸露表面；理性的"建构"被清晰地表达，比如梁柱体系中屋架构件的层叠关系。这些都是很多现代建筑师愿意尝试的取向（图6.25）。

类似的做法也出现在J.拉蒙特·朗沃西1965年的道森住宅（Dawson House）中。这个山坡上的住宅采用了半圆形的平面，沿街面是一片由混凝土方块砌成的弧形墙体，基本没有开窗，在中间的一段向内偏移，形成隐秘的入口，保证了内部的私密性，在朝内侧的一面，是贯通两层的透明玻璃墙体，营造出朝向海景和峡谷的良好视野。主要框架由两种材料组成，其中，竖向结构外侧是承重的实墙，内侧一层为混凝土圆柱，二层则转换为木柱；水平结构为木梁，一端在弧墙方向出挑形成车库，另一端支撑起大块的玻璃窗体。部分木质立柱和横梁被赋予了丰富的细节，比如一种类似于双柱或双梁的构造，既增添了视觉上的层次感，也更加强调概念中的力流传递与结构层次之间的对应关系（图6.26）。1967年的汉诺住宅（Hano House）同样以木材制作主要构件和内外表面，并直接展现了大量的构造细节；其结构体系使用了一种基于"A"字形屋架的变体，两边的檐口加了斜撑，使侧面接近于菱形。住宅建在陡坡上，入口和车库设在和外部道路平齐的顶层，朗沃西在此设计了一个颇具戏剧性的空间序列，从狭窄的山墙中部通过一个桥一般的构筑物，穿过下方起居室上空，到达前方楼梯间，贯穿上下三层（图6.27）。

钢结构是另一种南加州"现代住宅"中的常见类型。艾林·E.莫里斯

图6.25
乔治和米丽娅姆·雅各布森住宅2号（爱德华·菲柯特，1966年）

图6.26
道森住宅（J.拉蒙特·朗沃西，1965年）

（Allyn E. Morris，1922—）在1956年设计的鹰岩镇（Eagle Rock）的柏贝克住宅（Bubeck House）中，将所有钢构件涂成红色暴露在外，支撑起平板状的屋顶和带形天窗。墙体使用了8英寸见方的混凝土砌块，根据他的解释，这提供了模数化的尺度参照，并在表面形成了肌理（图6.28）。

图6.27
汉诺住宅（J.拉蒙特·朗沃西，1967年）

无论针对何种材料，当时的"现代"建筑师已经逐步接纳了一种基于"建构"观念的理性规范，真实、清晰、秩序的价值取向因此指涉了特定的"形式"特征，比如大多数的钢结构住宅都会偏向简明的结构以及轻盈的造型。

图6.28　柏贝克住宅（艾林·E.莫里斯，1956年）

而这个信条被威廉·科蒂（William Cody，1916—1978）勇敢地突破了。1968年，科蒂在棕榈泉设计了一组相互连接的单层住宅——塔玛瑞斯克航道公寓（Tamarisk Fairway Condominium）。建筑中的交通和生活两种功能通过高差做出区分，出于私密性的考虑，朝外的开窗面积相对要小，而在后院一侧使用了许多落地玻璃窗。棕榈泉是当地旅游度假重镇，为了营造出轻松愉悦的气氛，

图6.29
塔玛瑞斯克航道公寓（威廉·科蒂，
1968年）

科蒂在室内使用了简洁的结构以及丰富的色彩与材料，但在别具特色的天井部分，却将周围的檐廊顶棚向上翻折，形成了比常见的钢结构平顶厚重很多的檐口（图6.29）。

6.2.3 风格的杂糅

"现代主义"总是试图表现出割裂历史的姿态，在南加州，将传统风格作为设计语汇运用，持久地构成了实践中的一个重要问题。普通大众对此的认识迥异于专业群体，正如1954年《建筑实录》杂志执行主编埃默森·加博尔承认的那样："当今天的建筑在很多年前开始丢弃那些残留在行将被淘汰的风格上的感情牵绊的时候，它就已经决定要迈步向前了。古代的建筑风格，无疑仍像昔日那样优美，但却是不合时宜的了，也不会再有为它们而设置的舞台了。这些建筑无法满足今天的智力需求，但有些时候，又好像还能满足一些情感上的需求，这是不是让我们有点犯糊涂了？"[1]

直至20世纪中叶，"国际样式"仍未彻底取代杂糅着不同时期特征的折中风格，后者显然更加受到市场的欢迎。这一分歧甚至可以追溯到"包豪斯"登陆前格林兄弟与伯纳德·梅贝克的尝试之中，而从20世纪30年代开始，加州建筑师发展出了更多的样式：殖民风格、西班牙风格、都铎风格、牧场风格等。

其中，牧场风格的住宅结合了简单实用的功能布置和粗犷自然的材料处理，十分契合当地休闲随意的生活方式，深受南加州房产市场的欢迎。亚伦·西佩十分擅长该类型的住宅设计，他为劳埃德·史密斯和伊蒂斯·史密斯在

1　GABLE E. A treasury of contemporary houses[J]. Architectural Record，New York：F. W. Dodge Corp.，1954：10. 转引自：HESS A，WEINTRAUB A. Forgotten modern：California houses 1940—1970[M]. Layton：Gibbs Smith，2007：237.

1960年设计的史密斯住宅便是一件颇具代表性的作品。这幢住宅显示出了西佩调和传统特征与现代形式的技巧，或者说，将经过革新的设计理念和客户喜好结合的才能。它的主体部分呈"L"形，朝院子设置一圈外廊；角度舒缓的两坡屋顶在山墙部分以木板覆盖，下方则以白色涂料粉饰砖墙面；墙裙、挑檐、屋架等细部都使用了丰富的材料，又以壁炉部分最为精良，但在做法上都相较传统装饰进行了简化；朝向院子的侧面开有通高玻璃窗；还引入了一些工业建材以控制造价（图6.30）。

在密拉德·谢茨的建筑中，历史元素扮演了更加重要的角色。他喜欢高大的对称式建筑，以大理石板覆盖墙体并用陶瓷锦砖壁画作为装饰，特别沉迷于亚述或者拜占庭这样的古代西亚题材。当然，他也并不排斥那些功能明确、结构清晰的简洁造型。这使谢茨的形式语汇显得庞杂，并表现出一种对"现代主义"原则的挑战，他于1960年在克莱门特为自己建造的谢茨工作室（Sheets Studio）就是一个例子。这是一幢两层高的平屋顶住宅，工作室偏于一侧，是带天窗的大空间，扩大的入口便于艺术品进出。北面设有独立的客户通道，这里设计了一个很有特色的细部，以条状和圆柱状的大理石围绕在大门周围，背后贴着玻璃，形成半透光的界面；由此向内的接待大厅使用了"嵌入式"的家具，石质墙面上摆了一些小型的艺术收藏品。这些基本上都属于"现代"的风格。在两边的入口外侧都有庭院，这里的道路和台阶都用从附近河床取来的卵石铺成，并种植了一些当地植物；外墙材料主要是浅色大理石，表面有陶瓷锦砖拼出的带有古代玛雅人、巨嘴鸟、行星、太阳等形象的壁画，仿佛源自遥远的古代（图6.31）。

图6.30
史密斯住宅（亚伦·西佩，1960年）

图6.31
谢茨工作室（密拉德·谢茨，1960年）

6.2.4 幸存者偏差[1]

还有很多在当时活跃于南加州地区的建筑师，因为最先接受的是传统专业教育，故而在此后转向现代的过程中，或多或少地还在各自的作品中留有古典的形式特征。对这些工作的认知与评价，也从某个角度折射出与"现代建筑"相关的变迁过程。

保罗·R.威廉姆斯在20世纪20年代完成了"学院派"的建筑教育，并在40年代紧跟上了"现代主义"的步伐。

威廉医生住宅（Dr. William House，1946—1948）是他在1948年完成的一个位于安大略镇的设计项目。业主罗伯特·诺曼·威廉（Robert Norman William）起初就希望拥有一幢"现代"住宅，对此，威廉姆斯使用了简洁的几何形体，也使这个处在殖民风格与都铎风格混杂的邻里环境中的作品格外惹眼。住宅呈风车状地放置在场地中：单层的起居室朝向后院的花园；一个两层的体量沿街道形成些许角度，将卧室安排在楼上；车库接近垂直地向外侧伸出。立面同样采用不对称构图，水平向的带形玻璃窗和墙板被楼梯间的竖向木板条打断。另一个"现代"特征是大面积玻璃的使用，比如整个后院一边的房间都是通高的开窗，起居室部分还采用了类似于"蒙德里安"式的划分方式，并将屋顶平缓地升起一个角度，争取获得可以眺望远处山峦的良好视野。室内选用了不少预制材料，并布置了很多嵌入式家具，它们和轻质隔断而非实墙共同划分出不同功能（图6.32）。威廉姆斯的传统态度主要显示在对精细木工的偏好上，经常邀请技艺精湛的工匠和自己合作，比如参与威廉医生住宅建造的萨姆·马鲁夫（Sam Maloof，1916—2009）。此外，他也没有放弃对丰富质感的追求，有时会将不同材料混杂在一起，比如在楼梯间上半部分，镶嵌的是可以采光的玻璃，而下半部分由细木板拼接而成，不过二者在当时都已经是工业化生产的建材了。

小泰奥多·科莱里（Theodore Criley, Jr., 1905—1987）是一名典型的小镇建筑师，一生中的大多数时间都居住在洛杉矶东部的克莱门特——因为1887年设立克莱门特学院（Claremont College）而兴起的城市。科莱里的住宅作品多被归入混杂着"现代"特征的牧场风格，他擅长结合山形，在地势较高的地方布置宽敞的庭院，再环绕以单排房间，这种做法有利于形成良好的通风，以

---

1 幸存者偏差（survivorship bias），一种常见的逻辑谬误，是指只能看到经过某种筛选而产生的结果，而没有意识到筛选的过程，因此忽略了被筛选掉的关键信息。

适应当地温暖的气候。木材是他喜欢使用的室内材料。进入20世纪以后，围绕克莱门特学院，逐步孕育出一个富有文化氛围的郊区环境，1939年，雕塑家阿尔伯特·斯图亚特（Albert Stewart，1900—1965）和妻子编织艺术家玛丽昂·斯图亚特（Marion Stewart）来到这里，邀请科莱里为自己设计一幢兼作工作室的住宅。斯图亚特住宅（Stewart House，1946）完成于1946年，相互渗透的室内外空间、简洁的平屋顶、功能主义的平面显示出明显的"现代"特征。这幢小房子供全家4口人，夫妇俩和两个孩子居住，拥有1个起居室和3个卧室，另有厨房和工作室。科莱里在设计中考虑的两个主要因素是环境和材料。住宅的视野极佳，可以将圣加百列峰一览无余，群山变幻的色彩和丰富的地貌形成了层次分明的景色，时刻充盈着艺术家的双眼。在起居室一侧，有一个类似于阳光房的空间，这是这幢住宅最具特色的部分，和通常的玻璃隔断不同，科莱里在这里创造出了一种植物、木构架、玻璃和天窗结合的形式，将外部光线和内部景观融合为一体。在另一侧，一个宽阔的走道通向工作室，屋架采用具有西班牙特色的木工工艺，呼应了当地的文化传统；墙体的主要材料是砖块，而中心部分则应业主要求使用了加厚混凝土墙，事实证明这是一个很有远见的决定，一场山火在2003年焚毁了这幢住宅的大部分房间，但斯图亚特夫妇留存在工作室中的作品免于劫难（图6.33）。

帕默尔和克里塞尔事务所（Palmer and Krisel）1957年的作品双棕榈住宅（Twin Palms House）是为亚历山大房产公司（Alexander Homes）设计的样板间，这个项目是该公司在棕榈泉地区的首次尝试。1956年正值这个沙漠小镇步入繁荣的起始阶段，它提供的旅游和度假服务，成为20世纪下半叶美国的一种重要经济模式，因此带来了宾馆、疗养会所、主题公园、度假别墅的建设高潮，业主也希望通过设计展现工厂式装配线的生产潜力。双棕榈住宅呈现出明显的工业化建造的特征，玻璃落地窗和推拉门将良好的后院景观引入室内；

图6.32
威廉医生住宅（保罗·R.威廉姆斯，1946—1948年）

图6.33
斯图亚特住宅（小泰奥多·科莱里，1946年）

图6.34
双棕榈住宅，1957年

图6.35
麦修住宅，克拉伦斯·W.麦修

梁柱式结构形成的反向折起的两坡顶，有利于采光和通风；墙体和木质屋架直接露明。这些都是极具"现代"特征的形式（图6.34）。

由此可见，在这些住宅中，某些一致的特征调和着"现代性"与"地域性"，有时分享着共识，有时进行着区分，比如非对称均衡式的构图，功能主义的平面，相互渗透的空间边界，嵌入式家具，建造逻辑的呈现，工业化材料的使用以及对历史意象的援引，对场地环境的接纳，附着于物质表面的传统工艺痕迹等。克拉伦斯·W.麦修（Clarence W. Mayhew，1907—1994）完成于1941年的自宅也具有类似的"形式"要素，这是一件位于北加州的作品（图6.35）。或许这正是上述案例再次进入视野的原因，而需要继续追问的是：两种竞争的特征体系如何共同塑造着建筑史的论述？

6.3 排除抑或选择

20世纪中叶的南加州展现了一幅壮丽的图景，它以现实打碎了对"现代运动"神话般的想象，代之以经过重新校准的，更加多元而精确的视角。回顾"现代主义"在战后自我修正的过程，再延续至遭到"后现代主义"质疑的阶段，就会发现，"现代性"与"地域性"的交织，不仅构成了这一历史过程中的重要主题，而且提供了某种"情节性"的设置，正如哈维尔·哈里斯所说的那样："从20世纪20年代晚期直到30年代这段时间里，欧洲的（现代主义）观念在加利福尼亚遭遇了一种正在发展的'地域主义'思想。而另一方面，在新英格兰地区，欧洲的'现代主义'遭遇了一种僵化的'地域主义'，它们首先抵抗，然后归服。"[1]正是得益于南加州建筑师们塑造出的具有鲜明的美国特征的表达，"现代建筑"逐步获得了更具多样性的形式。

6.3.1 变革与连续

理查德·诺伊特拉的转变提供了一个颇具代表性的案例。1932年，洛弗尔住宅入选了纽约现代艺术博物馆的"现代建筑艺术展"，这是"现代运动"的里程碑，诺伊特拉作为西海岸唯一的参展建筑师，因此跻身于当时"国际风格"的代表人物之列（图6.36）。

洛弗尔住宅确立了诺伊特拉早期建筑的主要形式，包括：功能主义的平面、几何形体的组合、白墙与水平带形窗构成的立面、标准窗构件、平屋顶、出挑的露台等，钢铁和混凝土是他使用最多的材料。这些特征在他的作品中一直延续到20世纪40年代。

图6.36
洛弗尔住宅远景（理查德·诺伊特拉，1929年）

1944年的"原型建筑"是一个具有转折意义的案例，这在诺伊特拉的住宅作品中也得到了反映。V. D. L.研究住宅1号是他于1932年建成的自宅，在1963年毁于火灾，1966年，诺伊特拉与次子迪恩·诺伊特拉合作将其重建，即V. D. L.研究住宅2号。新建方案在原先的基础上做出了部分改动，通过比较两者前后的差异，可以集中地揭示出诺伊特拉的设计当中主要形式要素的改变（图6.37）。

图6.37
重建前后的V. D. L.研究住宅，理查德·诺伊特拉

---

1 HARRIS H H. Liberative and restrictive regionalism[M]，1954.转引自：KAPLAN W. Living in a modern way：California design 1930—1965[M]. Cambridge：The MIT Press，2011：87.

诺伊特拉基本保留了V. D. L.研究住宅2号原先的纯白色混凝土外表，但在局部加入了一些其他材料，比如在入口左侧新增了一块由竖向深棕色细密木条排列而成的木质隔墙，又在入口右侧添置了六片贯通两层的斜向遮阳百叶，而原先的水平窗下墙被取消了，代之以通高的透明玻璃窗。这样，白墙作为立面主要构图要素的地位就被弱化了。

事实上，纯白的外表在诺伊特拉这个时期的建筑中已经很少出现了，通高玻璃的运用次数也远多于水平的窗下墙，这是和先前的"国际风格"的一个显著区别。诺伊特拉在20世纪40年代初开始尝试一些混凝土以外的材料，比如1941年的麦克斯维尔住宅使用了木材，1942年的内斯比特住宅选择了砖，而1946年的考夫曼住宅又在局部墙面上贴了石材。通过多种材料实现"去白色化"，正是试图通过物质性特征创造出更加贴近加州"地域性"意象的场景。不过，诺伊特拉没有回到传统装饰中去，而是把材料加工为几何形构件，借助组合形成的肌理表达质感，这在一些大规模建筑中也十分常见（图6.38）。

V. D. L.研究住宅2号入口处新增木质隔墙的另一个特点，是突破了上方楼板边缘。类似的细节在这个立面上还有两处：一个是入口处的圆形柱子，一个是二层挑檐下方向左侧伸出的雨水管。"风格派"的影响表现得很明显。这种特征一般出现在入口位置、走道区域、外墙周缘，通过片墙、柱子、玻璃对空间进行分隔、限定、渗透，有意打破"方盒子"一般平整的建筑边缘，表达现代空间的层次和秩序。诺伊特拉利用多种要素塑造形式，比如檐口、横梁、构架、台阶、花坛、水体，甚至雨水管（图6.39）。他会突出这些构件的几何特性，例如：在处理楼梯时，把踏步处理成一个个独立平面，把扶手处理成一根根竖向线条，再装配在一起；需要就坡地砌筑台阶时，便通过材料的转换强调形体的边缘；构件的交接也是考虑的重点，比如"蜘蛛腿"这一经典细部（图6.40）。

凭借这些处理，诺伊特拉同时暗示出一种室内空间与外部环境之间的相互联系，这是他理想中的建筑接触自然的一种方式。V. D. L.研究住宅2号最显著的变动是在屋顶加建了一层阁楼，这里集中了诺

图6.38
花园社区教堂（理查德·诺伊特拉，1962年）

图6.39
马斯隆住宅（理查德·诺伊特拉，1962年）

图6.40
拉多斯住宅楼梯细部（理查德·诺伊特拉，1958年）

伊特拉晚期的许多设计特征：通高的玻璃窗、露台、环绕阁楼的屋面水景、构架，也包括通向二楼的楼梯造型（图6.41）。诺伊特拉在这一时期的大量住宅作品中都沿用了"原型建筑"中的一些处理方式，例如形成阴影的宽大挑檐，改善通风条件的梁间气窗，遮挡阳光的活动百叶等。使用水体也是重要手段之一，既适应加州温暖的气候，又构成了景观的焦点，如果用作泳池，还可以提供娱乐。水体还能成为空间的要素：有时形成街道和建筑之间的过渡，或倚靠实墙，或紧贴窗下，或环绕周缘；有时横跨隔墙，成为室内外环境的联系；有时作为内景，点缀在中庭或者天井之中（图6.42）。

　　诺伊特拉将源于欧洲的先锋艺术、西海岸的地理景观与当地中产阶级的生活样式结合在一起，确立了新的住宅形式，一种属于美国的"现代"意象。如果说，从V. D. L.研究住宅2号重建之后的纯白外表中尚可以看见"国际风格"

图6.41
V. D. L. 研究住宅2号（三）（理查德·诺伊特拉，1966年）

图6.42
佩金斯住宅（理查德·诺伊特拉，
1955年）

残留的清教徒般的品位，那么，1947年建于棕榈泉的考夫曼住宅，满足的则是又一种充满"布尔乔亚"格调的生活理想。"二战"之后的美国，曾经孕育过"现代主义"的土壤已经时过境迁，理查德·诺伊特拉的转变，一方面使其个人获取了标志性的设计风格，另一方面也使"加州现代主义"顺应了当时的市场需求，借助由大众媒介构筑的影像，迅速定型并广泛传播。从某种角度而言，这也是20世纪中叶美国住宅发展历程的缩影："形式"的变革和连续性折射出的，是构筑起经典"现代主义"原则的多重"观念"基础开始在不同层面出现偏移。

6.3.2 正典的产生

无论是建筑师个人在不同阶段的转变，还是彼此之间的差异，当它们进入历史叙事时，很大程度上依靠的是对最具代表性的设计作品的"再现"。通过"形式"折射出的方法、理论或者思想的发展过程，对此提供了重要的阐释角度。

国王路住宅是鲁道夫·辛德勒和克莱德·蔡斯共同建造、共同使用的住宅（图6.43）。尽管属于早期作品，却堪称对建筑师设计思想最完整的诠释。在很多方面，国王路住宅远远称不上毫无缺陷：它采用开放式的布局，却没有集中供暖，在不利的天气下，不用壁炉就较为阴冷，此时，浪漫化的功能设置也显得更加不便；为了追求粗犷自然的效果，很多材料表面未经处理，这使清洁工作变得很困难；混凝土墙体间的狭长玻璃一旦碎裂，也不容易替换。因此，这幢住宅被视为南加州现代建筑发展历程中的重要标志，很大程度上是出自"形式"方面的判断。

图6.43
国王路住宅外景（鲁道夫·辛德勒，1921—1922年）

　　国王路住宅是辛德勒的"空间建筑"概念的典型实践之一。具体言之，勾勒出他从1912年《现代建筑：一个计划》的随笔通过"结构""材料""体验"等一系列主题，从提炼出"空间、气候、光线和氛围"四个关键要素之后建筑思想不断发展，并于20世纪30年代逐步形成系统理论的关键路径；并通过设计措辞中对多元文化营造经验的广泛援引，比如"草原式住宅"、日本木构、美国西部的各类民居等，指涉了传统经验、现代文明与地域环境混杂的南加州气质。国王路住宅以"L"形体量组合出风车状的平面，形成了合用的入口和两个相对独立的庭院：朝向外部的一面，主要使用混凝土墙，朝向内院的一面，较多使用木框架、玻璃以及帆布表面的推拉门。其中，封闭的界面采用"立墙浇筑"的混凝土施工方法制作标准外墙单元，这是当时尚在探索中的先进做法；开敞的界面通过多种开口方式实现，包括转角窗、天窗、通高隔断等，配合以背面混凝土墙体中的条形窗，不同方向的光线参与着空间氛围的塑造。多种材料的组合提供了丰富的质感，而对木材的处理已经暗示出"辛德勒框架"的雏形，体现为以剖面变化划分"空间"的意识。主要构件处理成几个层次：一是8英尺8英寸顶棚的整层高度；一是6英尺2英寸门框的基准高度线，作为雨篷、隔断、露明的红木横梁等部位的参照；在此基础上，玻璃分隔、外墙单元、门洞宽度等尺寸共同暗示着模数系统的存在。同时，低矮的地坪、平屋顶、落地玻璃、推拉门，强调着内外"空间"水平向的连续感（图6.44）。国王路住宅未能参加1932年的MoMA"现代建筑艺术展"，它的价值后来才得到重新发掘，被归入南加州现代住宅浪漫旅程的起点。

　　理查德·诺伊特拉在20世纪20年代末期凭借洛弗尔住宅成名，以此将"国

图6.44
国王路住宅室内（鲁道夫·辛德勒，1921—1922年）

图6.45
特雷曼因住宅室内（理查德·诺伊特拉，1948年）

际样式"带到了美国，并以考夫曼住宅为标志，在战后逐渐步入个人创作的盛期。建成于1948年的特雷曼因住宅与考夫曼住宅并称为建筑师这一阶段住宅作品中的双璧：如果说考夫曼住宅是对诺伊特拉前期风格的全面总结，那么特雷曼因住宅则更多地预示出他在后期的转变（图6.45）。

正如托马斯·海因斯的评述："诺伊特拉的风格渐渐转变为一种个人式的、发展中的折中主义，尽管一贯如此，不过最近的动向却略有不同，且令人惊喜。他证明了他可以在同一种理念下，创造出两种不同的表达，并通过两个孪生兄弟般的住宅作品显现出来。"[1]沃伦·特雷曼因（Warren Tremaine）是一名对建筑艺术充满兴趣的富商，十分欣赏诺伊特拉的风格，邀请他为自己设计位于蒙特西托（Montecito）的住宅。诺伊特拉在设计初期曾经考虑过一个两层的方案，不过后来采用了更贴合场地的平层布置。住宅位于一片植被丰茂的缓坡地上，采用风车状的平面布置：入口较狭窄，处于向南一翼，这里拥有一个客房和一个阅览室；向东一翼布置了服务功能，包括厨房、佣人房和车库；向北一翼是主卧和两个儿童卧室；起居室和餐厅是一个开敞的整体，朝向西侧的庭院；向西一翼是伸出的宽阔敞廊，通向游泳池（图6.46）。

这一时期，诺伊特拉已经改变了自己惯用的结构类型，特雷曼因住宅明显地呈现出"梁柱体系"的特征，更接近于1944年"原型建筑"的概念。柱列尺寸以16英尺的间距为主，局部放大到20英尺，并且使用的是混凝土框架而非钢结构，这可能与当时的建材限制法规有关。住宅沿街朝外的一面，多采用天然石材，呈现出封闭的形象；面向内院的一面，则以通透的落地玻璃和轻质隔断为主；室内的分隔使用了大量的嵌入式家具，多数出自建筑师本人和其他一

1　HINES T S. Architecture of the sun：Los Angeles modernism 1900—1970[M]. New York：Rizzoli，2010：570-571.

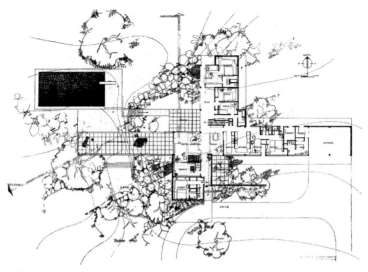

图6.46
特雷曼因住宅平面（理查德·诺伊特拉，1948年）

些现代家具设计师之手，此外，色彩明丽的地毯、窗帘，还有一些装点在陈设中的织物，营造出了舒适的居家氛围（图6.47）。这些都是特雷曼因住宅与考夫曼住宅等早期作品之间的重要区别。

特雷曼因住宅得到了评论界的盛赞，相较于考夫曼住宅的"冰冷"，不少文章都会使用"温暖"形容特雷曼因住宅。比如《建筑论坛》杂志的观点："混凝土框架显示出的塑性特征消除了现代建筑'纸片般'的感觉，即使不靠木质肌理或者其他的软化处理，也可以让这个房子显得很温暖。"[1]《室内》（*Interior*）杂志也给出了相似的意见，并进一步指出，诺伊特拉摆脱"国际风格"的机器美学后，并没有回到传统陈规或者赖特式的自然主义语汇，而是维持了"现代主义"纯正的形式语法："和沙漠住宅一样，特雷曼因住宅也是诺伊特拉的杰作之一，但是不再有那种清冷地反射出'海市蜃楼'般幻象的玻璃闪光。这幢属于特雷曼因一家的加州山地住宅，也许会给予人们更加温和的感官体验。诺伊特拉以此为自己的'形式'确定了新的特征——自然的隐喻，机智的对比以及直白的结构理性……"[2]诺伊特拉从未明确反对过现代建筑"纯粹""冷漠""克制""缺乏色彩"的特征，但是他温和的变革暗示了多元化发展的潜能。

从20世纪40年代开始，哈维尔·哈里斯也开始探索一种更具特征的形式，

1　转引自：HINES T S. Architecture of the sun：Los Angeles modernism 1900—1970[M]. New York：Rizzoli，2010：570.

2　沙漠住宅即考夫曼住宅的别称。转引自：HINES T S. Architecture of the sun：Los Angeles modernism 1900—1970[M]. New York：Rizzoli，2010：570-571.

图6.47

特雷曼因住宅草图（理查德·诺伊特拉，1948年）

从此转向了对木构这一当地传统营造基因的再次发掘[1]。怀尔住宅是公认的哈里斯最成功的作品之一，属于商人克拉伦斯·怀尔，位于一个平缓山丘的顶部（图6.48）。怀尔住宅的初始方案由三个分散的主要部分组成：居住主体、客房、车库和佣人房。前两部分通过走廊相连，后一部分则独立在外，中间以带有中心花坛的环形车道作为分隔，但客房最终没有建成。主体部分采用十字形布局，有利于不同方向伸展出的房间获得良好的阳光条件、自然通风和景观朝向。坡屋顶采用非对称构图，层层跌落，仿佛顺应着山势；出檐深远，并将部分屋架暴露在外，能明显看出"艺术与工艺运动"的影响。使用坡屋顶，显示出屋架或山墙等部位精致纯熟的木构工艺，以承担起相应的装饰作用，是哈里斯在这一时期日益显著的特征。他对此描述道："相对于盒子般的形体，我更喜欢带檐的坡屋顶。能看到构成它们的框架层层排列，这是一种美妙的感受。"[2]怀尔住宅的屋顶使用了2英寸厚的木椽，十分醒目，营造出了坚实的感觉。它拥有一个长长的门廊，两侧透空，上方用刻意强调了构件交接的木屋架遮盖。从门廊开始延伸的走道连接起住宅的各个部分：起居室、餐厅、厨房和两个卧室；室内使用了各种材质的装饰和陈设，比如砖砌的壁炉和烟囱、织物地毯、木质墙面和嵌入式家具等（图6.49）。

拉斐尔·索里亚诺在1950年前后已经完成了包括柯蒂斯住宅在内的一系列钢住宅，就此形成了个人实践的特征；但是在设计过程中和业主不断产生的

---

1 有三件作品被认为是哈维尔·哈里斯这一时期的代表作，分别是：伯克利的哈文斯住宅，1946—1948年间奥哈尔的怀尔住宅（Wyle House），1947—1948年间洛杉矶的约翰逊住宅（Johnson House）。

2 转引自：GERMANY L. Harwell Hamilton Harris[M]. Austin：University of Texas Press, 1991：110.

图6.48
怀尔住宅外观（哈维尔·哈里斯，1946—1948年）

图6.49
怀尔住宅局部（哈维尔·哈里斯，1946—1948年）

纠纷并没有让他感到十分振奋，直至为裘里斯·舒尔曼建造的住宅完工，才带来了些许欣慰。1936年3月5日，在诺伊特拉的引荐下，索里亚诺在自己的第一幢建成作品利佩茨住宅的现场和舒尔曼相识。1947年，舒尔曼在好莱坞山庄购置了土地，此时，他已经通过自己的工作结识了一大批南加州的优秀建筑师。他一度想过让自己喜欢的建筑师每人都设计一个房间，最后组合在一起，但是，挚友索里亚诺劝他打消这个念头："裘里斯，这不是个好主意，没有人愿意这么做的。这样做没有用，就像十个大厨做不好一道佳肴一样。"[1]于是，舒尔曼做出了选择："索里亚诺是设计钢框架结构最顶尖的好手，能请到他是莫大的运气。"[2]方案最终在1949年完成，次年3月，舒尔曼和妻子爱玛以及4岁的女儿共同搬进新居（图6.50）。

舒尔曼在现代建筑艺术环境中浸淫多年，深知自己的需求且品位不俗，并熟谙和建筑师的交流之道。舒尔曼住宅的成功得益于他与索里亚诺的亲密合作。比如舒尔曼认为，很多人不喜欢现代建筑的原因在于它们在室内和室外之间缺少必要的过渡，

图6.50
舒尔曼住宅（拉斐尔·索里亚诺，1950年）

1 WAGENER W. Raphael Soriano[M]. New York：Phaidon，2002：79.

2 SCHULMAN J. Architecture and its photography[M]. Cologne：Taschen，1998：9.转引自：WAGENER W. Raphael Soriano[M]. New York：Phaidon，2002：79.

因此，他要求在起居室和卧室的西南向设置遮挡阳光的外廊，而不能单纯地使用推拉门进行分隔。舒尔曼强调："通过这些门廊，既实现了空间的延伸，也提供了围合的感觉，并在心理上形成舒适感和安全感。它同样改善了推拉门的效果，减少了阳光的射入。"[1]他还主张将钢柱从檐口边缘向内退进3英尺，以在立面上形成丰富的阴影和清晰的节奏。这些要求都被索里亚诺一一实现，其中一些还沿用到了此后的设计当中。舒尔曼住宅的场地沿东西向延伸，向南可以远眺圣莫妮卡山，这些环境因素都在平面布置中得到了充分的考虑。应客户要求，住宅包括：两间卧室，一间佣人房，一个可以停下两辆车的车库，起居室、厨房、卫浴等必需的生活功能，一个相对独立的摄影工作室，还有几个小型庭院。这些部分被一条走廊相连接，索里亚诺在此使用了一道斜墙，在视觉上强化轴线感的同时，也可以用作展陈舒尔曼作品的画廊（图6.51）。

在舒尔曼住宅中，索里亚诺选择了自己熟悉的梁柱体系为钢结构主体，内墙和顶棚部分则以胶合木板覆盖了石膏板表面。据舒尔曼回忆，他当时分别估算了钢结构和木结构两种体系的价格，前者大致为40000美元，高出后者约5%，但施工更快捷，也更坚固。工程完成后不久便经历了一次地震，舒尔曼住宅安然无恙，连一处裂痕都没有出现。舒尔曼从心里喜欢这个建筑，他在这里居住了近50年，还在1998年的自传中写道："依靠自己的感觉和能力，索里

图6.51
舒尔曼住宅室内（拉斐尔·索里亚诺，1950年）

1　SCHULMAN J. Architecture and its photography[M]. Cologne：Taschen，1998：9.转引自：WAGENER W. Raphael Soriano[M]. New York：Phaidon，2002：79.

亚诺创造了我们今天天堂般的美妙生活……这48年来，我无时无刻不在感谢他为我创造出的神圣的居所。"[1]

根据需求制定灵活的设计策略是很多现代建筑师信奉的原则，格里高利·艾因在1947年和约瑟夫·约翰逊以及阿尔弗雷德·戴合作设计的马尔维斯塔住宅也是其中的典型案例之一（图6.52）。艾因致力于以"解题理论"处理现实居住中的设计问题，并对此进行了大量理性分析，他写道："建筑师应当是最先的怀疑论者。当他们注视基地，从中发掘出'建筑'比'商品'这个词语拥有更多人文关怀，并将其传递给客户时，就会感到欣慰和鼓舞。"[2] B.M.埃德尔曼（B. M. Edelman）是当时一名颇为理想主义的开发商，他对艾因的工作很感兴趣，愿意投资建造这样的住宅；艾因也很庆幸能够遇到这样开明的业主。

马尔维斯塔处于一个劳工阶层聚居的地段，艾因和埃德尔曼分两批修建了102幢住宅。20世纪40年代，在商业地产中使用平屋顶还是一种冒险举动，市场欢迎复古风格，比如殖民式、科德角式、意大利式或者西班牙式等。

这种偏好不只是简单的美学判断，在当时美国人心中，历史样式代表着自由的价值，而以平屋顶为特征的现代风格则意味着激进的倾向。这也是威廉·J. 列维特没有采纳理查德·诺伊特拉提交给自己的"列维特镇"方案的重要原因之一。艾因清楚地知道"形式"中的政治隐喻，但他并不将其看作决定性的要素；他认为，坡屋顶耗费更多的材料，会提高造价，所以仍然选用了平屋顶，因为它符合理性的逻辑。

在马尔维斯塔住宅项目中，艾因还试图在适合批量生产的"统一性"与尊重个性的"多样性"之间取得平衡。而在此前设计公园规划住宅时，艾因还明显倾向于前者，将同样的单体重复布置，这不仅出自经济和效率的考虑，还因为相同的设计有益于

图6.52
马尔维斯塔住宅外观（格里高利·艾因，1947—1949年）

1　SCHULMAN J. Architecture and its photography[M]. Cologne：Taschen，1998：9.转引自：WAGENER W. Raphael Soriano[M]. New York：Phaidon，2002：85.

2　AIN G. One hundred houses[J]. Arts and Architecture，1948（65）：38-41.转引自：DENZER A. Gregory Ain：the modern home as social commentary[M]. New York：Rizzoli，2008：145.

营造出不同社会群体的平等与统一，和艾因的"左派"立场有关。不过，为了应对当时渐渐浮现出的对"郊区"开发模式的批评，他也希望能做出调适。艾因并不愿意因此牺牲建造中的效率，他信奉的设计哲学带有经验主义的实证色彩，对于在不同项目中多次遇到的相似结果，他往往视其为一种可重复的理性选择。因此，马尔维斯塔住宅项目中的调整具有明显的规律，在确定标准单元后，要么直接镜像，要么进行旋转，要么改变车库的位置；原型平面则采用了艾因多次使用的一种布置——两个卧室，一个工作间，一个起居室，一个餐厅，一套厨卫（图6.53）。此外，景观建筑师加雷特·埃科博（Garrett Eckbo）也在绿化系统中采用了两种方案，它们与不同的户型组合，就可以产生多种不同的形象。事实证明，在马尔维斯塔住宅建成后，很难从中找出雷同的设计。对艾因来说，这种"设计"生成法则就好像一种"数学游戏"，它清楚地揭示了艾因的工作方式：借助镜像形成2种布置，根据东、南、西、北的朝向形成4种，依靠车库的排列形成4种，于是，在理论上一共会形成32种不同方案。不过，在实际建造中只使用了16种，一方面是因为没有必要穷尽所有变体；另一方面，一些不尽合理的布置都排除了，比如考虑到起居室所需的良好景观和私密性要求，便放弃了几种太靠近道路的户型。

约翰·洛特纳遵循赖特的信条，擅长利用场地赋予的景观条件，与其将建筑孤独地伫立于山巅，毋宁将它叠落在坡地上。卡林住宅是洛特纳最富创造性的杰作，并强烈地暗示出了他的设计思想的核心（图6.54）。住宅选址于好莱坞地区的一处山顶，从两边可以分别俯瞰南边的洛杉矶盆地与北边的圣费尔

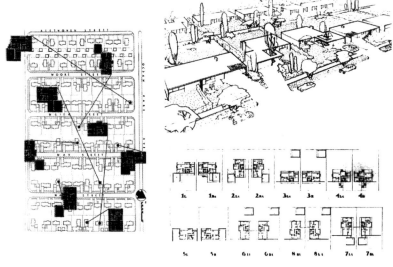

图6.53
马尔维斯塔住宅原型平面（格里高利·艾因，1947—1949年）

图6.54
卡林住宅草图（约翰·洛特纳，1947年）

南多山谷。业主福斯特·卡林（Foster Carling）是一名影视广告管理人员，也是喜爱在业余时间烹饪的美食家。洛特纳投其所好，为他选择了开放式的厨房布置，将餐厅和起居室连为一体，并适当升高壁炉部分，由此形成了一个以操作台为中心，富有层次的整体空间，方便卡林在为宾客筹备美食时，和他们交谈；选择六边形平面也符合这一意图。这个中心区域朝向南边的庭院，它被住宅主体及其伸出的翼廊围合在中间，其中种植着睡莲的水池一直延伸到室内的起居室侧面，通过一扇可移动的玻璃墙体相分隔，另悬挑出一个半室外的平台在起居室和水池之间形成过渡；六边形屋顶的主体材料为轻质面板，依靠三个经过专门设计的钢制三脚架进行支撑（图6.55）。这些特征凝聚着洛特纳职业生涯中最杰出的几项成就，他认为"每一幢建筑都有独一无二的以设计解决问题的方式"。在"有机建筑"思想的引导下，洛特纳通过开放性平面，塑性的或折叠的非线性形态，天窗、采光井以及全景落地玻璃的使用，拓展了住宅中的"空间"语言；同时，依靠最新的工艺和材料，例如对层叠胶合木料、钢梁和钢板、钢筋混凝土和预应力混凝土等材料的突破性的使用，探索了建造技术的可能性。让-路易斯·柯亨在论文《约翰·洛特纳华美的建构》（*John Lautner's Luxuriant Tectonics*）中对此评论道："洛特纳在对材料的态度上不会墨守任何教条，因此，他从来都不会牺牲自己的设计概念，使之屈从于某种僵化的规则，从而让某一种单一材料在建筑中占据主导地位。"[1]

1　网址 http：//en.wikipedia.org/wiki/John_Lautner. "There is absolutely no dogma in Lautner's attitude to materials；as a result he never subordinates the design concept of his buildings to any rigid rule that would require the primacy of a single material in a project."

图6.55
卡林住宅屋顶设计（约翰·洛特纳，1947年）

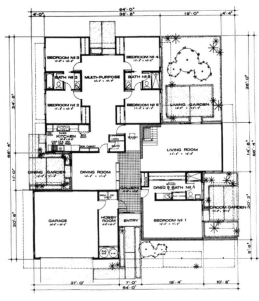

图6.56
艾奇勒住宅设计图（A.昆西·琼斯，1951—1964年）

A.昆西·琼斯和加州开发商约瑟夫·艾奇勒相识于1950年，不久两人便开始了合作，这种联系一直延续到1974年艾奇勒去世。通过早期销售工作中对赖特的美国风住宅的接触，艾奇勒接受了理性、简洁的现代设计美学，从中总结出了生活舒适、设施先进、选材自然等原则，并将其视作未来居住的发展方向。此后，艾奇勒开始雇佣现代建筑师，以"中产阶级"市场为目标进行房地产开发。琼斯与合伙人弗雷德里克·E.伊蒙斯（Frederick Earl Emmons，1907—1999）为其设计了数以千计的艾奇勒住宅，其中有三处社区位于南加州（图6.56）。琼斯和伊蒙斯的设计具有两个主要特征：一个是选择梁柱体系建造坡屋顶，以此形成丰富的檐下空间；另一个是设置天井或庭院引入外部景观，这种做法主要借鉴了赖特的学生罗伯特·安申及其合作者威廉·S.阿伦（William S. Allen）的设计，他们是另一个为艾奇勒工作的著名团队（图6.57）。艾奇勒住宅表达了这样一种设计策略：试图将复杂而抽象的社会条件转化为简明而具体的居住模式。

作为一个成熟的实践者，琼斯清醒地意识到了房产市场的复杂多变，他善于控制造价，常常将主要开支分解成土地成本、资金周转成本、施工和材料成本、劳动力成本四部分，分别予以考虑。在受到战时限制性法令持续影响的现实条件下，建材市场中钢与混凝土的价格频繁波动。于是，尽管琼斯本人对钢结构的探索满怀激情，却选择了木材作为梁柱结构体系的主要材料，配合着相应的预制化建造技术，以因时制宜的灵活态度应对着艾奇勒住宅批量生产的要求。他认为："这个时代的知识、技术和社会条件迫切地

图6.57
艾奇勒住宅（A.昆西·琼斯，1951—1964年）

要求建筑师诚实地对待关于建筑的每一点思考和感觉。在居住领域，童话般的想象是不可取的。形式创作不应出于一时兴起。艾奇勒住宅提供的新的生活方式，是在当今知识条件下形成的遵从逻辑的结果。"[1]琼斯还捕捉到了当时逐步兴起的一种对休闲的家庭生活的偏好，这清楚地表现于对庭院的设计：有时将它们置于平面中心，被起居室和卧室环绕；有时将它们和入口结合，以一个半开放空间取代传统的狭窄的门道；有时将它们散布在建筑边缘，分作不同的用途。琼斯是"将绿化引入邻里"思想最早的实践者之一，艾奇勒住宅可以看作相关的具体解释，在一封写给约瑟夫·艾奇勒之子爱德华·艾奇勒的信中，他写道："住宅首先应该满足基本的功能需要，然后以丰富的环境塑造来实现那种理想的生活状态。这在平面设计和场地现状的双重作用下形成，也是一幢幢住

1　JONES A Q. Letter to Edward Eichler[M] // BUCKNER C. A. Quincy Jones New York：Phaidon，2002：110.

宅共同形成的社区造就的结果。"[1]

罗森住宅堪称对克莱格·埃尔伍德钢结构住宅实践的完美总结,无论是玻璃盒子的经典特征,还是对节点构造的细致处理,都极其强烈地体现出建筑师受到密斯影响的印记(图6.58)。罗森住宅位于洛杉矶,选址在一片灌木丛生的南向坡地,通过蜿蜒的小径与外界联系。不过,埃尔伍德的设计却无意对场地环境做出回应,而是转向了一种高度逻辑化的几何语言。居住部分采用了类似于"九宫格"的方形平面,周边一圈黑色卵石铺成的散水以及抬高的地坪强调主体地位;中心空出的单元用作天井,以其中的一棵橄榄树构成了视觉的焦点;泳池和车库另行布置在外,两部分之间以台阶联系,统一于3英尺4英寸网格的共同模数(图6.59)。这幢豪宅拥有5个卧室、1个工作室、6套卫浴单元,以及宽敞的起居室、餐厅和厨房。埃尔伍德将其分为明确的两个区域:相对私密、安静的卧室部分拥有明确的分隔,以卫浴、衣帽间等辅助功能形成连接外部的过渡;起居室、餐厅、厨房和工作室则体现出开放的特征;所有房间都拥有宽阔的落地窗,视觉上的透明实现了室内与室外的联系(6.60)。

埃尔伍德转向了一种精神性的、自我指涉的建筑哲学。他在1976年3月发表于《洛杉矶建筑师》(*L.A. Architect*)杂志的文章中如此阐述:"我们必须关注对本质问题的解决,而非对表面印象的夸饰。一旦形式成为随心所欲的臆想,它便流于样式上的猎奇——因此成为其他的东西而并非建筑。材料和方法当然会因时代改变,但基本的法则却万世不移。建筑拥有自身的内在属性,所以

ROSEN HOUSE
CRAIG ELLWOOD ASSOCIATES

图6.58
罗森住宅(克莱格·埃尔伍德,1961—1963年)

---

1 JONES A Q. Letter to Edward Eichler[M]//BUCKNER C. A. Quincy Jones New York:Phaidon, 2002:110。

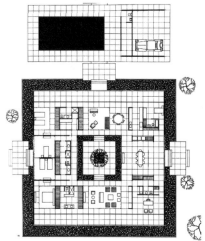

图6.59
罗森住宅外景（克莱格·埃尔伍德，1961—1963年）

图6.60
罗森住宅平面（克莱格·埃尔伍德，1961—1963年）

它比单纯表达一种概念具有更多的含义。建筑艺术不是主观随性的风格主义，也不是空中楼阁的象征主义，而是需要达到一种境界：让一幢房屋可以超越物质世界的量度，可以唤起感情深处的共鸣，可以实现精神世界的升华，可以点燃人类心灵的火花——这一切会在建筑同时表达了逻辑以及技术的那一刻浮现，因为这两者传递出的便是人们存在的真相。"[1]对他而言，建筑的本质"是体块、空间、平面和线条相互之间的联系和互动。……对自身诚实是建筑的必要品格：以清晰的逻辑反映材料和结构。建筑是一门历久弥新的艺术。它需要以成熟的方式来表达不断变革的技术。当技术的真实性和功能的合理性达到完美的平衡时，就会产生超越性的新建筑。"[2]

1　网址http：//en.wikipedia.org/wiki/Craig_Ellwood. "We must strive for intrinsic solution，not extrinsic effect. The moment form becomes arbitrary，it becomes novelty or style–it becomes something other than architecture. Materials and methods will certainly change，but the basic laws of nature make finally everything timeless. Architecture，by its own nature，must certainly be more than an expression of an idea. Art in architecture is not arbitrary stylism or ethereal symbolism，but rather the extent to which a building can transcend from the measurable into the immeasurable. The extent to which a building can evoke profound emotion. The extent to which a building can spiritually uplift and inspire man while simultaneously reflecting the logic or the technique which alone can convey its validity to exist."

2　参见网址：http：//en.wikipedia.org/wiki/Craig_Ellwood. "The essence of architecture is the interrelation and interaction of mass，space，plane and line. The purpose of architecture is to enrich the joy and drama of living. The spirit of architecture is its truthfulness to itself：its clarity and logic with respect to its materials and structure. Building comes of age when it expresses its epoch. The constant change in technology demands a continuously maturing expression of itself. When technology reaches its fulfillment in perfect equilibrium with function，there is a transcendence into architecture."

皮埃尔·科尼格的斯塔尔住宅，即案例住宅22号，无疑是最具标志性的南加州钢铁住宅之一。当20世纪50年代后期，伯克·斯塔尔和凯罗塔·斯塔尔接受13500美元的报价，买下一片位于山顶的宅基地的时候，他们所有的亲友都认为这是一个疯狂之举，因为这笔钱在当时足以买下一套包括三个卧室的新宅。不过，斯塔尔夫妇依然坚持己见，他们宁愿花费四年时间还清贷款，也要邀请皮埃尔·科尼格来设计自己的住宅，他们通过报纸了解到了这位爱用钢铁的建筑师。科尼格在初次接触时就提出了自己对这项委托的独到见解：最大限度地保留山顶270度的广阔视野，只有使用钢铁和玻璃才能实现这个目标。

这是一幢"L"形平面的住宅，呈直角伸出的两翼一边沿街，一边向悬崖延伸，围合出了庭院，里面有泳池、平台和各种植物。沿街的部分划出两个卧室，对外采用实墙，只朝庭院方向开窗；伸出的部分几乎全部采用了玻璃墙体，用作起居室和餐厅；两部分相交的地方是一些辅助功能，如厨房、卫生间、更衣室等。整幢住宅内部几乎看不到门的使用，只以隔墙做了少许界定（图6.61）。科尼格在斯塔尔住宅中使用了20英尺的模数，相比于早期钢结构住宅惯用的10英尺标准，这是一个相当大的尺度：一方面是为了保证视觉上的连续与完整，另一方面也显示了建筑师发掘材料与结构潜力的雄心。为了在建筑和场地之间形成坚实的锚固，科尼格选择了埋入山体的箱型基础；以柱子为基准，基座朝不同方向外扩5英尺或7英尺，保证金属结构不受侵蚀；依靠30英寸厚的钢筋混凝土横梁，断面为4英寸的"H"型钢柱，12英寸高、5英寸宽的"I"型钢梁形成的梁柱体系，实现了大幅度悬挑。山顶没有高大的树木提供遮阳，为了应付强烈的阳光，住宅屋顶被加厚了，遮阳的挑檐也很宽阔。此外，房屋还使用了加热庭院中池水的太阳能设备（图6.62）。

斯塔尔住宅是南加州"现代建筑"的不朽"象征"，它不仅是地理环境的结果，也是当地生活方式的产物，更是一种风格化的时尚印象。正如皮埃尔·科尼格所说："在今天，室外生活变得愈发重要，建筑学必须对此做出回应。室外渐渐变成了室内的延续，建筑可以沿水平向伸展，有助于在它们之间形成更好的连通；使用玻璃扩大了环境的视野；厨房被调整到便于服务庭院的位置；开放性的平面给家庭活动提供了理想的场所。"[1]

某种深层的意识决定着对南加州建筑师代表作品的选择[2]。由此涉及的住宅

1　HINES T S. Architecture of the sun：Los Angeles modernism 1900—1970[M]. New York：Rizzoli，2010：543.

2　这些选择不仅是本书作者的个人选择，而且是在参照了多种相关研究，包括通史、专史、传记、论文等著作的基础上归纳形成的结果。

图 6.61
案例住宅 22 号隔墙设计（皮埃尔·科尼格，1960
年）

图 6.62
案例住宅 22 号室内（皮埃尔·科尼格，1960 年）

案例，不仅出自"形式"本身的知觉特征，更关系着"现代性"及与"地域性"共同编织出的情节化的历史。对鲁道夫·辛德勒而言，国王路住宅最初意味着独立创作和"国际风格"代表的"时代精神"之间的"竞争"，此后意味着"现代建筑"意识的自我"修正"。对理查德·诺伊特拉而言，特雷曼因住宅意味着处于相似发展历程中的"转折"以及"演进"。对哈维尔·哈里斯、拉斐尔·索里亚诺、格里高利·艾因而言，怀尔住宅、舒尔曼住宅、马尔维斯塔住宅意味着彼此"并行"的道路，无论是分歧还是融合，都被纳入了经由木结构、钢结构以及社会住宅所构成的一幅多样性的全面图景[1]。这种标签式的理解认知，对爱德华·洛特纳和 A. 昆西·琼斯而言，卡林住宅和艾奇勒住宅意味着"个性化"与"标准化"不同取向的"分流"。对克莱格·埃尔伍德而言，罗森住宅意味着趋于成熟的"巅峰"。对皮埃尔·科尼格而言，斯塔尔住宅意味着他向整体趋势贡献出的"典范"（图 6.63）。

通过对"形式"的"再现"，历史进行着对"意义"的建构。南加州"现代住宅"的相关论述很大程度上正是参照"现代性"或者"地域性"提供的经验材料而得以进行的，正如托马斯·海因斯的相关著作的导言"地域主义、现代主义、现代化"一样[2]。与此同时，它还暗示出了某种学科或专业边界的存在，即使"加州现代"体现出某种混杂的特质，但某些要素仍然遭到严格的拒绝或者不约而同的贬低。

1　和怀尔住宅相近的时期，哈维尔·哈里斯也曾设计过一些更正统的"现代主义"作品，比如 1949—1950 年间的哈洛德·英格利什住宅和 1951—1952 年间的福布鲁克住宅，但是，很少有人会将它们视作哈里斯最具代表性的作品，这似乎并不仅仅出自美学品质判断。

2　HINES T S. Architecture of the sun: Los Angeles modernism 1900—1970[M]. New York: Rizzoli, 2010: 11-16.

图6.63
福布鲁克住宅（哈维尔·哈里斯，1951—1952年）

6.3.3 冲突与妥协

"现代性"与"地域性"在不同条件下的演变兼具偶然性与必然性，其"形式"特征并非一成不变，市场因素对"现代住宅"的塑造同样具有显著的影响力。南加州的现代建筑师以及"案例住宅计划"试图推行的"现代住宅"和当时通行的商业房产互相竞争，彼此影响，共同经受着当地经济富裕且品位大胆的顾客的挑选。尽管以最"正统"的观点看，设计和资本的合谋意味着一种堕落，但无法否认这是多数职业建筑师必须面对的现实[1]。

鲁道夫·辛德勒在1931—1932年间的作品冯·科尔伯住宅（Von Koerber House，1931—1932）多少显得有些"落伍"：坡顶、瓦屋面、抹灰外墙，湮没在圣费尔南多山谷的郊区环境之中。这幢住宅的"庸常"造型归因于分区规划的限制，西班牙风格的红黏土弧形瓦是当地社区强制使用的屋顶材料。辛德勒拒绝使用拱券，并报复性地使用了弧形红瓦，不仅将其用于坡顶，还包括部分外墙的贴面，甚至室内的壁炉上（图6.64）。辛德勒曾这样评价这次经历："法规要求西班牙风格和瓦屋顶，我就给他这种浅薄的外衣，但却不能因此损坏内部的居住品质。"[2]这幢住宅的内部依然"现代"，建筑师将大厅置于两个方向轴线的交点，以其为中心组织构图，进门后便出现空间高度上的变化，起居室往上，餐厅往下，错层上下的两个部分皆以开放的界面朝向大海，后面的房间、院子、阳台都可以看到相同的景色。这种通透、开放、动态的空间品质显然不是西班牙风格的传统住宅所具备的。

1　HESS A, WEINTRAUB A. Forgotten modern：California houses 1940—1970[M]. Layton：Gibbs Smith，2007：236-239.

2　SCHINDLER R. Description of No.09, H. W. von Koerber House, USC Questionnaire, 1949.转引自：SHEINE J. R. M. Schindler[M]. New York：Phaidon, 2001：177-178.

理查德·诺伊特拉在1935年
遇到了相似的问题。他在一片守
旧的社区中，使用"轻质骨架结
构"和木板条修建了拉根特住宅
（Largent House，1935）。不过，
在相似的外表下，它依然显示出
了与邻里环境不同的一些现代特
征：沿街一面呈现出封闭的形
象，却在二层侧面使用了大面积
玻璃窗，并通过细长的方形支柱
撑起宽阔的露台，也在下方形成
了门廊，带形窗、栏杆和外墙肌
理共同形成了立面上的水平感
（图6.65）。

图6.64
冯·科尔伯住宅（鲁道夫·辛德勒，1931—1932年）

图6.65
拉根特住宅（理查德·诺伊特拉，1935年）

有时候，迫使建筑师做出
改变的要求来自私人业主。约
翰·洛特纳，作为赖特的高足，
坚持寻找自己个人化的设计风
格。他曾经说道："我从没想过要模仿赖特先生的图纸，甚至连照片都不会拍，
因为我是个有精神洁癖的理想主义者。我依照自己的理论工作，这也是赖特先
生对学生的期望：无论他们去到哪里，都会作为独立个体，为自然世界中无穷
的多样性增添一抹色彩，并为其中每一种独一无二的东西创造出可生长的、变
化的形式。几乎没人能够做到这一点。而我也许是干得相对不坏的两三个之
一，我想你明白我的意思。"[1]然而，1961年建于西好莱坞的沃尔夫住宅却成了
例外，洛特纳因此饱受批评，他在1986年解释道："是的，他们总会提起这一
点。简直如鲠在喉，就因为它是赖特风格的，就因为它是我的客户沃尔夫先生
要求的；他想要一幢（赖特式样的）房子，而我必须尊重客户的要求。这是我
此生第一次，也是唯一一次做了（和赖特）相似的设计。并且，很快地，每个

---

1 网址：http://en.wikipedia.org/wiki/John_Lautner. "... I purposely didn't copy any of Mr. Wright's
drawings or even take any photographs because I was a purist. I was [an] idealist. I was going to work
from my own philosophy, and that's what he wanted apprentices to do, too: that wherever they went,
they would contribute to the infinite variety of nature by being individual, creating for individuals a
growing, changing thing. Well practically none of them were able to do it. I mean, I am one of two or
three that may have done it, you know ..."

图6.66
沃尔夫住宅屋面及挑台（约翰·洛特纳，1961年）

人都辨识出了这一点，他们认为当我最不费力的时候，反而做出了最好的作品。我可以设计赖特风格的房子，随时都可以，但是我有自己的风格，它更具原创性。"[1]事实上，尽管这个作品使用了赖特式的出檐深远的坡屋顶，但是以铜皮覆盖的屋面以及层层错动的横向挑台，还是显示出了属于洛特纳的创造（图6.66）。

总体而言，长期以来，美国住宅产业的发展主要依靠市场运作，建筑师在凭借自己的职业身份得以扮演相对自主的角色的同时，不免受到投资者和消费者的影响。在南加州，有大量生活优裕的"中产阶级"在这里聚居，对居住、休闲、娱乐等普遍需求越发强烈，大众文化同样关注"现代住宅"的"形式"问题[2]。设计者与使用者之间的分歧，或者说，不同主体的差异，在不久之后甚至构成了"现代建筑"遭遇危机最根本的因素之一。

6.3.4 消费的世纪

自19世纪下半叶开始，"消费"深刻地改变了人们对"形式"的理解，这甚至构成了"现代主义"早期阶段最重要的议题之一。夏尔·皮埃尔·波德莱尔（Charles Pierre Baudelaire，1821—1867）、格奥尔格·齐美尔（Georg Simmel，1858—1918）、沃尔特·本雅明（Walter Benjamin，1892—1940）、泰奥多·阿多诺（Theodor Adorno，1903—1969）等代表性学者对此皆有阐述，并警醒地揭示出了资本主义经济体制在相关过程中的关键作用[3]。

1　网址：http://en.wikipedia.org/wiki/John_Lautner. "Yeah, that's what they have to grab on [to]. And that's a pain in the neck too, because the reason it is [Wrightian], is because the client, Wolff, asked for that. He wanted a Frank Lloyd Wright kind of house, and so I had to respect his request as a client. And that's the first and only time I did anything similar [to Wright]. And immediately everybody recognized it, and they think it's my best work, when it's the easiest. I could do those any time of the day or night. I could do a Frank Lloyd Wright house, but doing my own are more original."

2　HESS A，WEINTRAUB A. Forgotten modern：California houses 1940—1970[M]. Layton：Gibbs Smith，2007：102-109.

3　参见：朱立元.西方美学范畴史·第三卷[M].太原：山西教育出版社，2006：423-426.

19—20世纪之交，上述论断在美国逐步兴起的"中产阶级"社会中找到了更多的经验基础。美国的工业部门在"一战"之后实现了革命性的飞跃，急剧扩张的生产能力迫使消费市场改变策略，开始转向一种预设了产品流通周期的设计模式[1]；1929年的"大萧条"继续揭示出消费在经济链条中的重要意义，随之又兴起了一种以"有计划的废弃"为代表观点的消费工程学；第二次世界大战期间，美国企业组织生产和销售的能力再次得到极大的提升，出于促进利润增长和抢占市场份额的战略，制造商和广告人有计划地激发着国民潜在的购买意愿。与此同时，"经济复苏"成为战后世界的首要任务。在"马歇尔计划"的指引下，美国扶持了许多西方国家，也通过具有本国特色的"现代设计"反哺欧洲，大型跨国企业在其中发挥着重要作用，将优质的产品和醒目的视觉形象联系在一起，成为他们有意采取的推广手段之一（图6.67）。设计师也越来越多地参与这些环节之中，并逐步调整着关于自身职业的认知："设计"不应该只着眼于外在的风格，这终会在时尚风潮中消退；而应该致力于满足大众消费者的现实生活中的需求，关注经济和效率，转向对生产周期、产品功效、市场策略、消费偏好更深层次的理解。通过给予这些价值以富有想象力的阐释，"现代设计"提供了一种普遍的愿景：它可以帮助人们拥有美好的未来[2]。丹尼尔·米勒（Daniel Miller，1954—）1987年的著作《物质文化与大众消费》（*Material Culture and Mass Consumption*）清楚地指出：20世纪上半叶的设计师，之所以可以被看作"现代文化"的缔造者，不在于通过风格创造将自身作为"艺术史"中的"伟大的人标识出来"，而在于使设计产品向消费商品转化，成为大众生活中重要的物质组成[3]。

图6.67
《时代》周刊封面（"热爱美国生活"，1950年）

美国社会使用多种方式推动着这个过程。20世纪30年代前后，随着

---

1 最典型的表现发生在汽车工业领域，比如通用汽车公司发起的"车身年度换型"（Annual Body Change）活动，通过提供更多的造型和色彩选择，有效地提升了销量。

2 伍德姆.20世纪的设计[M].周博，沈莹，译.上海：上海人民出版社，2012：87-151.

3 同上，90-94页。

全国性广播网的建立以及微型收音机的普及，电台节目成为生产企业介绍产品和推广服务的重要途径[1]。不久之后，电视开始步入家庭，美国广播公司（RCA）斥巨资推出这一新兴媒体，用于各种商业宣传。这使很多产品的市场分布突破地区屏障，促进着更加同质的消费偏好的形成。

各式各样的博览会同样刺激着大众消费，也因此更稳固地跻身于职业系统之中。1933—1934年间的芝加哥科技展和1939—1940年间的纽约世界博览会便分别以"进步的世纪"和"为明天设计"为主题，吸引了48769227名与44932978名参观者[2]。以纽约现代艺术博物馆为例，在20世纪40年代相继策划了"有机主义设计""低成本家具""花园中的住宅"等主题的系列展览。这些活动多数都受到商业目的驱使，比如纽约现代艺术博物馆于1942年举办的"战时实用物品"（Useful Object in Wartime）主题展，便意在推广一些在当时还不受重视的新型纸张、陶瓷、玻璃、胶合木产品。其中，小埃德加·考夫曼策划的"优良设计"（Good Design）的反响尤为热烈，而主办方也并不讳言其中蕴含的市场导向，小考夫曼明确指出："优良设计将以一种购买指南的方式服务社会。"[3]这些展览为包括加州在内的全美其他地区树立了典范。

西海岸也同步进行着类似的活动。1954年11月，首届"加利福尼亚优良设计展"（All-California Good Design Exhibition）在帕萨迪纳艺术博物馆开幕，其主要目的就是"鼓励设计师、制造商和经销商生产出更优良的产品"，并"向全美国展示西部正在发生的一切"。这些展览没有在艺术、商业、生活之间设置隔阂，比如在1961年尤杜拉·M.穆尔（Eudorah M. Moore）成为"加利福尼亚设计展览"（California Design）的策展人后，为了引导人们选择"更好的生活方式"，便十分乐意通过展品信息告知人们创造出这些新潮产品的设计师和制造商的工作地址与联系方式，既提高了他们的知名度，也带来了更多的业务委托。这在此后便成为很多大众媒体，比如报纸、杂志、商品型录等的常规做法（图6.68）。这种热烈的氛围鼓励着商家拓展与"现代设计"相关的经营领域。20世纪50年代，年轻的旧金山商人理查德·冈普（Richard Gump）开始出售现代风格的产品，并专门写了一本名为《好品位未必高花费》（Good Taste Cost No More）的宣传手册。在南加州，斯堪的纳维亚设计更早地便备受欢迎，爱德华·弗兰克（Edward Frank）名下的弗兰克兄弟（Frank Brother）卖场从1938

---

1 比如美国国家广播公司（NBC）和哥伦比亚广播公司（CBS）在1926年和1927年的相继成立。

2 伍德姆. 20世纪的设计[M].周博，沈莹，译.上海：上海人民出版社，2012：94-98.

3 转引自：KAPLAN W. Living in a modern way：California design 1930—1965[M]. Cambridge：The MIT Press, 2011：295.

年起就开始出售这种风格的家具，在1948年时已经发展成为全美最大的"现代设计"销售中心之一[1]。弗兰克本人即是埃姆斯夫妇的忠实拥趸，经常在自己的门店里出售他们的作品；他还经常在公开演讲中声称，美国消费者已经做好了接受"现代设计"的准备。

图6.68
加利福尼亚设计展览，1954年

通过展示、出版、销售等多种渠道，南加州被塑造成一个全心拥抱"现代设计"的理想世界，并和西海岸的浪漫形象结合在一起，形成了一种鲜明的地域特征。哈里·杰克逊（Harry Jackson），一名生活在奥克兰的加州商人，便在20世纪50年代提出了"简单、实用、舒适"的消费理念，并概括为"全新心情"（new mood），意味着一种"可以适应当代生活需求的本土设计"，将为每一个人带来富足、舒适与自由的生活。这一理念不仅传遍了美国，甚至流向了世界。随着"马歇尔计划"等经济援助活动深入欧洲，以加州产品作为代表之一的"美国设计"，甚至清晰地表现为一种政治诉求。在1959年7月24日著名的"厨房辩论"（Kitchen Debate）中，理查德·尼克松就在尼基塔·赫鲁晓夫面前，将加州的"现代设计"树立为舒适生活的典范："我想带你看看这间厨房，它和我们在加利福尼亚家中拥有的一模一样。"[2]而这些产品事实上是佛罗里达生产的同类产品。这种影响继而波及了专业领域，雷纳·班海姆曾经提起："我在50年代中期参观过很多伦敦事务所，《艺术与建筑》中的书页就被那些建筑师用图钉挂在自己面前，图板上的设计则明显呈现出这些作品的影响。"[3]值得注意的是，西海岸借助"现代主义"意象而扮演的"艺术先锋"角色，深刻地嵌入"中产阶级"主导的大众文化之中，"消费"在其中发挥着重要作用，正如裘里斯·舒尔曼所说："好的设计无需被接受，而必须被出售。"[4]不过，也应该看到，加州

1　萨姆纳·斯保尔丁（Sumner Spaulding，1892—1952）和约翰·雷克斯（John Rex，1909— ）1947年完成的案例住宅2号中的很多家具便从爱德华·弗兰克的商店购置。事实上，"案例住宅计划"中很多陈设都不是屋主本人的物件，而是由一些生产商与经销商提供。随着摄影作品在每月一期的《艺术与建筑》杂志发表，这成为一种很有影响力的广告宣传。

2　The two worlds：a day-long debate[J]. New York Times，1959，July 25.转引自：KAPLAN W. Living in a modern way：California design 1930—1965[M]. Cambridge：The MIT Press，2011：313.

3　转引自：KAPLAN W. Living in a modern way：California design 1930—1965[M]. Cambridge：The MIT Press，2011：310.

4　SHULMAN J. The architectural photography of Julius Shulman[M]. New York：Rizzoli，1994：88.转引自：KAPLAN W. Living in a modern way：California design 1930—1965[M].Cambridge：The MIT Press，2011：289.

"现代设计"在发展过程中的多样性与复杂性，也使其一定程度上超越了模式化的纯粹"风格"，回应着更多发生在经济活动中的现实问题。对此，比弗利·大卫·索恩说道："我没有风格，只完成任务。"[1]

当时的很多建筑活动同样具有浓厚的商业背景，人们普遍相信，可以对"设计"和"消费"进行均衡的表达，让两者之间的界限逐步模糊。许多充满创造性的实验都通过这种合作得以展开，比如名噪一时的"案例住宅计划"就争取到了一些房产与建材企业的资助。在此过程中，建筑史建构起的"现代"居住意象，不可避免地进入了社会选择的轨道，与市场逻辑相角逐。于是，"现代住宅"逐步被民主化地解读为一种属于大众的"理想"生活的范本，比如1955年的"西部生活艺术"（The Arts in Western Living）作为一次以南加州住宅和家具为主题的展览，便探讨了"在特定地域环境下，能够拥有的更好的生活方式"以及"在某种毫不迂腐守旧的社会文化中，能够发掘出的不拘一格的潜在形式"。相似的意识也出现在室内设计领域。1954年，受《美丽之家》杂志资助，"每日生活艺术"（Arts of Daily Living）展览在洛杉矶博览会（Los Angeles County Fair）举办，其中包括22个样板间，旨在展示"艺术如何在家居生活中得到应用，以及住宅如何帮助人们让生活变成艺术"[2]。这使南加州的"现代住宅"很早便流露出一种更加日常的面向，它以亲切、舒适、休闲的场景回应着当地富有特色的自然环境。正如小埃德加·考夫曼在1950年时指出的那样："就面向家庭的'现代'设计而言，与其说它们开辟了一个'勇敢新世界'，倒不如说它们创造了一种'美妙生活'的气氛。"[3]

从另一层意义上说，约翰·因坦扎代表着20世纪中叶西海岸"现代"设计师的某种典型形象：成长于"新政"时期，一定程度上持有理想化的左翼政治立场，试图以卓越的专业技能和良善的职业伦理实现"乌托邦"式的愿景。于是，南加州"现代住宅"具有的"形式"特征堪称"美国梦"的现实写照，它在冷战时期构成了西方资本主义制度"意识形态"宣传的重要部分，并体现为国际性与民族性两种不同观念之间的彼此融合。而南加州的"现代建筑"从来都没有将自己依附于"国际样式"的僵硬教条之上，而是逐步获取了一种拒斥

1　Serraino. NorCalMod：icon of northern California modernism, p164.转引自：HESS A, WEINTRAUB A. Forgotten modern：California houses 1940—1970 [M]. Layton：Gibbs Smith，2007：275.

2　The arts of daily living[J]. House Beautiful, 1954, Oct：167.转引自：KAPLAN W. Living in a modern way：California design 1930—1965[M]. Cambridge：The MIT Press，2011：295.

3　KAUFMANN E. What is modern design?[M]. New York：Museum of Modern Art, 1950：8；转引自：KAPLAN W. Living in a modern way：California Design 1930—1965[M]. Cambridge：The MIT Press, 2011：290.

正统的"先锋"姿态，就此呈现出"现代主义"的另类面孔。根据比特丽丝·克罗米娜（Beatriz Colomina）的观察，战后的建筑师"已经改变了'现代运动'初期那种英雄般的'公共性'形象——严肃、阳刚、隐忍、优雅、诚挚，而呈现出一种温和的'居家性'特征——快乐、享受、敏感、随性、放松。"[1]

在"泰罗主义"与"福特主义"的驱动下，住宅在战后的美国已经是一种大宗商品，当决定性的市场因素从生产转向消费之后，"现代建筑"经受着更加多元化的审美趣味的挑战。20世纪50年代，当雷纳·班纳姆写作《第一机械时代的理论与设计》（Theory and Design in the First Machine Age）时，经典"现代建筑"的设计理论开始遭受质疑。有一种声音认为，人们即将迎来一个"信奉大众文化和先进技术的时代"，而在美国的情境下，这意味着在科学、技术和设计之外，还必须关注流行文化、广告和媒体[2]。这些想法接续着罗伯特·文丘里和查尔斯·詹克斯提出的更加理论化的阐述，后来又被归为"后现代主义"的部分特征而为世人所知。一种"多元性"的美学观念重新树立起来，其中包括了折中主义、装饰、反讽、通俗艺术等多重因素。

结语：竞争的议程

严格地说，"现代主义"作为一种欧洲的"舶来品"，在美国从来没有占据过统治性的地位。即使1932年的"现代建筑艺术展"，最初在建筑或设计的职业圈子之外，也没有产生决定性的影响。先进的生产能力和保守的美学倾向之间的落差，为此后"现代建筑"在美国的转变埋下了伏笔。早在两次世界大战之间，美国文化已经呈现出不尽相同的倾向，在当时，这主要表现为一种寻找"传统样式"的努力。除了此前"学院派"一直倡导的新古典主义之外，还包括西南的西班牙风格，东北的殖民风格，以及20世纪20年代后逐步兴起的装饰艺术风格等，都成为实践中的显要主题。尽管这一时期，美国在科学、技术和经济领域实现了毋庸置疑的领先，但是建筑与都市的整体风貌却似乎与之并不相符。"郊区"住宅即是相应的证明之一：作为"美国梦"的物质载体，它使用了先进的建造技术与理念，高度符合工业化批量生产的期待，甚至呼应着其中激进的理想主义色彩；然而，它又同时依附于"中产阶级"保守的价值观，

1　COLOMINA B. Domesticity at war[M]. Cambridge：MIT Press，2007：12.

2　班海姆曾在一个被称为"独立团"的艺术群体的聚会中着重讨论美国汽车"奢侈的风格、注重感官享受的广告和暗示性欲的象征主义"等特征，并将其形象地总结为"便宜货或者千匹马力的貂皮"。伍德姆.20世纪的设计 [M]. 周博，沈莹，译，上海：上海人民出版社，2012：232-240.

容纳了个人奋斗、服务邻里、恪守道义的传统伦理；最后，它通过不动产的投机属性在商品经济中获得了物质具象，并满足了大众休闲舒适的物质享受。于是，在战后富裕而安逸的生活图景中，"现代设计"只是美国"中产阶级"面临的诸多选择中的一个，它的简洁、节制、实用、高效的特征更多地被理解为一种与此前不尽相同的"品位"。20世纪50年代后期，将"现代设计"与理性启蒙和社会变革必然联系在一起的理论根基已经极大地动摇，在消费主义悄然浮现的时代氛围之中，微妙地肃清了从"新政"时期开始奠定的，自身和"乌托邦"理想之间的同盟关系[1]。

在此过程中，充斥在各种媒介中的时尚图像巧妙地将物质主义、自由民主、价值实现、阶层跨越联系在一起，通过更新换代的快感，刺激人们的消费欲望，并孕育出了一种更加迎合大众偏好的知觉特征（图6.69）。在加利福尼亚南部，奠定于欧洲的现代艺术思潮，逐步注入了充满地方印象的"形式"创造当中：地理风貌的融合、工业材料的使用、日常生活的诉求、传统经验的回溯、市场机制的周转等，渐渐外化为一套通过柱、梁、板等几何要素加以实现的"设计"语法。从此意义上说，南加州"现代住宅"的"形式"，是一套与"自然"制定出的身份认同，"技术"传递下的进步希望，"空间"凝聚起的家室理想，共同缔结成的"再现"系统，它们在某些角度的共性与差异，折射出不同主体的实践特性乃至整个"时代精神"的变迁过程，背后隐含着政治变革、经济增长、文化转型，以及专业技能、学术规训等诸多结构性因素，而"现代性"与"地域性"二者之间统一与割裂兼具的复杂关系，亦因此提供了某种历史的维度。

图6.69
考夫曼住宅室外（二）（理查德·诺伊特拉，1946—1947年）

---

1 瑞兹曼.现代设计史[M].王栩宁，若兰达·昂，刘世敏，等译.北京：中国人民大学出版社，2007：271-275.

07

历史的规训：
兴衰

如果将南加州"现代住宅"之中或许蕴含着的"现代性"以及"地域性"视作一系列设计特征，它们事实上很难精确地对应于某个固定的"主题"；因为相似的"形式"有可能源自不同的构思，接近的构思也有可能产生不同的"形式"。创作者有时会进行解释，可是这并不能一直奏效，他们也许隐匿着真实的想法，也许身为偏见的囚徒却不自知。理论能提供更多的参照，不过仍要警惕脱离了真实过程及其具体情境的抽象分析；况且，南加州建筑师多数以实践为主，而不以著述见长。即使"现代性"与"地域性"并没有为南加州"现代住宅"的塑造找到充分的因果论证，但是它依然作为"再现的空间"构成"意义"的载体，这是经由一系列历史论述，甚至是以相互抗辩的姿态得到实现的。"现代住宅"如何通过"历史"获取不同的"意义"，对此进行理解需要回到不同"主体"所处的多重"结构"与"脉络"中去；并且还涉及一个关键的假设，即："编纂"寄身于特定的"论述"系统，其中隐藏着某些没有经过太多批判便被接受的"范式"。南加州的经验继续提供着具体的材料[1]。

7.1 编年史

住宅史可以看作从建筑史中以类型为依据划出的分支。时间、地点、人物、事件、案例等史料是其基本组成，编年史是其常见体例。显而易见的是，先前对南加州"现代住宅"的讨论使用了以"主题"进行组织的框架，但上述要素仍然以最普遍的方式产生作用。

7.1.1 时空框架

如果细致分辨，南加州"现代住宅"的叙事中可能存在以下几种不同的时间节奏：一是整个世界历史的宏观背景，它处于19—20世纪之交"启蒙"之后的危机中，通过两次世界大战与席卷整个西方世界的经济困局划分节点；二是美国特定的"现代"进程，在参战、"大萧条"、"新政"等事件之外，它在西海岸又有具体的表现，即"南北战争"之后国家权力扩张、经济加速成长、多元文化融合等一系列社会转型，这一时期的许多大型水利工程便可看作典型的

---

1 怀特.元史学：19世纪欧洲历史的想象[M]. 陈新，译.南京：译林出版社，2004；WHITE H. Metahistory: the historical imagination in nineteenth-century europe[M]. Baltimore: Johns Hopkins University Press, 1975.

结果，它们直接介入了空间的塑造[1]。

在建筑学内部，南加州"现代住宅"的变迁轨迹大致吻合于欧美"现代建筑"的发展主线，这在不少经典著作中已经得到系统的梳理；而"区域"提供了另一重参照，划出了"加利福尼亚南部"这样一个并不严格的范围。相应地契合"现代运动"在欧洲的浮现以及相近时期的"艺术与工艺运动""学院派""芝加哥学派"，也包括赖特在美国的活动，两地在发展程度上存在着一定的先后差异。在移民建筑师带着欧洲思潮踏入新大陆后，他们与西海岸接触的时刻，因为交通距离的缘故又有些许不同，地理条件的影响由此得到体现；另外，地形、气候、族群分布、文化差异等也是值得注意的要素。

这些时空框架暗示着几种可能的解释：一方面，历史沿着既定方向，从"传统"向"现代"持续演进，并通过不断修正趋于完善，"现代化"是其中一种普遍的模式，比如托马斯·海因斯的《阳光下的建筑：洛杉矶现代主义1900—1970》便大致沿用了这种观点[2]；另一方面，历史在不同地点具有各自的进程，与"中心"及其"边缘"形成差异，并在互动中产生多样的结果，"地域主义"偏重于对此类现象的发现，比如埃斯特·麦考伊的《五位加州建筑师》可以看作较早的范本之一[3]。这两种解释关注的特征散布在南加州"现代住宅"的相关实践中；不过，也有不少反例影响着结论的准确性。

概括地说，没有采取以"年代"为参照的"分期"方式，基于一个初步的判断：数量众多的南加州"现代住宅"案例依据"年代"或者"区域"分布的规律并不明晰（参见附录1：事件年表）。只需对木结构和钢结构两种类型的实践——某种程度上，它们对应着"传统"与"现代"，或者"边缘"与"中心"的代表要素——进行观察，就可以发现这一特征。它还同时显著地受到其他一些原因的影响，比如历史实践的主体。对此，"人物"构成了另一条关键的线索。于是，在海因斯和麦考伊的著作中，尽管存在着对时空结构及其隐含的

---

1 沃斯特.帝国之河：水、干旱与美国西部的成长[M].侯深，译.南京：译林出版社，2018.

2 HINES T S. Architecture of the sun：Los Angeles modernism 1900—1970[M]. New York：Rizzoli, 2010.

3 埃斯特·麦考伊此书收录的建筑师包括：伯纳德·梅贝克、埃尔文·吉尔、格林与格林事务所以及鲁道夫·辛德勒。她另有关于理查德·诺伊特拉的专著，但在这本书中并没有将他并列进来。参见：MCCOY E. Five California architects[M]. Los Angeles：Hennessey & Ingalls, 2nd edition, 1975.

解释模式的意识，但叙述框架仍是通过建筑师最终呈现的[1]。

7.1.2 实践主体

就大部分建筑史论著而言，建筑师都是受到关注的对象。通过历史叙事，他们经常被置于两种关系之中，所有的位置、贡献与成就由此一一确认。

一种或可称之为个人与时代，仿佛总有某种无形的"时代精神"牵引着相近时期的建筑师。即使在20世纪30年代的南加州，"国际风格"依然提供着遥远的参照，这导致了对鲁道夫·辛德勒和理查德·诺伊特拉最初的认知。但"时代精神"并非稳定的容器，它浇淋着不同的块垒。南加州"现代住宅"中相互竞争的"现代性"与"地域性"一并赋予空间中的经验特征以相应的"意义"。正如《铅笔尖》(Pencil Points)杂志1941年刊出的文章所述："所有作品都呈现出某些共同特征：对住宅的日常使用需求做出理性思考，导致了一种与每个人、每一天的生活状态相适应的、全新的建筑形式与概念。"[2]对此，一些中心人物的发展轨迹往往构成了关键的路标，比如理查德·诺伊特拉的"转变"之所以引起注意，便在于它相当一致地呼应着"现代建筑"在"二战"前后的整体发展趋势。不过，预设的主线也许仅仅显现为当时某些朦胧的意识，皮埃尔·科尼格在1988年接受尼尔·杰克逊(Neil Jackson)访谈时这样描述当年的情形："我想我们当中并没有人知道，别人正在做些什么……当时很多事物一起来到洛杉矶，我们并没有过多考虑，这些东西从'艺术'或'建筑'的角度来说，是不是确实了不起……一切只是顺其自然，直至今天，我们回顾过去，才发现它们确实意义深远。"[3]在他看来，住宅意味着战后社会的理想主义激情：

---

1 托马斯·海因斯的《阳光下的建筑：洛杉矶现代主义1900—1970》中隐藏着一个以"代际"组织的建筑师谱系，其中一些中心人物会以重要事件为分界多次出现，包括第1章：格林与格林事务所(Greene and Greene)；第2章：埃尔文·吉尔(Irving Gill, 1870—1936)；第3章：弗兰克·劳埃德·赖特(Frank Lloyd Wright, 1867—1959)；第4章：小赖特(Frank Lloyd Wright, Jr., 1890—1978)；第5章：鲁道夫·辛德勒(Rudolph M. Schindler, 1887—1953)；第6章：理查德·诺伊特拉(Richard J. Neutra, 1892—1970)；第7章：鲁道夫·辛德勒与"国际风格"(1930—1953年)；第8章：理查德·诺伊特拉与"国际风格"(1932—1942年)；第9章：格里高利·艾因(Gregory Ain, 1908—1988)、拉斐尔·索里亚诺(Raphael S. Soriano, 1904—1988)、哈维尔·哈里斯(Harwell H. Harris, 1903—1990)；第10章：案例住宅计划(Case Study House Program, CSH)；第11章：理查德·诺伊特拉在战后(1945—1970年)；第12章：约翰·洛特纳(John E. Lautner, 1911—1994)；第13章：威尔顿·贝克特(Welton Becket, 1902—1969)和威廉·佩雷拉(William Pereira, 1909—1985)。

2 Ernest Born. Words about California[J]. Pencil Points, 1941：292.转引自：KAPLAN W. Living in a modern way：California design 1930—1965[M]. Cambridge：The MIT Press, 2011：33.

3 JACKSON N. Koenig[M]. Koln：Taschen, 2007：9.

"每一个人都希望对住房问题做出解答。每一个人都关注批量生产体系和社会问题。那真是一个热情如火的年代，所有的可能都被做了尝试。"[1]

另一种或可称之为英雄与集体。这对住宅类型而言尤为重要，因为它受到消费市场更显著的影响。就美国而言，主要涉及对所谓"中产阶级"的一个概括性标准，即收入除了足够支付生活必需品之外，还有余力进行休闲、娱乐和文化活动，这部分人口从20世纪40年代末期开始更为急剧地增长[2]。与20世纪20年代相比，"中产阶级"家庭的实际收入提高了接近1倍，社会保障也极大地完备。在当时，基本上所有的企业雇主都会提供例如医疗保险、退休金计划这样的新型福利，联邦政府也提供失业保险、退休保险这样的经济扶持，进一步保障了个体劳动力的利益。还有其他一些因素促进着"中产阶级"群体的形成，比如移民在人口比例中的下降，到1965年，95%的美国人都在本土出生，这有助于形成统一的民族认同和文化一致；此外，工会力量的上升也促成了劳工阶层生活水平的提高，成千上万的蓝领换上体面的服装，开着汽车，携全家搬至郊区，参加当地的高尔夫俱乐部，成为该阵营中的新成员[3]。统计数据和生活状况充分说明，当时的美国社会正经历着急剧的民主化过程。1969年，"中产阶级美国人"作为年度人物登上了《时代》周刊封面，他们已经成为决定美国方向的重要力量（图7.01）。

上述两种关系涉及了遍布于住宅的现代"论述"中多种主体的竞争：一方面，它参与着建筑学与规划学专业者与其他一切与之相关的实践者的共同塑

---

1 JACKSON N. Koenig[M]. Koln：Taschen，2007：9.

2 直至"福利国家"执政理念形成前，美国政府并没有设置专门的职能机构来搜集国民收入与开支之类的经济学数据，也无法划定确切的"贫困线"，更不会对"贫困人口"进行官方估算。罗斯福在1937年就职演说中提到"三分之一的国民住房恶劣、衣衫褴褛、营养不良"时，并没有量化的官方统计支持这些推测；到1964年，为配合林登·贝恩斯·约翰逊（Lyndon Baines Johnson，1908—1973）总统提出的"伟大社会"（The Great Society）的目标，美国政府给出了"贫困"的正式定义，依照当时的标准可以发现，美国已经变成一个由"中产阶级"主导的国家。参见：克鲁格曼.一个自由主义者的良知[M].刘波，译.北京：中信出版社，2008：29-32.

3 在美国普通劳动者境遇改善的同时，原先的精英阶层在经济上的优越地位却相对下降了：无论是从技术角度出发，在熟练工人与非熟练工人之间，还是从知识角度出发，在律师、工程师、医务人员等受过正式教育的白领与从事体力劳动的蓝领工人之间，不同工作群体的薪酬差距都明显缩小。20世纪50年代，美国富人的经济状况已经大不如前，其中一个重要原因在于他们承受的税负激增：50年代中期，美国最富的1%的人口的税前收入大致与20年代末期持平，但税后收入却降低了20%～30%，对那些只占0.1%人口的巨富者来说，税前收入要下降约40%，而税后收入则连20年代末期的一半都不到。在这样的形势下，许多原先的富裕阶层也被迫依照普通"中产阶级"的方式来生活：他们或许买得起更大的房子，但却养不起供差遣的仆役；他们不会再购买奢华繁复的服饰，因为不可能雇佣专人服侍自己着装与卸装；他们也不需要马车，汽车的普及让每个人的出行方式都变得一样快捷与方便。

造；另一方面，它呈现于社会发展的具体过程中，折射出产生于不同层次的复杂变迁。

7.1.3 结构与脉络

"现代住宅"是一种特殊的研究对象，它不仅是聚焦于家庭生活场所的专业实践或者学科论述，更是社会生产体系中的特殊商品。作为生存必需的空间，住宅构成了劳动力再生产过程中不可或缺的"消费"环节，其供需机制为国家政策与市场机制共同调节，贯穿了公共福利与资本积累等层面，经受着制度建构与投机活动的塑造，处于政治与

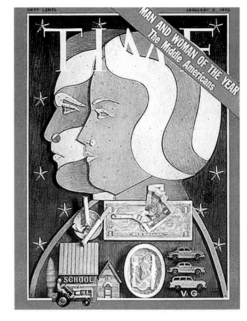

图7.01
"中产阶级美国人"，1969年《时代》周刊年度人物

经济因素的共同支配之下[1]。这在这一时期的美国表现得十分显著。然而，其中一些因素的重要性并没有得到充分的注意，它们多体现在以下几点：首先，土地制度是一个对所有建设活动来说都极其重要但又十分庞大的问题；进而，它影响了相关的政策体系，可能包括法律、条例、规范乃至一系列社会习俗；最终，这又可能联系上某些群体各自不同的文化选择。

1795—1796年间，美国开国元勋之一，独立战争时期的思想家、政治宣传家托马斯·潘恩（Thomas Paine，1737—1809）出版了一本题为《涉及土地的公平问题》（*Agrarian Justice*）的小册子，在这本书中，潘恩试图指出一个事实："土地在自然、未开垦状态下过去是，而且未来也将一直是人类的共同财产。在那样的状况下，每个人应该生来拥有财产。"[2]他认为，土地的价值源自"改进"——比如耕作——带来的价值，这种价值赋予并涵盖了土地自身的价值。因此，土地的分配制度无法和对它的"改进"割裂，故而个人拥有土地的权利便伴随着自由劳作的权利与生俱来。这篇短文本质上是一篇战斗檄文，他抨击英国王室及其《农耕法》剥夺了北美人民获得土地的天然权利，并号召大家揭竿而起，伸张正义[3]。

---

1 夏铸九.窥见魔鬼的容颜[M].台北：唐山出版社，2015：237-243.

2 潘恩.常识[M].田素雷，常凤艳，译.北京：中国出版集团，中国对外翻译出版公司，2010：65.

3 同2，61-67页。

潘恩的思想影响了美国建国后的土地制度设计。1796年法案规定，人们能够以2美元1英亩的低廉价格向国家购买土地，并且在初期只需支付一半费用，一年后付清尾款即可。1800年法案又对边疆地区——当时主要指俄亥俄州一带——给予更多优惠，它们被划拨给联邦土地管理处，在其管辖范围内，土地的最低购买限额从640英亩降至320英亩，只需首付25%，余下的四年内还清，因此，只要在当时拿得出160美元，就可以成为一个大农场的主人。4年之后，国会通过决议，再次将最低购买限额减半，这意味着只要勤俭持家，普通农民和工匠也有能力获得大片土地。宽松的土地政策吸引了大量欧洲移民涌入，投身于美国的经济建设。拓荒者买下的资产土壤肥沃，河水清澈，植被丰茂，拥有"田园诗"般的美景，他们也毫不吝惜自己的溢美之词，将其比作"迦南"——传说中的上帝应许之地。这构成了美国日后崛起的重要基础[1]。

这种几近疯狂的土地分配方式自然带来了投机活动。不过，这在起初是一种不受保护的行为，移民者可以痛打敢于向自家土地出价的商人，而在法律上判为"合法自卫"。不过，久而久之，也有一些政治人物凭借自己累积的人望从事土地交易，购买一些经营不善而被迫转让的农场，从中获利，土地价格因此逐步上涨[2]。客观地说，这种现象虽带有明显的掠夺性质，但一定程度上也促进了资源整合，并开始产生公路之类的基础设施。经过权衡，美国国会纵容了这些地产投机行为，一个绝对自由的土地市场就此产生。放任的态度加速了居民聚居，孕育了北美人民的自治传统，他们自发形成制度抗击有害的投机行为。在一份1839年递给英国国会的研究报告中，亨利·G.瓦德爵士（Henry George Ward，1797—1860）指出：美国凭借简单有效的管理方式，一路向西，开拓了相当于整个欧洲大小的土地；它不再是新大陆上零零星星的殖民地了，已经转变成一个强大的国家[3]。

1862年5月20日，美国总统亚伯拉罕·林肯（Abraham Lincoln，1809—

1　在19世纪最初10年的时间里，共有西北地区的340万英亩、俄亥俄州的25万英亩的土地被个体农民出资买下；1815年后，政府出让土地的速度进一步增长，在佐治亚州，甚至出现了依靠彩票兑奖就能免费获得200亩土地的新闻；而在1820年左右，这些土地竟然又经历了一次降价，每英亩单价定为1.25美元。参见：约翰逊.美国人的历史·上卷[M]. 秦传安，译.北京：中央编译出版社，2010：281-288.

2　需要补充的是，在此期间，国有荒地的官方定价并未上升。

3　其他一些英国殖民地，如澳大利亚、新西兰、加拿大，奉行政府干预原则，阻止土地交易，却使得地方的发展陷入迟缓。参见：约翰逊.美国人的历史·上卷[M]. 秦传安，译.北京：中央编译出版社，2010：281-288.

1865）签署了《宅地法》（Homestead Act），法律规定，年满21岁的合法公民，在宣誓将垦殖自己即将获得的土地之后，就能以10美元的价格获取不超过160英亩的西部土地，耕种5年之后就可以申领产权凭证，永远地拥有这片土地。另外，在手续符合的情况下，也可以在5年期满之前，以每英亩1.25美元的单价直接购买。在1901年、1912年、1916年对《宅地法》的若干次修订中，又对获取土地的最高限额、获得产权的必要年限进行了修改[1]。

这成为投机者的又一次良机。1881—1904年间，大批土地通过转让集中到了大型木材公司、采矿公司、农场和开发公司手中，一个更广阔的市场形成了。这种现象带来了一些好处：首先，在大地产和小地产混合的情况下，只有资本丰厚的前者有能力从事公共建设，但由此带来的升值和便利也可以惠及后者；其次，大公司有力量进行技术革新，这顺带提升了小型社团或个人的生产能力[2]。萨姆·巴斯·沃纳（Sam Bass Warner, Jr., 1928—）在其1968年的著作《私人城市：费城在它成长中的三个阶段》（The Private City: Philadelphia in Three Periods of Its Growth）中指出："……美国城市的发展，依赖于几千家私人企业的工资、就业以及把这些失败和成功累计起来的总体发展前景……美国城市的物质形态、住房、工厂和街道均是房地产市场上地产商、土地投机者、大投资商等追逐利润的结果。这意味着，美国城市的地方政治主要依赖于

1　另外一些法案也参与了相关标准的调整，比如：1878年《木材和石料法》规定，出产木材和石料的土地可以以每英亩2.50美元以上的价格出售；1887年《道斯法案》允许印第安人个人购买土地，这即意味着他也可以出让土地。这些法案是可以反复使用的，理论上说，只要操作得当，一个人就可以多次获得最高限额达到1120英亩的土地。此后也曾有人抱怨这些会带来资源浪费和东部地价下跌，但西奥多·罗斯福（Theodore Roosevelt, 1858—1919）创建的"公共土地委员会"公开表明了对这些制度的维护：因为它使美国人可以四处为家，发展社群，获取财富，减少了社会贫困引起的骚动和混乱。参见：约翰逊. 美国人的历史·中卷[M]. 秦传安，译. 北京：中央编译出版社，2010：91-99.

2　需要注意的是，在此过程中，美国法律比较公正地调解着可能出现的产权纠纷，基于"个人财产不可侵犯"的神圣观念，征用土地的动机无论出自公共目的还是商业目的，法院和舆论都鼓励公民捍卫自己主张的权利。近100年间，美国境内此类诉讼屡见不鲜，主要通过宪法第五修正案和第十四修正案对公民的合法权利进行了保护，即使面对联邦政府也不例外。第五修正案：不经正当法律程序，不得被剥夺生命、自由或财产；不给予公平赔偿，私有财产不得充作公用（No person shall be... deprived of life, liberty, or property, without due process of law; nor shall private property be taken for a public use, without jus compensation）。第十四修正案：任何一州都不得制定或实施限制合众国公民的特权或豁免权的法律；不经正当法律程序不得剥夺任何人的生命、自由或财产；在州管辖范围内也不得拒绝给予任何人以平等法律保护（No State shall make or enforce any law which shall abridge the privileges or immunities of citizens of the United States; nor shall any State deprive any person of life, liberty, or property, without due process of law; nor deny to any person within its jurisdiction the equal protection of the laws）。

参与者以及他们的主观判断，依赖于私人经济活动的兴趣的转移。"[1]

私有制度构成了美国土地开发、规划、设计、建设、交易、使用、管理等一系列机制形成的基石，因此形成了一种"分级治理"的模式：联邦政府赋予州政府定义和限制土地权属的法律权限，其中相应地包含着土地拥有者从中获取并享有自然资源和经济利益的权利；在此基础上，州政府将这些权限让渡给下辖的市、镇和村各级政府，使之拥有对使用意愿、分区规划、地块分割和区域开发审核评估的权力。概括地说，地方政府制定分区规划条例，州政府确定所辖范围内土地开发的总体原则，联邦政府通过颁布全国性的法案对相关过程施加影响，比如1934年的《国家住房法案》(National Housing Act，NHA)。

其中，分区规划是和房地产活动关系最紧密的一项政策[2]。就大部分州而言，分区规划需要与当地的详细规划、土地利用规划相一致。在单一的分区内，每块土地(parcel)的功能都受到限定，但不排斥相关的附属功能；同时，许多建筑标准，比如容积率、长度、高度、层数、层高等，一般也需要符合规定。不过，如果土地拥有者能够证实规划条例对自己造成了不必要的不便，也可以申请条款特例；此外，对于分区规划颁布前就存在的用途，即使不符合，也能继续沿用，但不能扩建或改建。截至1930年，授权法案(Enabling Acts)在50个州悉数通过，地级政府获得了设立管理机构(Administrative)和准司法机构(Quasi-Judicial)，执行分区规划条例以及判定大宗土地开发合理性的权力。在州立法系统的支持下，共有981个地级政府通过了相关法规；在社区级别也大多成立了规划委员会处理个人的土地利用申请；此外，分区规划上诉委员会(Zoning Boards of Appeal)有权对出现的争议做出仲裁。分区规划可以看作美国土地市场中自由放任态度的转变。它之所以得到广泛的接受，是因为在

---

1 转引自：贝利.比较城市化[M].顾朝林，等译.北京：商务印书馆，2012：29-30.

2 最早的"分区规划"出现在加利福尼亚莫迪斯托(Modesto)，在1880年，当地政府通过它限制华人移民洗衣店的发展，这一措施开创了利用规划手段排除不被邻里接受的土地使用，保护整个地段的房地产价值的先河。这一时期正值城市规划专业在美国逐步成熟的阶段，1909年国家城市规划会议的召开标志着城市规划专业的诞生，它意味着从此以后，可以通过科学决策的措施有意识地对城市环境进行更具体的控制。这一影响首先出现在纽约。20世纪之初，第五大道的零售商们对附近相继出现的成衣加工厂、写字楼等新增用途的建筑感到忧心忡忡，他们向公众抱怨自己的利益受到了侵害；1913年，城市建筑高度委员会(Commission on Building Heights)成立，建议以土地利用为标准进行城市分区，以获得"更大的投资安全和保障"；1916年，美国第一部"综合分区决议"(Comprehensive Zoning Resolution)在纽约通过，这部法规准许规划师对城市土地利用进行控制，将城市分成了不同用途的区域，拥有其中土地产权的业主只能进行与之符合的开发活动。

本质上属于一种保护财产的方法，使独立住宅免于"不受欢迎的使用"，获得宁静、隐私与安全[1]。分区规划迎合了美国"中产阶级"保守的价值观，他们以怀疑的态度应对各种社会变革的力量，比如对政府主导的针对低收入阶层的住房改革，或者以美化公共环境为目标的市政建设的抵制，这也是集合式的社会住宅一直未能取代分散式的"郊区"住宅，成为美国主流居住模式的重要原因[2]。

　　"中产阶级"的文化特质体现在美国房地产行业的许多环节[3]。总体而言，受经济能力制约，他们倾向于从批量化的房地产项目中直接购买，而非雇佣建筑师进行专门设计，于是很大程度上错失了接触最正统的"现代住宅"的机

1　不过，分区规划普及的过程中也伴随着争议，因为从某种意义上说，分区规划剥夺了私人土地拥有者从事开发时对于用途的自由选择权，1926年俄亥俄州欧克里德村（Village of Euclid）诉安伯勒地产公司（Ambler Realty Co.）案是其中的标志性事件。地产公司宣称以分区规划规定土地用途不属于合法的政府目的（no legitimate governmental purpose），本质上属于违宪，但杰出的规划师兼律师阿尔弗雷德·贝特曼（Alfred Bettman，1873—1945）则辩解说，区域规划使土地利用的合理性增强，实现效率最大化，并能相应减少邻里的纠纷，它提供的"公共利益"因此提升了社会整体财产的价值，联邦最高法院的裁决同意这一意见，判定分区规划具有合法的公共目的性，可类比于个人产权使用当中的"妨害行为限制"（nuisance limitations on private property use）。由于英美法系中"遵循先例"的原则，这一具有历史意义的判决奠定了分区规划在法律上的有效性。

2　查尔斯·赖特·米尔斯（Charles Wright Mills，1916—1962）是对"中产阶级"这一概念最经典的阐释者之一，他在《白领：美国中产阶级》中指出：在20世纪中叶经济丰裕的状况下，"中产阶级"将"消费"变成一种生活方式，凭借经济力量寄生于阶级金字塔的等级中，运用政治手段实现自身的目标，这对该时期美国社会的影响至关重要。这是多重原因的结果：首先归于经济持续繁荣，商品的种类和数量迅速增加；其次得益于广告业渐趋成熟，不断地刺激人们的购买欲望；最后还在于支付方法创新，40年代后期，信用卡、赊账、按揭等结算手段已经运用在越来越广泛的商业领域。参见：米尔斯.白领：美国的中产阶级[M].周晓虹，译.南京：南京大学出版社，2006.1953—1954年间，美国《财富》（Fortune）杂志陆续刊登了吉尔伯特·伯克（Gilbert Burke）和桑福德·帕克（Sanford Parker）撰写的12篇文章，对当时"变动的美国市场"的特征进行了总结，着重指出：生活水平富足的新兴"中产阶级"的浮现，逐步改变了当下和将来的市场趋势，特别是在食品、用具、服装、汽车、住宅以及奢侈品、休闲娱乐等方面的开销。《工业设计》随后重申了这个结论，并承认"中产阶级"市场的成长改变了设计师的工作环境。通过购物中心、促销活动、品牌效应等多重手段，战后时期的营销策略敏锐地捕捉着吸引"中产阶级"的商品形式，诱使他们将个体成就和物质消费享受联系在一起，进而导致"同质性"的大众文化的出现，延伸至包括房地产在内的各种商业领域。参见：BURKE G，PARKER S. The consumer markets：1954—1959[J]. Fortune，1954：82；伍德姆.20世纪的设计[M].周博，沈莹，译.上海：上海人民出版社，2012：144-145.

3　关于美国大众文化的特点，参见：马特尔.论美国的文化：在本土与全球之间双向运行的文化体制[M].周莽，译.北京：商务印书馆，2013：342.

会[1]。当然，也不能就此忽视约瑟夫·艾奇勒的贡献，但这位著名的地产商并没有因为推行这种类型的产品而使自己在市场竞争中占据优势。这或许说明，即便节省下设计师佣金，"现代住宅"依然不是"中产阶级"的首选：炫耀性的消费心理，保守的意识形态，让他们的偏好转向了传统的历史"风格"稳固持久的喻义当中。由此可见，"美国住宅"的塑造贯穿在特定地区的"现代化"经验中，甚至可以回溯到美国建国之初，从土地制度中衍生出的发展模式影响了居住形态，进而孕育出相关主体的文化偏好，逐步渗透进"空间"特征的塑造过程中。

在很多"现代建筑"的叙事中，战后的历史都是显要的话题之一，它既表明了进入多线发展阶段的"转折"，又暗示了朝向"后现代主义"时期的"过渡"。这对美国建筑而言尤为重要：假使承认"现代建筑"不仅是某些"国际风格"一般的特征，那么又该如何理解自身在相近时期的发展轨迹？许多现象的成因，与其说是"时代精神"的变迁，不如说是"结构"与"脉络"在具体条件下的接合，对此可以赋予不同的解释：比如资本主义生产方式的结构转型，集中地表现为"凯恩斯主义"在各个时期的境遇；比如消费主义孕育的大众文化对精英主义推行的抽象美学的冲击，亦使其社会理想渐趋瓦解；比如多元主义折射出的社会"区分"。就此逐步浮现出了一个竞争的"场域"，上述的推断可能也只是诸多线索中有限的几支。

概括地说，在20世纪中叶，"现代住宅"形成的历史条件并非天然而普同的，却清楚地揭示出了作为一种特殊的商品，这种特定的空间"类型"嵌入"现代性"结构之后出现的转变：随着福利资本主义制度的形成，被逐步建构为都市"集体消费"的组成部分[2]。

1　美国人对建筑"风格"的普遍认识大概从19世纪中叶开始建立，随着"轻质骨架结构"的成熟，逐步形成了完备的住宅市场，各种指导建房的参考图册也如雨后春笋一般地出现，当时的许多期刊也含有这样的内容，很多读者关注这类读物，是希望得到专业指导，其中既包含历史样式，也包含创新的设计。当时这些参考图册是为郊区住宅专门编排的，比如人们普遍关心建筑所处环境中的整体氛围，于是就会出现大量的透视表现图，此外还有平面、立面、细部等技术图，尽管并非作者初衷，但是建房参考图册确实强化了普通公众心中的一种想法：对家庭开支来说，支付建筑师设计费，没有必要且过于铺张。大部分建房者都是选择标准平面，再根据自己的喜好进行组合和微调，建造商对此就能胜任。在一些畅销读物的启蒙下，新的住宅样式总能形成风潮，并快速席卷全美，这开启了美国房地产业的一个重要传统，建造商提供图样让顾客选择，然后帮助他们付诸实现，直至现代时期，房地产的相关内容仍然充斥在各种出版物中，报纸、杂志、海报、建房参考图册等，直接影响了大多数美国"中产阶级"对住宅样式的选择，只有位于这一阶层顶端的部分职业从业者，尤以医生和律师为代表，才有可能承担雇佣建筑师的高昂费用。参见：JACKSON K T. Crabgrass frontier：the suburbanization of the United States[M]. New York：Oxford University Press, 1985：124-128.

2　夏铸九. 窥见魔鬼的容颜[M]. 台北：唐山出版社，2015：237-243.

7.2 论述系统

　　在建筑学的历史写作中，时空框架、主体、结构与脉络等要素及其涉及的史料可能受到差异化的处理。此时，历史学作为认识论与方法论的基础，产生着隐蔽而深层的作用，这在20世纪70年代前后"范式转移"（paradigm shift）的思想浪潮中得到了清楚地揭示[1]。"现代性"与"地域性"在相关的变迁过程中具有显著作用，它们并非截然割裂的特征，却以激辩的方式构成了"现代建筑"中彼此对立的经验。南加州"现代住宅"提供着关键论据，见证着不同的"空间"论述在建筑学科知识体系中的历史建构。

7.2.1 问题与假说

　　"地域性"成为建筑学议题的时间并不晚于"现代性"。亚历山大·楚尼斯与莱安·勒菲弗尔在其代表性的著作中做出了清楚的梳理，甚至一直追溯到了维特鲁威（Marcus Vitruvius Pollio，公元前70—前15）的年代；在现代时期，刘易斯·芒福德的工作被视作关键性的转折，"地域性"通过肃清与帝国主义、民族主义、商业主义等思想的牵连，解放了自身蕴涵的批判性力量[2]。而在因应"全球化"引致的一系列问题的过程中，肯尼斯·弗兰姆普敦对"地域性"继续做出阐述与发展，并将其引入自己的历史写作之中，其中不少主张在今天仍然具有显著的现实意义[3]。"地域性"是一个庞杂的概念，它采取相对主义的折中方式，调和着与"现代性"之间的分歧，旨在获取更具适应潜能的普遍性[4]。这段历史在时间上接合着"现代运动"在"二战"后的延续，既对"国际风格"

1　参见：怀特.元史学：十九世纪欧洲的历史想象[M].陈新，译.彭刚，校.南京：译林出版社，2004：14；夏铸九.异质地方之营造 III：由城乡流动到都会区域[M].台北：唐山出版社，2016：594-616.

2　TZONIS A, LEFAIVRE L. Critical regionalism, architecture and identity in a globalized world[M]. Munich, Berlin, London, New York：Prestel, 2003.

3　参见：FRAMPTON K. Towards a critical regionalism：six points for an architecture of resistance[M]// FORSTER H. Anti-aesthetic：essays on postmodern culture.New York：The New Press, 2002；弗兰姆普敦.现代建筑：一部批判的历史[M].张钦楠，等译.北京：生活·读书·新知三联书店，2001；弗兰姆普敦. 20 世纪建筑学的演变：一个概要陈述[M]. 张钦楠，译.北京：中国建筑工业出版社，2007.

4　LU D F. Third world modernism：architecture, development and identity[M]. London：Routledge, 2010.

做出修正，也对孤立、封闭而僵化的传统遗存保持警惕[1]。需要注意的是，这个过程——其中包括它的思想根源——并没有超出"现代性"的一般范畴[2]；就美国而言，具体地指向南北战争直至"二战"前后这段时期的发展过程。

总体而言，"地域性"和"现代性"之间存在着微妙的平衡，并试图形成某种超越对抗的姿态。"特征"的互相排斥在实践中得到很大程度的调和，但是"论述"的二元对立却在历史中被显著地放大了。正如亨利-拉塞尔·希区柯克在1952年"美国建筑"展览中选入哈维尔·哈里斯的拉尔夫·约翰逊住宅一般，相似的经验在各自的阐述中得到了不尽相同的解释。

7.2.2 经验证据与情节

即使是针对相同的案例，历史的叙事也会出现值得注意的差异，不局限于批评性的观点，甚至包括对事件本身的还原，这种反差在对相同材料的解读中一直难以避免[3]。

1947年在长岛破土的"列维特镇"——最初命名为"长岛之树"（Island Trees），不久后更名为"列维特镇"——是纽约乃至全美最具代表性的战后"郊区"。列维特父子公司这个在"大萧条"期间成立的房产公司，使原本属于小作坊的木匠手艺成为高度工业化的制造产业[4]。他们取得成功的重要原因之一在

---

1 TZONIS A, LEFAIVRE L. Critical regionalism, architecture and identity in a globalized world[M]. Munich, Berlin, London, New York: Prestel, 2003.

2 这在埃里克·霍布斯鲍姆那里联系着"双元革命"（dual revolution）的概念，这被一般性地视为"现代化"模型的西方范本，即通过"工业革命"代表的经济层面以及"法国大革命"代表的政治层面两个重要视角展开；或被安东尼·纪登斯（Anthony Giddens）概括为两种不同的组织复合体："国族国家"的建构与有系统的资本主义生产，指涉约在17世纪的欧洲浮现，后来影响了全世界的社会生活与组织方式。参见：霍布斯鲍姆.革命的年代：1789—1848[M].王章辉，等译.北京：中信出版社，2014.

3 怀特.元史学：十九世纪欧洲的历史想象[M].陈新，译.彭刚，校.南京：译林出版社，2004：14.

4 亚伯拉罕·列维特和他的两个儿子：后来执掌公司，负责主要决策的威廉·J.列维特以及管理设计部门的阿尔弗雷德·列维特，一共修建了14万幢住宅，堪称战后美国房地产行业最为显赫的家族。列维特家族的事业起步于1929年，在1934年，他们建成了200幢"都铎风格"的"中产阶级"住宅，以9100~18500美元的价格出售；整个战前岁月，列维特公司都从事着以私人委托的小住宅为主的开发项目；1941年，列维特父子公司接到一份包括1600幢——后来增至2350幢——战时工人住宅的政府订单，这个项目并不成功，但兄弟俩从中学习了成批建造混凝土基础和快速安装墙身与屋顶的施工技术；1943—1945年间，就在威廉·列维特服役于美国海军建设营"海蜜蜂"（Navy Seabees）部队时期，公司陆续接下位于弗吉尼亚州朴茨茅斯的联邦住房项目与珍珠港的营地建造工程，这使得列维特公司在战前就已经跻身于全美最大的房地产公司之列；1946年，回到长岛之后，列维特公司在罗斯林建造了2250幢住宅，每幢售价17500～23500美元不等；同年，它们还开始着手购置汉普斯特德镇（Hempstead）的一座马铃薯农场4000英亩的土地，并计划将那里建成美国历史上最大的住宅开发项目。

于将战争期间用于修造兵营的技术应用到住宅开发上。在1947年的地产项目中，移走所有树木并整平土地后，所有建筑材料被成套地以60英尺的间距通过卡车放置在基地上；所有房子都采用混凝土基础，屋面覆盖沥青和3/8英寸厚的板材，墙体由石材和胶合板材层叠而成；木料在加工厂事先切割好，那里的一个工人一天可以完成10幢房子所需的用量；工艺复杂的配件都采用合作厂商提供的预制产品，并且尽量只从自己的子公司那里购买配件，而当时大部分地产商仍然选择在场地自己制造。列维特公司要求所有的分包商只为它们的工程出力，并将工序尽量集中，比如负责竖向结构的部门也需要供应要用到的混凝土，负责木料切割的部门也要参加现场安装。为了降低施工过程中对于专业技能的要求，列维特公司将整个施工流程划分为27步，从浇筑基础开始到清理施工现场结束，每个工人只需完成一道工序，甚至连不同颜色的油漆也是分步进行的，同时使用当时的新型工具，比如电锯、电刨和射钉枪等。因此，大大提升了工作效率。建成一幢住宅的标准时间仅为5天，最快的时候一天可以完成超过30幢。"列维特镇"共拥有17400幢独立住宅和82000户的集合住宅，是当时单个开发商完成的最大规模的项目，它以极低的价格出售，几乎接近市场所能承受的极限。

第一个"列维特镇"距离曼哈顿仅26英里，对当地拥挤在公寓中的家庭来说，这些住宅拥有十足的吸引力。在最初300幢住宅完成前的几个月时间里，人们就排起长队，愿意支付60美元的月租得到一幢4个房间的住宅。十分有趣的是，第一批投入市场的1800幢住宅只用于出租，因为当时的住房贷款、利息、首付和税收加在一起，也没有房租要价高，因此，只要有可能，人人都直接购买，这种状况到1949年才恢复正常。

以今天的标准来看，列维特当年修建的住宅十分狭小：典型的双卧室户型面积仅有约69.7m²，且没有地下室。但是他敏锐地判断出这种产品将会拥有市场，因为当时社会经济分布的重心正急速下移，富人的财富不断缩减，而普通大众的购买力则胜从前。于是，在即将步入20世纪50年代的时刻，列维特果断地推出了这种位于郊区的独立住宅，预先配备好洗衣机等家用电器，这正是美国劳工阶层过去一直憧憬，眼下足以负担的生活标准（图7.02）。《纽约时报》的评论员保罗·戈德伯格写道："'列维特镇'不仅是一项建筑成就，更是一项社会成就：它使成千上万的美国中产家庭对独立住宅的梦想变成现实。"[1]

---

1 GOLDBERGER P. New York Times，1981.转引自：JACKSON K T. Crabgrass frontier：the suburbanization of the United States[M]. New York：Oxford University Press，1985：73-86.

图 7.02
"列维特镇"，1947年

　　不过，"列维特镇"并未得到建筑界专业人士的肯定，他们对批量复制的建造方式表示反感，斥之为"概念上的堕落与美学上的贫瘠"。保罗·戈德伯格也中肯地指出，这种社区只能称为"规划的灾难"；刘易斯·芒福德则抱怨道："列维特镇"狭窄的住宅基地与单一收入水平的阶层，只会造成倒退的设计和单调的社区，可称为"新方法造成的老错误"。乔治·尼尔森在1946年时指出，"列维特镇"使用的"科德角"风格是一种无视现实，对历史进行虚假重现的倾向。1962年，美国歌手、音乐创作人、左翼社会活动家玛尔维娜·雷诺兹（Malvina Reynolds，1900—1978）写下了一首名为《小盒子》（Little Boxes）的歌曲，次年，玛尔维娜的好友——"美国现代民谣之父"彼得·西格（Pete Seeger，1919—）将这首歌灌制成唱片发行，并从此广为传唱。这首歌辛辣地嘲讽了遍布美国的"使用廉价材料建造"（made of ticky-tacky）的郊区住宅以及隐藏在其千篇一律的外表之后的消费主义与政治冷漠[1]。

1　歌词全文如下："Little boxes on the hillside, little boxes made of ticky-tacky; little boxes on the hillside, little boxes all the same; there's a green one and a pink one and a blue one and a yellow one; and they're all made out of ticky-tacky and they all look just the same. And the people in the houses all went to the university; where they were put in boxes and they came out all the same; and there's doctors and there's lawyers, and business executives; and they're all made out of ticky-tacky and they all look just the same. And they all play on the golf course and drink their martinis dry; and they all have pretty children and the children go to school; and the children go to summer camp and then to the university; where they are put in boxes and they come out all the same. And the boys go into business and marry and raise a family; in boxes made of ticky-tacky and they all look just the same; there's a green one and a pink one and a blue one and a yellow one; and they're all made out of ticky-tacky and they all look just the same."

"列维特镇"采用保守的"科德角"风格并非地产公司的随意选择，而是因为美国"中产阶级"一直偏好历史样式[1]。人们广泛保留着对往昔的追忆，住宅也使用了大量带有传统特征的要素，正如埃里克·霍布斯鲍姆在《传统的发明》(*The Invention of Tradition*) 中指出的那样，它们往往纠缠着地域、传统、民族等主题，并和各种主体的身份"认同"联系在一起，这在"后现代主义"初兴的年代，得到了更多的重视。1975年2月《纽约时报》刊出的一篇文章指出："……今天的怀旧，最差也是苦乐参半，至少其设计带来了些许愉悦。我们的时尚、装饰和即兴表演，让人想起1930年代，但是没有'大萧条'；想起1940年代，但是没有战争；想起1950年代，但是去除了'麦卡锡主义'(McCarthyism)。这些无害的行为值得历史网开一面。"[2]

　　也有批评着眼于美学之外的因素。纽约长岛的"黄金海岸"曾经高楼林立，遍布着被富人社区环绕的金融枢纽；然而等到20世纪50年代中期，它们或被转手出售，或被赠予政府与慈善机构，或被夷为平地，逐步转变为"中产阶级"社区。针对这些现象，保罗·克鲁格曼 (Paul R. Krugman) 肯定了《纽约日报》(*Newsday*) 的分析，将其归因于"三个沉重的打击"："联邦所得税的出现；'大萧条'的经济损失；美国经济结构的变化使得家仆工作的吸引力降低，而维持舒适的生活方式原本需要大量佣人。"[3] 克鲁格曼把"列维特镇"视作"大压缩"(Great Compression) 进程的历史见证[4]。

1　这种复古潮流贯穿了整个20世纪，比如1926年在费城举办的建国150周年纪念展重现了1776年的费城主街；1933年在芝加哥开展的类似的活动重现了1833年的迪尔伯恩要塞 (Fort Dearborn) 和1809年亚伯拉罕·林肯诞生的木屋；1939年的纽约世界博览会允许各展馆展示重要的历史遗产，康涅狄格州、马萨诸塞州、新罕布什尔州、罗得岛州和佛蒙特州所在"新英格兰"地区联合制作了一艘帆船和一个殖民时代的码头，宾夕法尼亚州复制了费城独立厅 (Independence Hall)，新泽西州重建了老兵营 (Old Barracks) 纪念乔治·华盛顿 (George Washington，1732—1799) 在1787年的特伦顿战役 (Battle of Trenton) 中取得的胜利；差不多同一时期，两位著名企业家捐献巨资，让更多历史遗产得以留存，亨利·福特在1926年建立了格林菲尔德村 (Greenfield Village)，恢复了一个历史上的美国村庄，在其中保存各种典型建筑，陈列与著名历史人物有关的物品；小约翰·D. 洛克菲勒 (John Davison Rockefeller, Jr.，1874—1960) 资助了威廉斯堡的修复，这片殖民时期风格的建筑群在1935年向公众开放，展示了很多渐渐消失的手工艺，工匠们在游客面前展示制作过程并做出介绍。另一项与"历史复兴"相关的计划是"美国设计索引"(Index of American Design)，它以全面记录美国的历史遗产为目标，并在1935—1941年间得到"联邦艺术促进计划"(Federal Art Project, FAP) 的支持。该计划具有明显的文化多元性，既收集了各种外来殖民风格，也保存了大量本土印第安部落的手工艺。

2　转引自：伍德姆. 20世纪的设计[M]. 周博，沈莹，译. 上海：上海人民出版社，2012：268.

3　克鲁格曼. 一个自由主义者的良知[M]. 刘波，译. 北京：中信出版社，2008：29.

4　这种与"大萧条"相对的提法描述的是1929—1945年间美国富人与劳工阶层收入差距急剧缩小的现象。

战后美国的"郊区"住宅在不同的论述中被塑造成不同的故事。首先对预制构件和批量生产技术的使用降低了价格的门槛,这一工业化的成果曾是现代主义者的理想寄托;其次,标准化建造和市场机制的结合,被视为资本主义体系对个体自由选择的侵蚀,导致了美学上备受批评的单调风景;再次,通过传统样式,凝聚起私有产权具有的独立性、稳定感、地位象征,折射出对富足而舒适的"中产阶级"生活的向往,继而构筑起专属的文化认同及其身份特质;最后,作为"美国梦"的现实载体,提供着一个人人平等的民主社会不断进步的证据,甚至构成了某种制度安排的正当性来源。

一定程度上,南加州"现代住宅"在20世纪20—70年代的变迁,也可以看作与之同步的多重情节交织的混合体。它呈现出的丰富而混杂的面貌,因此成为历史论述关注的焦点,既包括一系列设计特征,也包括以此形成的标准意象,哈维尔·哈里斯的观点即是一个直接的例证[1]。同时,因为拥有着"现代建筑"的历史参照,南加州"住宅"随之被置入一种呈现出兴盛衰亡周期的叙事模式,其中或许包括处于工业浪潮、消费主义、大众文化、福利国家政策等不同理想中的"现代主义",或者成功,或者失败,或者转向它未曾预期的结局等一系列故事。南加州"住宅"在上述历史脉络中进入了"现代建筑"的视野,相关的选择过程折射出了"现代建筑"在不同时期面对的"问题"或"假说",以及随之建立起的自我认知,再以各种方式得到呈现:对代表人物成就的判断、学术著作与专业期刊的发表、对典型案例的解读及其价值的发掘等;并且形成相对应的解释性的,甚至规范性的设计特征、知觉经验乃至预设标准,接合了与之匹配的建筑学理论概念,比如对自然条件的回应,对工业技术的引入,对空间美学的表达等。在此过程中,"自然""技术""空间"被分别赋予不同的作用与地位,并在进入了"形式"的再现系统以后,表现出某些特征的案例在各个时期或被遗忘,或被追忆的不同境遇,或者在各种主体参与的实践中,产生出差异化的美学偏好,最终导致了论证过程中对不同历史材料的处理方式。

7.2.3 论证的模式

如果将南加州"现代住宅"视作"现代性"与"地域性"在共同的时代环境中互动并塑造出的"空间过程",尽管难以对其做出确定的因果律解释,但

---

1 HARRIS H H. Liberative and restrictive regionalism,1954.参 见:KAPLAN W. Living in a modern way:California design 1930—1965[M]. Cambridge:The MIT Press,2011.

是依然可以得到多重角度的分析。它们的论述结构或许可以从两个层面进行理解。一种情况是通过预制出的某些"情节"，赋予材料以逻辑上的连贯性，以将其整合进特殊类型的故事之中。一般来说，作为建筑史的分支，"现代住宅"的历史论述都会关注作为设计作品的建筑物的典型特征。此外，着眼于外在物质环境或者本土风格要素分别对应的知觉经验的"地域主义"，着眼于工业生产流程或者传统营造工艺分别对应的建造体系的"现代化"，着眼于核心家庭结构或者群体社区组织分别对应的生活方式的"居家性"，呈现为三种常见的主题类型[1]。不难发现，它们不仅分享着某些"现代性"的观念基础，并且有侧重地分别契合于"自然""技术""空间"三个重要角度。另一种情况是借助某些潜在的形式化的论证模式，具体到"现代住宅"有关的现象及其涉及的问题，又存在不同的倾向，这更直接地关系着历史学的方法预设与知识本质，并非建筑学领域自身的问题。从中还可以辨认出，在概念的层次上建构出的不同路径，给予编年史中各种材料以逻辑上的必然性，使之分别参与至对相关结论的推定之中。这个过程所倚仗的前提，其中一些涉及时间或空间的限定条件，它们预先划分起讨论的边界；另外一些多表现为一系列规范性的特征，它们亦被比拟为社会科学式的一般规律，在历史论述的内部产生着作用[2]。

　　无论是建筑史还是住宅史，都借此获取解释的效应。具体地说，南加州"现代住宅"的讨论首先被置于特定的"脉络"之中，通过揭示关于居住的"空间过程"以及与其处在同一种历史条件下的其他事件之间的特殊关系做出论证。这种策略从"编年史"的时间之流中截取出一定范围内的片段，倾向于进行共时性的"再现"。其目的在于将研究案例还置到拥有更多社会性的政治、经济、文化场景以及物质性的自然环境之中，并且嵌合进一连串依时序发生的事件相互"冲击"与"回应"的影响效应之中，再试图为实践主体的思想与行动找到可以辨别与回溯的线索。从中可以察觉到某种动机，即寻求在明确给定的领域内部提取出的工作主题，以此凝聚起一个具有限制性边界的历史现象的集合。尽管多少带有封闭或者孤立的风险，但是几乎所有的建筑史研究都具有这样的成分。这样，南加州的"现代住宅"获得了一个区别于整体图景的时空框架，以便将其中的典型案例组织进不同视角，并悄然运用归类的方法确定出谱系式的经验特征。这个过程伴随着一种假设，至少在特定的叙事范围中，实

1　参见：RICE C. The emergence of the interior：architecture，modernity，domesticity[M]. London & New York：Routledge，2007；埃文斯.从绘图到建筑物的翻译及其他文章[M].刘东洋，译.北京：中国建筑工业出版社，2018：23-84.

2　怀特.元史学：十九世纪欧洲的历史想象[M].陈新，译.彭刚，校.南京：译林出版社，2004.

际存在着某些支配性的规律，扮演着"居住模式"及其变迁的开始与结束，或者特征形成的决定性动因。这又继续联系上了一种机械论式的构想。

机械论的论证模式关注对因果性"规律"的研究，这即意味着"现代住宅"的设计特征是受到"20世纪的南部加利福尼亚"这一具体的历史条件塑造的结果。于是，研究的重点转向了对其中关键要素的追踪与确认，如特定的地理条件、政策导向、经济方式、社会组织、文化惯习、营造传统、专业体系等，都可能构成变迁过程中的"证据"，不过需要抽象为具有典型作用的共有属性，并且足以提炼出具有支配性作用的"规律"。在某种意义上，这种做法寻求的是宏观思辨，因此，需要将个案嵌入整体的"结构"之中，却不免夸大了其本身的作用。这在历史学领域尤其被视作一种风险，为了缓解这一矛盾，它往往需要接受更多微观视角的"脉络"的调适。因此，即便是对局部经验的解释，其中必然存在着两种取向，一种趋于整合，另一种趋于分散。

类似于"时代精神"的构想试图赋予南加州的"现代住宅"实践以某种"整合性"。于是，以某些有时甚至带有"化约"风险的路径，它试图将史料中的诸多细节理解为总体方向中的各个部分，并在具体条件下，可能被描述为一种"历史哲学"式的承诺；建筑师，特别是那些起到关键作用的人物，他们的工作将要参与"主线"进程的建构，即使个人化的创作也对此负有责任。这也匹配了相应的叙事模式，即假定存在着某个或是臻于完善或是走向终结的变迁趋势，牵引着种种零散细碎的事例，使之归入统一的图景。即使在局部和整体的不同层次上有时会出现并不协调的落差甚至互相排斥，但是综合性的解释要比细节性的分析更受重视，并且经常被赋予对相关的"正当性"做出价值判断的责任。这种策略可以毫不费力地接合建筑师通过"设计构思"注入"规范性特征"中的"原理"或者"观念"——它同样扮演了一种因果式的联系——也影响着创作者和批评者对作品本身的认知与阐释，而对实践主体本身来说，并不苛求行动的一致性；换言之，建筑师保有自由的意志，无须成为历史必然方向的囚徒，仅要经受对相关"意义"的遴选。

对历史差异性的关注，又揭示出另一种解释策略，旨在确定可能孕育自某些具体条件中的独特性，进而给出繁育而生动的历史叙事。即便在这些现象的背后，依然可能存在一个宏大的全景，正如南加州的"现代住宅"和"现代运动"整体之间的关系，但是通过更多"分散性"要素的呈现，这种论证模式在本质上更接近于"拼合"或者"镶补"的过程。正因为此，建筑学研究可以从中汲取到某种转换"视野"的方法价值，借助某种"浪漫主义"式的姿态，试图以经验描述的细致甚至琐碎去弥补抽象概念的空洞以及疏漏。当然，这种方法必然使自身援引概念的准确性遭到削弱，但相应带来的调整是归纳出更为丰富的类型。这便不难理解，对数量庞大的住宅案例来说，基于形态、风格或结构等不同角度的解读，往往导向对其中标志性族属特征的指认或者鉴别，那些处于普遍性中的多样性备受关注。

由此带来一个更关键的问题，对于特定的研究对象，应当采取怎样的解释策略；无论是历史学还是建筑学，对此都没有形成共识[1]。在此前南加州"现代住宅"的讨论中，可以看到，不同的主题在参与对"地域性"和"现代性"之间关系的讨论时，有侧重地分别采取了相应的模式。更具体地说，"自然"被更多地视为"地域性"的显要主题，更偏向于"分散性"的解释，并呈现为一套在知觉特征解读的基础上采取的类型化的叙事模式；"技术"被更多地视为"现代性"的显要主题，更偏向于"整合性"的解释，并呈现为一套在结构体系比较的基础上采取的渐进性的叙事模式；就"空间"而言，其中蕴涵着"地域性"与"现代性"的相互修正，试图继续揭示出各种历史主体的身份差异，并呈现为美学观念、生活方式、身份塑造等不同因果规律之间的竞争性的叙事模式（图7.03）。

这些解释策略并不能凭借它们与所涉及主题的契合程度而规避自身的方法缺陷。比如，在"自然"主题之中，不仅需要警惕对环境决定论的迷信，去重视社会主观愿望在特定时期所发挥的作用，还有待克服它与"地域主义"天然结成的同盟，将其视为封闭地理边界之内的产物；在"技术"主题之中，需要了解每一种结构类型及其实现途径，都并非进步式的线性过程，尽管这种乐观

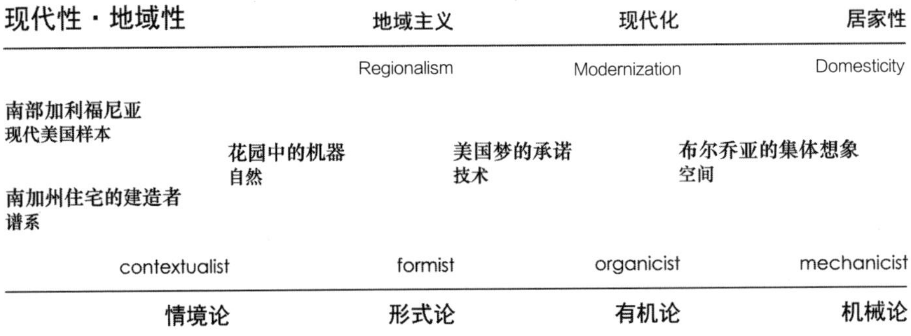

现代性·地域性	地域主义	现代化	居家性
	Regionalism	Modernization	Domesticity
南部加利福尼亚现代美国样本	花园中的机器	美国梦的承诺	布尔乔亚的集体想象
南加州住宅的建造者谱系	自然	技术	空间
	contextualist	formist	organicist	mechanicist
	情境论	形式论	有机论	机械论

图7.03
南加州"现代住宅"的论述结构

1　海登·怀特对此的解释是：这可能反映出历史编纂活动的原始科学性质，即意味着历史解释必定以不同的元史学预设为基础，这些预设与历史领域的本质相关，也产生了史学分析能够运用的解释类型的不同概念，涉及了史学工作核心方法论的争论。参见：怀特.元史学：十九世纪欧洲的历史想象[M].陈新，译.彭刚，校.南京：译林出版社，2004.

主义往往会被"现代化"的发展愿景不恰当地放大；在"空间"主题之中，需要避免单一角度的解释，"居家性"作为一种与西方"资产阶级"密切相关的文化特质，本质上属于美学、社会乃至政治等多重因素共同塑造的结果。然而同样不能忽视的是，这些主题涉及的经验证据、情节类型、论证路径之间，多少存在着某种"可选择的亲和关系"（elective affinities），这很难直接归于"地域性"与"现代性"这一共同问题意识整合下的产物，仍然需要去发掘更深层的结构性动因[1]。可以看到，对"形式"典范进行塑造的过程中存在着大量混杂、交叉、重叠的现象，比如：在专业论述内部，"国际风格"有时被视作激进的社会理想的反映，有时被视作只符合精英品位，旨在区分社会等级的偏见；与之相对地，一些具有地方要素的差异化特征，有时被视作因循守旧的僵化产物，有时被视作试图挣脱既有原则的饱含艺术气质的自由创作；至于消费市场与大众媒体中的相关经验，有时被视作民主化进程中的成功故事，有时被视作浅薄、庸俗、退步的反智思潮。可见，南加州"现代住宅"的历史"再现"之中，掺杂了大量涉及"意识形态"的矛盾与冲突。

推及"现代运动"产生后的"住宅史"论述，在更广泛的范围内，南加州"现代住宅"凭借"现代性"与"地域性"兼具的特征，继续挑起近似的争论（图7.04）。以此而论，"现代住宅"的经验特征或许可以被理解为某种在具体的社会脉络中历史地塑造出来的意识形态"中介"，它在建筑物与不同主体之间提供着联结，共同接受着资本主义生产结构的干预[2]。这一属性根植于"现代建筑"的知识体系深处，并在其形成过程中诉诸历史学的论述结构：挪用了制度化的权力，却拒斥了反省后的转变。这可能还意味着建筑学关于"现代住宅"的解释仍然需要尝试引入另外的"空

图7.04
理查德·诺伊特拉等人在洛弗尔住宅施工现场，20世纪20年代

---

1 参见：怀特.元史学：十九世纪欧洲的历史想象[M].陈新，译.彭刚，校.南京：译林出版社，2004.

2 参见：TAFURI M. Architecture and utopia：design and capitalist development[M]. Cambridge：The MIT Press，1987；TAFURI M. Theories and history of architecture[M]. New York：Harper & Row Publishers，1981.

间"理论模型，"住宅史"也同时触碰了"建筑学"与"历史学"两个不同领域的核心地带[1]。

结语：现代住宅的解释

本书不仅关心1920—1970年间南部加利福尼亚地区"现代住宅"的经验特征，更试图理解它进入建筑学的历史论述的路径。20世纪中叶关于"现代性"与"地域性"的争辩推动着这个过程，也通过"空间"概念使"住宅"逐步浸染上既有的学科属性。对此，阿德里安·福蒂曾经指出："建筑师所谈的空间并非一般意义的空间，而是对其自身职业的特别的理解"[2]，进而构成"现代资本主义社会权力和统治的主导话语之一部分"[3]。他还另外提及亨利·列斐伏尔（Henri Lefebvre，1901—1991）对这一概念"最具理解力和最激进的批判"[4]，然而"尽管如此有力，它对建筑学内部通常讨论空间的方式仍然影响甚微"[5]。

"住宅"一度构成了"现代建筑"的核心议题之一，指涉着其中的根本预设，即"启蒙运动"之后逐步奠定的"乌托邦"式的社会理想以及"工业革命"之后发展形成的强调秩序、理性、效率的经济方式，相关的意识共同构筑了西方"现代性"的经典基石。这更深层次地关系到"现代"身份在西方形成的历史渊源，紧密接合着欧美"资产阶级"的崛起过程，通过家庭内部舒适、休闲、卫生、私密、教养等一系列文化规范，或者追求建设效率的生产方式得到体现。由此暗示出的"区分"——"传统"与"现代"之间的断裂以及"边缘"与"中心"之间的紧张——也导致了许多不尽相同的营造体系被排除在视野之外[6]。借助于一个抗辩的起点，南加州"现代住宅"试图对此予以修正；然而在20世纪70年代前后，它同样遭遇了持续的危机，不仅在于设计构思与现实使

---

1 以下部分所涉及的"空间"概念具有建筑学科中的本体论意义，已经不完全等同于第5章中所讨论的经验性的对象。

2 福蒂.词语与建筑物：现代建筑的语汇[M].李华，武昕，诸葛净，等译.北京：中国建筑工业出版社，2018：256.

3 同上，257页。

4 同2，237页。

5 同上。

6 LU D F. Third world modernism：architecture，development and identity[M]. London：Routledge，2010.

用之间的巨大落差，更在于从相关领域的讨论中不断退却的境况[1]。

就"住宅史"而言，这是必须面对的问题。对此，亨利·列斐伏尔指出，在资本主义条件下，"空间"从属于土地所有制，依附于资本，这种关系导致"不动产"转变为流动的财富，被赋予了交换的价值。由此产生的经济目的及其发展计划，使"空间"不再是单纯的功能性的物质环境，而是成为策略性工具，用以处理流动性的生产要素，其中，与劳动力密切相关的就是"住宅"；从更广阔的尺度来说，它又关系着规划，不同的区位、功能、群体经过专业性的干预以后遭到隔离，进而引起对服务、交通、景观等集体消费依赖的公共资源的竞争，最终呈现出的差异与矛盾，有时甚至激化为不同身份主体之间的竞争行为[2]。因此，对不同的时空条件下的历史脉络中的"住宅"问题进行认识，需要更多来自政治、经济、社会的角度。然而，列斐伏尔同时也察觉到，这些尝试可能会面对一种抵制的倾向："将建筑作为自决的实践——设定自我目标并发明自我规则。"[3]

这继续指向"建筑史"的方法论预设，"地域性"最终无法彻底挣脱对"空间"本体的"现代性"建构。具体地说，当南加州"现代住宅"的一系列典型案例被置于所有参与经验特征塑造的脉络之中进行分析时，"地域性"对此提供了竞争性的视角，然而，相对于营造活动作为一种普遍的社会实践所持有的广泛意义，它仍然属于片断化的经验。"空间"通过对意象的"再现"，对自身进行了神秘化，使建筑学逐步成为在"现代性"制度上运作的知识，开始遮蔽曾经具有的多重特性，于是导致了一个割裂的"住宅史"领域，特别表现在不同实践主体对"居住问题"的理解过程之中呈现出的差异上。最后，借助这个过程，还可以进一步审视，作为批判的工具，历史学科本身结构中隐藏的权力关系。在经历了19世纪的职业化以后，历史学对自身采取的几种解释策略长

---

1 希尔德·海嫩（Hilde Heynen）曾经提及一个关于凯瑟琳·鲍尔（Catherine Bauer）的事例，在20世纪60年代，她应邀参加一个现代主义建筑主题的研讨会，但是在该活动建议参考书目中，她在1934年的著作《现代住宅》(Modern Housing)被归为城市规划文献，鲍尔的成果并不被视作处于建筑学讨论的核心范围以内，她本人也更多地被划入社会学家和规划专家的行列这也符合当今学术研究领域的情形，国际期刊上与住房有关的论文多是住房政策、住房建设环境、住房市场之类的话题，社会学和规划学已经主导了有关"住宅"的各种话题，建筑师在其中只能扮演相当次要的角色。

2 列斐伏尔.空间与政治[M].李春，译.上海：上海人民出版社，2008.

3 福蒂.词语与建筑物：现代建筑的语汇[M].李华，武昕，诸葛净，等译.北京：中国建筑工业出版社，2018：257.

期持有不同的态度，需要指出的是，这种分歧的成因并非出自学理上的优劣[1]。20世纪70年代前后，历史学界逐步察觉到了自身与"科学""哲学""文学"等不同领域之间的异同，在承认了学科固有的职业偏见以后，开始反思编纂行为的范式特征与知识性质[2]。然而，在建筑学领域，这种转向并未完全显示出来，"建筑史"的实践依然在某种构建"本体论"的冲动下进行；于是，在脱胎于相应学科制度的知识体系内部，不但形成了"历史"与"设计"之间的裂痕，更扭曲了在"过去"与"现实"之间建立连续性的"计划"时使用的认知结构[3]。

---

1 它们有时也可以概括为"情境论"（contextualist）、"形式论"（formist）、"机械论"（mechanicist）、"有机论"（organicist），海登·怀特对此给出了最具代表性且极富批判意识的论述。概括地说，"情境论"与"形式论"被视为普遍接受的正统，而"机械论"与"有机论"被视为充满谬误的异端。这些倾向各自具有固有的局限性，前者难以处理选择与排除过程中的视野偏向，后者易于堕入神话式的形而上学的陷阱，更不必提及不同的历史编纂者多少都流露出的各自的"意识形态"立场。参见：怀特.元史学：十九世纪欧洲的历史想象[M].陈新，译.彭刚，校.南京：译林出版社，2004.

2 参见：王晴佳，张旭鹏.当代历史哲学和史学理论：人物、派别、焦点[M].北京：社会科学文献出版社，2020；帕特纳，富特.史学理论手册[M].余伟，何立民，译.上海：格致出版社，上海人民出版社，2017.

3 参见：TAFURI M. Theories and history of architecture[M]. New York：Harper & Row Publishers，1981；夏铸九.异质地方之营造III：由城乡流动到都会区域[M].台北：唐山出版社，2016：594-616.

附录1: 事件年表

年份	事件	作品	论著	展览
1848	加利福尼亚州加入联邦; 洛杉矶建市			
1862	《宅地法》(Homestead Act)			
1865	南北战争 (American Civil War) 结束			
	南太平洋铁路公司 (Southern Pacific Transportation Company)			
1867	弗兰克·L.赖特 (Frank Lloyd Wright) 出生			
1868	查尔斯·S.格林 (Charles Sumner Greene) 出生			
1870	亨利·M.格林 (Henry Mather Greene) 出生			
	埃尔文·J.吉尔 (Irving John Gill) 出生			
1872	美国公共卫生协会 (American Public Health Association, APHA)			
1887	鲁道夫·M.辛德勒 (Rudolph Michael Schindler) 出生			
1890	弗兰克·L.小赖特 (Frank Lloyd Wright, Jr.) 出生			
1892	理查德·J.诺伊特拉 (Richard Joseph Neutra) 出生			
1893	芝加哥哥伦比亚世界博览会 (World's Columbian Exposition, Chicago)			●
1898	E.霍华德:《明日的田园城市》(Garden Cities of Tomorrow)		●	
1900	约瑟夫·艾奇勒 (Joseph Eichler) 出生			
1901	太平洋电气铁路 (Pacific Electric Railway) 系统			
	F. L.赖特:《机器的艺术和工艺》(The Art and Craft of the Machine)		●	
1902	亨廷顿土地开发公司 (Huntington Land and Improvement)			
	圣加百列谷地供水公司 (San Gabriel Valley Water Companies)			
1903	哈维尔·H.哈里斯 (Harwell H. Harris) 出生			
1904	拉斐尔·S.索里亚诺 (Raphael S. Soriano) 出生			
1905	约翰·因坦扎 (John Entanza) 出生			
1908	H.福特 (Henry Ford): T型车			
	格里高利·艾因 (Gregory Ain) 出生			
	格林和格林事务所: 甘博住宅 (Gamble House)	●		
1909	加州电力系统			
1910	裘里斯·舒尔曼 (Julius Shulman) 出生			

年份	事件	作品	论著	展览
1911	约翰·爱德华·洛特纳（John E. Lautner）出生			
	格里高利·艾因迁至洛杉矶			
1912	公共卫生服务部（Public Health Service）			
	国家艺术和工业联盟（National Alliance of Art and Design）			
	I.吉尔：拉荷亚妇女俱乐部（La Jolla Woman's Club）	●		
	R.辛德勒：《现代建筑：计划》（Modern Architecture: A Program）		●	
1913	A.昆西·琼斯（A. Quincy Jones）出生			
1914	R.辛德勒移居美国			
	R.诺伊特拉参加"一战"			
1915	巴拿马·加利福尼亚博览会（Panama-California Exposition）			●
	C.弗雷德里克（Christine Frederick）《家庭科学管理》（Scientific Management in the Home）		●	
1916	《联邦公路援助法案》（Federal Aid Road Act）			
1917	辛德勒为赖特工作			
1918	美国航运局紧急运输公司（The Emergency Fleet of the United States Shipping Board）			
	美国住房公司（The United States Housing Corporation）			
	11月11日，"一战"结束			
1919	赖特：东京帝国饭店（Imperial Hotel）	●		
1921	赖特：巴恩斯道尔住宅（Barnsdall House）	●		
	辛德勒迁至洛杉矶			
	辛德勒：国王路住宅（Kings Road House）	●		
1922	乔恩·N.伯克（Jon Nelson Burke）出生			
	辛德勒：洛弗尔海滨住宅（Lovell Beach House）	●		
1923	美国区域规划协会（Regional Planning Association of America，RPAA）			
	赖特：砌块编织体系（Textile Block System）	●		
	辛德勒：佩布洛·里贝拉院宅（Pueblo Ribera Court）	●		
	诺伊特拉移居美国			
	诺伊特拉：硅藻住宅（Diatom House）	●		
1924	斯库特–里霍斯基（Grete Schutte-Lihotsky）：法兰克福厨房			●
	诺伊特拉为赖特工作			
	索里亚诺移居美国			
1925	诺伊特拉迁至洛杉矶			
	皮埃尔·科尼格（Pierre Koenig）出生			

年份	事件	作品	论著	展览
1926	辛德勒，诺伊特拉：国联大厦（League of Nation）竞赛	●		
	辛德勒，诺伊特拉：加迪内特公寓（Jardinette Apartment）	●		
1927	斯图加特魏森霍夫住宅博览会（Weissenhofsiedlung in Stuttgart）			●
	富勒（Buckminster Fuller）：戴马克松住宅（Dymaxion House）	●		
	小赖特：约翰·索登住宅（John Sowden House）	●		
	诺伊特拉：《美国如何建造》（*Wie Baut Amerika*）		●	
1928	斯坦因（Clarence Stein）：雷德朋新镇（Radburn, NJ）			
	哈里斯参加诺伊特拉夜校课程			
	艾因参加诺伊特拉夜校课程			
	辛德勒：沃尔夫住宅（Wolfe House）	●		
1929	赫伯特·C.胡佛（Herbert C. Hoover）就任总统			
	"大萧条"（The Great Depression）			
	CIAM：最小生活空间（existenzminimun）			
	诺伊特拉：洛弗尔住宅（Lovell House）	●		
	索里亚诺进入诺伊特拉事务所实习			
	《加利福尼亚艺术与建筑》（*California Art & Architecture*）创刊			
1930	维也纳奥地利制造联盟住宅博览会（Werkbundsiedlung in Vienna）			●
	辛德勒：埃利奥特住宅（Elliot House）	●		
	诺伊特拉：《美国：合众国建筑风格的新发展》（*Amerika: Die Stilbildung des neuen Bauens in den Vereiningten Staaten*）		●	
	艾因进入诺伊特拉事务所工作			
1931	全国房产建设和房产所有权总统会议			
1932	现代建筑：国际风格展（Modern Architecture: International Exhibition）			●
	《联邦住房贷款银行法案》（Federal Home Loan Bank Act）			
	《紧急援助和建设法案》（Emergency Relief and Construction Act）			
	辛德勒：《空间中的可参照框架》（*Reference Frames in Space*）		●	
	诺伊特拉：V. D. L.研究住宅1号（V. D. L. Research House I）	●		
1933	富兰克林·D.罗斯福（Franklin D. Roosevelt）就任总统			
	公共工程管理局（Public Works Administration, PWA）			
	公共事业振兴署（Works Progress Administration, WPA）			
	田纳西河域管理局（Tennessee Valley Authority, TVA）			
	住房借贷公司（Home Owners Loan Corporation, HOLC）			
	辛德勒：辛德勒居所（Schindler Shelter）	●		
	哈里斯：洛依住宅（Lowe House）	●		
	洛特纳进入塔里埃森学习			

年份	事件	作品	论著	展览
1934	联邦住房管理局（Federal Housing Administration, FHA）			
	《国家住房法案》（National Housing Act, NHA）			
	辛德勒：《空间建筑》（*Space Architecture*）		●	
	诺伊特拉：拜尔德住宅（Beard House）	●		
1935	住宅管理局（Resettlement Administration, RA）			
	绿带城镇规划（The Greenbelt Town Program）			
	赖特：广亩城市（*Broadacre City*）		●	
	哈里斯：柯什纳住宅（Kershner House）	●		
	哈里斯：友情公园住宅（Fellowship Park House）	●		
1936	比密斯：《进化的住宅》（*The Evolving House*）		●	
	诺伊特拉：布莱斯住宅（Brice House）	●		
	诺伊特拉：冯·斯特恩博格住宅（Von Sternberg House）	●		
	诺伊特拉：布朗住宅（J. N. Brown House）	●		
	琼斯迁至洛杉矶			
1937	富勒：戴马克松卫浴单元（Dymaxion Bathroom）	●		
	艾因：邓斯穆尔公寓（Dunsmuir Flats）	●		
1938	洛特纳迁至洛杉矶			
1939	纽约世界博览会（New York World's Fair）			●
	"二战"全面爆发			
	诺伊特拉：《建筑中的地域主义》（*Regionalism in Architecture*）		●	
	小科莱里：斯图亚特住宅（Stewart House）	●		
1940	因坦扎出任《加利福尼亚艺术与建筑》主编			
	辛德勒：罗德里格斯住宅（Rodriguez House）	●		
	哈里斯：韦斯顿·哈文斯住宅（Weston Havens House）	●		
1941	珍珠港（Pearl Harbor）事件			
	美国参加"二战"			
	诺伊特拉：通渠高地住区（Channel Heights Housing）	●		
	诺伊特拉：麦克斯维尔住宅（Maxwell House）	●		
	艾因：《小尺度的预制技术》（*Small-Scale Prefabrication*）		●	
1942	《战时能源法案》（The War Powers Act）			
	诺伊特拉：内斯比特住宅（Nesbitt House）	●		
	40年代新住宅（The New House 194X）设计竞赛			●
	哈里斯：阶段住宅方案（Segmental House）	●		
	索里亚诺：40年代住宅（House 194X）	●		

年份	事件	作品	论著	展览
1942	琼斯参加"二战"			
	伯克参加"二战"			
1943	多纳：(H. Dohner)：后天的厨房（Day after Tomorrow's Kitchen）			●
	辛德勒：福尔克公寓（Falk Apartments，1943）	●		
	《加利福尼亚艺术与建筑》更名《艺术与建筑》（Art & Architecture）			
	《艺术与建筑》：战后生活设计竞赛			●
	索里亚诺：胶合木住宅（Plywood House）原型	●		
	科尼格参加"二战"			
1944	《军人权利法案》（The Servicemen's Readjustment Act）			
	默克（Elizabeth Mock）：MoMA 美国建筑展览			●
	诺伊特拉：原型建筑（Prototype Building）	●		
1945	案例住宅计划（Case Study House Program，CSH）启动			
	哈利·杜鲁门（Harry Truman）就任总统			
	凯瑟铝业与化学公司（Kaiser Aluminum & Chemical Corporation）			
	辛德勒：空间发展（Space Development）图解		●	
	哈里斯：英格索尔设备单元（Ingersoll Utility Unit）	●		
	拉普森：案例住宅 4 号（CSH No.4）	●		
	史密斯：案例住宅 5 号（CSH No.5）	●		
	埃姆斯夫妇：案例住宅 8 号（CSH No.8）	●		
1946	《军人应急住房法案》（Veterans' Emergency Housing Act）			
	伯克创建克莱格·埃尔伍德（Craig Ellwood）事务所			
	诺伊特拉：考夫曼沙漠住宅（Kaufmann Desert House）	●		
	哈里斯：怀尔住宅（Wyle House）	●		
	艾因：公园规划住宅（Park Planned Homes）	●		
	洛特纳：莫尔住宅（Mauer House）	●		
1947	杜鲁门国会咨文（Truman Doctrine）；冷战开始			
	首批"列维特镇"（Levittown）动工			
	辛德勒：辛德勒框架（Schindler Frame）		●	
	哈里斯：拉尔夫·约翰逊住宅（Ralph Johnson House）	●		
	艾因：马尔维斯塔住宅（Mar Vista Houses）	●		
	洛特纳：卡林住宅（Carling House）	●		
	洛特纳：甘特福德住宅（Gantvoort House）	●		
1948	马歇尔计划（The Marshall Plan）			
	辛德勒：詹森住宅（Janson House）	●		

年份	事件	作品	论著	展览
1948	诺伊特拉：特雷曼因住宅（Tremaine House）	●		
	诺伊特拉：案例住宅20号（CSH No.20）	●		
	J.R.戴维逊：案例住宅1号（CSH No.1）	●		
	威廉姆斯：威廉医生住宅（Dr. William House）	●		
1949	《1949年住房法案》（Housing Act of 1949）			
	辛德勒：提斯勒住宅（Tischler House）	●		
	哈里斯：英格利什住宅（English House）	●		
	埃尔伍德：海尔住宅（Hale House）	●		
1950	芝加哥住宅博览会（The Great Chicago Home Fair）			●
	辛德勒：斯科尔尼克住宅（Skolnik House）	●		
	诺伊特拉：穆尔住宅（Moore House）	●		
	索里亚诺：案例住宅1950（1950 CSH）	●		
	索里亚诺：舒尔曼住宅（Shulman House）	●		
	艾因：MoMA展览住宅（MoMA Exhibition House 1950）			●
	科尼格：科尼格住宅1号（Koenig House No. 1）	●		
	科尼格参加索里亚诺案例住宅1950			
1951	《家居》：什么造就加利福尼亚形象（What Makes the California Look）		●	
	小考夫曼（Edgar Kaufmann, Jr.）：优良设计		●	
	小赖特：徒步行者教堂（Wayfarers Chapel）	●		
	诺伊特拉：《场地的神秘与现实》（Mystery and Realities of the Site）		●	
	哈里斯：福布鲁克住宅（Fallbrook House）	●		
	艾因：《直面现实的可变性住宅》（The Flexible House Faces Reality）		●	
1952	希区柯克（H-R. Hitchcock）：MoMA美国建筑展览			●
	辛德勒：《视觉技术》（Visual Techniques）（未发表）		●	
	埃尔伍德：案例住宅16号（CSH No.16）	●		
1953	德怀特·D.艾森豪威尔（Dwight D. Eisenhower）就任总统			
	菲柯特：雅各布森住宅1号（Jacobson House No.1）	●		
1954	加利福尼亚优良设计展（All-California Good Design Exhibition）			●
	洛杉矶博览会：每日生活艺术（Arts of Daily Living）展览			●
	诺伊特拉：《通过设计生存》（Survival though Design）		●	
	琼斯：格林麦道（Greenmeadow）社区	●		
	琼斯：琼斯钢住宅2号（Jones Steel House No.2）	●		
	埃尔伍德：案例住宅17号（CSH No.17）	●		

年份	事件	作品	论著	展览
1955	西部生活艺术（The Arts in Western Living）展览			●
	诺伊特拉：科隆尼施住宅（Kronish House）	●		
	索里亚诺：艾奇勒住宅（Eichler House）	●		
	杰克逊：杰克逊住宅（Foster Rhodes Jackson House）	●		
1956	《州际与国防公路法案》（Interstate and Defense Highways Act）			
	通用汽车公司（General Motors Corporation）：明日厨房			●
	诺伊特拉：《生活和人居环境》（*Life and Human Habitat*）		●	
	琼斯：艾奇勒钢住宅 X-100（Eichler Steel House X-100）	●		
	埃尔伍德：案例住宅 18 号（CSH No.18）	●		
	科尼格：案例住宅 21 号（CSH No. 21）	●		
	科尼格参加琼斯钢住宅 X-100			
	莫里斯：柏贝克住宅（Bubeck House）	●		
1957	米尔斯，欧文斯：欧文斯住宅（Owings House）	●		
	帕默尔和克里塞尔：双棕榈住宅（Twin Palms House）	●		
1958	诺伊特拉：《工业文明中的人文背景》（*Human Setting in an Industrial Civilization*）		●	
	卡利斯特：弗洛尔住宅（Flowers House，1958）	●		
	巴夫，斯特劳勃，赫斯曼：案例住宅 20 号（CSH No. 20）	●		
1959	7 月 24 日，厨房辩论（Kitchen Debate）			
	诺伊特拉：辛格莱顿住宅（Singleton House）	●		
1960	加州水道系统（California Aqueduct）			
	洛特纳：马林住宅（Malin House）	●		
	埃尔伍德：达芬尼住宅（Daphne House）	●		
	科尼格：案例住宅 22 号（CSH No. 22）	●		
	舒尔曼：摄影"案例住宅 22 号 洛杉矶 1960 皮埃尔·科尼格"			●
	西佩：史密斯住宅（Smith House）	●		
	谢茨：谢茨工作室（Sheets Studio）	●		
1961	约翰·F.肯尼迪（John F. Kennedy）就任总统			
	加利福尼亚设计展览（California Design）			●
	琼斯：案例住宅 24 号（CSH No. 24）	●		
	埃尔伍德：罗森住宅（Rosen House）	●		
	卡利斯特：卡尔森住宅（Carson House，1961）	●		
1962	诺伊特拉：V. D. L. 研究住宅 2 号（V. D. L. Research House II）	●		
	索恩：案例住宅 26 号（CSH No. 26）	●		

年份	事件	作品	论著	展览
1963	林登·约翰逊（Lyndon Johnson）就任总统			
	索里亚诺：全铝制住宅（All Aluminum Homes）	●		
	科尼格：伊华塔住宅（Iwata House）	●		
1964	《民权法案》（Civil Rights Act of 1964）			
	戴维斯：唐纳德·巴尔博住宅（Donald Barbour House）	●		
1965	住房与城市发展部（Department of Housing & Urban Development）			
	洛特纳：雷纳住宅（Reiner House）	●		
	琼斯：琼斯住宅3号（Jones House No.2）	●		
	巴夫，赫斯曼：案例住宅26号（CSH No. 26）	●		
	朗沃西：道森住宅（Dawson House）	●		
1966	文丘里（R. Venturi）：《建筑的复杂性与矛盾性》（*Complexity and Contradiction in Architecture*）		●	
	菲柯特：雅各布森住宅2号（Jacobson House No.2）	●		
1967	甘斯（Herbert J. Gans）：《列维特人》（*The Levittowners*）		●	
	琼斯：霍夫社区复兴（Hough Rehabilitation）	●		
	朗沃西：汉诺住宅（Hano House）	●		
1968	洛特纳：埃尔洛德住宅（Elrod House）	●		
	科蒂：塔玛瑞斯克航道公寓（Tamarisk Fairway Condominium）	●		
1969	理查德·尼克松（Richard Nixon）就任总统			
1971	诺伊特拉：《建造与自然相伴》（*Building with Nature*）		●	
	科尼格：切梅惠维预制住宅（Chemehuevi Prefabricated House Tract）	●		

附录 2：译名表

A

Abell, Thornton M. 索恩顿·M.阿贝尔

Academy of Fine Arts in Vienna 维也纳美术学院

Adler & Sullivan 阿德勒和沙利文事务所

    Adler, Dankmar 丹科玛尔·阿德勒

    Sullivan, Louis Henry 路易斯·亨利·沙利文

Adorno, Theodor 泰奥多·阿多诺

Ain, Baer 巴尔·艾因

Ain, Gregory 格里高利·艾因

Alberti, Leon Battista 莱昂·巴蒂斯塔·阿尔伯蒂

Alexander, Robert E. 罗伯特·亚历山大

Allen, William S. 威廉·S.阿伦

Alps 阿尔卑斯山（欧洲地名）

American Public Health Association, APHA 美国
    公共卫生协会

Ammann, Gustav 古斯塔夫·阿曼

Anaheim 安纳海姆（美国地名）

Andersen, Thom 汤姆·安德森

Annenberg, Walter 沃尔特·安纳伯格

Anshen, Robert 罗伯特·安申

Appalachians 阿巴拉契亚山脉（美国地名）

Archer, L. Bruce L.布鲁斯·阿彻尔

Architect and Engineer《建筑师与工程师》

Architectural Forum《建筑论坛》

Architectural Group for Industry and Commerce,
    AGIG 工商建筑团体

Architectural Record《建筑实录》

Arizona 亚利桑那州（美国地名）

Aronovici, Carol 卡罗尔·阿罗诺维奇

Art & Architecture《艺术和建筑》

    California Art & architecture《加利福尼亚艺术
    和建筑》（曾用名）

Arts & Crafts Movement 艺术与工艺运动

Austria-Hungary 奥匈帝国

B

Balloon-Frame House 轻质骨架结构

Bangs, Jean 珍妮·邦斯

Banham, Reyner 雷纳·班纳姆

Barr Jr., Alfred Hamilton 阿尔弗雷德·巴尔

Barnsdall, Louise Aline 露易丝·艾丽安·巴恩斯
    道尔

Bass, Saul 索尔·巴斯

Baudelaire, Charles Pierre 夏尔·皮埃尔·波德
    莱尔

Baudrillard, Jean 让·鲍德里亚

Bauhaus 包豪斯

Beadle, Alfred N. 阿尔弗雷德·N.比德尔

Beecher, Catharine Esther 凯瑟琳·埃斯特·比
    彻尔

Behrens, Peter 彼得·贝伦斯

Bemis, Albert Farwell 阿尔伯特·法维尔·比密斯

Benjamin, Walter 沃尔特·本雅明

Berkeley Plywood Company 伯克利胶合木材公司

Berlin 柏林（德国地名）

Bernardi, Theodore C. 泰奥多·C.伯纳蒂

Blodget, Lorin 洛林·布洛杰特

Boesiger, W. W.博奥席耶

Bonini, Vincent 文森特·伯尼

Boston 波士顿（美国地名）

Baudot, Anatole de 安纳托尔·德·博多

Braun, Ernie 厄尔尼·布劳恩

Brighton 布莱顿（美国地名）

Brody, Frances Lasker 弗兰丝·拉斯克·布洛迪

Bryan, William Jennings 威廉·J.布莱安

Bucks County 巴克斯郡（美国地名）

Buff, Conard 康纳德·巴夫

C

California 加利福尼亚州（美国地名）

Alta California 上加利福尼亚

Lower California 下加利福尼亚

Southern California 南部加利福尼亚；南加州

California Aqueduct 加州水道系统

California State Polytechnic University 加州工程技术大学

Callister, Charles Warren 查尔斯·卡利斯特

Campbell & Wong 坎贝尔和王事务所

John Carden Campbell 约翰·C.坎贝尔

Worley K. Wong 沃尔利·K.王

Carling, Foster 福斯特·卡林

Carmel 卡默尔（美国地名）

Carrier, Willis Haviland 威利斯·H.凯利尔

Case Study House Program, CSH 案例住宅计划

Catalina Island 卡塔林纳岛（美国地名）

Central Valley 中央谷地（美国地名）

Sacramento 萨克拉门托河

San Joaquin 圣华金河

Klamath 克拉马仕山脉

Tehachapi 蒂哈查皮山脉

Chace, Clyde 克莱德·蔡斯

Chace, Marian Da Camera 玛丽安·达·卡梅拉·蔡斯

Chaplin, Charlie 查理·卓别林

Claude Oakland & Associates 克劳德·奥克兰及其合伙人事务所

Cleveland 克利夫兰（美国地名）

Chicago 芝加哥（美国地名）

Clark, Eli P. 艾利·P.克拉克

Clark, Robson 罗伯森·克拉克

Cody, William 威廉·科蒂

Cohen, Jean-Louis 让-路易斯·柯亨

Colburn, Irving Wightman 埃尔文·怀特曼·科尔伯恩

Colomina, Beatriz 比特丽丝·克罗米娜

Colorado 科罗拉多州（美国地名）

Colorado River 科罗拉多河（美国地名）

Criley Jr., Theodore 小泰奥多·科莱里

Coxe, Tench 坦奇·考克斯

Curtis, William J. R. 威廉·J.R.柯蒂斯

D

Dailey, Alan A. 阿兰·A.戴利

Dallas 达拉斯

Davidson, J. R. J.R.戴维逊

Davis, Alexander Jackson 亚历山大·杰克逊·戴维斯

Davis, John Marsh 约翰·马尔施·戴维斯

Day, Alfred 阿尔弗雷德·戴

De Stijl 风格派

Degler, Carl N. 卡尔·N.戴格勒

Delbridge, Clive 克里夫·德尔布里奇

Delgado, Santiago Martinez 圣提亚哥·马丁内斯·德尔加多

Descartes, René 勒内·笛卡尔

Deskey, Donald 唐纳德·德斯基

Deutscher Werkbund 德意志制造联盟

Doesburg, Theo van 泰奥·范·杜伊斯堡

Dohner, H. Creston H.克雷斯顿·多纳

Dow, Joy Wheeler 乔伊·惠勒·道尔

Downing, Andrew Jackson 安德鲁·杰克逊·唐宁

Drake, Francis 弗朗西斯·德雷克

Drake, Gordon 戈登·德雷克

Dreyfuss, Henry 亨利·德里夫斯

Dune Forum《沙丘论坛》

E

Eames Jr., Charles 查尔斯·埃姆斯

Eames, Ray-Bernice Alexandra Kaiser 雷·埃姆斯

Ebeling, Siegfried 西格弗雷德·埃伯林

Eckbo, Garrett 加雷特·埃科博

Edelman, B. M. B.M.埃德尔曼

Ehrenkrantz, Ezra 埃兹拉·恩伦克兰茨

Eichler, Joseph 约瑟夫·艾奇勒

Joseph Eichler Home 艾奇勒房产公司

Eisenhower, Dwight David 德怀特·D.艾森豪威尔

Einstein, Albert 阿尔伯特·爱因斯坦

Elizabeth I 伊丽莎白一世

Ellwood, Craig 克莱格·埃尔伍德

　Burke, Jon Nelson 乔恩·N.伯克（本名）

Emergency Fleet of the United States Shipping Board 美国航运局紧急运输公司

Emerson, Ralph Waldo 拉尔夫·瓦尔多·爱默生

Emmons. Frederick Earl 弗雷德里克·E.伊蒙斯

English, Harold 哈洛德·英格利什

Entenza, John 约翰·因坦扎

F

Fabiani, Max 麦克斯·法比亚尼

Fairbanks, Douglas 道格拉斯·范朋克

Farm Security Administration, FSA 农场保障管理局

Ford, Henry 亨利·福特

Federal Housing Administration, FHA 联邦住房管理局

Federal Works Agency, FWA 联邦工程局

Fergusson, James 詹姆斯·弗格森

Fickett, Edward 爱德华·菲柯特

Florida 佛罗里达州（美国地名）

Forty, Adrian 阿德里安·福蒂

Frampton, Kenneth 肯尼斯·弗兰姆普敦

Frank, Edward 爱德华·弗兰克

Frankl, Paul T. 保罗·T.弗兰科

Frederick, Christine 克里斯汀·弗雷德里克

Freud, Ernst Ludwig 欧内斯特·弗洛伊德

Freud, Sigmund 西格蒙德·弗洛伊德

Frey, Albert 阿尔伯特·弗莱

Fuller, Richard Buckminster 理查德·巴克明斯特·富勒

Funk, John 约翰·芬克

G

Gable, Emerson 埃默森·加博尔

Gallagher, Vida Cathleen 维达·凯瑟琳·盖拉弗

Gans, Herbert J. 赫伯特·甘斯

Garrott, James 詹姆斯·加洛特

General Electric Company 通用电气公司

General Motors Corporation 通用汽车公司

Giedion, Sigfried 西格弗雷德·吉迪恩

Gill, Irving John 埃尔文·J.吉尔

Gillis, Robert C. 罗伯特·C.吉尔斯

Goff, Bruce Alonzo 布鲁斯·阿伦佐·高夫

Goodhue, Bertram 伯特拉姆·古德休

Greene & Greene 格林和格林事务所

　Greene, Charles Sumner 查尔斯·S.格林

　Greene, Henry Mather 亨利·M.格林

Greene, Thomas 托马斯·格林

Greenough, Horatio 霍雷肖·格里诺

Griffin, Cassat 卡萨特·格里芬

Gropius, Walter 沃尔特·格罗皮乌斯

Grossman, Albert 阿尔伯特·格罗斯曼

Gump, Richard 理查德·冈普

H

Haines, William 威廉·海尼斯

Hall, Ellis G. 埃利斯·G.霍尔

Hans Mayr & Theodor Meyer 汉斯·梅尔和泰奥多·梅耶事务所

Harris, Frederick T. 弗雷德里克·T.哈里斯

Harris, Harwell H. 哈维尔·H.哈里斯

Hathaway, Henry 亨利·海瑟威

Hawaii 夏威夷州

Hayden, Dolores 多洛蕾丝·海登

Hebbard. William S. 威廉·S.赫巴德

Heidegger, Martin 马丁·海德格尔

Hensman, Donald Charles

唐纳德·查尔斯·赫斯曼

Hess, Alan 阿兰·赫斯

Hillmer, Jack 杰克·席尔默

Hines, Thomas S. 托马斯·海因斯

Hitchcock, Henry-Russell 亨利-拉塞尔·希区柯克

Hobsbawm, Eric John Ernest 埃里克·霍布斯鲍姆

Hodgins, Eric Francis 埃里克·哈金斯

Holidays《假日》

Home Owners Loan Corporation, HOLC 住房借贷公司

Honnold, Douglas 道格拉斯·洪诺德

Hoover, Herbert Clark 赫伯特·克拉克·胡佛

Hope, Dolores 多洛雷斯·霍普

Howard, Ebenezer 埃比尼泽·霍华德

Huntington, Collis Potter 科里斯·波特·亨廷顿

Huntington, Henry Edwards 亨利·爱德华兹·亨廷顿

　Huntington Land and Improvement 亨廷顿土地开发公司

　Pacific Electric Railway 太平洋电气铁路公司

　San Gabriel Valley Water Companies 圣加百列谷地供水公司

I

Illinois 伊利诺伊州（美国地名）

Imperial and Technical University in Vienna 维也纳帝国技术大学

Imperial College London 伦敦帝国学院

Ingersoll, Roy C. 罗伊·C.英格索尔

　Ingersoll Utility Unit 英格索尔设备单元

International Congresses of Modern Architecture, CIAM 国际现代建筑协会

International Style 国际风格

J

Jackson, Foster Rhodes 福斯特·罗德·杰克逊

Jackson, Harry 哈里·杰克逊

Janson, Ellen 艾伦·詹森

Jefferson, Thomas 托马斯·杰弗逊

Jencks, Charles A. 查尔斯·詹克斯

Jennings, Jim 杰姆·詹宁斯

Johnson, Joseph 约瑟夫·约翰逊

Johnson, Lyndon Baines 林登·约翰逊

Johnson, Paul C. 保罗·C.约翰逊

Johnson, Philip 菲利普·约翰逊

Jones, A. Quincy A.昆西·琼斯

Jones, E. Fay E.费·琼斯

K

Kaiser, Henry J. 亨利·J.凯瑟

Kansas City 堪萨斯城

Kaufmann, Jr., Edgar 小埃德加·考夫曼

Kaufmann, Edgar J. 埃德加·J.考夫曼

Kershner, Helene 海伦·柯什纳

Killingsworth, Brady, Smith & Assoc. 基林斯沃思、布莱迪和史密斯事务所

Klimt, Gustav 古斯塔夫·克林姆特

Knorr, Don Robert 唐·R.诺尔

Kocher, Lawrence 劳伦斯·科彻

Koenig, Pierre 皮埃尔·科尼格

Khrushchev, Nikita S. 尼基塔·赫鲁晓夫

L

La Canada Flintridge 拉肯纳达石岭（美国地名）

La Jolla 拉荷亚

Ladies' Home Journal《妇女之家月刊》

Lake Superior 苏必利尔湖

Lamport Cofer Salzman, L.C.S. 兰博德·科弗·萨尔茨曼事务所

Langworthy, J. Lamont J.拉蒙特·朗沃西

Laszlo, Paul 保罗·拉兹洛

Lautner, John Edward 约翰·爱德华·洛特纳

Le Corbusier 勒·柯布西耶

League of Nations 国际联盟

Lee, Leland Y. 勒兰·Y.李

Lefaivre, Liane 莱安·勒菲弗尔

Lefebvre, Henri 亨利·列斐伏尔

Levitt, William 威廉·列维特

　Levitt and Sons, Inc 列维特父子公司

Lewis, Sinclair 辛克莱尔·刘易斯

Libbey-Owens Sheet Glass Company 利比–欧文斯平板玻璃公司

　Libbey, Edward D. 爱德华·德拉蒙德·利比

　Owens, Michael J. 迈克尔·约瑟·欧文斯

Lightbody, Ann 安·莱特博蒂

Loewy, Raymond 雷蒙德·罗维

London 伦敦（英国地名）

Loos, Adolf 阿道夫·路斯

Los Alamitos 洛斯阿拉米托斯（美国地名）

Los Angeles 洛杉矶（美国地名）

　Boyle Heights District 波勒尔高地区

　Griffith Park 格里菲斯公园区

　Hollywood 好莱坞

　Torrance 托伦斯新城

Los Angeles Housing Authority 洛杉矶住房管理局

Los Angeles Times《洛杉矶时报》

　Home《家居》

Lovell, Philip 菲利普·洛弗尔

Lowe, Pauline 鲍琳·洛依

M

Malibu 马里布（美国地名）

Malin, Leonard 莱纳德·马林

Maloof, Sam 萨姆·马鲁夫

Margolis, Ben 本·马格里斯

Marquette 马奎特（美国地名）

Maryland 马里兰州（美国地名）

Marsh, Fordyce Red 福代斯·雷德·马尔什

Massachusetts 马萨诸塞州（美国地名）

Massachusetts Institute of Technology, MIT 麻省理工学院

Max, Leo 里奥·马克斯

May, Cliff 克里夫·麦

May, Karl 卡尔·麦

Maybeck, Bernard R. 伯纳德·R.梅贝克

Mayhew, Clarence W. 克拉伦斯·W.麦修

Mayreder, Karl 卡尔·梅瑞德

McCoy, Esther 埃斯特·麦考伊

McHale, John 约翰·麦克海尔

McMasters, Dan 丹·迈克麦斯特斯

McWilliams, Carey 卡雷·迈克威廉姆斯

Mead, Frank 弗兰克·米德

Melton, Mary 玛丽·梅尔顿

Mendelsohn, Erich 埃里克·门德尔松

Merleau-Ponty, Maurice 莫里斯·梅洛–庞蒂

Michigan 密歇根州（美国地名）

Miller, Daniel 丹尼尔·米勒

Mills, Mark 马克·米尔斯

Milwaukee 密尔沃基

Missouri 密苏里州（美国地名）

Mock, Elizabeth Bauer 伊丽莎白·鲍尔·默克

Moholy-Nagy, Laszli 拉兹洛·莫霍利–纳吉

Mojave Desert 莫哈韦沙漠（美国地名）

Moore, Eudorah M. 尤杜拉·M.穆尔

Moravansky, Akos 阿克斯·莫拉凡斯基

Morris, Allyn E. 艾林·E.莫里斯

Mumford, Lewis 刘易斯·芒福德

Murphy, Don 唐·墨菲

Museum of Modern Art, MoMA 现代艺术博物馆

N

National Alliance of Art and Design 国家艺术和工业联盟

National Association of Home Building 全国住房建设者协会

National Association of Manufactures, NAM 美国制造业协会

National Association of Real Estate Boards 美国房地产董事会

Neutra, Dion 迪恩·诺伊特拉

Neutra, Dione 狄翁·诺伊特拉

Neutra, Frank L. 弗兰克·L.诺伊特拉

Neutra, Richard J. 理查德·J.诺伊特拉

Nevada 内华达州（美国地名）

New Jersey 新泽西（美国地名）

New Mexico 新墨西哥州（美国地名）

New York 纽约州（美国地名）

New York City 纽约（美国地名）

   Hicksville, Long Island 长岛希克斯维尔区

Newton, Isaac 伊萨克·牛顿

Nicolaides, Becky M. 贝基·M.尼科莱德斯

Nixon, Richard 理查德·尼克松

Noguchi, Isamu 野口勇

Nomland, Kemper 老肯佩尔·诺慕兰

Nomland Jr., Kemper 小肯佩尔·诺慕兰

Nordhoff, Charles 查尔斯·诺多夫

North Carolina 北卡罗来纳州（美国地名）

North Carolina State University 北卡罗来纳州立大学

O

Oakland 奥克兰（美国地名）

Ockman, Joan 琼安·奥克曼

Ohio 俄亥俄州（美国地名）

Olmsted, Frederick Law 弗雷德里克·奥姆斯特德

Oregon 俄勒冈州（美国地名）

Otis Art Institute 奥蒂斯艺术研究所

Otis College of Art and Design 奥蒂斯艺术与设计学院（现用名）

Ottenheimer, Stern & Reichert 奥滕海默、斯特恩和里切特事务所

Owings, Nathaniel Alexander 纳撒尼尔·A.欧文斯

P

Pacific Coast Ranges 太平洋海岸山脉（美国地名）

Palevsky, Max 麦克斯·帕莱夫斯基

Palm Springs 棕榈泉（美国地名）

Palmer, Vincent 文森特·帕默尔

Palmer and Krisel 帕默尔和克里塞尔事务所

Palo Alto 帕罗奥图（美国地名）

Pasadena 帕萨迪纳（美国地名）

Pasadena City College 帕萨迪纳城市学院

Payne, John Howard 约翰·霍华德·潘恩

Pearl Harbor 珍珠港（美国地名）

Pennsylvania 宾夕法尼亚州（美国地名）

Peters, Robert Theron 罗伯特·赛伦·彼得斯

Pevsner, Nikolaus 尼古拉斯·佩夫斯纳

Philadelphia Housing Authority 费城住房管理局

Phoenix 凤凰城（美国地名）

Pittsburgh 匹兹堡（美国地名）

Pomona College 波莫纳学院

Pries, Lionel H. 莱昂内尔·H.普莱斯

Priteca, B. Marcus B.马库斯·普利特卡

Public Works Administration, PWA 公共工程管理局

Pullman Company Town 普尔曼企业城镇

R

Radburn 雷德朋新镇

Raleigh 罗莱（美国地名）

Rancho Mirage 幻境庄园镇（美国地名）

Rand, Ayn 安·兰德

Rapson, Ralph 拉尔夫·拉普森

Reconstruction Finance Commission 重建工程财政委员会

Redlands 雷德兰（美国地名）

Regional Planning Association of America, RPAA 美国区域规划协会

Reisbord, Samuel 萨缪尔·雷斯博德

Resettlement Administration, RA 安置住宅管理局

Richardson, Henry H. 亨利·H.理查德森

Rietveld, Gerrit 格利特·里特维尔德

Riis, Jacob August 雅各布·奥古斯特·里斯

Rockwell, Norman Perceval 诺曼·P.洛克威尔

Rocky Mountain 洛基山（美国地名）

Rohe, Ludwig Mies van der 密斯·凡·德·罗

Rosa, Joseph 约瑟夫·洛萨

Russell, George Vernon 乔治·维农·拉塞尔

S

Saarinen, Eero 埃罗·沙里宁

Sachs, Hermann 赫尔曼·撒克斯

Salton Sea 索尔顿海

San Andreas Fault 圣安地列斯断层（美国地名）

San Bernardino Mountains 圣贝纳迪诺山脉（美国地名）

San Diego 圣迭戈

San Fernando Valley 圣费尔南多谷地（美国地名）

San Francisco 旧金山（美国地名）

San Gabriel Mountains 圣加百列山脉（美国地名）

San Pedro Bay 圣佩德罗湾（美国地名）

Santa Monika Bay 圣莫妮卡湾（美国地名）

Scattergood, Ezra F. 埃兹拉·F.斯卡特古德

Scheyer, Galka 盖尔卡·斯切耶

Schmarsow, August 奥古斯特·施马索夫

Schiele, Egon 埃贡·席勒

Schindler, Mark 马克·辛德勒

Schindler, Pauline 鲍琳·辛德勒

Schindler, Rudolph M. 鲁道夫·M.辛德勒

Schoenberg, Arnold 阿诺德·勋伯格

Schutt, Burton A. 博尔顿·A.斯库特

Schutte-Lihotsky, Grete 格雷特·斯库特—里霍斯基

Seattle 西雅图（美国地名）

Semper, Gottfried 戈特弗里德·森佩尔

Shattuck, Lemuel 莱缪尔·沙特克

Sheets, Millard 密拉德·谢茨

Sherman, Moses H. 摩西·H.舍尔曼

Shingle Style 鱼鳞板风格

Shulman, Julius 裘里斯·舒尔曼

Sierra Nevada 内华达山脉（美国地名）
   Whitney Mount 惠特尼峰

Silsbee, Joseph Lyman 约瑟夫·莱曼·塞尔斯比

Simmel, Georg 格奥尔格·齐美尔

Siple, Allen 亚伦·西佩

Smith, Henry Nash 亨利·纳什·史密斯

Smith, Whitney R. 惠特尼·R.史密斯

Soriano, Raphael S. 拉斐尔·S.索里亚诺

Southern Pacific Transportation Company 南太平洋铁路公司

Southern Pacific Railroad 南太平洋铁路

Spaulding, Sumner 萨姆纳·斯伯尔丁

St. Louis 圣路易斯市（美国地名）

Stahl, Buck 伯克·斯塔尔

Stahl, Carlotta 凯罗塔·斯塔尔

Stein, Clarence 克拉伦斯·斯坦因

Steinberg, Goodwin 古德温·斯坦伯格

Stewart, Albert 阿尔伯特·斯图亚特

Stewart, Marion 玛丽昂·斯图亚特

Stewart, Alexander T. 亚历山大·斯图亚特

Straub, Calvin C. 卡尔文·C.斯特劳勃

Sunset《日落》

Syracuse 锡拉丘茨，又译雪城（美国地名）

T

Taliesin 塔里埃森

Tafuri, Manfredo 曼弗雷多·塔夫里

Tenement House Commission 分租房委员会

Tennessee Valley Authority, TVA 田纳西河域管理局

Texas 得克萨斯州（美国地名）

Texas Rangers 得州骑警

Rowe, Colin 柯林·罗

Hoesli, Bernhard 伯纳德·霍伊斯利

Hejduck, John 约翰·海杜克

Textile Block System 砌块编织体系

The American Architect《美国建筑师》

The Greenbelt Town Program 绿带城镇规划

Greenbelt 格林贝尔

Greendale 格林岱尔

Greenhill 格林希尔

The Marshall Plan 马歇尔计划

The United States Housing Corporation 美国住房公司

Thoreau, Henry David 亨利·大卫·梭罗

Throne, Beverley David 比弗利·大卫·索恩

Tindle, Cynthia 辛西娅·廷德尔

Tischler, Adolph 阿道夫·提斯勒

Tocqueville, Alexis de 阿历克西·德·托克维尔

Truman, Harry 哈利·杜鲁门

Tugwell, Rexford G. 雷克斯福德·G.特格威尔

Tully 塔利镇（美国地名）

Tzonis, Alexander 亚历山大·楚尼斯

U

United Service Organizations, USO 美国劳军组织

University of Illinois 伊利诺伊大学

University of Southern California, USC 南加州大学

University of Texas 得克萨斯大学

University of Utah 犹他大学

University of Washington, Seattle 西雅图华盛顿大学

Utah 犹他州（美国地名）

V

Vaux, Calvert 卡尔弗特·沃克斯

Venturi, Robert 罗伯特·文丘里

Verne, Jules 儒勒·凡尔纳

Veterans' Administration, VA 退伍军人管理局

Veterans Emergency Housing Program 军人应急住房项目

Vienna 维也纳（奥地利地名）

Vienna University of Technology 维也纳技术大学

Viollet-le-Duc, Emanuel 伊曼纽尔·维奥莱特-勒-迪克

Vorkapich, Slavko 斯拉夫科·沃卡佩奇

W

Wagner, Otto 奥托·瓦格纳

Walker, Rodney 罗德尼·沃克

Walker, Timothy 提摩西·沃克

War Production Board, WPB 战备董事会

Washington D. C. 华盛顿特区（美国地名）

Washington University, St. Louis 圣路易斯华盛顿大学

Manual Training School 手工艺培训学院

Weber, Kem 肯姆·韦伯

Weisberg, Chiah 琪雅·魏斯伯格

West Virginia 西弗吉尼亚州（美国地名）

Westchester 威切斯特（美国地名）

Whitely, H. J. H. J. 惠特尼

Wilder, Audrey 奥德莱·怀尔德

Wilder, Billy 比利·怀尔德

Williams, Paul R. 保罗·R·威廉姆斯

Wisconsin 威斯康星州（美国地名）

Winslow, Carleton 卡雷顿·温斯洛

Winslow, Charles-Edward Amory 查尔斯-爱德华·A. 温斯洛

Woodward, Calvin 卡尔文·伍德华德

Works Progress Administration, WPA 公共事业振兴署

Wright, Frank Lloyd 弗兰克·L. 赖特

Wright Jr., Frank Lloyd 小弗兰克·L. 赖特

Wright, Gwendolyn 格温多林·赖特

Wundt, Wilhelm 威廉·冯特

Wurster, William Wilson 威廉·W. 伍斯特

Wyatt, Wilson 威尔森·怀亚特

Wyle, Clarence 克拉伦斯·怀尔

Y

Yale University 耶鲁大学

图片来源

01 南部加利福尼亚：现代美国样本

图1.02、图1.09：KAPLAN W. Living in a modern way：California design 1930-1965[M]. Cambridge：The MIT Press，2011.

图1.01：网址 https://en.wikipedia.org/wiki/California.

图1.03：网址 https://en.wikipedia.org/wiki/Red_Car.

图1.04：https://en.wikipedia.org/wiki/Los_Angeles,_California.

图1.05、图1.06、图1.08：WAGENER W. Raphael Soriano[M]. New York：Phaidon，2002.

图1.07：瑞兹曼.现代设计史[M].王栩宁，若兰达·昂，刘世敏，等译.北京：中国人民大学出版社，2007.

02 南加州住宅的建造者：谱系

图2.01～图2.06、图2.08～图2.13、图2.17、图2.18：HINES T S. Architecture of the sun：Los Angeles modernism 1900-1970[M]. New York：Rizzoli，2010.

图2.07：网址 https://www.gravepedia.com/findagrave/frank-lloyd-wright-1959-1867.html.

图2.14：LAMPRECHT B M. Neutra complete works[M]. Koln：Taschen，2010.

图2.15：BOESIGER W. Richard Neutra：buildings and projects 1950-1960[M]. New York：Frederick A.Praeger，1959.

图2.16：HINES T S. Richard Neutra and the search for modern architecture[M]. New York：Oxford University Press，1982.

图2.19、图2.20：GERMANY L. Harwell Hamilton Harris[M]. Austin：University of Texas Press，1991.

图2.21：WAGENER W. Raphael Soriano[M]. New York：Phaidon，2002.

图2.22、图2.23：DENZER A. Gregory Ain：the modern home as social commentary[M]. New York：Rizzoli，2008.

图2.24：CAMPBELL-LANGE B A. Lautner[M]. Koln：Taschen，2005.

图2.25、图2.29：BUCKNER C. A. Quincy Jones[M]. New York：Phaidon，2002.

图2.26：KOENIG G. Eames[M]. Koln：Taschen，2005.

图2.27：网址 https://www.urbipedia.org/images/thumb/8/86/CraigEllwood.jpg.

图2.28：JACKSON N. Koenig[M]. Koln：Taschen，2007.

图2.30：作者绘制

03 花园中的机器：自然

图3.01：网址 https://en.wikipedia.org/wiki/The_Course_of_Empire.

图3.02：卡恩斯，加勒迪.美国通史[M].吴金平，许双加，刘燕玲，等译.吴金平，校订.济南：

山东画报出版社，2008.

图3.03、图3.36：HINES T S. Richard Neutra and the search for modern architecture[M]. New York：Oxford University Press，1982.

图3.04、图3.13、图3.15、图3.30、图3.31、图3.34、图3.35、图3.37、图3.38、图3.44～图3.46：LAMPRECHT B M. Neutra complete works[M]. Koln：Taschen，2010.

图3.05、图3.08、图3.26：BUCKNER C A. Quincy Jones[M]. New York：Phaidon，2002.

图3.06、图3.41、图3.48、图3.50：DENZER A. Gregory Ain：the modern home as social commentary[M]. New York：Rizzoli，2008.

图3.07、图3.20：WAGENER W. Raphael Soriano[M]. New York：Phaidon，2002.

图3.09、图3.17、图3.19、图3.29、图3.43：SMITH E A T. Case study houses：the complete CSH program 1945-1966[M]. Koln：Taschen，2009.

图3.10、图3.28、图3.39：GERMANY L. Harwell Hamilton Harris[M]. Austin：University of Texas Press，1991.

图3.11：KAPLAN W. Living in a modern way：California design 1930-1965[M]. Cambridge：The MIT Press，2011.

图3.12、图3.14、图3.22～图3.24、图3.33、图3.47：SHEINE J. R. M. Schindler[M]. New York：Phaidon，2001.

图3.16、图3.40：HINES T S. Architecture of the sun：Los Angeles modernism 1900-1970[M]. New York：Rizzoli，2010.

图3.18：JACKSON N. Koenig[M]. Koln：Taschen，2007.

图3.21：MCCOY E. Craig Ellwood[M]. San Monica：Hennessey & Ingalls，1997.

图3.25：BOESIGER W. Richard Neutra：buildings and projects 1950-1960[M]. New York：Frederick A. Praeger，1959.

图3.27、图3.32、图3.42、图3.49：CAMPBELL-LANGE B A. Lautner[M]. Koln：Taschen，2005.

图3.51：塔夫里，达尔科.现代建筑[M].刘先觉，等译.北京：中国建筑工业出版社，2000.

04 "美国梦"的承诺：技术

图4.01：OCKMAN J. Architecture culture 1943-1968：a documentary anthology[M]. New York：Rizzoli，1996.

图4.02：MCCARTER R. Frank Lloyd Wright[M]. New York：Phaidon，1997.

图4.03、图4.04、图4.13、图4.49：SHEINE J. R. M. Schindler[M]. New York：Phaidon，2001.

图4.05、图4.55、图4.56：DENZER A. Gregory Ain：the modern home as social commentary[M]. New York：Rizzoli，2008.

图4.06、图4.21、图4.22、图4.23、图4.45、图4.50、图4.53：LAMPRECHT B M. Neutra complete works[M]. Koln：Taschen，2010.

图4.07、图4.12、图4.16、图4.32、图4.33、图4.34、图4.38：SMITH E A T. Case study houses：the complete CSH program 1945-1966[M]. Koln：Taschen，2009.

图4.08、图4.30、图4.31、图4.47：BUCKNER C. A. Quincy Jones[M]. New York：Phaidon，2002.

图4.09、图4.10、图4.46、图4.51：GERMANY L. Harwell Hamilton Harris[M]. Austin：University of Texas Press，1991.

图4.11、图4.18、图4.42、图4.43：CAMPBELL-LANGE B A. Lautner[M]. Koln：Taschen，2005.

图4.14、图4.17、图4.19、图4.20、图4.25：HINES T S. Architecture of the sun：Los Angeles modernism

1900-1970[M]. New York：Rizzoli，2010.

图4.15、图4.48：BOESIGER W. Richard Neutra：buildings and projects[M]. Zurich：Editions Girsberger，1951.

图4.24：HINES T S. Richard Neutra and the search for modern architecture[M]. New York：Oxford University Press，1982.

图4.26～图4.29、图4.54：WAGENER W. Raphael Soriano[M]. New York：Phaidon，2002.

图4.35、图4.39～图4.41：MCCOY E. Craig Ellwood[M]. San Monica：Hennessey & Ingalls，1997.

图4.36、图4.37：JACKSON N. Koenig[M]. Koln：Taschen，2007.

图4.44：伍德姆.20世纪的设计[M].周博，沈莹，译.上海：上海人民出版社，2012.

图4.52：CURTIS W J R. Modern architecture since 1900[M]. New York：Phaidon，1996.

图4.57：KAPLAN W. Living in a modern way：California design 1930-1965[M]. Cambridge：The MIT Press，2011.

05 布尔乔亚的集体想象：空间

图5.01：GIEDION S. Space，time and architecture[M]. Cambridge：Harvard University Press，1967.

图5.02、图5.03：阿利埃斯，杜比.私人生活史Ⅴ：现代社会中的身份之谜[M].宋薇薇，刘琳，译.哈尔滨：北方文艺出版社，2008.

图5.04、图5.18、图5.24、图5.32、图5.35、图5.39、图5.41、图5.56：SMITH E A T. Case study houses：the complete CSH program 1945-1966[M]. Koln：Taschen，2009.

图5.05、图5.26：HINES T S. Architecture of the sun：Los Angeles modernism 1900-1970[M]. New York：Rizzoli，2010.

图5.06、图5.07、图5.12～图5.14、图5.20、图5.21、图5.28、图5.47、图5.57：SHEINE J. R. M. Schindler[M]. New York：Phaidon，2001.

图5.08、图5.27：BOESIGER W. Richard Neutra：buildings and projects 1950-1960[M]. New York：Frederick A.Praeger，1959.

图5.09、图5.33：GERMANY L. Harwell Hamilton Harris[M]. Austin：University of Texas Press，1991.

图5.10：MCCOY E. Craig Ellwood[M]. San Monica：Hennessey & Ingalls，1997.

图5.11、图5.30：JACKSON N. Koenig[M]. Koln：Taschen，2007.

图5.15、图5.38、图5.44、图5.45：DENZER A. Gregory Ain：the modern home as social commentary[M]. New York：Rizzoli，2008.

图5.16、图5.22、图5.23、图5.34、图5.42、图5.51、图5.53、图5.58：LAMPRECHT B M. Neutra complete works[M]. Koln：Taschen，2010.

图5.17、图5.25：CAMPBELL-LANGE B A. Lautner[M]. Koln：Taschen，2005.

图5.19、图5.37：伍德姆.20世纪的设计[M].周博，沈莹，译.上海：上海人民出版社，2012.

图5.29、图5.31、图5.36、图5.40、图5.43：BUCKNER C. A. Quincy Jones[M]. New York：Phaidon，2002.

图5.46：HINES T S. Richard Neutra and the search for modern architecture[M]. New York：Oxford University Press，1982.

图5.48～图5.50、图5.54、图5.55、图5.59：KAPLAN W. Living in a modern way：California design 1930-1965[M]. Cambridge：The MIT Press，2011.

图5.52：卡恩斯，加勒迪.美国通史[M].吴金平，许双加，刘燕玲，等译.吴金平，校订.济南：山东画报出版社，2008.

图5.60：瑞兹曼.现代设计史[M].王栩宁，若兰达·昂，刘世敏，等译.北京：中国人民大学出版社，2007.

06 先锋的权力：形式

图6.01、图6.10～图6.15、图6.17、图6.18、图6.44、图6.54、图6.56、图6.58、图6.68：KAPLAN W. Living in a modern way：California design 1930-1965[M]. Cambridge：The MIT Press，2011.

图6.02～图6.04：SMITH E A T. Case study houses：the complete CSH program 1945-1966[M]. Koln：Taschen，2009.

图6.05～图6.09：FIELL P. Domus[J]. Introduction by Spinelli，Luigi，Essay by Irace Fulvio. Koln：Taschen，2006.

图6.16、图6.36、图6.46、图6.48、图6.52：HINES T S. Architecture of the sun：Los Angeles modernism 1900-1970[M]. New York：Rizzoli，2010.

图6.19～图6.35：HESS A，WEINTRAUB A. Forgotten modern：California houses 1940-1970[M]. Layton：Gibbs Smith，2007.

图6.37：BOESIGER W. Richard Neutra：buildings and projects[M]. Zurich：Editions Girsberger，1951.

图6.38～图6.42、图6.45、图6.47、图6.65、图6.69：LAMPRECHT B M. Neutra complete works [M]. Koln：Taschen，2010.

图6.43：SHEINE J. R. M. Schindler[M]. New York：Phaidon，2001.

图6.49、图6.63：GERMANY L. Harwell Hamilton Harris[M]. Austin：University of Texas Press，1991.

图6.50、图6.51：WAGENER W. Raphael Soriano[M]. New York：Phaidon，2002.

图6.53：DENZER A. Gregory Ain：the modern home as social commentary[M]. New York：Rizzoli，2008.

图6.55、图6.66：CAMPBELL-LANGE B A. Lautner[M]. Koln：Taschen，2005.

图6.57：BUCKNER C. A. Quincy Jones[M]. New York：Phaidon，2002.

图6.59、图6.60：MCCOY E. Craig Ellwood[M]. San Monica：Hennessey & Ingalls，1997.

图6.61、图6.62：SMITH E A T. Case study houses：the complete CSH program 1945-1966[M]. Koln：Taschen，2009.

图6.64：SHEINE J. R. M. Schindler[M]. New York：Phaidon，2001.

图6.67：伍德姆.20世纪的设计[M].周博，沈莹，译.上海：上海人民出版社，2012.

07 历史的规训：兴衰

图7.01：网址 https://content.time.com/time/covers/0，16641，19700105，00.html.

图7.02：网址 https://interactive.wttw.com/ten/towns/levittown.

图7.03：作者自绘.

图7.04：HINES T S. Richard Neutra and the search for modern architecture[M]. New York：Oxford University Press，1982.

参考文献

1 外文文献

[1] DEGLER C N. Out of our past: the forces that shaped modern America[M]. New York: Harper Perennial, 1984.

[2] JACKSON K T. Crabgrass frontier: the suburbanization of the United States[M]. New York: Oxford University Press, 1985.

[3] FISHMAN R. Bourgeois Utopias: the rise and fall of suburbia[M]. New York: Basic Books, 1987.

[4] CULVER L. The frontier of leisure: southern California and the shaping of modern America[M]. New York: Oxford University Press, 2010.

[5] FOGELSON R M. The fragmented metropolis: Los Angeles, 1850-1930[M]. Berkeley and Los Angeles: University of California Press, 1993.

[6] KAPLAN W. Living in a modern way: California design 1930-1965[M]. Cambridge: The MIT Press, 2011.

[7] HINES T S. Architecture of the sun: Los Angeles modernism 1900-1970[M]. New York: Rizzoli, 2010.

[8] HESS A, WEINTRAUB A. Forgotten modern: California houses 1940-1970[M]. Layton: Gibbs Smith, 2007.

[9] MCCARTER R. Frank Lloyd Wright[M]. New York: Phaidon, 1997.

[10] LU D F. Third world modernism: architecture, development and identity[M]. London: Routledge, 2010.

[11] SHEINE J. R. M. Schindler[M]. New York: Phaidon, 2001.

[12] LAMPRECHT B M. Neutra complete works[M]. Koln: Taschen, 2010.

[13] NEUTRA R. Neutra: Building with nature[M]. New York: Universe Books, 1971.

[14] HINES T S. Richard Neutra and the search for modern architecture[M]. New York: Oxford University Press, 1982.

[15] BOESIGER W. Richard Neutra: buildings and projects[M]. Zurich: Editions Girsberger, 1951.

[16] BOESIGER W. Richard Neutra: buildings and projects 1950-1960[M]. New York: Frederick A. Praeger, 1959.

[17] BOESIGER W. Richard Neutra: buildings and project 1961-1966[M]. New York: Frederick A. Praeger, 1966.

[18] LAMPRECHT B M. Neutra[M]. Koln: Taschen, 2004.

[19] SACK M. Richard Neutra[M]. Munchen: Verlag fur Archiektur, 1992.

[20] MCCOY E. Richard Neutra[M]. New York: George Braziller, 1960.

[21] SPADE R, FUTAGAWA Y. Library of contemporary architects: Richard Neutra[M]. New York: Simon and Schuster, 1971.

[22] GERMANY L. Harwell Hamilton Harris[M]. Austin: University of Texas Press, 1991.

[23] WAGENER W. Raphael Soriano[M]. New York: Phaidon, 2002.

[24] DENZER A. Gregory Ain: the modern home as social commentary[M]. New York: Rizzoli, 2008.

[25] CAMPBELL-LANGE B A. Lautner[M]. Koln: Taschen, 2005.

[26] BUCKNER C. A. Quincy Jones[M]. New York: Phaidon, 2002.

[27] MCCOY E. Craig Ellwood[M]. San Monica: Hennessey & Ingalls, 1997.

[28] JACKSON N. Koenig[M]. Koln: Taschen, 2007.

[29] SMITH E A T. Case study houses: the complete CSH program 1945-1966[M]. Koln: Taschen, 2009.

[30] TREIB M. An everyday modernism: the houses of William Wurster[M]. Berkeley: University of California Press, 1999.

[31] KOENIG G. Eames[M]. Koln: Taschen, 2005.

[32] FORTY A.Words and buildings: a vocabulary of modern architecture[M]. New York: Thames & Hudson, 2000.

[33] RYKWERT J.The judicious eye: architecture against the other arts[M]. Chicago: The University of Chicago Press, 2008.

[34] GIEDION S. Space, time and architecture[M]. Cambridge: Harvard University Press, 1967.

[35] COLQUHOUN A. Modern architecture[M]. New York: Oxford University Press, 2002.

[36] CURTIS W J R. Modern architecture since 1900[M]. New York: Phaidon, 1996.

[37] FRAMPTON K. Modern architecture: a critical history[M]. New York: Thames & Hudson, 2007.

[38] HANDLIN D P. American architecture[M]. New York: Thames & Hudson, 2004.

[39] TOURNIKIOTIS P.The historiography of modern architecture[M]. Cambridge & London, England: The MIT Press, 1999.

[40] LOVEJOY A O. The great chain of being: a study of the history of an idea[M]. Cambridge: Harvard University Press, 2001.

[41] OCKMAN J. Architecture culture 1943-1968: a documentary anthology[M]. New York: Rizzoli, 1996.

[42] TZONIS A, LEFAIVRE L. Critical Regionalism, architecture and identity in a globalized world[M]. Munich, Berlin, London, New York: Prestel, 2003.

[43] FRAMPTON K. Towards a critical regionalism: six points for an architecture of resistance// FORSTER H. Anti-aesthetic: essays on postmodern culture[M]. New York: The New Press, 2002.

[44] BIONDO M, MATZ J, OTTAVIANI L, ROSS C A. Midcentury houses today[M]. New York: The Monacelli Press, 2014.

[45] LEFEBVRE H. The production of space[M]. Trans by Donald Nicholoson-Smith. Oxford: Blackwell Publishing, 2011.

2 中文文献

[1] 柯林武德.历史的观念[M].何兆武，张文杰，译.北京：商务印书馆，2007.

[2] 福柯.知识的考掘[M].王德威，译.台北：麦田出版，1993.

[3] 怀特.元史学：十九世纪欧洲的历史想象[M].陈新，译.彭刚，校.南京：译林出版社，2004.

[4] 斯金纳.近代政治思想的基础[M].奚瑞森，亚方，译.北京：商务印书馆，2002.

[5] 洛夫乔伊.观念史论文集[M].吴相，译.南京：凤凰出版传媒集团，江苏教育出版社，2005.

[6] 伯克.法国史学革命：年鉴学派，1929—1989[M].北京：北京大学出版社，2006.

[7] 卡尔.现代与现代主义：艺术家的主权 1885—1925[M].陈永国，傅景川，译.北京：人民大学出版社，2004.

[8] 伍德姆.20世纪的设计[M].周博，沈莹，译.上海：上海人民出版社，2012.

[9] 瑞兹曼.现代设计史[M].王栩宁，若兰达·昂，刘世敏，等译.北京：中国人民大学出版社，2007.

[10] 赵宪章，张辉，王雄.西方形式美学[M].南京：南京大学出版社，2008.

[11] 爱默生.论自然[M].吴瑞楠，译.北京：中国出版集团，中国对外翻译出版公司，2010.

[12] 梭罗.瓦尔登湖[M].徐迟，译.上海：上海译文出版社，2006.

[13] 赛托.日常生活实践 1：实践的艺术[M].方琳琳，黄春柳，译.南京：南京大学出版社，2009.

[14] 汪民安.现代性[M].南京：南京大学出版社，2012.

[15] 清华大学国学研究院.现代世界的诞生[M].刘东主持，艾伦·麦克法兰主讲，刘北成评议.上海：世纪出版集团&上海人民出版社，2013.

[16] 帕尔默，科尔顿，克莱默.现代世界史[M].何兆武，孙福生，陈敦全，等译.北京：世界图书出版公司，2009.

[17] 霍布斯鲍姆.资本的年代：1848—1875[M].张晓华，译.钱进，校.南京：江苏人民出版社，1999.

[18] 阿利埃斯，杜比.私人生活史 V：现代社会中的身份之谜[M].宋薇薇，刘琳，译.哈尔滨：北方文艺出版社，2008.

[19] 凯恩斯.就业、利息和货币通论[M].高鸿业，译.北京：商务印书馆，2005.

[20] 巴拉达特.意识形态的起源和影响[M].张慧芝，张露璐，译.北京：世界图书出版公司，2010.

[21] 潘恩.常识[M].田素雷，常凤艳，译.北京：中国出版集团，中国对外翻译出版公司，2010.

[22] 托克维尔.论美国的民主[M].董果良，译.北京：商务印书馆，1991.

[23] 鲍德里亚.美国[M].张生，译.南京：南京大学出版社，2011.

[24] 米尔斯.白领：美国中产阶级[M].杨小冬，等译.杭州：浙江人民出版社，1987.

[25] 什莱斯.新政与大萧条[M].吴文忠，李丹莉，译.北京：中信出版社，2010.

[26] 马克斯.花园里的机器：美国的技术与田园理想[M].马海良，雷月梅，译.北京：北京大学出版社，2011.

[27] 克鲁格曼.一个自由主义者的良知[M].刘波，译.北京：中信出版社，2008.

[28] 约翰逊.美国人的历史·上卷[M].秦传安，译.北京：中央编译出版社，2010.

[29] 约翰逊.美国人的历史·中卷[M].秦传安，译.北京：中央编译出版社，2010.

[30] 约翰逊.美国人的历史·下卷[M].秦传安，译.北京：中央编译出版社，2010.

[31] 布林克利.美国史：1492–1997[M].邵旭东，译.海口：海南出版社，2009.

[32] 卡恩斯，加勒迪.美国通史[M].吴金平，许双加，刘燕玲，等译.吴金平，校订.济南：山东画报出版社，2008.

[33] 布尔斯廷.美国人：南北战争以来的经历[M].谢延光，译.上海：上海译文出版社，1988.

[34] 米切尔.帕尔格雷夫世界历史统计·美洲卷：1750–1993[M].贺力平，译.北京：经济科学出版社，2002.

[35] 克鲁夫特.建筑理论史[M].王贵祥，译.北京：中国建筑工业出版社，2005.

[36] 佩夫斯纳，理查兹，夏普.反理性主义者与理性主义者[M].邓敬，王俊，杨矫，等译.北京：中国建筑工业出版社，2003.

[37] 佩夫斯纳.现代建筑与设计的源泉[M].殷凌云，等译.范景中，校.北京：生活·读书·新知三联书店，2001.

[38] 佩夫斯纳.现代设计的先驱者：从威廉·莫里斯到格罗皮乌斯[M].王申祜，王晓京，译.北京：中国建筑工业出版社，2004.

[39] 本奈沃洛.西方现代建筑史[M].邹德侬，巴竹师，高军，译.天津：天津科学技术出版社，1996.

[40] 班汉姆.第一机械时代的理论与设计[M].丁亚雷，张筱膺，译.南京：江苏美术出版社，2009.

[41] 柯林斯.现代建筑的思想演变[M].英若聪，译.北京：中国建筑工业出版社，2003.

[42] 塔夫里，达尔科.现代建筑[M].刘先觉，等译.北京：中国建筑工业出版社，2000.

[43] 弗兰姆普敦.现代建筑：一部批判的历史[M].张钦楠，译.北京：生活·读书·新知三联书店，2001.

[44] 弗兰姆普敦.20世纪建筑学的演变：一个概要陈述[M].张钦楠，等译.北京：中国建筑工业出版社，2007.

[45] 霍尔.明日之城：一部关于20世纪城市规划与设计的思想史[M].童明，译.上海：同济大学出版社，2009.

[46] 赖特，考夫曼.赖特论美国建筑[M].姜涌，李振涛，译.北京：中国建筑工业出版社，2010.

[47] 赖特.建筑之梦：弗兰克·劳埃德·赖特著述精选[M].于潼，译.济南：山东画报出版社，2011.

[48] 柯布西耶.走向新建筑[M].陈志华，译.天津：天津科学技术出版社，1991.

[49] 柯布西耶.模度[M].张春彦，邵雪梅，译.北京：中国建筑工业出版社，2011.

[50] 霍华德.明日的田园城市[M].金经元，译.北京：商务印书馆，2012.

[51] 弗兰姆普敦.建构文化研究：论19世纪和20世纪建筑中的建造诗学[M].王骏阳，译.北京：中国建筑工业出版社，2007.

[52] 贝利.比较城市化[M].顾朝林，等译.北京：商务印书馆，2012.